Spezielle Wirtschaftslehre

Bürokaufmann/Bürokauffrau

von

OStD Gerhard Kleinböck
OStR Jens Lepthien

unter Mitarbeit der Verlagsredaktion

Winklers

9., überarbeitete Auflage, 2012
Druck 1, Herstellungsjahr 2012

Postfach 33 20, 38023 Braunschweig

service@winklers.de
www.winklers.de
Redaktion: Eva Zimmermann, Kirsten Rotert
Lektorat: Inge Kachel-Moosdorf
Druck: westermann druck GmbH, Braunschweig

ISBN: 978-3-8045-**3628**-9

Auf verschiedenen Seiten dieses Buches befinden sich Verweise (Links) auf Internetadressen.

Liebe Schülerinnen und Schüler, liebe Kolleginnen und Kollegen,

die vorliegende neunte Auflage „Spezielle Wirtschaftslehre für Bürokaufleute" ist ein Lehr- und Arbeitsbuch, das die Inhalte des Rahmenlehrplans des Ausbildungsberufs Bürokauffrau/Bürokaufmann enthält. Gemäß Beschluss der Kultusminister sollen die Auszubildenden dieses Berufs folgende Lernziele erreichen:

- selbstständiges Planen, Durchführen und Kontrollieren auf typische Bürotätigkeiten und Arbeitsabläufe anwenden,
- Ziele und Bedeutung der Aufbau- und Ablauforganisation kennen und die Methoden der Organisation anwenden,
- den organisatorischen Aufbau, die Zuständigkeiten und Informationswege in einem Betrieb erfassen und Möglichkeiten der Änderung – z. B. durch Delegation – kennen und beurteilen,
- Personalvorgänge unter besonderer Berücksichtigung sowohl wirtschaftlicher als auch menschlich-sozialer Maßstäbe planen und durchführen,
- Arbeitsabläufe in einem Betrieb darstellen, mögliche Ansatzpunkte für Verbesserungen erkennen und organisatorische Änderungen durchzuführen lernen,
- Bedingungen und Auswirkungen organisatorischer Änderungen bei unterschiedlichen Zielsetzungen und Interessenlagen – z. B. bei Arbeitgebern und Arbeitnehmern – erkennen, bewerten und berücksichtigen,
- fachliche, ergonomische, ästhetische, rechtliche und soziale Aspekte der Arbeitsraum- und Arbeitsplatzgestaltung kennen und im eigenen Arbeitsbereich anwenden,
- Organisationsmittel im Büro wirtschaftlich und ökologisch sinnvoll einsetzen und dabei die Erfordernisse der Arbeitssicherheit beachten.

Diese Lernziele können mithilfe des vorliegenden Buches erreicht werden.
Neben ausführlichen Sachinformationen sollen Beispiele und Fälle die betrieblichen Vorgänge verdeutlichen. Dabei sorgen Grafiken, Abbildungen, Schaubilder, Gesetzestexte und Merksätze immer wieder dafür, dass der Stoff aufgelockert und in anschaulicher Art und Weise vermittelt wird.
Am Ende eines jeden Kapitels – bei umfangreichen Kapiteln schon nach den jeweiligen Abschnitten – werden umfassende Arbeitsaufgaben gestellt.

Mithilfe dieser Arbeitsaufgaben bekommen Sie die Gelegenheit, den vorhandenen Stoff zu vertiefen und den Lernerfolg zu kontrollieren. Zusätzlich werden Sie häufig aufgefordert, die erarbeiteten Themenkreise mit Ihren eigenen betrieblichen Erfahrungen zu vergleichen. An geeigneter Stelle wurden zudem Projektaufträge formuliert, die das eigenständige Handeln fördern sollen.

Das Lehrbuch befindet sich durchgehend auf dem Stand der Gesetzgebung vom März 2012.
Ein umfangreiches Sachwortverzeichnis am Schluss des Buches soll Ihnen das Auffinden von Begriffen und Problemkreisen erleichtern.

Wir wünschen Ihnen eine interessante Berufsausbildung und hoffen, dass Ihnen unser Buch dabei helfen wird, die Ausbildung mit gutem Erfolg zu beenden.

März 2012 — Die Verfasser

Inhalt

1 Der Arbeitsplatz im Büro

Für den Arbeitserfolg und die Arbeitszufriedenheit der Mitarbeiter ist die Gestaltung des Arbeitsplatzes ein ganz wesentlicher Faktor. Helle, ansprechende Büroräume wirken sich günstig auf die Stimmung der Mitarbeiter aus, ihre Reaktionen sind eher positiv. Arbeiten gehen leichter von der Hand. Jeder kennt ähnliche Situationen aus eigener Erfahrung und weiß, dass unter solchen Rahmenbedingungen auch ein gutes Arbeitsergebnis erzielt wird.

Zu den wichtigen Arbeitsbedingungen gehört auch die Einhaltung von Sicherheitsstandards, wie sie z. B. von den Berufsgenossenschaften vorgeschrieben werden. Ebenso wichtig sind für viele Arbeitnehmer klare Arbeitszeit- und Pausenregelungen. Dort, wo man über organisatorische Regelungen Freiräume bei der Gestaltung von Arbeitszeiten schafft, werden diese von Mitarbeitern gern aufgenommen – ein weiterer Punkt, der von Arbeitnehmern positiv empfunden wird.

Vielfach motivierend wirkt auch die Einführung des betrieblichen Vorschlagswesens: So können Mitarbeiter eigene Ideen zur Gestaltung ihres Arbeitsplatzes einbringen und Arbeitsabläufe verbessern.

Im ersten Kapitel beschäftigen wir uns deshalb mit folgenden Punkten:

1.1 Die Gestaltung von Arbeitsplatz und Arbeitsraum

1.1.1 Grundlagen

Bei der Gestaltung des Büroarbeitsplatzes und des Büros selbst standen noch vor wenigen Jahren die Kosten, die Raumersparnis und der Gebrauchszweck im Vordergrund. Intensive Studien haben gezeigt, dass dabei die menschlichen Bedürfnisse und insbesondere der menschliche Körperbau nicht immer genügend berücksichtigt wurden, das Arbeitsergebnis damit oft negativ beeinflusst wurde. Heute führt die Entwicklung zum menschengerechten Arbeitsplatz, der allen ergonomischen[1], organisatorischen und technischen Anforderungen entspricht. Die menschlichen Körpermaße bestimmen nach den Erkenntnissen der **Ergonomie** die Einrichtung des Arbeitsplatzes. Durch bestmögliche Gestaltung werden die Leistungsbereitschaft und das Leistungsvermögen gefördert, der Einsatz der menschlichen Arbeitskraft und das Arbeitsergebnis werden optimiert.

Im Einzelnen sind es folgende Faktoren, die den Menschen bei der Büroarbeit beeinflussen:

- Gestaltung des Arbeitsplatzes,
- verfügbare Arbeitsmittel,
- Umweltfaktoren wie Klima, Lärm, Licht,
- organisatorische Vorgaben zur Arbeitszeit.

Auch der Staat greift direkt in die Gestaltung des Arbeitsplatzes über eine Reihe von Gesetzen und Verordnungen ein. In der **Arbeitsstättenverordnung** (ArbStättV) von 2004 (zuletzt aktualisiert 2010) hat der Gesetzgeber allgemeine Vorschriften und Anforderungen an Arbeitsstätten erlassen (siehe Auszug).

Neben der Verordnung über Arbeitsstätten oder auch dem **Gerätesicherheitsgesetz** (Gesetz über technische Arbeitsmittel, Maschinenschutzgesetz) sind bei der Gestaltung des Büroarbeitsplatzes eine Reihe von **DIN-Vorschriften** (z. B. heutige Anforderungen an einen Bürodrehstuhl) oder Vorgaben der Berufsgenossenschaften zur **Sicherheit im Büro** zu berücksichtigen.

EU-Ergonomie-Richtlinie

Am 1. Januar 1998 trat eine neue Richtlinie der Europäischen Union in Kraft, die für die Arbeitgeber eine Überprüfung der vorhandenen Büroarbeitsplätze notwendig machte. So fordert die Richtlinie etwa:

- Raumtemperatur von 21 °C (Empfehlung),
- Helligkeit von 500 Lux,
- einen maximalen Lärmpegel von 55 Dezibel,
- ergonomisch geeignete Möblierung,
- einwandfrei platzierte Bildschirme,
- benutzerfreundliche Software-Ergonomie.

Pflicht ist gemäß § 3 der Bildschirmarbeitsplatzverordnung auch eine Analyse der Bildschirmarbeitsplätze. Sie muss schriftlich dokumentiert werden, Schwachstellen sind innerhalb von vier Jahren zu beseitigen. Die Mitarbeiter müssen zudem im Umgang mit Bildschirm und anderem Arbeitsgerät unterwiesen werden. Wie die Arbeitsplatzanalyse durchgeführt wird, ist dem einzelnen Unternehmer selbst überlassen. Nur Betriebe mit weniger als zehn Mitarbeitern sind von dieser Analysepflicht befreit.

§

§ 2 Begriffsbestimmungen

(1) Arbeitsstätten sind:

1. Orte in Gebäuden oder im Freien, die sich auf dem Gelände eines Betriebes oder einer Baustelle befinden und die zur Nutzung für Arbeitsplätze vorgesehen sind,
2. andere Orte in Gebäuden oder im Freien, die sich auf dem Gelände eines Betriebes oder einer Baustelle befinden und zu denen Beschäftigte im Rahmen ihrer Arbeit Zugang haben.

[1] *Ergonomie: Wissenschaft von den Leistungsmöglichkeiten und -grenzen des arbeitenden Menschen sowie der besten wechselseitigen Anpassung zwischen dem Menschen und seinen Arbeitsbedingungen.*

§

Arbeitsstättenverordnung (Anhang Anforderungen an Arbeitsstätten nach § 3 Abs. 1)

2.3 Fluchtwege und Notausgänge

(1) Fluchtwege und Notausgänge müssen
a) sich in Anzahl, Anordnung und Abmessung nach der Nutzung, der Einrichtung und den Abmessungen der Arbeitsstätte sowie nach der höchstmöglichen Anzahl der dort anwesenden Personen richten,
b) auf möglichst kurzem Weg ins Freie oder, falls dies nicht möglich ist, in einen gesicherten Bereich führen,
c) in angemessener Form und dauerhaft gekennzeichnet sein.

Sie sind mit einer Sicherheitsbeleuchtung auszurüsten, wenn das gefahrlose Verlassen der Arbeitsstätte für die Beschäftigten, insbesondere bei Ausfall der allgemeinen Beleuchtung, nicht gewährleistet ist.

(2) Türen im Verlauf von Fluchtwegen oder Türen von Notausgängen müssen
a) sich von innen ohne besondere Hilfsmittel jederzeit leicht öffnen lassen, solange sich Beschäftigte in der Arbeitsstätte befinden,
b) in angemessener Form und dauerhaft gekennzeichnet sein.

Türen von Notausgängen müssen sich nach außen öffnen lassen. In Notausgängen, die ausschließlich für den Notfall konzipiert und ausschließlich im Notfall benutzt werden, sind Karussell- und Schiebetüren nicht zulässig.

4.3 Erste-Hilfe-Räume

(1) Erste-Hilfe-Räume nach § 6 Abs. 4 müssen an ihren Zugängen als solche gekennzeichnet und für Personen mit Rettungstransportmitteln leicht zugänglich sein.

(2) Sie sind mit den erforderlichen Einrichtungen und Materialien zur Ersten Hilfe auszustatten. An einer deutlich gekennzeichneten Stelle müssen Anschrift und Telefonnummer der örtlichen Rettungsdienste angegeben sein.

(3) Erste-Hilfe-Ausstattung ist darüber hinaus überall dort aufzubewahren, wo es die Arbeitsbedingungen erfordern. Sie muss leicht zugänglich und einsatzbereit sein. Die Aufbewahrungsstellen müssen als solche gekennzeichnet und gut erreichbar sein.

1.1.2 Die Büroeinrichtung

Zur Einrichtung eines modernen Büros gehören zum einen die technischen Geräte (PC, Fax, Telefon usw. – vgl. Kap. 10, 11) und zum anderen die Büromöbel. Bei der Planung des Büroarbeitsplatzes ist auf das optimale Zusammenwirken dieser beiden Komponenten zu achten – aufgrund der jeweils individuellen Gegebenheiten eines Büros bieten zahlreiche Hersteller ihre Büromöbel im Baukastensystem an. Für den Arbeitsplatz im engeren Sinne sind hier der Bürodrehstuhl und der Schreib-/Büromaschinentisch besonders hervorzuheben.

Der Bürodrehstuhl

Falsche oder zu alte Stühle verbrauchen häufig mehr Leistung als die Arbeit selbst. Falsche Stühle sind die Ursachen für Unfälle und Körperschäden. Viele Menschen empfinden das Arbeiten im Sitzen als eine Qual, weil sie falsch sitzen oder einen ungeeigneten Stuhl benutzen. Folgende Anforderungen werden an einen normgerechten Drehstuhl mit verstellbarer Rückenlehne (DIN 4551) gestellt:

Merke

Falsches Sitzen gefährdet Ihre Gesundheit!

Jeder dritte Krankheitstag ist auf Rückenleiden zurückzuführen.

Falsches Sitzen am Arbeitsplatz und Bewegungsmangel sind die Hauptursachen für Muskel- und Skeletterkrankungen. Nach einer Erhebung der Betriebskrankenkassen entfallen darauf rund 32 % aller Arbeitsunfähigkeitstage. Für die Bundesrepublik bedeutet das ca. 50 Millionen (!) Krankheitstage pro Jahr.

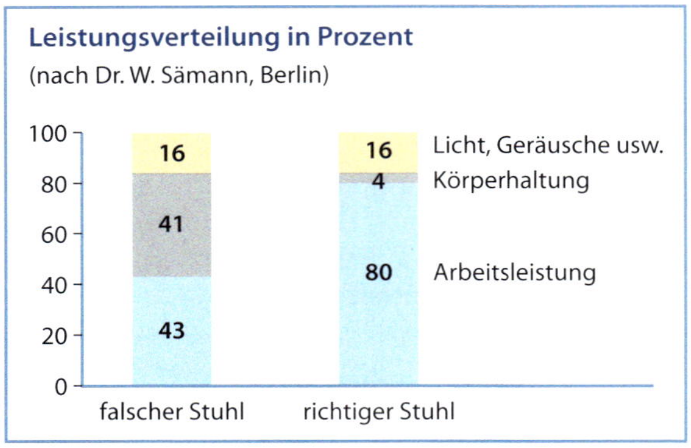

Untergestell

- beweglich (Rollen oder Gleiter),
- mindestens fünf Rollen,
- kippsicher, wegrollsicher, stolpersicher,
- sicher gegen unbeabsichtigtes Lösen vom Oberteil,
- wegrollsicher in unbelastetem Zustand.

Sitz

- verstellbare Sitzhöhe (42 cm – 53 cm) und verstellbare Sitztiefe in Sitzhaltung,
- sicher gegen unbeabsichtigtes Verändern der jeweiligen Einstellung beim Benutzen,
- Stoßdämpfer beim Hinsetzen,
- weiche oder abgerundete vordere Sitzfläche.

Rückenlehne

- verstellbar in Höhe und Sitztiefe,
- sicher gegen unbeabsichtigtes Verändern der jeweiligen Einstellung beim Benutzen,
- pendelnde Lagerung.

Für Sitz und Rückenlehne gilt gleichermaßen, dass die verwendeten Materialien atmungsaktiv und leicht zu reinigen sein sollten.

Einige Hersteller übertreffen diese Mindestanforderungen der Normung. Diese Stühle haben zusätzlich verschiebbare und seitlich neigbare Sitzflächen. Die Rückenlehne kann auch in der Neigung verstellt werden. Der Sitz und/oder die Rückenlehne sind mit Becken- und Bandscheibenstützen ausgerüstet. Armlehnen kann man in der Höhe und in der Breite verstellen.

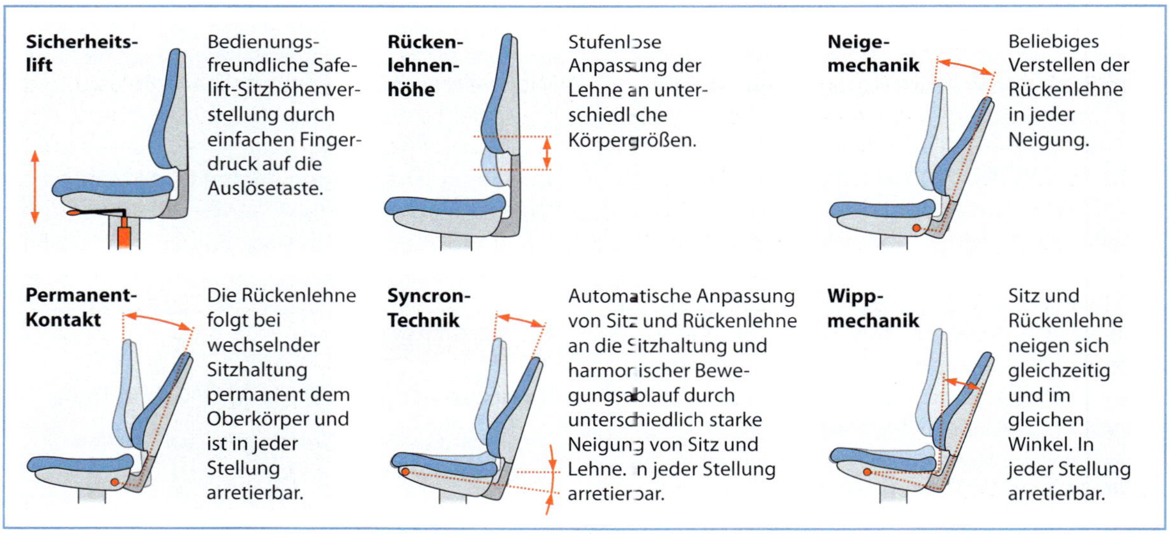

Ergonomisches Sitzen: Verstellmöglichkeiten eines Bürostuhls

So finden Sie den optimalen Bürostuhl

Der Drehstuhl muss sich den Körperbewegungen anpassen und vermeidbare Unfälle sowie Körperschäden ausschließen. Das richtige Einstellen der Rückenlehne und des Sitzes wirkt Verletzungen der Wirbelsäule und anderen Körperschäden entgegen.

Ergonomischer Hinweis
Die Funktionalität eines modernen Bürodrehstuhls wird ergänzt durch die gelegentliche Entlastung der Wirbelsäule. Dies kann geschehen durch:

- häufigeres Aufstehen,
- dynamisches Sitzen, wie Nach-vorn-Neigen oder Zurücklehnen.

Die wichtigsten Verhaltensregeln für gesundes Sitzen auf einem Bürodrehstuhl

1. Die Füße sollten vollflächig auf dem Boden stehen und nicht auf dem Fußkreuz.
2. Halten Sie beim Sitzen stets den vollen Rückenlehnen-Kontakt. Die Wirbelsäule muss aufgerichtet sein.
3. Sobald Sie spüren, dass Sie im Sitz nach vorne rutschen, korrigieren Sie Ihre Sitzhaltung.
4. Eine starke seitliche Neigung sollten Sie beim Sitzen vermeiden.
5. Greifen Sie im Sitzen nicht seitlich nach bodennahen Gegenständen. Die Drehbewegung erfolgt mit dem Stuhl zum Gegenstand hin, sodass das anschließende Nach-vorne-Beugen des Rumpfes innerhalb des sogenannten Beinsektors erfolgt.
6. Schlagen Sie die Beine in der vorderen Sitzhaltung nicht übereinander, da hierdurch das Becken nach hinten abrollt und die Lendenwirbelsäule in Fehlstellung gerät. Die Beine können Sie dagegen in der hinteren Sitzhaltung ohne Weiteres übereinanderschlagen, da hier der offene Sitzwinkel groß genug ist und sich das Becken bereits in der Rückneigung befindet.
7. Praktizieren Sie so oft wie möglich das dynamische Sitzen.
8. Wenn Sie Besitzer eines Bürodrehstuhls mit negativer Sitzneigung sind, sollten Sie öfters die vordere freie Sitzhaltung einnehmen. Sobald Sie aber spüren, dass Sie in dieser Sitzhaltung ermüden und das Becken droht nach hinten abzurollen, suchen Sie wieder den vollen Kontakt zur Rückenlehne.
9. Beim Aufstehen wird der Oberkörper bei gerader Wirbelsäule zunächst über die Knie gebracht und erst dann die Knie gestreckt. Beim Hinsetzen wird erst das Gesäß über die Sitzfläche gebracht, während der Schwerpunkt des Oberkörpers sich noch über den Knien befindet. Erst dann wird der Oberkörper bei gerader Wirbelsäule aufgerichtet.
10. Führen Sie regelmäßige Bewegungsübungen an Ihrem Arbeitsstuhl durch.

Beim Bedienen von Tastaturen sollen die Ober- und Unterarme einen Winkel von 90° oder mehr bilden. Die Oberschenkel liegen ungefähr waagerecht. Fußstützen (DIN 4556) sind bei Arbeitsplätzen ein wirksames und von Arbeitsmedizinern gefordertes Mittel, um die richtige Sitzhaltung zu erreichen. Fußstützen sollten den Füßen eine durchgehende Auflagefläche bieten. Fußschalter sollten zum Bedienen eines Diktiergerätes eingebaut werden können.

„Gesundheitsstuhl" – Stehpult

Untersuchungen haben ergeben, dass beim Sitzen auf herkömmlichen Sitzmöbeln die Bandscheiben 50 % höher belastet sind als beim Stehen. Der Gesundheitsstuhl wurde unter dem Gesichtspunkt gebaut, der Wirbelsäule das Sitzen zu erleichtern und Schäden vorzubeugen. Beim Sitzen auf dem Gesundheitsstuhl wird die Wirbelsäule in die gleich günstige Stellung gebracht wie beim Gehen und Stehen.

Neueste Forschungen haben allerdings gezeigt, dass die Entlastung der Wirbelsäule bei vielen Mitarbeitern mit einer zusätzlichen Belastung der Kniegelenke einherging. Dies hat zur Folge, dass der lange Jahre hochgelobte „Gesundheitsstuhl" von vielen Büromöbelherstellern nicht mehr angeboten wird.

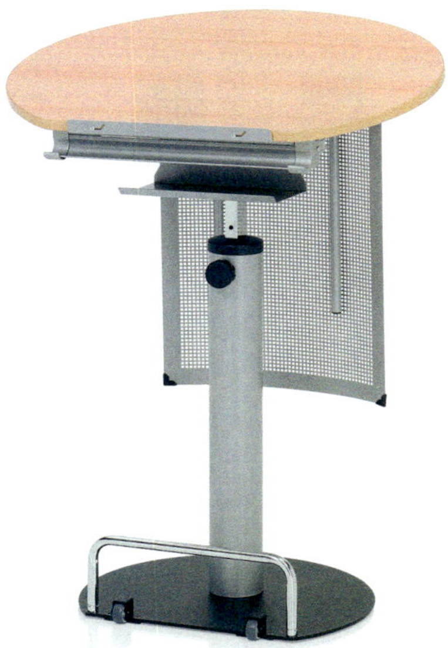

Stehpult

In immer mehr Büros findet man mittlerweile stattdessen Stehpulte, an denen Mitarbeiter zwischendurch und abwechselnd einige Zeit arbeiten können. Die veränderte Arbeitshaltung entlastet ebenfalls den Rücken, belastet aber andererseits nicht die Kniegelenke. Dieser zusätzliche Arbeitsplatz kann für mehrere Mitarbeiter eingerichtet werden. Aufgrund des geringen Raumbedarfs findet sich in vielen Büros noch ein Platz, an dem ein Stehpult aufgestellt werden kann.

Schreib- und Büromaschinentisch

Tischarten

Schreibtische und Büromaschinentische gibt es in unterschiedlichen Ausführungen. Entscheidend sind die Tischeigenschaften: innere und äußere **Wandelbarkeit.** Bei der inneren Wandelbarkeit können die Einrichtungsteile, z. B. Schubladen, Auszüge mit Führungen, ausgetauscht werden. Die äußere Wandelbarkeit bedeutet, dass die Tischplatte, die tragenden Elemente und die Unterschränke ausgetauscht werden können. Verschiedene Tischausführungen sind in der Höhe verstellbar, sodass die persönlich beste Tischhöhe eingestellt werden kann.

Schreib- und Büromaschinentische können winkelförmig miteinander verbunden werden. Diese Tischart heißt **Winkelkombination** und ist dann vorteilhaft, wenn sowohl am Schreibtisch gearbeitet als auch eine Tastatur bedient werden soll. Durch eine einfache Körperdrehung sitzt man vor dem richtigen Arbeitsplatz. Winkelkombinationen können an der Außenseite mit je einem Unterschrank ausgerüstet werden.

Winkelkombination

Einrichtung

Jeder Schreibtisch soll so ausgestattet sein, dass eine Verletzungsgefahr ausgeschlossen ist. Die Oberfläche der Tischplatte soll kratzfest und blendfrei sein. Ausziehplatten gibt es mit einem Sichteinsatz (z. B. für Rufnummernverzeichnis) oder mit einem Materialeinsatz (z. B. für Schreibgeräte). Schubladen können mit Schrägfächereinsatz, Materialschale, Stempelhalter oder Karteibahnen ausgestattet sein. Ein elektronischer Einbau zum Anschließen eines Diktiergerätes ist möglich. In großen Schubladen oder Auszügen finden Hängeregistraturen Platz. Ein Zentralverschluss sichert den Inhalt vor unbefugtem Zugriff.

Abmessungen

Die Größe der Arbeitsplatte entspricht dem „Greifraum", also dem Raum, der mit ausgestreckten Armen ohne Verrenkungen erreicht werden kann. Die Maße für die Tischhöhe sind als obere Grenzwerte anzusehen. Die Höhe wird vom Fußboden bis zur Oberkante der Tischplatte gemessen. Die Abmessungen sind genormt (DIN 4549) und so gewählt, dass zwei Hängeregistraturen in einem Unterschrank untergebracht werden können.

Tischart / Maße in cm	Schreibtisch	Büromaschinentisch
Plattengröße:		
Unterschrank: 0, 1, 2	160 x 80	160 x 60
Unterschrank: 0, 1	120 x 80	120 x 60
Höhe:		
fest	72	65
verstellbar	68–76	60–68

Systemmöbel

Ebenso wie Computer unterliegen auch Büromöbel einer Einteilung in Generationen. Es beginnt beim schlichten Schreibtisch, dem „Vierbeiner" mit Schubladen aus den ehemaligen Kontoren. Es folgen die Organisationsmöbel mit Auszügen für Akten, Karteien und Registraturen bis hin zum hoch technisierten Systemmöbel.

Solche Systemmöbel haben folgende Eigenschaften:

- dynamisch,
- elektrifizierbar,
- modular.
- ergonomisch,
- flexibel,

Dynamisch bedeutet, dass die Arbeitsplatte mühelos in Höhe und Neigung verstellbar ist. Bildschirm und Tastatur können so angeordnet werden, wie es dem persönlichen Arbeitsrhythmus, dem persönlichen Wohlempfinden, den Arbeitsbedingungen und der Beleuchtung am besten entspricht.

Untersuchungen haben gezeigt, dass rund 25 % bis 30 % der Mitarbeiter in einem Unternehmen jährlich aus organisatorischen Sachzwängen umziehen. Dies verlangt auch vom Mobiliar eine starke Anpassung des Arbeitsplatzes an den jeweils neuen Standort. Notwendige technische Ausstattungen und die organisatorische Eingliederung müssen durch Flexibilität der Möbel gewährleistet sein.

Büromöbel der neuen Generation erfüllen die ergonomischen Anforderungen weitgehend. Eine von Wissenschaftlern entwickelte Formgebung soll die Arbeit des Arbeitsplatzinhabers positiv beeinflussen. Körperliche Schäden sollen weitgehend ausgeschlossen sein. An ergonomisch geformten Systemmöbeln arbeiten Mitarbeiter ermüdungsfreier und wirtschaftlicher.

Die modulare – bausteinförmige – Bauweise erlaubt die Erweiterung des Arbeitsplatzes in der waagerechten und senkrechten Ebene. Das bedeutet, dass die Fläche des Arbeitsplatzes jederzeit durch Aufstocken nach oben oder nach der Seite vergrößert werden kann. Auf diese Art und Weise können Computer, Bildschirm, Zusatzgeräte, Kabel, Zubehör und Hilfsmittel – und der wachsende Papierberg – problemlos untergebracht werden.

Die Systemmöbel der neuen Generation enthalten große Kabelschächte, die unterteilt sind in Kanäle für Stark- und Schwachstrom. Der „Kabelsalat", der von Anschlussleitungen der Drucker, Bildschirme, Lampen und dergleichen verursacht wird, gehört bei Systemmöbeln der Vergangenheit an.

1.1.3 Der Bildschirmarbeitsplatz

Nahezu jeder Arbeitsplatz ist heute mit PC und Bildschirm ausgestattet. Unfall- und Gesundheitsgefahren können vermieden werden, wenn die Arbeitsmittel und die Arbeitsplatzumgebung den **„Sicherheitsregeln für Bildschirmarbeitsplätze im Bürobereich"** der Verwaltungs-Berufsgenossenschaft entsprechen. Bildschirmarbeitsplätze sind in DIN 66233 und DIN 66234 genormt.

Seit Beginn des Jahres 2002 ist die EU-Richtlinie für Arbeitsplätze an Computern nationales Recht. Wichtigste Neuerungen sind dabei:

- Monitore müssen flimmerfrei sein (Bildwiederholfrequenz mehr als 75 Hertz),
- ergonomische Mindestansprüche für Monitore; sie müssen dreh- und neigbar sein, Helligkeit und Kontrast müssen unkompliziert an Lichtverhältnisse und Umgebung angepasst werden können.

Bildschirmgerät

Bei der Bildschirmarbeit kann der Arbeitsvorgang ähnlich wie beim Maschinenschreiben sein: Ablesen der Vorlage – Eingabe über die Tastatur – Kontrolle über den Bildschirm. Ein häufiger Blickwechsel ist unvermeidbar. Das Auge muss sich ständig anpassen. Bildschirm und Vorlage sollten einander angeglichen und in möglichst gleicher Entfernung angeordnet sein. Der **Sehabstand** soll nach neuesten Erkenntnissen 50 cm bis 80 cm bei Flachbildmonitoren und 60 cm bis 70 cm bei Röhrenmonitoren betragen.

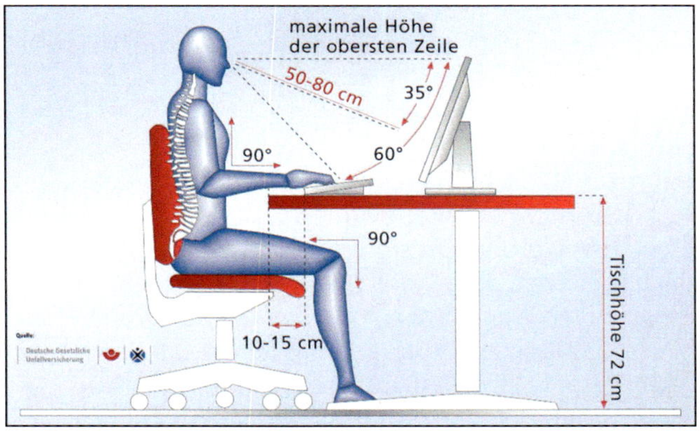

Richtige Abstände am Bildschirmarbeitsplatz

Ideal ist, wenn die Vorlage und die Anzeige im gleichen Kontrast erscheinen:

- helle Vorlage mit dunkler Schrift,
- heller Bildschirm mit dunkler Schrift.

Dadurch wird das Auge nicht mit der „Tunnelwirkung“ belastet. Die Tunnelwirkung tritt auf, wenn von einer hellen Vorlage auf einen dunklen Bildschirm gewechselt wird.

ARBEITSPLATZ	ARBEITSPLATZ

Die Bildschirmanzeige soll **flimmerfrei** sein. Dies gilt auch im seitlichen Gesichtsfeld. Dem Flimmern kann durch eine veränderte Aufstellung und veränderte Raumbeleuchtung entgegengewirkt werden. Alterungserscheinungen der elektronischen Bauteile können auch Ursache des Flimmerns sein. Neue Monitore arbeiten heute mit höheren Bildwiederholfrequenzen und vermeiden so das Flimmern. Bei älteren Monitoren kann durch den Aufsatz von Filtern der Flimmereffekt unterdrückt werden.

TFT-Flachbildmonitor

Der Bildschirm muss so ausgeführt sein, dass **Störlicht** und **Reflexionen** weitgehend vermieden werden. Oft sind sich Mitarbeiter gar nicht bewusst, dass Störlicht von Lampen, Fenstern, hellen Wandflächen oder Reflexionen von heller Kleidung zu Störungen des Sehvorgangs führen. Filter (z. B. Folien, optische Gläser, Beschichtungen) verbessern das Erkennen der Bildelemente.

Die **Schriftzeichen** dürfen nicht ineinander verlaufen. Sie sollen konturenscharf abgebildet werden. Bei der Darstellung von Fließtexten ist die übliche Groß- und Kleinschreibung anzuwenden. Die Farben der Zeichen müssen mit dem Bildschirmuntergrund abgestimmt sein. Je weniger Farben verwendet werden, umso geringer ist die Verwechslungsgefahr.

Die **Bildschirmgröße** richtet sich nach der Tätigkeit. Ein zu geringer Umfang als auch die Darbietung von zusätzlichen Informationen, die für die Tätigkeit nicht erforderlich sind, führen zu erhöhter Belastung und sollten vermieden werden. Das Anzeigegerät kann in jede gewünschte Neigung und Richtung gedreht werden.

Mit Kathodenstrahlröhren ausgerüstete Bildschirmgeräte sind **Störstrahler** und unterliegen der „Verordnung über den Schutz vor Schäden durch Röntgenstrahlen (Röntgenverordnung)“. Da alle Röhrenmonitore nach diesem Prinzip arbeiten, wurden Höchstwerte für die Strahlenbelastung festgelegt und standardisiert (MPR II). Dieses Problem verliert in der betrieblichen Praxis aber immer mehr an Bedeutung, da die LCD-Monitore die Röhrengeräte zunehmend verdrängen.

Tastatur

Die höhenverstellbare Tastatur muss vom Anzeigegerät getrennt aufgestellt werden können, damit sie den jeweiligen Arbeitsbedingungen angepasst werden kann. Die Tastatur soll eine rutschhemmende Unterseite haben.

Mitarbeiter, die überwiegend am PC arbeiten, berichten über positive Erfahrungen mit ergonomischen Tastaturen.

Bei **Kompaktgeräten** sind Bildschirm und Tastatur fest miteinander verbunden. Diese werden heute nur noch für besondere Arbeitsaufgaben und kurze Arbeitsphasen eingesetzt. Wird mit einem **Laptop/Notebook** nicht nur unterwegs gearbeitet, sondern auch am festen Arbeitsplatz im Büro, bietet sich hier die Möglichkeit, mit einem zusätzlichen Monitor und/oder einer zusätzlichen Tastatur ergonomischer zu arbeiten.

Arbeitsvorlage

Die Arbeitsvorlage soll leicht lesbar sein. Nach Möglichkeit sollen nur Originale oder gut lesbare Durchschriften als Vorlage verwendet werden. Glänzendes Papier oder Plastikfolien sind als Vorlage ungeeignet. Der **Vorlagenhalter** (Konzepthalter) wirkt gesundheitsschädlichen Körperhaltungen entgegen. Das Verstellen der Neigung und des Sehabstandes ist erforderlich.

Bildschirmarbeitstisch

Je größer der Tisch ist, umso bequemer ist das Arbeiten. Die Tischflächen müssen eine getrennte Anordnung der Arbeitsmittel Bildschirm, Tastatur und Vorlage zulassen. Höhenverstellbare Tische mit ausreichendem Beinraum erleichtern das Arbeiten.

Maße nach DIN 4549

Tischart / Maße in cm	Schreibtisch
Plattengröße:	
Unterschrank: 0, 1	160 x 80, 90, 100*
Unterschrank: 0	120 x 80, 90, 100
Höhe:	
fest	72
verstellbar	68–76

* *Je nach Sehentfernung zum Bildschirm; das Bildschirmgerät darf nicht über den hinteren Tischrand hinausragen.*

Prüfsiegel für Monitore

Das Thema „Sicherheit am Arbeitsplatz" erfasst seit Beginn der Arbeit mit dem PC auch das Problem der Strahlenbelastung durch Monitore. Trotz mittlerweile umfangreicher Forschungsarbeiten gibt es bisher keine exakt definierten Belastungswerte, die gesundheitlich als vollkommen unbedenklich bezeichnet werden können.

Die Kennzeichnung von Monitoren weist heute meist eine der folgenden Plaketten auf der Rückseite aus:

- **CE** Die CE-Kennzeichnung besagt, dass das betreffende Produkt nach den spezifisch dafür geltenden EU-Richtlinien hergestellt wurde. Steht neben dem Symbol zusätzlich eine vierstellige Identifikationsnummer, wurde die Einhaltung dieser Richtlinien bei diesem Produkt von einer anerkannten Stelle überprüft. Das CE-Symbol ist ein grafisches Symbol, das nicht verändert werden darf. Wichtigstes Merkmal ist dabei der kurze Mittelstrich im E. Sind alle drei E-Striche gleich lang, handelt es sich um eine „Fälschung" des Kennzeichens, die häufig auf minderwertiger Importware aus Fernost zu finden ist. Das CE-Kennzeichen ist kein Gütesiegel (Qualitätssiegel).
- **GS** Zeichen für geprüfte Sicherheit. Diese Prüfplakette wird vom TÜV, dem VDE oder den Berufsgenossenschaften vergeben. Sie bescheinigen dem Monitor, dass er die Normen zur Sicherheit der Informationstechnik EN60950, der Sicherheitsregeln für Bildschirmarbeitsplätze im Bürobereich ZH 1/618 und der Ergonomie gemäß ISO 9241-3 erfüllt.
- **ISO** Die Internationale Standards Organization hat mit den Normen ISO 9241-x die Bildqualitätsanforderungen an Monitoren und deren Design festgelegt. Hier sind Bedingungen zu erfüllen für Entspiegelung, Flimmerfreiheit, Kontrast, Sichtabstand, Zeichenbreite, -höhe und -gleichmäßigkeit.
- **MPR II** (MPR 1990:8, MPR 1990:10) Enthält Empfehlungen mit Grenzwerten für elektrische und magnetische Felder, die ein Monitor im Betrieb nicht überschreiten darf. Die Richtwerte von MPR II gehen davon aus, dass das am Arbeitsplatz vorkommende Strahlungsniveau durch den Monitor nicht nennenswert erhöht wird.
- **TÜV Ergonomie** Kombiniert die Empfehlung von MPR II und die Anforderungen an die Darstellungsqualität nach ISO 9241-3 und ISO 9241-8. Zusätzliche Anforderungen gelten für Leuchtdichtegleichmäßigkeit, Konvergenz, Zeichenhöhe, Zeichengleichmäßigkeit, Linearität, Bedienungsanleitung sowie Handhabung der Bildschirmeinstellung.
- **TCO-99** Für die Zukunft fordert dieses Prüfsiegels bessere Werte für Kontrast, Helligkeit, Bildwiederholungsfrequenz (mindestens 85 Hz)

und ergänzt TCO-95 um Vorgaben für Gehäusedesign, Geräuschentwicklung, Einschaltzeit usw. Auch einige Bedienrichtlinien sollen in die kommende TCO-99 integriert werden.

- **TCO-03** Diese Kennzeichnung gilt speziell für Computerbildschirme. Geräte mit diesem Gütesiegel entsprechen der EU-Richtlinie zur Beschänkung gefährlicher Stoffe in Elektro- und Elektronikgeräten, sie enthalten z. B. kein Brom oder Chlor. Außerdem sind sie aus recyclingfähigen Stoffen hergestellt, besitzen eine besondere Ergonomie (lassen sich leicht an den Benutzer anpassen) und haben eine sehr gute Bildqualität. Geräte mit TCO-03-Kennzeichnung entsprechen den Vorgaben des Energy Star.
- **Energy Star** Dieses Gütesiegel findet man auf elektronischen Produkten, die von der Europäischen Kommission als besonders stromsparend eingestuft werden. Grundlage für diese Klassifizierung sind die Kriterien der amerikanischen Umweltschutzbehörde EPA (Environmental Protenction Agency), z. B. dass ein PC nach einer gewissen Zeit in den Standby-Modus schaltet, der Bildschirmschoner anspringt usw. Den Energy Star kann jeder Hersteller ohne Prüfung verwenden, es genügt eine Mitteilung an die EPA.
- **Blauer Engel** Hinsichtlich Ergonomie lehnt sich der Blaue Engel an die Empfehlung von MPR II und ISO 9241-3 an. Das Augenmerk liegt besonders auf recyclinggerechter Konstruktion sowie Schadstoffarmut der verwendeten Materialien. Zum Nachweis genügt teilweise eine Herstellererklärung (EMV, Recycling, Schadstoffarmut, Energiesparen). Produktsicherheit und Ergonomie sind als Testbericht eines unabhängigen Prüfinstituts zu belegen.
- **TÜV Eco-Kreis** Enthält die Prüfungen für das TÜV -Ergonomie-Siegel. Bei der Ergonomie sind die Anforderungen nach ISO 9241-3 und ISO 9241-8 sowie zusätzliche Kriterien für die Bildqualität zu erfüllen. Der TÜV Rheinland legt außerdem Wert auf Einhaltung der EMV-Richtlinien sowie recyclinggerechte Konstruktion und Altgeräte-Recycling. Der Monitorhersteller muss die Schadstoffarmut der verwendeten Materialien nachweisen. Zu allen Punkten muss ein Prüfbericht von einem akkreditierten Prüflabor vorliegen. Zusätzlich finden Stichproben in den Fertigungsstätten statt, die ein Qualitätsmanagement nach ISO 9000 ff. nachweisen müssen.

Anordnung der Arbeitsmittel

Die Arbeitsmittel sollen so aufeinander abgestimmt sein, dass sie der jeweiligen Tätigkeit sinnvoll entsprechen. Das Lesen von Informationen im Anzeigegerät kann eine andere Anordnung der Arbeitsmittel begründen als das Eintasten von Informationen und Befehlen über die Tastatur. Grundsätzlich gilt, dass das oft benutzte Arbeitsmittel im unmittelbaren **Greifraum** liegt.

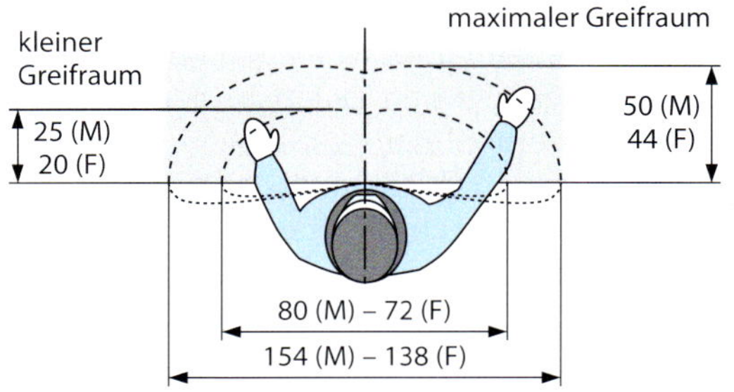

Maße des Greifraumes in cm bei Männern (M) und Frauen (F). Schnitt in normaler Arbeitshöhe.
(nach Stier und Rutenfranz)

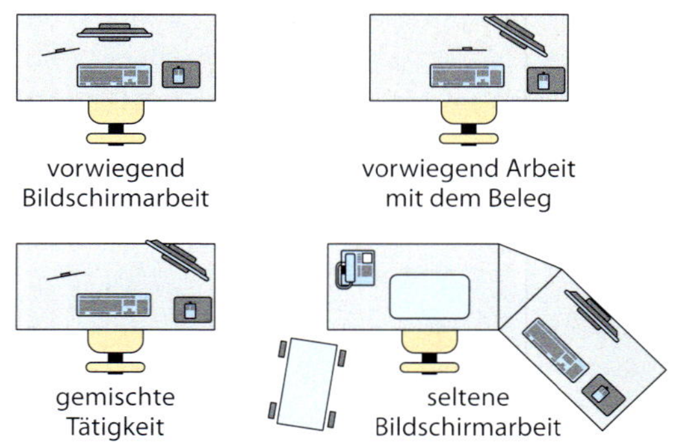

Beleuchtung

Der Bildschirm sollte so aufgestellt werden, dass er zum Fenster im rechten Winkel steht. Die Beleuchtung muss genügend hell, gleichmäßig, blend- und flimmerfrei sein. Bei der Wahl der künstlichen Beleuchtung sollten Warmtonleuchten bevorzugt werden. Die Oberfläche der Arbeitsmittel soll halbmatt bis seidenmatt sein.

Bildschirmarbeit

Mitarbeiter, die am Bildschirmarbeitsplatz tätig sind, müssen umfassend über ihre Tätigkeit informiert und unterwiesen sein. Die Einweisung bezieht sich nicht nur auf das Bedienen der Geräte. Es muss auch sichergestellt sein, dass jeder Mitarbeiter die Ursachen und das Beheben falsch eingestellter Arbeitsmittel erkennt und beseitigt.

Augenärztliche Betreuung

Viele Mitarbeiter klagen über Augenbeschwerden bei der Bildschirmarbeit. Ursache dafür sind häufig nicht erkannte Sehfehler der betroffenen Personen. Die EU-Richtlinie verpflichtet den Arbeitgeber dazu, Angestellte, die größtenteils am Bildschirm arbeiten, regelmäßig untersuchen zu lassen. Die Erstuntersuchung erfolgt vor der Aufnahme der Tätigkeit. Nachuntersuchungen sind in fünfjährigem Abstand, bei Personen über 45 Jahren in dreijährigem Abstand notwendig.

Arbeitszeit- und Pausenregelung

Der Pausenzeitbedarf hängt wesentlich von der Art der Tätigkeit am Bildschirm ab. Er ist z. B. bei ununterbrochener Dateneingabe größer als bei der Mischtätigkeit eines Sachbearbeiters. Bei einfachen Tätigkeiten sind mehrere Kurzpausen – verteilt auf den Arbeitstag – günstiger als wenige lange Pausen. Wichtig ist, dass die Pausenzeit zur Erholung genutzt wird.

Software-Ergonomie

Die eingesetzten Anwenderprogramme (Tools) sollen den Benutzer bei seiner Arbeit am PC unterstützen. Nach den Vorgaben der Bildschirmarbeitsplatz-Verordnung (BildscharbV) werden deshalb für den Softwareeinsatz verschiedene Anforderungen gestellt:

- die Software muss auf die Arbeitsaufgabe abgestimmt sein;
- sie muss benutzerfreundlich sein, dazu gehört auch, dass die Bildschirminformationen übersichtlich sind;
- es darf keine Leistungskontrolle durch Computeraufzeichnungen ohne Wissen des Arbeitnehmers stattfinden.

Merke

1. In der Verordnung über Arbeitsstätten hat der Gesetzgeber Vorschriften und Anforderungen an Arbeitsstätten erlassen.
2. Falsche Stühle sind die Ursache für Unfälle und Körperschäden und sie vermindern die Arbeitsleistung.
3. Drehstühle müssen bestimmte Mindestanforderungen für den Sitz, das Untergestell und die Rückenlehne erfüllen.
4. Schreibtische unterscheiden sich durch innere und äußere Wandelbarkeit.
5. Systemmöbel sind dynamisch, flexibel, ergonomisch, modular und elektrifizierbar.
6. Für Bildschirmarbeitsplätze gelten die Sicherheitsregeln der Verwaltungs-Berufsgenossenschaft.
7. Mitarbeiter am Bildschirmarbeitsplatz müssen umfassend über ihre Tätigkeit informiert und unterwiesen werden.

Aufgaben

1. Was versteht man unter „Ergonomie“?
2. Warum sind heute nicht mehr allein Kostenüberlegungen bei der Büroeinrichtung ausschlaggebend?
3. Welche Anforderungen werden heute an einen Bürodrehstuhl gestellt?
4. Was erleichtert das Lesen einer Vorlage beim Bedienen der Tastatur?
5. Wodurch unterscheiden sich die verschiedenen Schreibtischarten?
6. Beschreiben Sie Ihre persönlichen Anforderungen an einen Schreibtisch.

7. Welche Eigenschaften haben Systemmöbel?
8. Welche Besonderheiten weist der Bildschirmarbeitsplatz gegenüber den anderen Büroarbeitsplätzen auf?
9. Beschreiben Sie die „Tunnelwirkung".
10. Welche Anforderungen sind an einen Bildschirm zu stellen?
11. Welche Tätigkeiten bestimmen die Anordnung der Arbeitsmittel bei der Arbeit mit einem Bildschirmgerät?
12. Bildschirmarbeit belastet oft stärker als andere Bürotätigkeiten. Mit welchen Maßnahmen können Gesundheitsschäden vermieden werden?
13. Erläutern Sie, welche Auswirkungen die zunehmende Arbeit an Bildschirmgeräten für die Mitarbeiter hat.

1.1.4 Sicherheit im Büro

Der Arbeitsschutz ist in Deutschland über einhundert Jahre alt. Schon auf der Grundlage der Gewerbeordnung von 1872 und der Reichsversicherungsordnung von 1911 wird die Verhütung von Arbeitsunfällen und Berufskrankheiten durchgeführt. Diese Aufgabe wird von den staatlichen **Gewerbeaufsichtsbehörden** und den **Berufsgenossenschaften** wahrgenommen. Die Berufsgenossenschaften als Träger der gesetzlichen Unfallversicherung sind Zwangsvereinigungen von Unternehmern (Berufsgenossen) gleicher oder verwandter Gewerbezweige. Im Grundgesetz (Artikel 74) ist der Arbeitsschutz verankert.

Als Träger der gesetzlichen Unfallversicherung haben die Berufsgenossenschaften nicht nur für die Verhütung von Arbeitsunfällen zu sorgen. Sie müssen nach Eintritt eines Arbeitsunfalls den Verletzten, die Angehörigen und Hinterbliebenen entschädigen. Diese Entschädigung erfolgt durch Heilbehandlung des Verletzten und gegebenenfalls durch Berufshilfe (z. B. Umschulung). Geldleistungen (z. B. Unfallrenten) helfen, wirtschaftliche Einbußen zu vermeiden.

Als Arbeitsunfälle gelten alle Unfälle im Betrieb. Auch Unfälle auf dem Weg zum und vom Arbeitsort gelten als Arbeitsunfälle. Wenn Alkohol die allein wesentliche Ursache für den Unfall ist, geht der gesetzliche Versicherungsschutz verloren.

Im Bürobereich ist die **Verwaltungs-Berufsgenossenschaft** – Körperschaft des öffentlichen Rechts, Hamburg – zuständig. Sie ist die Berufsgenossenschaft für Banken, Versicherungen, Verwaltung, freie Berufe und besondere Unternehmen.

VBG

Technische Aufsichtsbeamte der Berufsgenossenschaft überwachen und beraten ihre Mitglieder. Die Unternehmer haben diesen Beamten die Besichtigung ihrer Betriebe zu ermöglichen. Wird festgestellt, dass Unternehmer oder Versicherte grob fahrlässig oder vorsätzlich gegen Unfallverhütungsvorschriften verstoßen, so können sie mit einem Bußgeld belegt werden.

In allen Betrieben mit mehr als 20 Beschäftigten hat der Unternehmer unter Mitwirkung des Betriebsrates (Personalrates) **Sicherheitsbeauftragte** zu bestellen. Die Sicherheitsbeauftragten unterstützen den Unternehmer bei der Durchführung der Unfallverhütung.

Rechtliche Grundlagen der Arbeitssicherung sind Gesetze, Verordnungen und sonstige Regelungen. Der Bundesminister für Wirtschaft und Arbeit bereitet Gesetze, Verordnungen und sonstige Vorschriften vor. Dabei wird er von der Bundesanstalt für Arbeitsschutz und Unfallforschung beraten und unterstützt.

So beschließt z. B. die Vertreterversammlung der Berufsgenossenschaft **Unfallverhütungsvorschriften,** die zuvor in Fachausschüssen erarbeitet worden sind. Diese Bestimmungen erhalten nach der ministeriellen Genehmigung Gesetzeskraft.

Wie im privaten Bereich, so gelten auch im Betrieb einige grundsätzliche Verhaltensregeln zur Vermeidung von Arbeitsunfällen wie:

- Treppen sind keine Abstellflächen.
- Lose verlegte Telefonkabel oder Verlängerungskabel sind Stolperstellen.
- Leitern sind gemäß Nutzungsvorschrift zu verwenden.
- Im Umgang mit Elektrizität ist grundsätzlich Vorsicht geboten.
- Fluchtwege und Notausgänge sind grundsätzlich freizuhalten.
- Jeder Mitarbeiter im Büro sollte den Umgang mit einem Feuerlöscher beherrschen.
- Reinigungsmaterialien dürfen nur in Originalflaschen aufbewahrt werden, um Verwechslungen zu vermeiden.
- Die Leistung der Ersten Hilfe im Unglücksfall kann lebensrettend sein – jeder Mitarbeiter sollte dazu in der Lage sein.

Gesetze	Verordnungen	Sonstige Regelungen
Grundgesetz Jugendarbeitsschutzgesetz Mutterschutzgesetz Geräte- und Produktsicherheitsgesetz Arbeitssicherheitsgesetz	Gewerbeordnung Arbeitszeitverordnung Gefahrstoffverordnung Verordnung über Arbeitsstätten/ Arbeitsstättenverordnung	Sicherheitstechnik • DIN (Deutsches Institut für Normung e.V.) • DVGW (Deutscher Verein von Gas- und Wasserfachmännern) • VDE (Verband Deutscher Elektrotechniker) • VDI (Verein Deutscher Ingenieure)

Arbeitssicherheit

Nicht alle Arbeitsunfälle sind grundsätzlich meldepflichtig. Ob ein Unfall gemeldet werden muss oder nicht, hängt von bestimmten Faktoren ab.

1. Unter **Meldepflicht** versteht man die Notwendigkeit, einen Unfall an die zuständige **Berufsgenossenschaft** zu melden. Die Meldepflicht ist **abhängig** von der Zahl der Ausfalltage, die ein Unfall zur Folge hat.
2. Unfälle mit drei oder weniger Ausfalltagen sind **nicht** meldepflichtig.
3. Unfälle mit vier oder mehr Ausfalltagen müssen der **Berufsgenossenschaft** gemeldet werden.
4. Der Tag, an dem der Unfall passiert ist, zählt **nicht** als Ausfalltag mit.
5. **Firmenintern** muss jeder Unfall unverzüglich an den nächsten Vorgesetzten gemeldet werden.

Merke

1. Die Berufsgenossenschaften sind Träger der gesetzlichen Unfallversicherung.
2. Für die Verhütung von Arbeitsunfällen und Berufskrankheiten sorgen Gewerbeaufsichtsbehörde und Berufsgenossenschaft.
3. Rechtliche Grundlagen der Arbeitssicherheit sind Gesetze, Verordnungen und sonstige Vorschriften.
4. Arbeitsunfälle sind alle Unfälle im Betrieb und auf dem Weg zum und vom Arbeitsort.
5. Alkohol kann den gesetzlichen Versicherungsschutz gefährden.
6. Im Bürobereich ist die Verwaltungs-Berufsgenossenschaft zuständig.
7. Sicherheitsbeauftragte helfen im Betrieb, Unfälle zu verhüten.
8. Häufige Gefahrenquellen im Büro sind: Sturzunfälle, Treppen, Leitern, Tritte, Regale, Schränke, Türen und „Kleinigkeiten".
9. Das GS-Zeichen garantiert bei Geräten und Maschinen eine geprüfte Sicherheit.
10. Über Brandschutz und Erste Hilfe sollte jeder Bescheid wissen.

Aufgaben

1. Welche Aufgaben hat die Berufsgenossenschaft?
2. Ein Automechaniker kann durch einen Betriebsunfall nur noch eine sitzende Tätigkeit ausführen. Wer zahlt die Umschulung zum Programmierer?
3. Wodurch kann der gesetzliche Versicherungsschutz verloren gehen?
4. Für welchen Bereich ist die Verwaltungs-Berufsgenossenschaft zuständig?
5. Was ist ein „Sicherheitsbeauftragter"?
6. Zählen Sie fünf Rechtsgrundlagen der Arbeitssicherheit auf.
7. Welche vier Anforderungen werden an Notausgänge gestellt?
8. Wie würden Sie sich verhalten, wenn es im Büro einmal brennt?
9. Woran erkennen Sie sichere Geräte und Maschinen?
10. Eine Kollegin von Ihnen bricht sich im Büro bei einem Sturzunfall den Arm. Wie helfen Sie ihr?

1.1.5 Raumformen eines Büros

Viele Mitarbeiter empfinden den Arbeitsplatz als „zweites Zuhause". Die Umgebung und Einrichtung eines Büroraumes ist deshalb für die Mitarbeiter ein besonders wichtiges Anliegen. Da auch der Arbeitgeber ein Interesse daran hat, die Rahmenbedingungen für die Mitarbeiter möglichst optimal zu gestalten, um die Arbeitsproduktivität positiv zu beeinflussen, wird auch die Frage nach dem bestmöglichen Büroraum gestellt werden.

Heute unterscheidet man zwischen dem Ein- und Mehrpersonenraum und dem Großraumbüro.

Die Baukosten für die Errichtung von **Einpersonenräumen** sind recht hoch, da bis zu 40 % der Grundfläche für Mauerwerk und Flure verloren gehen können. Als Vorteil ist jedoch zu sehen, dass der Mitarbeiter ungestört arbeiten und auch vertrauliche Gespräche führen kann. Diese Raumform ist heute meist Führungskräften vorbehalten. Die von der Arbeitsstättenverordnung (§ 23) vorgeschriebene Mindestgröße von 8 m^2 Grundfläche spielt damit bei Neubauten praktisch keine Rolle mehr. In älteren Bürogebäuden findet man allerdings auch heute noch Einpersonenräume: Ein langer Flur in der Mitte des Gebäudes und rechts und links Büros, die den gesetzlichen Erfordernissen gerade entsprechen.

Mehrpersonenräume sind dann vorteilhaft, wenn gleiche Arbeiten an mehreren Arbeitsplätzen durchgeführt werden sollen. Im Gegensatz zum Einpersonenraum hat jeder Mitarbeiter Verbindung zur Gruppe. Die getrennte Unterbringung der einzelnen Gruppen in verschiedenen Räumen führt ebenso wie beim Einpersonenraum zu hohen Laufwegen und zu häufigem Telefonieren.

In vielen Unternehmen werden zunehmend **mobile Arbeitsplätze** eingerichtet. Dabei stellen Unternehmen entweder Einzelbüros oder Mehrpersonenbüros nur mit Schreibtischen ausgestattet zur Verfügung. Die Mitarbeiter haben ihre Arbeitsunterlagen in einem Rollcontainer verstaut, den sie bei Arbeitsbeginn mit in ein beliebiges Büro nehmen. Mobiltelefon, Laptop und WLAN ermöglichen das Arbeiten an jedem beliebigen Platz im Unternehmen. Mobile Arbeitsplätze findet man heute auch vielfach dort, wo Mitarbeiter sowohl zu Hause wie auch im Büro arbeiten. Da in diesem Fall immer nur ein Teil der Mitarbeiter im Unternehmen anwesend ist, werden auf diese Weise keine teuren Arbeitsplätze unnötig vorgehalten.

Die **Größe** eines Arbeitsraums wird in der Arbeitsstättenverordnung geregelt (Anhang Anforderungen an Arbeitsstätten nach § 3 Abs. 1).

§

Arbeitsstättenverordnung (Anhang Anforderungen an Arbeitsstätten nach § 3 Abs. 1)

1.2 Abmessungen von Räumen, Luftraum

(1) Arbeitsräume müssen eine ausreichende Grundfläche und eine, in Abhängigkeit von der Größe der Grundfläche der Räume, ausreichende lichte Höhe aufweisen, sodass die Beschäftigten ohne Beeinträchtigung ihrer Sicherheit, ihrer Gesundheit oder ihres Wohlbefindens ihre Arbeit verrichten können.

(2) Die Abmessungen aller weiteren Räume richten sich nach der Art ihrer Nutzung.

(3) Die Größe des notwendigen Luftraumes ist in Abhängigkeit von der Art der körperlichen Beanspruchung und der Anzahl der Beschäftigten sowie der sonstigen anwesenden Personen zu bemessen.

3.1 Bewegungsfläche

(1) Die freie unverstellte Fläche am Arbeitsplatz muss so bemessen sein, dass sich die Beschäftigten bei ihrer Tätigkeit ungehindert bewegen können.

(2) Ist dies nicht möglich, muss den Beschäftigten in der Nähe des Arbeitsplatzes eine andere ausreichend große Bewegungsfläche zur Verfügung stehen.

Großraumbüro

Um 1960 wurden viele Kleinraumbüros durch ein Großraumbüro ersetzt. In einem Raum von mindestens 400 m^2 waren die Arbeitsplätze nach Abteilungen überwiegend reihenförmig angeordnet. 80 % der Fläche wurden ausgenutzt. Jeder sah jetzt jeden. Leitende Mitarbeiter bevorzugten Kleinräume, die an der Außenseite des Großraums lagen. Schon nach wenigen Jahren zeigten sich Schwächen des reinen Großraumbüros. Die Akustik und Klimatisierung waren unvollkommen, Konzentrationsstörungen und Unzufriedenheit der Mitarbeiter wurden offensichtlich.

Raum-im-Raum-System im Großraumbüro

Die Bürolandschaft wurde erfunden. Klimaanlagen, Pflanzen, Stellwände für Sichtschutz und eine aufgelockerte Gruppierung der Arbeitsplätze sollten im Großraumbüro Verbesserungen bringen. Aber auch diese Lösung war mangelhaft, weil Störungen durch Geräusche und Blickkontakte weiterhin bestanden.

1970 hat man dann erkannt, dass eine einzige Büroform nicht den zahlreichen Veränderungen der Arbeitsaufgaben und des technischen Fortschrittes gerecht werden konnte. Das Großraumbüro wurde in Räume aufgeteilt, es entstand das „Raum-im-Raum-System". Bewegliche Einrichtungselemente werden in jeder beliebigen Form so zusammengestellt, dass eine störungsfreie Verbindung zu anderen Mitarbeitern bei gleichzeitiger Konzentration möglich ist. Die Raumgliederung bewirkt, dass jeder Arbeitsplatz innerhalb einer Gruppe einen persönlichen Bereich hat und dennoch eine Verbindung zur Gruppe besteht. Als bewegliches Grundelement dient eine Wand, ein Schrank oder ein Regal. Behälter und andere Hilfsmittel, die am Arbeitsplatz notwendig sind, können im Baukastenprinzip angebracht werden. Das „Raum-im-Raum-System" hat wesentliche Vorteile gegenüber anderen Raumformen:

- Arbeitsgruppen mit abgeschirmten Arbeitsplätzen,
- Möglichkeit der Anpassung an veränderte Arbeitsformen,
- Anpassung an technische Neuerungen,
- Zufriedenheit der Mitarbeiter.

1.1.6 Telearbeitsplatz

Durch den Einsatz elektronischer Kommunikationsmittel gewinnt die Telearbeit in Deutschland zunehmend an Bedeutung. Dabei wird die Büroarbeit entweder von zu Hause oder von einem Gemeinschaftsbüro aus, in dem Telearbeiter verschiedener Auftraggeber zusammen in einem für sie gut erreichbaren Büro arbeiten, verrichtet.

Die Anforderungen an diese Arbeitsplätze unterscheiden sich nicht von anderen Büroarbeitsplätzen.

Eine besondere Situation besteht, wenn Arbeitnehmer zu Hause arbeiten. Neben dem Problem der Trennung von Beruflichem und Privatem (Lösung: pauschale Vergütung erbrachter Leistungen), ist hier auch die Frage der Gestaltung des Arbeitsplatzes in die Verantwortlichkeit des Arbeitnehmers übertragen. Im Internet unter www.uni-marburg.de/personal/personalrat/dienstvereinbarungen/dienstvereinbarungen/telearbeit ist eine ausführliche Dienstvereinbarung zum Thema Telearbeit zu finden.

Merke

1. Der Einpersonenraum erlaubt das Führen von vertraulichen Gesprächen.
2. Im Mehrpersonenraum hat jeder Mitarbeiter Verbindung zur Gruppe.
3. Beim „Raum-im-Raum-System" können bewegliche Einrichtungsgegenstände so zusammengestellt werden, dass eine störungsfreie Verbindung zu anderen Mitarbeitern bei gleichzeitiger Konzentration möglich ist.

Projektthema

„Die unterschiedlichen Raumformen im Urteil der Mitarbeiter"

Arbeitshinweise:
Entwickeln Sie in der Klasse gemeinsam einen Fragebogen, mit dem Sie Vor- und Nachteile der verschiedenen Raumformen bei den Mitarbeitern der verschiedenen Ausbildungsbetriebe direkt erfragen können. Stellen Sie danach fest, welche vom jeweiligen Betrieb unabhängigen Vor- und Nachteile genannt werden.

Aufgaben

1. Welche Nachteile sehen Sie in kleinen Büros?
2. Zählen Sie einige Vorteile des Einpersonenraumes auf.
3. Wann spricht man von einem „Großraumbüro"?
4. Welche Merkmale kennzeichnen eine „Bürolandschaft"?
5. Warum fühlten sich viele Mitarbeiter in den ersten Großraumbüros nicht wohl?
6. Beschreiben Sie in Stichworten das „Raum-im-Raum-System".
7. Welche Aufgaben können als Telearbeit zu Hause verrichtet werden?

1.2 Umwelt- und Gesundheitsfaktoren

Es ist schon lange bekannt, dass positive Rahmenbedingungen die Leistungsfähigkeit der Mitarbeiter günstig beeinflussen. So hat man schon früh erkannt, dass große Hitze ebenso wie großer Lärm negative Auswirkungen auf die Arbeitsleistung des Menschen haben. Im Bereich der Produktion hat man seit Jahren weitreichende Konsequenzen gezogen und diese Arbeiten größtenteils Maschinen übertragen. Dort, wo heute noch gewerbliche Arbeitsplätze besetzt werden, hat man zahlreiche Schutzvorkehrungen gegen Lärm, Hitze und Schmutz getroffen. Sicher waren hierzu die Schutzinteressen der Arbeitnehmerverbände ebenso ausschlaggebend wie die Einflussnahme des Staates, der vor allem mit der Arbeitsstättenverordnung den Rechtsrahmen geschaffen hat, den Arbeitgeber bei der Beschäftigung von Mitarbeitern mindestens einhalten müssen.

Im Zuge der allgemeinen Überlegungen zu der Frage, inwieweit Rahmenbedingungen die Arbeitsleistung beeinflussen, wurde – sehr viel später – auch der Arbeitsplatz im Büro genauer untersucht. Lärm, Licht, Farbe und Raumklima waren als Einflussfaktoren bereits bekannt. Gegenstand des Forschungsinteresses sind mittlerweile Einflüsse geworden, die auf den ersten Blick nicht direkt erkennbar sind und meist nur in ihrer Langzeitwirkung als Problem auftreten. Verschiedene Baumaterialien wurden von der Forschung als schädlich für die Gesundheit und damit für die Leistungsfähigkeit entlarvt. Dank modernster Messtechniken können heute gesundheitsgefährdende Substanzen in geringster Konzentration nachgewiesen werden. So hat die krebserregende Wirkung der Asbestfaser zu einem Verbot der Asbestproduktion und schließlich zur umfassenden Sanierung zahlreicher Büros, in denen astbesthaltiges Material in den 50er- und 60er-Jahren eingebaut wurde, geführt. In der Öffentlichkeit bekannter wurde das Asbestproblem dadurch, dass in ganz Deutschland zahlreiche Schulen wegen Asbestbelastung geschlossen und erst nach aufwendigen Sanierungsarbeiten wieder geöffnet wurden.

1.2.1 Beleuchtung

Untersuchungen haben gezeigt, dass bei der Texterfassung die Fehlerhäufigkeit bei Erhöhung der Beleuchtungsstärke abnimmt. Zwei Beleuchtungsarten stehen zur Wahl: Tageslicht und Kunstlicht. Beim Kunstlicht unterscheidet man zwischen der Allgemeinbeleuchtung des gesamten Raumes, der Allgemeinbeleuchtung des Arbeitsplatzes und der Einzelplatzbeleuchtung. Die Größe des Raumes ist für die Wahl der Beleuchtungsart entscheidend. DIN 5034 enthält Leitsätze für die Innenraumbeleuchtung mit Tageslicht,

(Fortsetzung Seite 25)

Betriebliche Gesundheitsförderung

Gesunde und motivierte Mitarbeiterinnen und Mitarbeiter sind die wichtigste Ressource in Unternehmen; sie sind eine Grundvoraussetzung für deren Erfolg und Wettbewerbsfähigkeit. Vorausschauende Unternehmen haben deshalb die Betriebliche Gesundheitsförderung (BGF) systematisch in ihr Betriebsmanagement aufgenommen. BGF geht über die reine Einhaltung der Rechtsvorschriften im Arbeitsschutz hinaus; sie bedeutet, dass Arbeitgeber ihre Beschäftigten aktiv dabei unterstützen, die eigene Gesundheit und das eigene Wohlbefinden insgesamt zu verbessern.

Die BGF ist in der Regel auf verschiedene Bereiche ausgerichtet und in der Praxis häufig eng mit der Gefährdungsbeurteilung verbunden. Um BGF erfolgreich umzusetzen, sollten folgende Maßnahmen ins Betriebsgeschehen einbezogen werden:

Verbesserung der Arbeitsorganisation, z. B. durch
- die Einführung von flexiblen Arbeitszeiten,
- die Ermöglichung von Telearbeit,
- die Förderung von lebenslangem Lernen durch Maßnahmen wie Arbeitsplatzrotation und Arbeitsbereicherung.

Verbesserung der Arbeitsumgebung, z. B. durch
- Förderung kollegialer Unterstützung,
- Anregung der Beschäftigten zur Mitarbeit bei der Verbesserung der Arbeitsumgebung,
- Bereitstellung gesunder Kantinenkost.

Motivation der Beschäftigten zur Teilnahme an gesundheitsfördernden Aktivitäten, z. B. durch
- Sportangebote,
- Rücken und Bewegungsprogramme,
- Bereitstellung von Fahrrädern zur Bewältigung kurzer Entfernungen auf weitläufigen Betriebsgeländen.

Die Förderung der persönlichen Entwicklung der Beschäftigten, z. B. durch
- Kursangebote zur Vermittlung sozialer Kompetenzen wie der Fähigkeit zur Stress- und Konfliktbewältigung,
- Förderung einer gesunden Ernährung und die Möglichkeit, das Erfahrene auch in die Praxis umzusetzen, z. B. durch Bereitstellung gesunder Kantinenkost und Einplanung ausreichender Essenszeiten,
- Förderung einer gesunden Lebensweise, z. B. durch Unterstützung der Beschäftigten bei der Rauchentwöhnung oder durch Angebot von Informationen und vertraulicher Beratung zu Alkohol und Drogen.

Förderung der psychischen Gesundheit, z. B durch
- Bereitstellung von Kursen für Führungskräfte zum Thema Umgang mit Stress und Spannungen in ihrem Team,
- Angebote für anonyme psychologische Beratung und Stressbewältigungskurse (Entspannungskurse, autogenes Training, Zeitmanagement etc.) für alle Mitarbeiter.

Vorteile der Betrieblichen Gesundheitsförderung

Arbeitgeber	Arbeitnehmer
• Erhalt und Stärkung der Arbeits- und Beschäftigungsfähigkeit der Mitarbeiterinnen und Mitarbeiter, • Erhöhung der Motivation durch Stärkung der Identifikation mit dem Unternehmen, • Kostensenkung durch weniger Krankheits-, Produktions- und Fluktuationsausfälle, • Steigerung der Produktivität und Verbesserung der Qualität, • Imageaufwertung als Arbeitgeber und damit einfachere Personalanwerbung • Stärkung der Innovationskraft und Wettbewerbsfähigkeit	• Verbesserung des Gesundheitszustandes und Senkung gesundheitlicher Risiken • Reduzierung der Arztbesuche • Verbesserung der gesundheitlichen Bedingungen im Unternehmen • Verringerung von Belastungen • Verbesserung der Lebensqualität • Erhaltung / Zunahme der eigenen Leistungsfähigkeit • Erhöhung der Arbeitszufriedenheit und Verbesserung des Betriebsklimas • Mitgestaltung des Arbeitsplatzes und des Arbeitsablaufs

Quelle: Europäische Agentur für Sicherheit und Gesundheitsschutz am Arbeitsplatz (http://osha.europa.eu/de)

DIN 5035 gibt Richtlinien und Empfehlungen für die Innenraumbeleuchtung mit Kunstlicht. Die Güte der Beleuchtung hängt ab von der

- Gleichmäßigkeit,
- Blendungsfreiheit,
- Schattigkeit,
- Lichteinfallsrichtung und
- Beleuchtungsart.

Eine gleichmäßige Raumbeleuchtung ist Voraussetzung für ein angenehmes Lichtempfinden. Jede Art von Blendung ist zu vermeiden, weil dadurch die Unfallgefahr zunimmt. Ohne Schatten wirken Gegenstände nicht mehr räumlich und sind schwer zu erkennen.

Die Arbeitsplätze sollen so angeordnet sein, dass die Lichteinfallsrichtung keine Hand- oder Körperschatten bildet, die auf der Arbeitsfläche stören.

Bei Rechtshändern sollte die Arbeitsleuchte links vom Körper stehen, weil sonst Schatten der Hand das Arbeiten erschweren. Bei Linkshändern ist es genau umgekehrt.

Falls es die Raumarten zulassen, sollte Tageslicht einer künstlichen Beleuchtung vorgezogen werden. Im Kleinraumbüro bestimmt überwiegend das einfallende Tageslicht die Anordnung des Arbeitsplatzes.

Reicht das Tageslicht nicht aus, so können Leuchtstofflampen als Lichtbänder parallel zur Fensterwand die Beleuchtung ergänzen.

Eine Arbeitsplatzbeleuchtung mit Tageslicht und regulierbaren Tischlampen vermeidet die unpersönliche Helligkeit von Lichtdecken und hilft, teure Energie zu sparen.

Tischlampe zur Einzelarbeitsplatzbeleuchtung

Die künstliche Beleuchtung ersetzt oder ergänzt im Großraumbüro das Tageslicht. Die Beleuchtungsstärke muss gegenüber dem Kleinraum doppelt so hoch sein. Leuchtstofflampen mit Spiegelreflektoren erhöhen die Beleuchtungsstärke und verringern gleichzeitig Stromkosten.

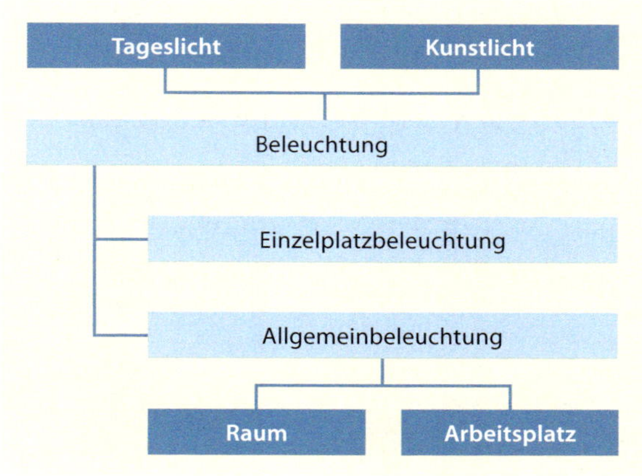

Warmes und kaltes Licht

In der Beleuchtungstechnik unterscheidet man die Lichtfarben „warmweiß“, „neutralweiß“ und „tageslichtweiß“. Dies gilt auch für Leuchtstofflampen:

- **Warmweiße Lichtfarben** passen zu einer wohnlichen, erholsamen Atmosphäre mit geringerer Beleuchtungsstärke.
- **Neutralweißes Licht** harmoniert mit aktiver Stimmungslage und wird für Arbeitsplätze bevorzugt.
- **Tageslichtweiße Lampen** verstärken eine an sich bereits kühle Atmosphäre und wirken bei geringer Beleuchtungsstärke kalt und steril.

§

Arbeitsstättenverordnung (Anhang Anforderungen an Arbeitsstätten nach § 3 Abs. 1)

3.4 Beleuchtung und Sichtverbindung

(1) Die Arbeitsstätten müssen möglichst ausreichend Tageslicht erhalten und mit Einrichtungen für eine der Sicherheit und dem Gesundheitsschutz der Beschäftigten angemessenen künstlichen Beleuchtung ausgestattet sein.

(2) Die Beleuchtungsanlagen sind so auszuwählen und anzuordnen, dass sich dadurch keine Unfall- oder Gesundheitsgefahren ergeben können.

(3) Arbeitsstätten, in denen die Beschäftigten bei Ausfall der Allgemeinbeleuchtung Unfallgefahren ausgesetzt sind, müssen eine ausreichende Sicherheitsbeleuchtung haben.

Energie-Spartipps

- Energiesparlampen sind mittlerweile Pflicht. Sie verbrauchen im Vergleich zu den früheren Glühbirnen nur ein Fünftel der Energie und halten zehnmal länger. Bei 10 000 Stunden Brenndauer sparen Sie rund 125,00 €.
- Verwenden Sie für Wände, Decken und Fußböden möglichst helle Farben.
- Reinigen Sie Lichtquellen und Leuchten regelmäßig.
- Bei Energiesparlampen mit konventionellem Vorschaltgerät reduziert sich die Lebensdauer durch häufiges Schalten. Lampen mit elektronischem Vorschaltgerät können ohne Einfluss auf die Lebensdauer so häufig wie Glühlampen ein- und ausgeschaltet werden.
- Nicht benötigte Lichtquellen immer ausschalten.

1.2.2 Klima

Das Behaglichkeitsempfinden des Menschen hängt vom Klima ab und wechselt je nach Tätigkeit und Bekleidung. Das Klima setzt sich zusammen aus der Lufttemperatur, der Luftfeuchtigkeit der Luftbewegung und der Strahlungswärme. Strahlungswärme geben Körper ab, die im Raum sind, z. B. Personen, Büromaschinen, Lampen. Der menschliche Körper kann Klimaschwankungen bis zu einer bestimmten Grenze, die von Mensch zu Mensch unterschiedlich ist, ausgleichen. Werden bestimmte Werte überschritten, dann sinkt die Leistungsfähigkeit. Sehr große Klimaschwankungen führen zu Gesundheitsschäden. In einem Großraum ist die Behaglichkeitszone sehr eng. Sie umfasst einen Temperaturbereich von nur 10 %. Temperaturunterschiede in der Behaglichkeitszone führen zu unerwünschter Zugluft. Das Raumklima im Büro soll folgenden Mittelwerten entsprechen:

- Lufttemperatur: 294 Kelvin (21 °Celsius)
- Luftfeuchtigkeit: 50 %
- Luftbewegung: 0,1 m/Sek.
- Sauerstoffgehalt: 21 %

Wissenschaftler fordern seit Jahren, dass an Atemluft vergleichbare hygienische Anforderungen gestellt werden wie an das Trinkwasser. Während Trinkwasser von Behörden akribisch kontrolliert wird, bleibt den Betreibern von Raumluftanlagen die Hygiene selbst überlassen, eine unabhängige Kontrolle ist vom Gesetzgeber noch nicht vorgesehen. **Klimaanlagen** ersetzen in Großraumbüros das natürliche Klima. Sie erfüllen mehrere Aufgaben:

- Heizung,
- Kühlung,
- Luftbefeuchtung,
- Luftzusammensetzung,
- Luftentstaubung,
- Geruchsbeseitigung.

Hauptschwierigkeiten der künstlichen Klimatisierung sind das Auftreten von Ermüdungserscheinungen, erhöhte Infektionsanfälligkeit und Luftströme, die nicht den gesamten Körper treffen. Die Angst, dass man ersticken könnte, weil die Fenster nicht geöffnet werden dürfen, ist völlig unbegründet. Annehmbare Lösungen der Klimatisierung eines Großraumbüros werden nur dann erreicht, wenn Bauherr, Architekt, Organisator, beratender Ingenieur und Arbeitsmediziner Hand in Hand arbeiten.

Raumklimageräte können in kleinen und mittelgroßen Büroräumen vor allem im Sommer das Klima verbessern. Sie kühlen, reinigen und entfeuchten die Luft. Raumklimageräte sind verhältnismäßig preiswert und können auch nachträglich im Büroraum eingebaut werden.

Wärmebilanz des Körpers (nach Grandjean)

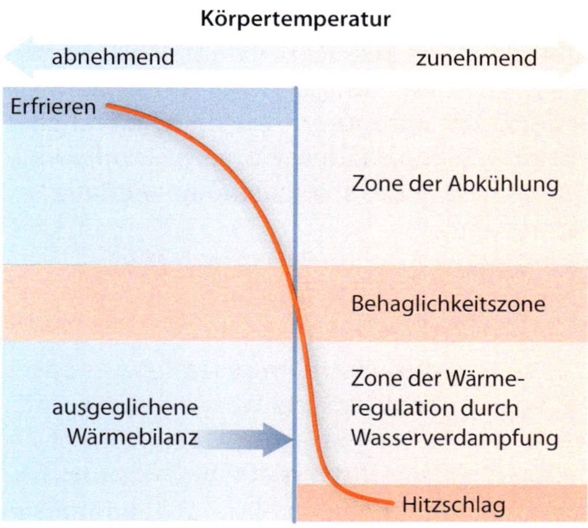

§

Arbeitsstättenverordnung (Anhang Anforderungen an Arbeitsstätten nach § 3 Abs. 1)

3.6 Lüftung

(1) In umschlossenen Arbeitsräumen muss unter Berücksichtigung der Arbeitsverfahren, der körperlichen Beanspruchung und der Anzahl der Beschäftigten sowie der sonstigen anwesenden Personen ausreichend gesundheitlich zuträgliche Atemluft vorhanden sein.

(2) Ist für das Betreiben von Arbeitsstätten eine raumlufttechnische Anlage erforderlich, muss diese jederzeit funktionsfähig sein. Eine Störung muss durch eine selbsttätige Warneinrichtung angezeigt werden. Es müssen Vorkehrungen getroffen sein, durch die die Beschäftigten im Fall einer Störung gegen Gesundheitsgefahren geschützt sind.

(3) Werden Klimaanlagen oder mechanische Belüftungseinrichtungen verwendet, ist sicherzustellen, dass die Beschäftigten keinem störenden Luftzug ausgesetzt sind.

(4) Ablagerungen und Verunreinigungen in raumlufttechnischen Anlagen, die zu einer unmittelbaren Gesundheitsgefährdung durch die Raumluft führen können, müssen umgehend beseitigt werden.

1.2.3 Lärm

Ebenso wie Beleuchtung und Klima ist der Geräuschpegel im Büroraum für ein ungestörtes Arbeiten mitentscheidend. Zu laute Büroräume vermindern die Konzentrationsfähigkeit, häufige Fehler sind die Folge. Geräuschbelästigungen können von außen (z. B. Straßenlärm) und im Büroraum selbst auftreten (z. B. lautes Telefonieren, Büromaschinen). Verschiedene Maßnahmen bekämpfen wirksam die Störquellen:

- Teppichboden,
- Decken- und Wandverkleidungen mit Schallschutz,
- Stellwände,
- geräuschgedämpfte Büromaschinen,
- räumliche Trennung lauter Büromaschinen,
- Besprechungsräume,
- Isolierverglasung,
- gegenseitige Rücksichtnahme.

Der **Schallpegel**[1] wird in A-bewerteten Dezibel – dB (A) – gemessen. Die Übersicht zeigt Beispiele des Schallpegels dB (A).

Hörschwelle	15
Flüstern	30
Umgangssprache	50
Diktat	65
lautes Rufen	80
Schmerzschwelle	130
startendes Düsenflugzeug	140

dB (A)	Empfinden
30–40	sehr ruhig bis ruhig, Störungen durch Geräuschspitzen (herausragende Einzelgeräusche)
50	angenehm, wenig wahrnehmbare Geräuschspitzen
55–60	noch nicht störend
über 60	laut bis unerträglich

[1] *Schalldruck, den Schallwellen auf das Trommelfell ausüben*

§

Arbeitsstättenverordnung (Anhang Anforderungen an Arbeitsstätten nach § 3 Abs. 1)

3.7 Lärm

In Arbeitsstätten ist der Schalldruckpegel so niedrig zu halten, wie es nach der Art des Betriebes möglich ist. Der Schalldruckpegel am Arbeitsplatz in Arbeitsräumen ist in Abhängigkeit von der Nutzung und den zu verrichtenden Tätigkeiten so weit zu reduzieren, dass keine Beeinträchtigungen der Gesundheit der Beschäftigten entstehen.

1.2.4 Farbe und Gestaltung

Bei der Farbgestaltung eines Büroraumes muss die unterschiedliche Wirkung der Farben auf den Menschen berücksichtigt werden. Die Farbenlehre unterscheidet zwischen warmen und kalten Farben. Warme Farben enthalten Gelb: z. B. Rot, Orange, Gelb, Grün. Die „warme" Wirkung hängt wahrscheinlich mit einer Gedankenverbindung zur Sonne oder zu Feuer zusammen. Kalte Farben enthalten Blau: z. B. Blaugrün, Blau, Blauviolett. Vielleicht besteht unbewusst ein Zusammenhang mit Eis, Meer oder kaltem Nordlandhimmel.

Die Übersicht zeigt Beispiele für die Wirkung und Gedankenverbindung der psychologischen[1] Grundfarben.

Farbe	Wirkung	Gedankenverbindung
Rot	erregend	Gefahr, Kraft
Gelb	lebhaft	Wärme, Krankheit
Grün	natürlich	Gras, Blätter
Blau	beruhigend	Himmel, Meer
Weiß	heiter	Freude, Hochzeit
Schwarz	bedrückend	Trauer, Tod

Eine überlegte Farbgestaltung trägt zum Wohlbefinden, zur Arbeitsfreude und zur Verbesserung der Beleuchtungsverhältnisse bei. Eine aufdringliche, unruhige Farbgestaltung mit starken Gegensätzen ist im Büroraum nicht empfehlenswert. Je höhere Anforderungen an die Aufmerksamkeit bei der Arbeit gestellt werden, umso mehr sollten unaufdringliche Farben verwendet werden.

Farben beeinflussen auch die Wirkung der Raumgröße. Kleine Räume wirken durch helle Farben größer. Entscheidend für die gesamte Raumwirkung ist, dass die Farben von Möbeln, Vorhängen, Fußböden, Wänden, Decken, Büromaschinen usw. aufeinander abgestimmt werden.

Auch der **Raumschmuck** trägt zum Wohlbefinden des arbeitenden Menschen im Büro bei. Wandschmuck sollte sich in Größe, Farbe und Aussagewert der Raumgestaltung anpassen. Blumen, Pflanzen und Wandschmuck sind zu Hause in jedem Wohnzimmer eine Selbstverständlichkeit. Deshalb ist Raumschmuck im Büro kein Luxus, sondern Mittel zur **Humanisierung**[2] der Arbeitswelt. Pflanzenbecken schirmen vor allem im Großraumbüro die einzelnen Arbeitsplätze sinnvoll voneinander ab, sie sind Ruhe- und Merkpunkte in der Bürolandschaft.

Pflanzen tragen zur Verbesserung des Raumklimas bei.

Pflanzen helfen auf preiswerte Art und Weise, die Luftfeuchtigkeit im Büroraum zu erhalten. Eine Vielzahl pflegeleichter Pflanzen steht zur Auswahl. Bewährt haben sich **Hydrokulturen:** Die Pflanzbecken enthalten kein Erdreich, sondern eine Wasser- und Nährlösung, die erst nach einigen Wochen ergänzt werden muss.

[1] *Psychologie: Wissenschaft von den Erscheinungen und Zuständen des bewussten und unbewussten Seelenlebens*

[2] *Humanisierung: Gestaltung im Hinblick auf das Wohl des Menschen*

Merke

1. Beleuchtung, Klima, Lärm, Farbgestaltung und Raumschmuck sind im Büro für das Wohlbefinden und die Leistungsfähigkeit eines Menschen von entscheidender Bedeutung.
2. Die Güte der Beleuchtung hängt ab von Gleichmäßigkeit, Blendungsfreiheit, Schattigkeit, Lichteinfallrichtung und Beleuchtungsart.
3. Leuchtstofflampen mit Spiegelreflektoren erhöhen die Beleuchtungsstärke und verringern die Stromkosten.
4. Klimaanlagen ersetzen im Großraumbüro das natürliche Klima.
5. Bei einfachen oder überwiegend mechanisierten Bürotätigkeiten darf der Schallpegel nicht über 70 dB (A) steigen.

Aufgaben

1. Was versteht man unter „Umweltbedingungen im Büro"?
2. Wovon hängt die Güte der Beleuchtung ab?
3. Welche Möglichkeiten sehen Sie, die Energiekosten der Büroraumbeleuchtung zu senken?
4. Welchen Mittelwerten sollte das Raumklima im Büro entsprechen?
5. Durch welche Maßnahmen kann Lärm im Büro bekämpft werden?
6. Welche Paragrafen der Verordnung über Arbeitsstätten befassen sich mit den Umweltbedingungen?
7. Was versteht man unter „Schallpegel"?
8. Überprüfen Sie, ob für Sie die Wirkung der Farben, wie zuvor beschrieben, zutrifft.
9. Überlegen Sie, durch welche Maßnahmen Ihre Arbeitssituation im Betrieb und in der Berufsschule verbessert werden könnten.
10. Erstellen Sie eine Tabelle, mit der Sie die persönlichen und betriebsbedingten Faktoren erfassen, die die Arbeitsleistung und das Leistungsvermögen der Mitarbeiter beeinflussen.

1.3 Betriebliche Arbeitszeit- und Pausenregelungen

1.3.1 Arbeitszeit

Arbeitszeit ist die Zeitspanne, während der ein Arbeitnehmer seine Arbeitskraft dem Arbeitgeber zur Verfügung stellt. Nach der Arbeitszeitordnung rechnet man die Zeit vom Beginn bis zum Ende der Arbeit ohne Ruhepausen als Arbeitszeit. Wegezeiten, also die Zeiten der Fahrt zum Arbeitsplatz wie auch nach Hause, gelten nicht als Arbeitszeit.

Während der Arbeitszeit muss sich der Arbeitnehmer zur Verfügung halten, um Weisungen des Arbeitgebers zu erfüllen. In den Betrieben gibt es unterschiedliche Regelungen: Bei manchen beginnt die Arbeitszeit erst mit der Aufnahme der Tätigkeit am Arbeitsplatz, bei anderen bereits bei dem Stechen der Arbeitskarte oder dem elektronischen Erfassen der Anfangszeit mittels Chip oder Karte am Gebäudeeingang.

Wesentliche Bestimmungen über die Arbeitszeit hat der Gesetzgeber geregelt im Arbeitszeitgesetz, **der Gewerbeordnung** und den Schutzbestimmungen bezüglich der Arbeitszeit im **Mutterschutz- und Jugendarbeitsschutzgesetz.** So beträgt nach § 3 des Arbeitszeitgesetzes (ArbZG) die regelmäßige tägliche Arbeitszeit acht Stunden. Eine Verlängerung der täglichen Arbeitszeit um zwei Stunden ist für begrenzte Zeit möglich (§ 5 ff. ArbZG). Soll in einem Betrieb täglich länger als acht Stunden gearbeitet werden, bedarf es neben einer entsprechenden Vereinbarung mit dem Betriebsrat der Zustimmung durch das Gewerbeaufsichtsamt.

Gesetzliche Regelungen zur Arbeitszeit

z. B.:
- Arbeitszeitgesetz
- Gewerbeordnung
- Betriebsverfassungsgesetz
- Mutterschutzgesetz (§ 8)
- Jugendarbeitsschutzgesetz
  - Beschäftigungsverbot von Kindern (§ 5 ff.)
  - Beschäftigung von Jugendlichen (§ 7 ff.)

Für die meisten Branchen wird heute die Arbeitszeit durch **Tarifvertrag** (Vereinbarung zwischen Arbeitgeber- und Arbeitnehmerverbänden) geregelt. Darüber hinaus hat der Betriebsrat nach § 87 Betriebsverfassungsgesetz **(BetrVG)** dann ein Mitbestimmungsrecht über Arbeitszeit- und Pausenregelungen, wenn eine gesetzliche oder tarifliche Regelung nicht besteht.

Die Vereinbarungen zwischen Betriebsrat und Unternehmensleitung werden in den **Betriebsvereinbarungen** festgehalten. Feiertagsregelungen und die Regelungen zu den sogenannten „Brückentagen" – z. B. Feiertag fällt auf einen Donnerstag, unter welchen Voraussetzungen kann dann die Arbeitszeit für den darauffolgenden Freitag vor- oder nachgeholt werden – werden meist jedes Jahr neu ausgehandelt. Die Laufzeit einer solchen Betriebsvereinbarung wäre dann auf ein Jahr beschränkt.

Flexible Arbeitszeiten

Zur besseren Ausnutzung der vorhandenen Produktionskapazitäten wird in vielen Bereichen der Wirtschaft über neue Arbeitszeitregelungen nachgedacht. Dabei geht es nicht in erster Linie um die traditionelle Schichtarbeit (siehe 1.3.3), sondern um eine grundsätzliche Flexibilisierung der Arbeitszeit. Eine Reihe von Arbeitszeitmodellen werden derzeit in den verschiedensten Unternehmen ausprobiert. Dabei wird sowohl die Samstagsarbeit wieder mit in die Überlegungen einbezogen wie auch die Arbeitszeitregelung innerhalb einer Viertagewoche. Von den Gewerkschaften wird die Zusammenarbeit mit Arbeitgeberverbänden in diesen Fragen deshalb gesucht, weil man sich auf diesem Weg eine bessere Verteilung der vorhandenen Arbeit vorstellen kann und so die Arbeitslosigkeit bekämpft werden soll. Der Gesetzgeber hat den Forderungen nach Flexibilisierung der Arbeit mit der Verabschiedung des Arbeitszeitgesetzes von 1994 den Weg geebnet.

1.3.2 Gleitende Arbeitszeit

Als gleitende Arbeitszeit bezeichnen wir eine Form der betrieblichen Arbeitszeitregelung, bei der die Mitarbeiter über die Lage ihrer persönlichen Arbeitszeit in begrenztem Rahmen selbst entscheiden können.

Mit Einführung der Gleitzeit im Betrieb können sowohl die Interessen der Arbeitnehmer (Anpassung an individuellen Lebensrhythmus, kürzere Anfahrtswege durch Nutzung verkehrsschwacher Zeiten oder günstigerer Fahrpläne) wie auch die Interessen der Arbeitgeber (Reduzierung von Fehlzeiten, Schaffung zusätzlicher Leistungsanreize) gleichermaßen berücksichtigt werden.

Bei der konkreten Gestaltung einer gleitenden Arbeitszeitregelung lassen sich verschiedene Grundformen unterscheiden:

1. **Wahl des Arbeitsbeginns bei fester täglicher Arbeitsdauer:**
   Innerhalb einer bestimmten Bandbreite kann der Arbeitnehmer den Zeitpunkt des Arbeitsbeginns selbst wählen. Der Arbeitsbeginn bestimmt bei dieser Form zugleich das Arbeitsende, da die vereinbarte Arbeitszeit täglich voll zu erbringen ist.

2. **Gleitende Arbeitszeit mit fester wöchentlicher oder monatlicher Arbeitsdauer:**
   Der Arbeitnehmer kann Arbeitsbeginn und Arbeitsende innerhalb vorgegebener Gleitzeitspannen täglich neu wählen, muss jedoch seine Soll-Arbeitszeit über die Woche (den Monat) voll erbringen.

3. **Gleitende Arbeitszeit mit Möglichkeit der Zeitübertragung:**
   Dabei wird das Arbeitszeit-Soll nicht voll im jeweiligen Abrechnungszeitraum (z. B. Monat) erbracht, Gleitzeitschulden oder Gleitzeitguthaben können auf den folgenden Abrechnungszeitraum übertragen werden.

Die Möglichkeit der Zeitübertragung ist in der Praxis meist auf eine bestimmte Stundenzahl, z. B. 20 Stunden monatlich, begrenzt. Dabei werden auch Vereinbarungen getroffen, in welcher Form Gleitzeitguthaben abgebaut werden können, z. B. über freie Tage oder eine entsprechende Vergütung.

§

Arbeitszeitgesetz

§ 22 Bußgeldvorschriften

(1) Ordnungswidrig handelt, wer als Arbeitgeber vorsätzlich oder fahrlässig

1. entgegen §§ 3, 6 Abs. 2 oder § 21a Abs. 4, jeweils auch in Verbindung mit § 11 Abs. 2, einen Arbeitnehmer über die Grenzen der Arbeitszeit hinaus beschäftigt,
2. entgegen § 4 Ruhepausen nicht, nicht mit der vorgeschriebenen Mindestdauer oder nicht rechtzeitig gewährt,
3. entgegen § 5 Abs. 1 die Mindestruhezeit nicht gewährt oder entgegen § 5 Abs. 2 die Verkürzung der Ruhezeit durch Verlängerung einer anderen Ruhezeit nicht oder nicht rechtzeitig ausgleicht,
4. einer Rechtsverordnung nach § 8 Satz 1, § 13 Abs. 1 oder 2 oder § 24 zuwiderhandelt, soweit sie für einen bestimmten Tatbestand auf diese Bußgeldvorschrift verweist,
5. entgegen § 9 Abs. 1 einen Arbeitnehmer an Sonn- oder Feiertagen beschäftigt,
6. entgegen § 11 Abs. 1 einen Arbeitnehmer an allen Sonntagen beschäftigt oder entgegen § 11 Abs. 3 einen Ersatzruhetag nicht oder nicht rechtzeitig gewährt,
7. einer vollziehbaren Anordnung nach § 13 Abs. 3 Nr. 2 zuwiderhandelt,
8. entgegen § 16 Abs. 1 die dort bezeichnete Auslage oder den dort bezeichneten Aushang nicht vornimmt,
9. entgegen § 16 Abs. 2 oder § 21a Abs. 7 Aufzeichnungen nicht oder nicht richtig erstellt oder nicht für die vorgeschriebene Dauer aufbewahrt oder
10. entgegen § 17 Abs. 4 eine Auskunft nicht, nicht richtig oder nicht vollständig erteilt, Unterlagen nicht oder nicht vollständig vorlegt oder nicht einsendet oder entgegen § 17 Abs. 5 Satz 2 eine Maßnahme nicht gestattet.

(2) Die Ordnungswidrigkeit kann in den Fällen des Absatzes 1 Nr. 1 bis 7, 9 und 10 mit einer Geldbuße bis zu 15.000,00 €, in den Fällen des Absatzes 1 Nr. 8 mit einer Geldbuße bis zu 2.500,00 € geahndet werden.

Vormittag				Nachmittag		
Mittagspause						
Gleitzeit	Kernzeit (Anwesenheitspflicht)	Gleitzeit		Gleitzeit	Kernzeit (Anwesenheitspflicht)	Gleitzeit
1	2	3	4	5	6	7 8

1	frühester Arbeitsbeginn	2	spätester Arbeitsbeginn
3	frühester Beginn der Mittagspause	4	spätester Beginn der Mittagspause
5	frühestes Ende der Mittagspause	6	spätestes Ende der Mittagspause
7	frühestes Arbeitsende	8	spätestes Arbeitsende

Unter dem Begriff **variable Arbeitszeit** wurden verschiedentlich Arbeitszeitregelungen erprobt, bei denen dem Arbeitnehmer ohne Festlegung einer Kernzeit gänzlich freigestellt war, wann er seine Arbeit verrichtet. Diese Form hat sich allerdings bis heute nur in wenigen Betrieben durchgesetzt.

1.3.3 Schichtarbeit

Um eine bessere Auslastung der kapitalintensiven Maschinen zu ermöglichen, hat sich im Bereich der Produktion schon vor vielen Jahren eine besondere Form der Arbeitsorganisation eingebürgert – die Schichtarbeit. Je nachdem, wie die Arbeitszeit verteilt wird, unterscheidet man den Zwei- und den Drei-Schicht-Betrieb und spricht dann von der Früh- und Spätschicht oder der Früh-, Mittel- und Spätschicht. Die Arbeitnehmer können dabei auf bestimmte Schichten festgelegt sein oder diese – z. B. wöchentlich – wechseln (Wechselschicht).

Diese Arbeitszeitregelung, von den Arbeitgebern zur kontinuierlichen Produktion und besseren Auslastung vorhandener Kapazitäten eingeführt, ist für viele Arbeitnehmer nicht unproblematisch, da vor allem die Nachtarbeit erhöhte Anforderungen an die Mitarbeiter stellt. Viele Schichtarbeiter klagen darüber, dass eine Gewöhnung an die Umstellung des Tag-Nacht-Rhythmus auch nach vielen Jahren nicht möglich ist.

Wird nur an Werktagen in Schichten gearbeitet, spricht man von teilkontinuierlicher Schichtarbeit. Werden Schichten durchgängig auch über das Wochenende gefahren, handelt es sich um die vollkontinuierliche Schichtarbeit. Letztere ist nur nach Genehmigung durch das Gewerbeaufsichtsamt zulässig. Der Betriebsrat hat bei der Erstellung der Schichtpläne ein generelles Mitbestimmungsrecht (§ 87 BetrVG).

1.3.4 Teilzeitarbeit

Immer mehr Arbeitnehmer möchten ihre Arbeitszeit individueller gestalten und suchen deshalb nach Lösungen, die über die Möglichkeiten der Gleitzeit-Regelungen (siehe 1.3.2) hinausgehen beziehungsweise diese ergänzen. Da auch in den Unternehmen der Arbeitsanfall häufig stark schwankt, zeigen Arbeitgeber durchaus die Bereitschaft, Teilzeitarbeit mit den Mitarbeitern festzulegen. Je nach individuellen Wünschen und betrieblichen Notwendigkeiten sind heute in der Praxis alle Varianten, vom Halbtagsjob bis zur 90-%-Regelung, vorzufinden.

Als besondere Form der Teilzeitarbeit kann heute das **Jobsharing** bezeichnet werden, bei dem sich zwei Mitarbeiter einen Arbeitsplatz nach einem zu vereinbarenden Stundenverhältnis aufteilen. Dort, wo Jobsharing betrieben wird, hat sich die Aufteilung in Vor- und Nachmittage als die am häufigsten praktizierte Lösung gezeigt.

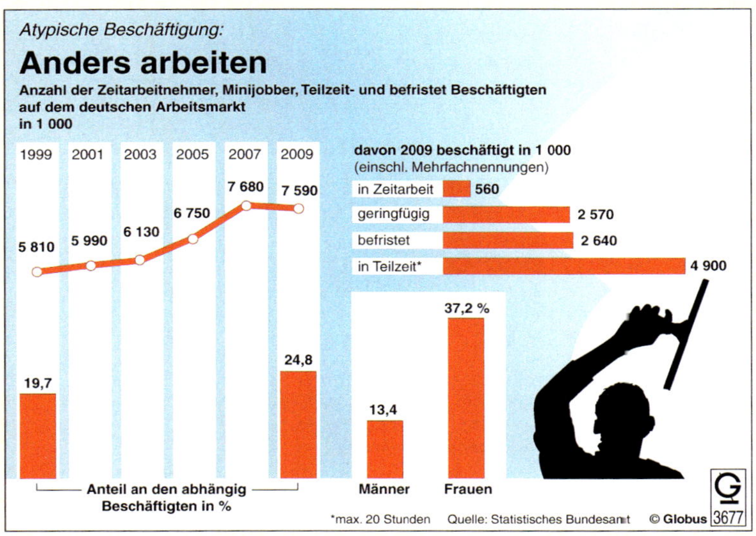

Die Zahl der Beschäftigten in Teilzeit- und Zeitarbeitsverhältnissen sowie in befristeten oder Minijobs ist in den vergangenen zehn Jahren stark gestiegen. Diese als atypisch bezeichneten Beschäftigungsformen machten im Jahr 2009 rund ein Viertel der Beschäftigung hierzulande aus. Die Zahl der Betroffenen stieg seit 1999 von 5,8 auf 7,6 Millionen. Meist sind Frauen und junge Menschen atypisch beschäftigt. Mehr als jede dritte Frau (37,2 %) ist betroffen, die meisten von ihnen arbeiten in Teilzeit. Der entsprechende Anteil bei den Männern beträgt hingegen nur 13,4 %. Die Zahl der sozialversicherungspflichtigen Vollzeitstellen sank von 1999 bis 2009 um rund 650 000 auf 22,99 Millionen. Die traditionellen Normalarbeitsstellen machten im Jahr 2009 einen Anteil von 75,2 % aus (1999: 80,3 %).

Flexibilisierung der Arbeitszeit

Neues Modell von Trumpf sorgt für Diskussionen

Ein neues Arbeitszeitmodell des Ditzinger Maschinenbaukonzerns Trumpf stößt weit über die Metallindustrie hinaus auf großes Interesse. Ab dem nächsten Jahr sollen Trumpf-Mitarbeiter ihre Arbeitszeit in großem Umfang selbst festlegen und auf ihre Bedürfnisse in der jeweiligen Lebensphase abstimmen können.

Von Jürgen Schmidt

DITZINGEN/STUTTGART. In der Wirtschaft stößt das ungewöhnliche Arbeitszeitmodell von Trumpf auf großes Interesse. Täglich laufen Anfragen von Unternehmen, Betriebsräten und Medien ein, berichtet ein Sprecher des Unternehmens. Das Spektrum reiche von der Drei-Personen-Anwaltskanzlei bis zum Dax-Konzern

Kernstück des neuen Arbeitszeitmodells, das mit der IG Metall in einer Betriebsvereinbarung tarifrechtlich fixiert wurde: Alle zwei Jahre vereinbaren die Mitarbeiter mit ihrem Arbeitgeber eine wöchentliche Wahlarbeitszeit, die zwischen 15 und 40 Stunden liegen kann. Nach Ablauf des Zeitraums können sie erneut über eine Änderung der Stundenzahl entscheiden.

Unterschiedliche Ansprüche in Sachen Arbeitszeiten

Hinter diesem Ansatz steht die Erfahrung, dass Mitarbeiter in unterschiedlichen Lebensphasen ganz unterschiedliche Ansprüche in Sachen Arbeitszeit haben. Ein Techniker, der sein Haus abbezahlen müsse, wolle vorübergehend möglichst viel verdienen, führt die Vorsitzende der Trumpf-Geschäftsführung, Nicola Leibinger-Kammüller als Beispiel an. Auf der anderen Seite möchten junge Eltern möglicherweise für eine gewisse Zeit weniger arbeiten, um mehr Zeit mit ihren Kinder verbringen zu können.

Die Möglichkeiten, die Arbeitszeiten individuell zu gestalten, gehen aber noch weiter: Als zweites Flexibilisierungsinstrument gibt es das „Familien- und Weiterbildungskonto“. Auf dem können die Beschäftigten bis zu 1000 Stunden ansparen und für größere Unterbrechungen von mehreren Wochen bis zu sechs Monaten nutzen oder die Wochenarbeitszeit vorübergehend reduzieren. Die so gewonnene Freizeit könne für berufsbegleitende Aus- und Fortbildungen, die vorübergehende Pflege eines Familienangehörigen oder eine Weltreise genutzt werden, heißt es bei Trumpf.

Als dritten Baustein führt der Maschinenbau- und Laserspezialist das „Sabbatical“ ein. Wer eine Zeit lang für die Hälfte seines Gehalts arbeitet, kann für den gleichen Zeitraum zu Hause bleiben und die Hälfte seines Gehalts weiter beziehen. Bis zu zwei Sabbatjahre sieht die Betriebsvereinbarung vor. Die „Ansparphase“ kann dabei sowohl vor oder nach der Auszeit liegen und sogar am Anfang eines Berufslebens. So können Bachelor-Absolventen direkt nach Abschluss ihres Arbeitsvertrages ein Sabbatical antreten, um ihren Master zu machen. Während des Studiums erhalten sie bereits die Hälfte ihres Gehalts, arbeiten dann aber für die gleiche Zeitspanne nach dem Abschluss ebenfalls für die Hälfte.

„Es gibt hoch qualifizierte junge Frauen, die neben der Kindererziehung ihren Beruf ausüben, sich aber nicht in das Raster einer Halbtagsbeschäftigung pressen lassen möchten“

Nicola Leibinger-Kammüller,
Vorsitzende der Trumpf-Geschäftsführung

Mit der individuellen Arbeitszeitgestaltung will Trumpf als Arbeitgeber attraktiver werden und damit dem inzwischen allgegenwärtigen Problem des Fachkräftemangels begegnen. Durch die starke Flexibilisierung gehe man davon aus, auch hoch qualifizierte Frauen, etwa Ingenieurinnen oder Informatikerinnen, anzusprechen, die nicht voll arbeiten wollen oder können, sagt Leibinger-Kammüller.

Belegschaft scheint Arbeitszeit tendenziell eher zu verlängern

Zudem geht der familiengeführte Konzern davon aus, dass die Belegschaft ihre Arbeitszeit tendenziell eher verlängert als verkürzt, vor allem in Bereichen, wo ohnehin ein Bedarf an Mehrarbeit besteht, wie etwa in der Forschung und Entwicklung. Die Festlegung der Basisarbeitszeit, die die Mitarbeiter zur Jahresmitte treffen mussten, scheint diese Vermutung zu stützen. Über die tatsächlich gewünschten Arbeitszeiten sagt dies aber noch nichts. Darüber muss die Trumpf-Belegschaft für die Jahre 2012 und 2013 erst im Herbst entscheiden.

Bei der Landesvereinigung baden-württembergischer Arbeitgeberverbände hält man sich bei der Bewertung des Modells noch bedeckt. „Ob das etwas für die Fläche ist, wissen wir nicht“, meint Verbandssprecher Hubertus Engemann. Das Modell sei stark auf Trumpf zugeschnitten. Für eine Beurteilung sei es noch zu früh.

Quelle: Staatsanzeiger vom 15.07.2011, Nr. 27

1.3.5 Ruhepausen

Die **Arbeitsphysiologie** (= die Lehre von den Funktionen des menschlichen Körpers und seiner Organe bei der Arbeit) hat in zahlreichen Studien nachgewiesen, dass zur Erhaltung des Leistungsvermögens der Mitarbeiter Pausen unabdingbar sind.

Im Laufe des Arbeitstages schwankt die Leistungskurve des Menschen sehr stark, wobei tendenziell in der Zeit zwischen 6 und 13 Uhr und zwischen 16 und 21 Uhr die besten Leistungen erbracht werden können.

Durch die strikte Einhaltung der vereinbarten Arbeitspausen gelingt es, über die Arbeitszeit hinweg eine zufriedenstellende Arbeitsleistung zu erbringen.

Bei der Festlegung von Pausen hat der Betriebsrat ein Mitbestimmungsrecht nach § 87 BetrVG.

Die Mindestzeiten für Pausen sind im Arbeitszeitgesetz festgeschrieben.

Für Jugendliche sind nach § 11 des JArbSchG bei einer Arbeitszeit von 4,5 Stunden bis 6 Stunden 30 Minuten und bei mehr als 6 Arbeitsstunden 60 Minuten Ruhepause zu gewähren.

§

Arbeitszeitgesetz

§ 4 Ruhepausen

Die Arbeit ist durch im Voraus feststehende Ruhepausen von mindestens 30 Minuten bei einer Arbeitszeit von mehr als 6 Stunden bis zu 9 Stunden und 45 Minuten bei einer Arbeitszeit von mehr als 9 Stunden insgesamt zu unterbrechen. Die Ruhepausen nach Satz 1 können in Zeitabschnitten von jeweils mindestens 15 Minuten aufgeteilt werden. Länger als 6 Stunden hintereinander dürfen Arbeitnehmer nicht ohne Ruhepause beschäftigt werden.

Tagesrhythmus der physiologischen Leistungsbereitschaft

(nach O. Graf)

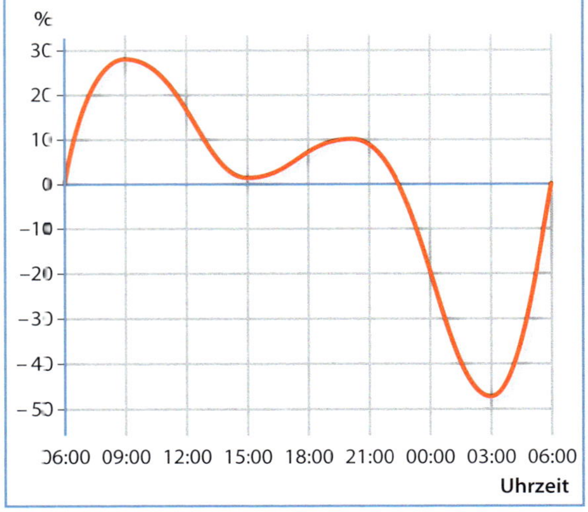

Merke

1. Die gesetzlichen Regelungen zur Arbeitszeit stellen Mindestanforderungen zum Schutz der Arbeitnehmer dar – sie können zum Vorteil der Arbeitnehmer vertraglich verändert werden.
2. Über neue Modelle zur Gestaltung der Arbeitszeit sollen zusätzliche Arbeitsplätze geschaffen werden – Gewerkschaften und Arbeitgeberverbände suchen nach Lösungen.
3. Durch Erweiterung der Schichtarbeit können vorhandene Maschinen besser ausgenutzt werden.
4. Die Arbeit im Schichtbetrieb belastet Arbeitnehmer stärker als die Arbeit nur am Tage.

Aufgaben

1. Erkunden Sie, welche Arbeitszeitregelungen in Ihrem Betrieb für kaufmännische und gewerbliche Arbeitnehmer bestehen.
2. Beschreiben Sie die Vor- und Nachteile der Schichtarbeit.
3. Welche Formen der Gleitzeit werden in den Ausbildungsbetrieben, in denen Ihre Mitschüler arbeiten, praktiziert?
4. Welche Interessen haben Arbeitnehmer, welche Arbeitgeber an den verschiedenen Formen von Teilzeitarbeit?
5. Lesen Sie im JArbSchG nach, wie die Regelung zu den Ruhepausen genau lautet.
6. Welche Probleme können beim Jobsharing auftreten?
7. Suchen Sie im Internet die aktuelle Fassung des ArbZG. Welche Teilbereiche werden darin geregelt?

1.4 Arbeiten im Büro

1.4.1 Der Arbeitsplatz im betrieblichen Funktionszusammenhang

Abhängig von den verschiedenen Branchen, finden wir in den meisten Unternehmen gleiche oder zumindest ähnliche Strukturen, die wir auch als betriebliche Funktionen bezeichnen können. Mit der Gegenüberstellung der betrieblichen Funktionen eines Industriebetriebs und eines Großhandelsbetriebs werden strukturelle Unterschiede deutlich.

Häufig finden wir in den Betrieben eine Organisationsstruktur vor, die sich an diesen Grundfunktionen orientiert (s. Aufbauorganisation), z. B. Abteilung Einkauf, Lagerverwaltung oder die Arbeitsvorbereitung.

In der Organisationslehre unterscheidet man auch die Funktionen

- Ziele formulieren,
- Planungsalternativen erfassen,
- Entscheidungen treffen,
- Realisierung organisieren,
- Kontrolle durch Soll-Ist-Vergleich.

Industriebetrieb
• Beschaffung inkl. Lagerwesen • Produktion inkl. Arbeitsvorbereitung • Marketing • Rechnungswesen inkl. Controlling • Personalwesen
Großhandelsbetrieb
• Beschaffung und Distribution (als logistisches Problem) • Absatz/Marketing • Rechnungswesen • Personalwesen

Jeder Büroarbeitsplatz lässt sich in solchen betrieblichen Funktionszusammenhängen eingliedern, wobei die Beziehungen zu den anderen Stellen mithilfe des Organigramms als über-, gleich- oder untergeordnet beschrieben werden können. **Organigramme** verdeutlichen anschaulich den Rang eines Arbeitsplatzes innerhalb der Unternehmenshierarchie. Ebenso werden, an jedem Arbeitsplatz unterschiedlich, verschiedene Funktionen zur Ausführung der Arbeit erfüllt. Sie werden deshalb häufig als Grundlage einer Stellenbeschreibung herangezogen.

1.4.2 Stellen- und Arbeitsplatzbeschreibung

Stellenbeschreibung und Arbeitsplatzbeschreibung sind zwei Begriffe, die oftmals in enger Verbindung zueinander gesehen, gelegentlich sogar synonym verwendet werden. Der grundlegende Unterschied besteht jedoch darin, dass die **Arbeitsplatzbeschreibung** vorrangig als Instrument der Arbeitsplatzbewertung zu verstehen ist. Ausgehend von der Arbeitsanalyse soll ein Arbeitswert ermittelt werden, der zu einer anforderungsgerechten Entlohnung der Mitarbeiter führt. Eine Arbeitsplatzbeschreibung enthält Hinweise dazu, wie eine Arbeit durchzuführen ist und welche Arbeitsmittel dazu erforderlich sind. Die unterschiedlichen Anforderungen an die Mitarbeiter an ihrem Arbeitsplatz sollen auf diesem Weg entsprechend berücksichtigt werden.

Die **Stellenbeschreibung** dagegen ermittelt nicht den Wert eines Arbeitsplatzes, sondern gibt Auskunft über die Eingliederung der Stelle in der Unternehmenshierarchie **(Instanzenbild)** und die Aufgaben, die der Stelleninhaber zu erfüllen hat **(Aufgabenbild),** wobei hierbei im Gegensatz zur Arbeitsplatzbeschreibung nicht das **WIE** im Mittelpunkt steht, sondern **WAS** an Aufgaben anfällt. Darüber hinaus werden mit dem **Leistungsbild** die Anforderungen formuliert, die an den Stelleninhaber gestellt werden. Damit dient die Stellenbeschreibung der Verbesserung der Führungsorganisation und ist wichtiges Hilfsmittel der Personalsteuerung.

Die Stellenbeschreibung wird in der Regel der vorgegebenen Organisationsstruktur des Unternehmens folgen und weitere Aussagen treffen zur organisatorischen Eingliederung, beispielsweise ob die Stelle eine Stabs- oder Linienstelle ist, welche Perspektiven sich mit der Stellenbesetzung ergeben usw.

Beispiel einer Arbeitsplatzbeschreibung

Arbeitsplatz	Buchhaltung
Aufgabengebiet	Bearbeitung der Eingangsrechnungen (ER)
Teilaufgaben	• Prüfung des Anspruchs – Zeichen Sachbearbeiter Einkauf • rechnerische Prüfung Menge mal Preis, MwSt • Kontierung der Eingangsrechnungen • Ermittlung der Skontofristen • EDV-Erfassung der Eingangsrechnungen und der Zahlungsfristen • Abzeichnen erledigter Aufgaben im Eingangsstempel • Ablage der Eingangsrechnungen

Beispiel einer Stellenbeschreibung

Eingliederung in der Unternehmenshierarchie	Stellenbezeichnung Rang der Stelle Unterstellung Überstellung	• Lieferantenbuchhaltung • Sachbearbeiter (Gehalt K4) • keine • Abteilungsleiter Buchhaltung
Was ist zu tun?	Hauptaufgabe Teilaufgaben	• Bearbeitung der Eingangsrechnungen • rechnerische Prüfung der ER • EDV-Erfassung der ER • Ablage der ER
Was wird vorausgesetzt?	Anforderungen	• kaufmännische Ausbildung • mind. zwei Jahre Berufserfahrung im RW • korrekte Arbeitsweise

1.4.3 Gestaltungsmöglichkeiten am Arbeitsplatz

Die Einflussnahme der Mitarbeiter auf die Gestaltung des Arbeitsplatzes und der Arbeitsabläufe kann grundsätzlich in zwei Bereiche aufgeteilt werden:

1. Mitwirkung bei Entscheidung über Neuanschaffungen und
2. Veränderung bisheriger Rahmenbedingungen oder Arbeitsabläufe.

(1) Es ist heute unbestritten, dass die Einbeziehung der Mitarbeiter in den Gestaltungs- und Entscheidungsprozess, z. B. bei der Einführung neuer Technologien, wesentlich zum Gelingen solcher Vorhaben beiträgt. Der Mitarbeiter, der z. B. bei der Anschaffung eines neuen Computersystems mit in die Entscheidungsfindung einbezogen wurde, wird der Arbeit mit der neuen Bürotechnik sehr viel offener gegenüberstehen als der Mitarbeiter, dem die neue Technik ohne Rücksprache einfach vorgesetzt wurde.

(2) Jeder einzelne Mitarbeiter kennt die Probleme, die an seinem Arbeitsplatz auftreten, selbst am besten. Es ist von daher kaum möglich, Verbesserungen bei Arbeitsabläufen von oben vorzuschreiben. Damit sind die Mitarbeiter gefordert, über die eigentliche Tätigkeit hinaus so weit mitzudenken, um Anregungen und Vorschläge zu Verbesserungen der Gestaltung von Arbeitsplätzen und -abläufen geben zu können. Dieses kreative Potenzial der Mitarbeiter wird in vielen Unternehmen durch das **betriebliche Vorschlagswesen** erfasst. Das Mittel, dessen sich das betriebliche Vorschlagswesen bedient, ist der **Verbesserungsvorschlag,** der – je nach Einspareffekten – dem Mitarbeiter entsprechend honoriert wird. Nach § 87 Abs.1 Ziff. 12 wird für die Behandlung eines Verbesserungsvorschlags der Abschluss einer Betriebsvereinbarung vorausgesetzt.

Viele Unternehmen versuchen über Ideenwettbewerbe eine große Anzahl von Verbesserungsvorschlägen zu erhalten. Die zugrunde liegende Idee dabei ist, dass eine entsprechend große Anzahl von Vorschlägen immer einige brauchbare Anregungen enthält, die dem Unternehmen materiellen oder immateriellen Nutzen bringen.

Merkmale

Ein Verbesserungsvorschlag ist z. B.:

- eine nicht schutzfähige Erfindung;
- eine freiwillig erbrachte Sonderleistung außerhalb des Aufgabenbereichs eines Mitarbeiters;
- eine Idee aus Betrieb oder Verwaltung;
- die zeitgerechte Änderung oder Neuerung von
  - einem Gegenstand,
  - dem Ablauf (Methode, Verfahren oder Organisation),
  - der Verhaltensweise;
- der konstruktive Lösungsvorschlag für ein unternehmensspezifisches Problem.

Nicht als Verbesserungsvorschläge gelten:

- Vorschläge/Anregungen zur allgemeinen Geschäftspolitik,
- Vorschläge zu Problemen, die zwischen den Tarifpartnern zu lösen sind,
- Vorschläge, die mit geplanten Vorhaben des Unternehmens übereinstimmen oder darin enthalten sind.

Merke

1. Die Arbeitsplatzbeschreibung dient der Bewertung eines Arbeitsplatzes.
2. Die Stellenbeschreibung zeigt, wie eine Stelle in die Organisation des Unternehmens eingebunden ist.
3. Das betriebliche Vorschlagswesen ist ein Instrument zur Optimierung von Arbeitsabläufen.
4. Angenommene Verbesserungsvorschläge führen i. d. R. zu Kosteneinsparungen beim Unternehmen und werden dem Mitarbeiter honoriert.

Projektthema

„Planung einer Niederlassung für den Vertrieb unserer Produkte“

Arbeitshinweise:
- Gehen Sie davon aus, dass unser Unternehmen mit Sitz in Norddeutschland einen Vertrieb in Süddeutschland aufbauen möchte und dafür ein Bürogebäude für zunächst 10 Mitarbeiterinnen und Mitarbeiter plant.
- Die Warenlieferung erfolgt direkt vom Werk, eine Lagerhaltung vor Ort ist nicht vorgesehen.
- Berücksichtigen Sie die für Sie relevanten Faktoren und begründen Sie Ihre Maßnahmen.

Aufgaben

1. Beschreiben Sie Aufgaben, die im Industriebetrieb gleichermaßen anfallen wie in einem Großhandelsbetrieb.
2. Welche Aufgaben hat ein Industriebetrieb zu erfüllen, die in einem Handelsbetrieb nicht anfallen?
3. Erläutern Sie den Unterschied zwischen der Arbeitsplatzbeschreibung und der Stellenbeschreibung.
4. Suchen Sie in Ihrer Tageszeitung – Rubrik Stellenangebote – nach ausführlichen Stellenbeschreibungen. Ordnen Sie die Informationen dem Instanzen-, Aufgaben- und Leistungsbild zu.
5. Ein neuer Mitarbeiter nimmt seine Arbeit in Ihrem Betrieb auf. Beschreiben Sie die Probleme, mit denen ein neuer Mitarbeiter konfrontiert sein kann, und entwickeln Sie daraus ein Konzept, anhand dessen die Einführung eines neuen Mitarbeiters durchzuführen ist.

6. Überprüfen Sie Ihren Büroarbeitsplatz anhand der folgenden Checkliste:

✔	
1.	Tragen die am Arbeitsplatz verwendeten Arbeitsmittel das CE- oder GS-Zeichen?
2.	Sind Kabel und Versorgungsleitungen am Tisch oder Kundenschalter sicher und stolperfrei verlegt?
3.	Ist eine ausreichend große Arbeitsfläche vorhanden, sodass sich die Beschäftigten bei ihrer Tätigkeit ungehindert bewegen können?
4.	Lassen sich die Möbel am Arbeitsplatz an die körperlichen Gegebenheiten der Beschäftigten individuell anpassen?
5.	Ist der Arbeitsplatz frei von störenden Spiegelungen und Reflexionen?
6.	Lässt sich der Lichteinfall ausreichend regulieren?
7.	Wird den Beschäftigten eine arbeitsmedizinische Vorsorge für Bildschirmarbeitsplätze angeboten?
8.	Passt die Bildschirmgröße zur Arbeitsaufgabe?
9.	Besteht die Möglichkeit, Arbeitsaufgaben im Wechsel zwischen Sitzen und Stehen zu erledigen?
10.	Ist die Software für die auszuführenden Tätigkeiten problemlos nutzbar?

2 Arbeitsabläufe

Zahlreiche Arbeitsabläufe fallen in jedem Büro gleichermaßen an, unabhängig davon, in welcher Branche das Unternehmen tätig ist. Dazu gehören sicher so grundlegende Tätigkeiten wie die Bearbeitung des Postein- und -ausgangs, die Ablage nicht mehr benötigter Schriftstücke und das Führen von immer wieder benötigten Karteien, um Kunden- oder Lieferantenadressen herauszufinden. Dem technischen Fortschritt folgend, werden auch im Büro immer mehr moderne Hilfsmittel eingesetzt, um Routineaufgaben zu erledigen. So werden viele Arbeitsschritte bei der Postbearbeitung heute von Maschinen übernommen, Schriftgut wird auf winzigen Mikrofilmen abgelegt oder eingescannt und Karteien werden heute mithilfe des Computers geführt.

Wir werden uns im 2. Kapitel deshalb mit folgenden Themen beschäftigen:

2.1 Die Postbearbeitung

2.1.1 Standardsendungen

Briefe sind in besonderem Maße zur vertraulichen Übermittlung schriftlicher Informationen geeignet. Als Umhüllung eignen sich Umschläge, Taschen aus Papier, Kartonschachteln oder Einschläge aus Packpapier. Das Wiederversenden bereits benutzter Umhüllungen ist zulässig, wenn die alten Angaben überklebt werden. Die Deutsche Post AG unterscheidet zwischen:

	Gewicht	Größe	Höhe
Standardbrief	bis 20 g	bis 23,5 x 12,5 cm (B6/DL)	bis 0,5 cm
Kompaktbrief	bis 50 g	bis 23,5 x 12,5 cm (B6/DL)	bis 1 cm
Großbrief	bis 500 g	bis 35,3 x 25,0 cm (B4)	bis 2 cm
Maxibrief	bis 1 000 g	bis 35,3 x 25,0 cm (B4)	bis 5 cm

Abmessungen von Briefen: Es ist zweckmäßig, umfangreiche Briefe mit „Brief" zu kennzeichnen. Dadurch wird ein Verwechseln mit anderen großformatigen Sendungen vermieden.

Postkarten haben gegenüber dem Brief eine begrenzte Mitteilungsfläche. Das Maß kann zwischen 14 cm mal 9 cm und 23,5 cm mal 12,5 cm liegen.

Postkarten müssen grundsätzlich eine Rechteckform haben. Dabei muss die Länge mindestens das 1,41-Fache der Breite betragen. Postkarten müssen so beschaffen sein, dass sie sich maschinell verarbeiten lassen, d. h. das Flächengewicht muss zwischen 150 g/m^2 und 500 g/m^2 betragen.

Sind mehrere inhaltsgleiche Briefsendungen (auch Kataloge) zu verschicken, kann das als **Infobrief** oder **Infopost** erfolgen.

Als **Infobrief** können kleinere Mengen inhaltsgleicher Sendungen kostengünstiger als z. B. der Standardbrief versendet werden. Folgende **Voraussetzungen** müssen erfüllt sein:

- Mindestmenge: 50 Sendungen (Aufzahlungen zur Mindestmenge sind möglich);
- alle Sendungen sind inhalts-, format- und gewichtsgleich;
- die Anschriften sind maschinenlesbar;
- die Sendungen können unsortiert eingeliefert werden.

Als **Infopost** werden im Unterschied zum Infobrief größere Mengen inhaltsgleicher Sendungen verschickt. Bei den Voraussetzungen ist bei den **Mindestmengen** wie folgt zu differenzieren:

- mindestens 4 000 Stück, nach Postleitzahlen geordnet (auf- oder absteigend)
- oder: mindestens 250 Stück für dieselbe Leitregion (Übereinstimmung der beiden ersten Ziffern der PLZ), auf- oder absteigende Reihenfolge
- oder: mindestens 50 Stück für den Leitbereich (= Postleitzahl) der Einlieferungsstelle, auf- oder absteigend geordnet.

Bei Einlieferung schwerer Sendungen von über 1 000 g und bei Großmengeneinlieferungen gibt es Sonderbedingungen bei der Deutschen Post AG. Bei Infobrief wie bei Infopost ist zwischen Standard, Kompakt, Groß und Maxi zu unterscheiden.

Bücher, Broschüren, Zeitungen oder Zeitschriften können als **Infobrief International** oder **Infopost International** versendet werden. Diese Sendungen dürfen unentgeltlich Proben, Muster oder Werbeartikel enthalten.

Warensendungen sind offene Briefsendungen zum Verschicken von Proben, Mustern oder kleinen Gegenständen. Hinweiszettel und eine Rechnung dürfen der Sendung beiliegen. Briefliche Mitteilungen sind unzulässig.

Blindensendungen sind offene Briefsendungen, die gebührenfrei befördert werden. Sie dienen dem Versand von Schriftstücken in Blindenschrift und Tonaufzeichnungen (z. B. Tonbänder), die für

Blinde bestimmt sind. Außerdem können Papiere zur Aufnahme von Blindenschrift damit verschickt werden. Der Verschluss muss sich leicht lösen und wiederherstellen lassen.

Büchersendungen sind offene Briefsendungen zum Versenden von Büchern, Broschüren, Notenblättern und Landkarten. Der Inhalt von Büchersendungen darf keinen geschäftlichen Zwecken (z. B. Kataloge, Preislisten) dienen. Die Verpackung muss so beschaffen sein, dass der Inhalt leicht geprüft werden kann.
Päckchen und Pakete werden von der Post-Tochter DHL befördert.

Päckchen eignen sich zum Versenden von kleineren Gegenständen und brieflichen Mitteilungen, das Gewicht darf maximal 2 kg betragen.

Pakete dienen dem Warenversand bis zu einem Gewicht von 20 kg an jeden beliebigen Ort. Darüber hinaus bietet DHL die Paketbeförderung innerhalb Deutschlands bis zu einem Gewicht von 31,5 kg an. Pakete können nur in Verbindung mit einem Postpaketschein bei der Postfiliale eingeliefert werden.

Haftung der Post-Tochter DHL im nationalen und internationalen Paketversand sowie der nationalen Expressbeförderung
Die DHL unterscheidet dabei Wertgegenstände (Valoren) in zwei Klassen:

Valoren der Klasse I, zulässig bis zu einem Wert von 25.000,00 €	Valoren der Klasse II, zulässig bis zu einem Wert von 500,00 €
Wertpapiere, die im Schadensfall gesperrt werden können wie z. B.: • Aktien, Bezugsrechte • Flugtickets • Frachtbriefe • Hypothekenbriefe • Versicherungspolicen • Pfandbriefe • Schuldverschreibungen • Wechsel • Sparbücher **Sonstige Wertgegenstände,** wie z. B.: • Computer • Handys	**Wertpapiere,** die im Schadensfall nicht gesperrt werden können und leicht auf Dritte übertragbar sind, wie z. B.: • Briefmarken • Eintrittskarten • Schecks, deren Einlösung garantiert ist, Blankoreiseschecks • Gutscheine **Sonstige Wertgegenstände,** wie z. B.: • Bargeld • Scheckkarten • Kreditkarten • Schmuck • Edelsteine • Kunstgegenstände

Im nationalen Paket- und Expressversand sind alle Valoren der Klasse II auf eine Einlieferung von **500,00 € pro Empfänger und Tag** beschränkt, auch wenn es sich um mehrere Sendungen handelt.

Beim **gemeinsamen Versand von Gegenständen der Valorenklasse I und II** in einem Paket darf der Werthöchstbetrag von insgesamt 25.000,00 € nicht überschritten werden. Der Wert der Valorenklasse II darf dabei insgesamt 500,00 € nicht überschreiten.

Was ist zu tun, wenn eine Sendung spurlos verschwindet?

- Grundsätzlich kann nur der Absender Nachforschungen anstellen, da nur er einen Vertrag mit dem Unternehmen abgeschlossen hat.
- Hat der Nachforschungsauftrag keinen Erfolg und/oder gibt es mit der Post (oder deren Dienstleister) keine Einigung über die Schadensregulierung, kann die Schlichtungsstelle für den Bereich Post der Bundesnetzagentur weiterhelfen (www.bundesnetzagentur.de).

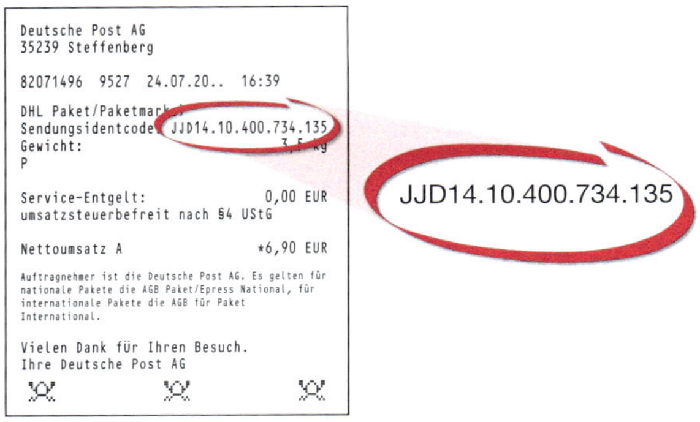

Deutsche Post AG
35239 Steffenberg

82071496 9527 24.07.20.. 16:39

DHL Paket/Paketmarke
Sendungsidentcode: JJD14.10.400.734.135
Gewicht: 3,5 kg
P

Service-Entgelt: 0,00 EUR
umsatzsteuerbefreit nach §4 UStG

Nettoumsatz A *6,90 EUR

Auftragnehmer ist die Deutsche Post AG. Es gelten für nationale Pakete die AGB Paket/Epress National, für internationale Pakete die AGB für Paket International.

Vielen Dank für Ihren Besuch.
Ihre Deutsche Post AG

2.1.2 Besondere Versendungsformen

Zusätzlich zu der Beförderung können einige Sendungsarten besonders versendet werden. Für diese Dienstleistung erhebt die Post neben dem Beförderungsentgelt weitere Entgelte, die nach der Art der Versendungsform unterschiedlich sind. Über der Anschrift ist die besondere Versendungsform immer anzugeben.

Eilsendungen (Briefe oder Pakete) können mit **DHL Express** versendet werden. Zahlreiche Optionen erlauben eine exakte Planung der Sendung:

- Same Day: die Lieferung trifft innerhalb von 24 Stunden beim Empfänger ein.
- Time Definite: die Sendung kann für spätestens 09:00 Uhr, 10:00 Uhr oder 12:00 Uhr am nächsten Werktag terminiert werden.
- Domestic Services: Eilsendungen innerhalb Deutschlands
- Export Services: Eilsendungen von Deutschland ins Ausland
- Import Services: Express-Einfuhr von Waren und Dokumenten aus aller Welt
- Day Definite: Taggenaue Zustellung von Im- oder Exportsendungen vor allem für Sendungen mit größerem Gewicht.

Weitere Optionen wie z. B. Spätabholung, Zollabfertigung, Samstags- und Sonntagszustellung sind zusätzlich buchbar.

Einschreiben ist die vom Empfänger oder einem Empfangsberechtigten dokumentierte Übergabe der Sendung bei Briefen, Postkarten oder Blindensendungen. Wichtige Schreiben (Kündigung, Verträge usw.) sollen als „Einschreiben" verschickt werden.

Das **Einschreiben Einwurf** wird in den Briefkasten oder das Postfach des Empfängers gelegt. Von einem Mitarbeiter der Deutschen Post AG wird dies bei Briefen, Postkarten oder Blindensendungen dokumentiert.

Bei einem **Einschreiben mit Rückschein** ist der Rückschein die originale Empfangsbestätigung des Empfängers für eine Sendung. Ein Rückschein beweist, wann und an wen die Sendung ausgeliefert wurde. Diese Versendungsform empfiehlt sich vor allem dann, wenn bestimmte Fristen eingehalten und nachgewiesen werden sollen.

Soll die Sendung dem Empfänger persönlich oder an einen besonders Bevollmächtigten ausgehändigt werden, ist die Zusatzleistung **Eigenhändig** bei „Einschreiben" und „Nachnahme" möglich.

Nachnahme bedeutet, dass der Absender Geldbeträge durch die Post einziehen lassen kann. Mit der beigefügten Zahlkarte wird der Betrag von der Post auf das Bankkonto des Absenders überwiesen. Sendungen mit Nachnahme werden dem Empfangsberechtigten nur ausgeliefert, wenn er den Nachnahmebetrag zahlt. Mit dieser Versendungsform ist es möglich, Waren nur gegen vorherige Zahlung auszuliefern. Fällige Beträge können durch Nachnahme in einfacher Form eingezogen werden. Über der Anschrift sind der Nachnahmebetrag, das Bankkonto und die Bank des Absenders anzugeben, z. B.:

Nachnahme 50,00 €
Postbankkonto 428 01-560
Postbank Ludwigshafen

Der Wert der Nachnahme ist auf höchstens 1.600,00 € begrenzt. Pakete liefert die Deutsche Post AG – DHL Express – gegen Einzug des angegebenen Nachnahmebetrags – Service Inkasso – bis maximal 3.500,00 € beim Empfänger im Namen und für Rechnung des Absenders ab.

Mit dem **Wertbrief International** der Deutschen Post AG lässt sich für Sendungen ins Ausland eine höhere Versicherung - entsprechend dem Wert der Sendung - abschließen. Die Kosten sind dabei vom festgelegten Wert abhängig, der bis zu 5.000 Euro bzw. bis zu 500 Euro bei Valoren der Klasse II betragen kann (Übersicht Valorenklassen siehe S. 41). Mit dem Wertbrief International kann kein Bargeld versendet werden. Außerdem müssen die Einfuhr- und Zollbestimmungen des Ziellandes beachtet werden.

Werbeantwort ist eine vorbereitete Antwortkarte, die Briefsendungen (überwiegend Werbesendungen) beigefügt ist. Der Empfänger kann die Antwortkarte unfrei zurücksenden. Die Gebühr zahlt der Empfänger.

Seit dem Sommer 2010 bietet die Deutsche Post den **E-Postbrief** an. Per Internet können Briefe versendet und empfangen werden. Dazu müssen sich die Nutzer einmalig persönlich in einer Postfiliale registrieren. Anschließend haben sie über das E-Postbrief-Portal mit jedem gängigen Browser Zugriff auf ihren elektronischen Briefkasten. Die Briefe, die per Internet übermittelt werden, sind bis zur Öffnung durch den Empfänger speziell verschlüsselt, sodass sie von Außenstehenden nicht gelesen werden können. Wem der „normale" Versand auf Papier lieber ist, der kann seinen digitalen Brief von der Deutschen Post ausdrucken und auf dem üblichen Weg zustellen lassen. Sowohl bei der digitalen als auch bei der physischen Variante gibt es die Möglichkeit des Einschreibens.

Der E-Postbrief bis zu 20 MB kostet 0,55 € und entspricht dem normalen Standardbrief. Das elektronische Einschreiben Einwurf sowie das Einschreiben mit Empfangsbestätigung kosten jeweils 1,60 €. Bei der Zustellung des Ausdrucks durch den Postboten fallen die gleichen Kosten an wie bei normalen Briefen, wobei die Anzahl der ausgedruckten Seiten und die Farbigkeit (schwarz-weiß oder farbig) Zusatzkosten erzeugen können. Eine genaue Preisübersicht sowie weitere Informationen zum E-Postbrief findet man unter www.epost.de.

Für den Versand der internationalen Briefpost bietet die Deutsche Post AG nahezu die gleichen Versandlösungen an wie national, Maxibriefe werden jedoch bis zu einem Gewicht von 2 000 g befördert. Entsprechendes gilt für die Zusatzleistungen, sodass eine Lösung zusammengestellt werden kann, die dem jeweiligen Bedarf entspricht.

Die nachfolgende Tabelle gibt noch einmal zusammenfassend einen Überblick über die Versendungsarten national und die dazu angebotenen Zusatzleistungen sowie die Bezeichnungspflicht.

Sendungsart	Höchstgewicht	Bezeichnung der Sendungsart		Besondere Versendungsform							
		vorgeschrieben	zulässig	eigenhändig	Einschreiben	Kursbrief	Luftpost	Nachnahme	Rückschein	Werbeantwort	Wertangaben
Brief	1 000 g		●	●	●	●	●	●	●	●	●
Postkarte	–		●	●	●		●	●	●	●	
Warensendung	500 g	●								●	
Wurfsendung	500 g	●								●	
Blindensendung	7 000 g	●		●	●		●		●	●	
Büchersendung	2 000 g	●								●	
Päckchen	2 000 g	●		●	●		●	●	●	●	
Paket	20 kg		●	●			●	●	●	●	●
Infopost	1 000 g		●				●				

2.1.3 Private Beförderungsdienste

Die Deutsche Post AG[1] hat in den letzten Jahren zahlreiche Konkurrenz durch private Kurier-, Express- und Paketdienste bekommen. Die meisten der über 5 000 privaten Beförderungsdienste arbeiten regional begrenzt, einige wenige sind allerdings sogar weltweit tätig. Zu den großen privaten Beförderungsdiensten in Deutschland gehören:

- UPS – United Parcel Service,
- GLS Germany – General Logistics Systems,
- DPD – Deutscher Paketdienst,
- DHL Worldwide Express[1],
- TNT Express Worldwide,
- Hermes Logistik.

Stellvertretend für die vielfältigen Angebote ist hier das aktuelle Angebot von DPD in der Übersicht dargestellt.

Quelle: Nach http://www.dpd.com, 01.09.2011

[1] *Die Deutsche Post AG hat im Jahr 2005 51 % des weltweit führenden Expressdienstleisters DHL übernommen. Daraufhin wurde die Kooperation mit der Deutschen Post AG begonnen, die heute mit der Abwicklung des Paketdienstes besteht.*

Weltweit operierende Logistikunternehmen sehen sich vielfältigen Anforderungen gegenübergestellt. So hat TNT Express Worldwide auf jüngste Entwicklungen mit versendeten Sprengstoffpaketen unmittelbar reagiert und verschärfte Sicherheitsvorkehrungen getroffen.

Verschärfte Sicherheitsvorkehrungen

Nach den letzten Zwischenfällen bei der grenzüberschreitenden Beförderung von Frachtgut mit illegalen Explosivstoffen ergreifen Transportunternehmen, staatliche Stellen und internationale Organisationen derzeit zusätzliche Maßnahmen. Dazu gehören strengere Sicherheitsvorschriften und schärfere Kontrollen.

Sicherheitsvorkehrungen von TNT

TNT Express erfüllt die neuen in- und ausländischen gesetzlichen Luftverkehrs-, Luftfracht- und sonstigen Beförderungsvorschriften voll und ganz. Darüber hinaus mindert TNT Sicherheitsrisiken weltweit auf folgende Art und Weise:

- Ergreifung zusätzlicher Maßnahmen beim Umschlag von Sendungen neuer und unbekannter Absender;
- Verschärfung der Sicherheitsüberprüfungen und Sicherheitskontrollen für Beschäftigte und Partner;
- Einführung zusätzlicher Kontrollmaßnahmen für Luftfracht;
- Umfassende Bedrohungs- und Risikoüberprüfung aller Betriebstätten von TNT und TNT-Partnern für den Luft- und Straßenverkehr;
- Intensivierung der Sicherheitsunterweisungen für das mit der Beförderung von Gütern und Dokumenten befasste Betriebspersonal;
- Ausbau der Programme zur Erkennung und Eindämmung von Sicherheitsrisiken bei Sendungen von TNT-Kunden;
- Einführung zusätzlicher Sicherheitsverfahren für Drittunternehmen, die im Auftrag ihrer eigenen Kunden Fracht über TNT versenden.

Quelle: Nach http://www.tnt.de, 19.12.2011

Im Gegensatz zur Deutschen Post AG unterliegen die privaten Anbieter keiner Beförderungspflicht. Damit besteht die Gefahr, dass private Anbieter nur lukrative Geschäftsbereiche bedienen, die unrentablen Sendungen dagegen bei der Post verbleiben.

2.1.4 Posteingang

Die Arbeiten im Posteingang sind nach Betriebsgröße unterschiedlich geregelt. Große Betriebe haben eine eigene Abteilung, die Poststelle. Bei mittleren und kleinen Betrieben kann die Postbearbeitung dezentral durchgeführt werden. Grundsätzlich handelt es sich jedoch um die gleichen Arbeitsabläufe.

Bei der Postzustellung werden die Postsendungen ins Haus gebracht. Bei der Postabholung mietet sich der Empfänger ein Postfach und holt die Sendungen selbst bei der Postfiliale ab. Dadurch erhält er die Post frühzeitig. Empfangsberechtigt ist bei Sendungen an die Firma eines Einzelhandelskaufmannes der Inhaber. Bei Behörden, Gesellschaften usw. ist die Person empfangsberechtigt, der Postvollmacht erteilt ist.

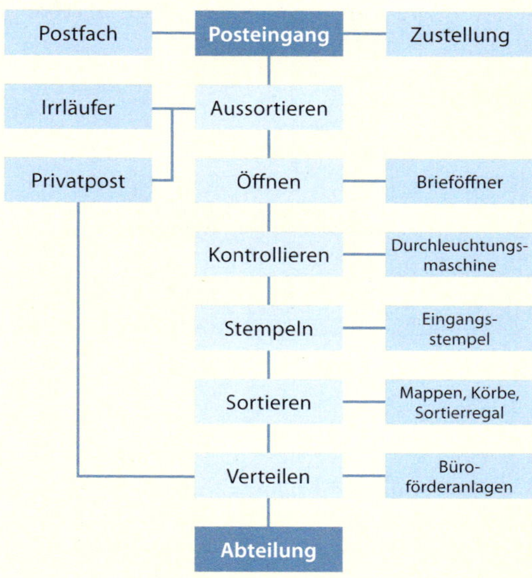

Sortieren

Nach dem Abholen der Post beim Postamt werden die Sendungen nach **Privat-, Geschäftspost** und **Irrläufern** sortiert. Nur die Geschäftspost darf geöffnet werden (§ 45 Postordnung).

Privatbriefe erkennt man daran, dass zuerst ein Personenname in der Anschrift steht. **Irrläufer** werden an die Post zurückgegeben.

Privatbrief

```
Frau
Eulalia Specht
Tastatura AG
Postfach 1 17
90489 Nürnberg
```

Geschäftsbrief

```
Tastatura AG
Frau E. Specht
Postfach 1 17
90489 Nürnberg
```

Arbeitsplatz Posteingang

Öffnen

Das Öffnen der Briefhüllen kann von Hand oder maschinell erfolgen. Stößt man die Kuverts vor dem Öffnen auf eine Unterlage, vermeidet man das unabsichtliche Zerschneiden des Inhalts.

Die Brieföffnermaschine schneidet einen schmalen Streifen vom oberen Rand der Briefhülle ab, ohne dass der Inhalt beschädigt wird. Diese Maschinen können so ausgestattet sein, dass gleichzeitig mit dem Öffnen der Eingangsstempel angebracht wird.

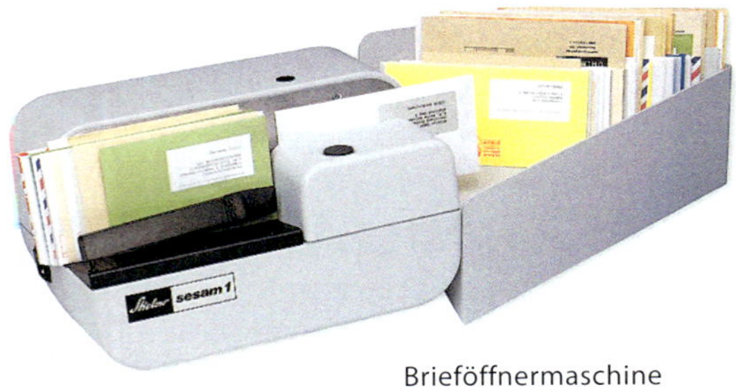

Brieföffnermaschine

Kontrollieren

Nach dem Öffnen wird der Inhalt entnommen. Es wird geprüft, ob die Briefhülle leer ist. **Briefumschlag-Durchleuchtungsmaschinen** erleichtern die Leerkontrolle. Außerdem ist zu prüfen, ob die aufgeführten Anlagen vollständig sind. Fehlende Anlagen sind auf dem Schreiben zu vermerken.

Stempeln

Zur Feststellung des Eingangsdatums wird die Post mit Ausnahme von Dokumenten (z. B. Zeugnissen, Verträgen) mit einem **Eingangsstempel** versehen. Dafür steht der Raum rechts neben dem Anschriftfeld zur Verfügung. Neben der Datumsangabe können im Stempelabdruck Ordnungsmerkmale, z. B. ein Verteilerschlüssel, zur Kennzeichnung der Empfänger vorgesehen sein. Eingangsstempel gibt es in dreifacher Ausführung, mit elektrischem Antrieb oder mit Uhrzeitabdruck (Gericht).

Im Geschäftsleben ist der Eingangsstempel dann von besonderer Bedeutung, wenn es um die Einhaltung von Fristen geht. So kann z. B. eine Rechnung mehrere Tage beim Lieferanten liegen geblieben sein, bevor sie zur Post gebracht wurde. Die Frage, ob der Kunde dann noch berechtigt ist, Skonto abzuziehen, kann mit Blick auf den Eingangsstempel beantwortet werden:

Fall:
Rechnungsdatum des Lieferanten: 5. Mai 20..;
Eingangsstempel auf der Eingangsrechnung: 16. Mai 20..;
vereinbarte Zahlungsbedingungen: 3 % Skonto bei Zahlung innerhalb 8 Tagen.

Der Kunde kann bis 24. Mai 20.. unter Abzug von Skonto bezahlen.

Verteilen

Nach dem Stempeln werden die Schriftstücke und Privatbriefe nach Abteilungen bzw. Mitarbeitern in Mappen oder Briefkörben sortiert und anschließend verteilt.

2.1.5 Büroförderanlagen

In den letzten Jahren gibt es in privatwirtschaftlich organisierten Unternehmen immer seltener Anlagen, die zur Beförderung von Schriftgut eingesetzt werden. Dies erklärt sich aus dem Vormarsch der elektronischen Post und der zunehmenden Archivierung von Altunterlagen mittels der EDV. Dennoch werden noch immer – in Verwaltungen mehr als in Privatunternehmen – unterschiedliche Büroförderanlagen wie z. B.

- Rohrpostanlagen oder
- Förderbandanlage eingesetzt.

Die Aufgabe der innerbetrieblichen Transportanlagen ist es, Schriftstücke und Büromaterial von Bearbeitungsstelle zu Bearbeitungsstelle zu transportieren.

Transportgut für Förderanlagen (Auswahl)

Akten Ausgangspost Bücher Büromaterial Diktatunterlagen CDs, DVDs Drucksachen Eingangspost	Fernschreiben Formulare Karteikarten Kleinteile Mappen mit losem Schriftgut Rechnerausdrucke	Ordner Textträger Tonträger Unterschriftsmappen Zeichnungsrollen Zeitschriften

Rohrpostanlage

Mit Rohrpost können einzelne Belege, dünne Aktenstücke oder kleinere Gegenstände über große Entfernungen sehr schnell transportiert werden. Die einzelnen Sende- und Empfangsstationen sind durch Rohrleitungen (Fahrrohre) miteinander verbunden. Durch Druck- oder Saugluft werden die **Rohrpostbüchsen** („Bomben") mit ihrem Inhalt angetrieben. Je nachdem, in welche Richtung die Büchse befördert werden soll, arbeitet die Anlage mit Druck- oder Saugluft. Die Fördergeschwindigkeit beträgt etwa 36 km je Stunde. Die Steuerung erfolgt durch einen Einstellring an der Büchse oder durch Tastenvorwahl an der Sendestation.

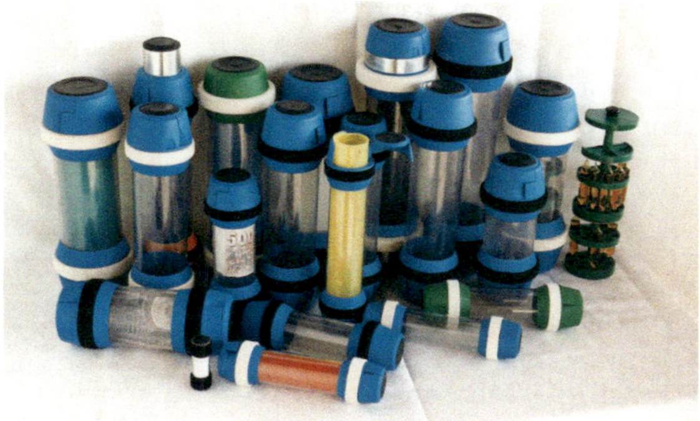

Rohrpostbomben

Förderbandanlage

Förderbandanlagen arbeiten ähnlich wie ein Fließband. Sie werden vorzugsweise in einer Büroetage eingesetzt. Man unterscheidet zwischen Flach- und Hochkantförderung.

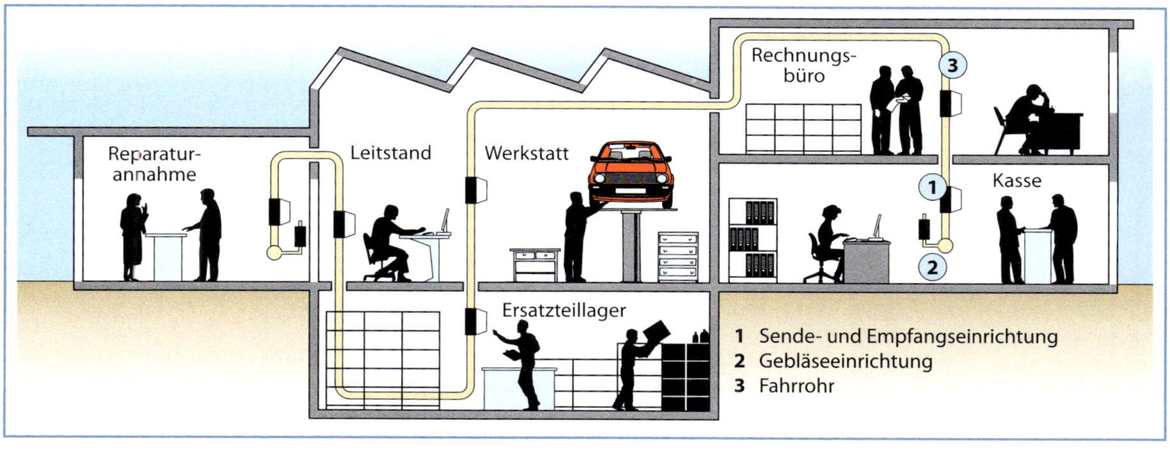

Rohrpostanlage

Bei der Flachförderung liegt das Schriftgut auf dem Förderband oder in größeren Behältern.

Bei der Hochkantförderung steht das Transportgut senkrecht in einem Behälter auf dem Band.

Da das Transportband dauernd läuft, lässt sich Schriftgut an jeder beliebigen Stelle der Transportstrecke einsetzen. Das Ziel der Empfangsstation wird am Behälter eingestellt. Die Transportgeschwindigkeit beträgt ungefähr 3,6 km je Stunde.

2.1.6 Postausgang

Ebenso wie im Posteingang können die Arbeiten im Postausgang je nach Betriebsgröße zentral oder dezentral durchgeführt werden. Man unterscheidet zwischen der Tages- und der Massenpost. Die Tagespost besteht aus unterschiedlichen Sendungen, zur Massenpost gehören Sendungen mit gleichem Inhalt, z. B. Werbesendungen, Rechnungen.

Adressieren

Das **Adressieren der Tagespost** erfolgt in der Regel beim Schreiben eines Briefes. Das Verwenden von Fensterbriefhüllen spart das zweimalige Schreiben der Anschrift. Bei Textsystemen oder beim PC ist es einfach möglich, auf Datenträger gespeicherte Anschriften in ein Schriftstück zu übernehmen.

Beim **Adressieren der Massenpost** unterscheidet man zwei grundsätzliche Verfahren: Beim Einsatz von Fensterbriefhüllen kann die Anschrift – wie bei der Tagespost – von einem Textsystem oder Computer eingefügt werden. Bei größeren Briefhüllenformaten hat sich das Adressieren mit Etiketten (Adressaufklebern) durchgesetzt.

Zum Beschriften von Etiketten gibt es mehrere Möglichkeiten:

- Kopierautomat,
- Drucker von einem Textsystem oder PC,
- Adresscomputer,
- Drucker einer EDV-Anlage,
- Etikettierautomat.

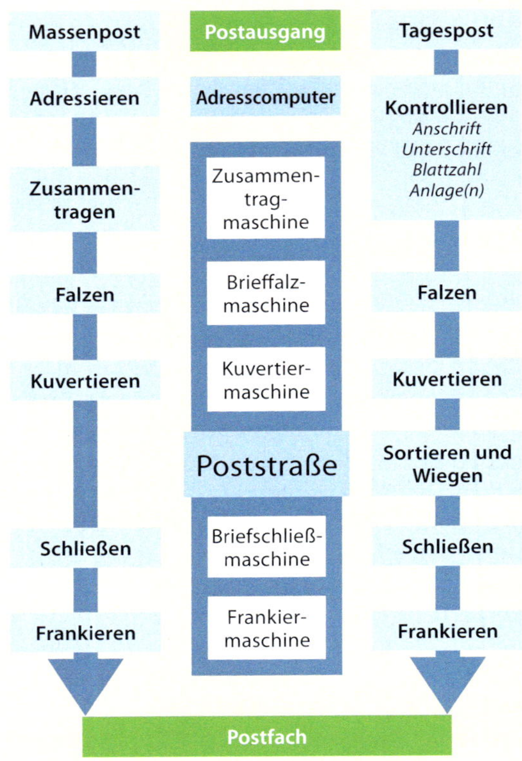

Zusammentragen

Bei der Tagespost werden die verschiedenen Anlagen den Schreiben beigefügt. Das Zusammentragen der Massenpostsendungen kann sehr zeitraubend sein. **Zusammentragmaschinen** tragen die einzelnen Anlagen in der richtigen Reihenfolge zusammen. Dadurch wird diese Arbeit erheblich beschleunigt und vereinfacht.

Kontrollieren

Bei der Tagespost werden die Anschrift, Unterschrift, Blattzahl und Anlagen geprüft. Diese Tätigkeit entfällt bei der Massenpost, da alle Sendungen den gleichen Inhalt haben.

Falzen

Die Sprache unterscheidet zwischen „falzen" und „falten", wobei unter „falzen" eine höhere Qualität verstanden wird. Je nach Größe der Schriftstücke und der unterschiedlichen Umhüllung gibt es verschiedene Falzarten. Die Abbildung zeigt Falz-

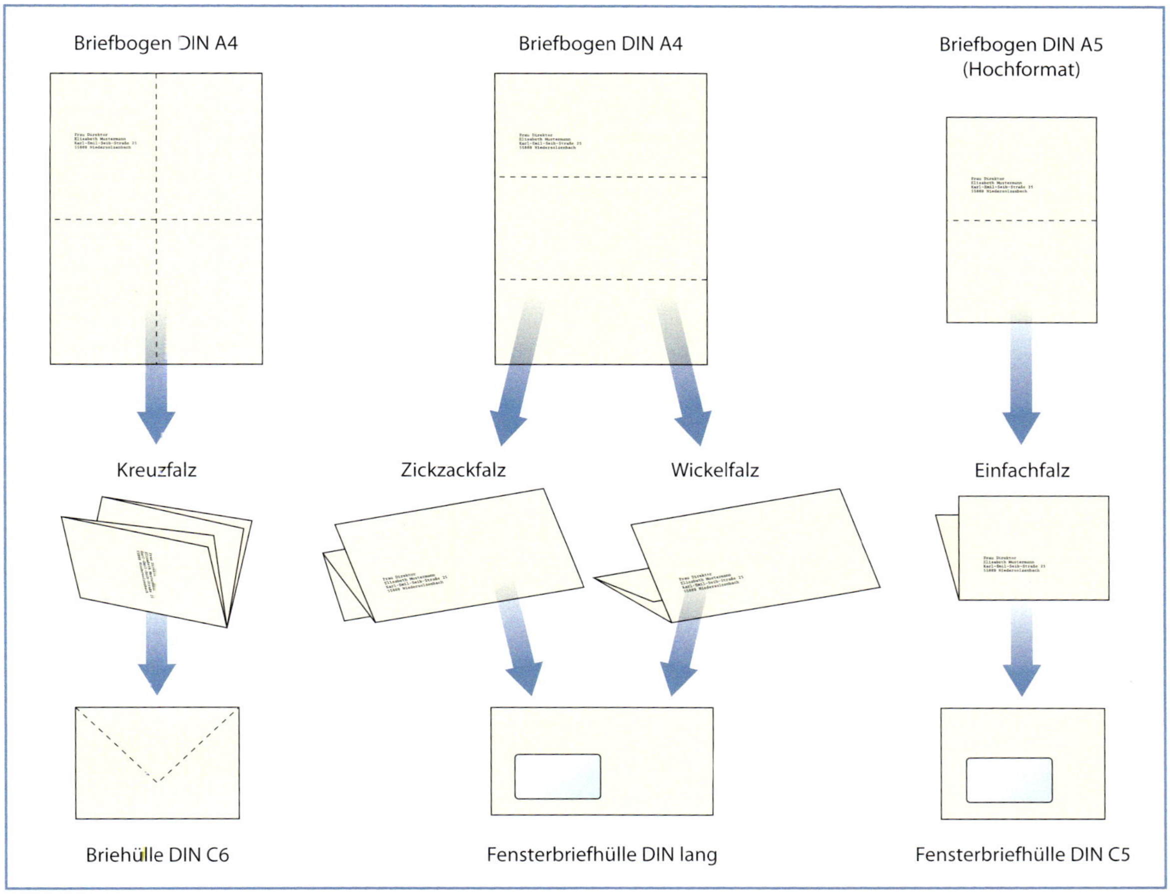

arten, die in der Büropraxis häufig angewandt werden. **Brieffalzmaschinen** falzen Schriftstücke automatisch mit hoher Geschwindigkeit.

Kuvertieren

Das Einlegen der Schriftstücke in die Umhüllung heißt Kuvertieren. Bei Fensterbriefhüllen ist darauf zu achten, dass die Anschrift auch tatsächlich im Fenster zu lesen ist. **Kuvertiermaschinen** führen diese Arbeit automatisch aus.

Sortieren und Wiegen[1]

Die Tagespost wird nach besonderer Versendungsform und Sendungsart sortiert. Es folgt das Wiegen mit einer **Briefwaage.** Diese Tätigkeiten entfallen bei der Massenpost, weil alle Sendungen den gleichen Inhalt haben. Es muss lediglich eine Sendung gewogen werden.

Schließen[1]

Selbstklebende Briefhüllen beschleunigen diesen Arbeitsvorgang. **Briefschließmaschinen** schließen automatisch die Briefhüllen mit hoher Arbeitsgeschwindigkeit. Der Fachhandel bietet Maschinen mit und ohne Wassertechnik an.

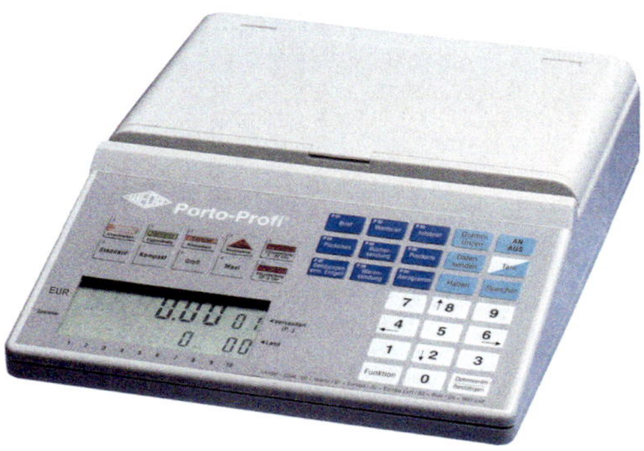

Elektronische Briefwaage

[1] *Die Reihenfolge ist abhängig von den verwendeten Postbearbeitungsmaschinen.*

Frankieren

Die besondere Versendungsform, die Sendungsart und das Gewicht bestimmen die Postgebühr einer Sendung. Das Freimachen kann durch Postwertzeichen (Briefmarken), den Stempelaufdruck über Frankiermaschine oder in digitaler Form mittels Matrixcode erfolgen.

Herkömmliche Frankiermaschinen, die keinen Matrixcode beinhalten, werden als Absenderfreistempelmaschinen (AFM) bezeichnet. Der Stempelabdruck besteht hierbei aus Entgeltstempel (1), Tagesstempel (2) und Werbeeinsatz (3). Die Portoladung erfolgt entweder bei einer Postfiliale (Wertvorgabeverfahren) oder via Internet über das Datenzentrum des Herstellers.

(3) (2) (1)

Frankit steht für die neue Generation von Frankiermaschinen für größere Sendungsmengen. Hierbei wird durch einen 2D-Matrixcode ein sicherer Postversand gewährleistet. Die Portoladung erfolgt direkt über das Modem. Auch diese Form des Frankierens ermöglicht den Aufdruck von Werbebotschaften und/oder Firmenlogos.

Alle Frankiermaschinen sind mit einer Sicherheitseinrichtung ausgestattet, die Doppelstempeln oder Stempeln ohne Briefzuführung verhindert. In Verbindung mit elektronischen Briefwaagen kann der Gebührenwert automatisch schon beim Wiegen der Sendung in der Frankiermaschine eingestellt werden.

Neben dem schnellen und sauberen Frankieren haben Frankiermaschinen noch folgende Vorteile:

- keine Vorratshaltung von Briefmarken,
- kein Portobuch,
- kein unbeabsichtigtes Zerreißen von Briefmarken,
- immer richtiger Portowert,
- kein unbefugtes Benutzen.

Stampit. Die Kunden der Deutschen Post AG können ihre Briefe mit einer digitalen Briefmarke selbst bedrucken. Benötigt werden dazu ein PC mit Internetanschluss und ein Drucker, auf dem Briefumschläge oder Adressetiketten bedruckt werden. Die benötigte Frankiersoftware Stampit ist von der Post zu beziehen. Das eingekaufte Porto wird per Lastschrift bezahlt.

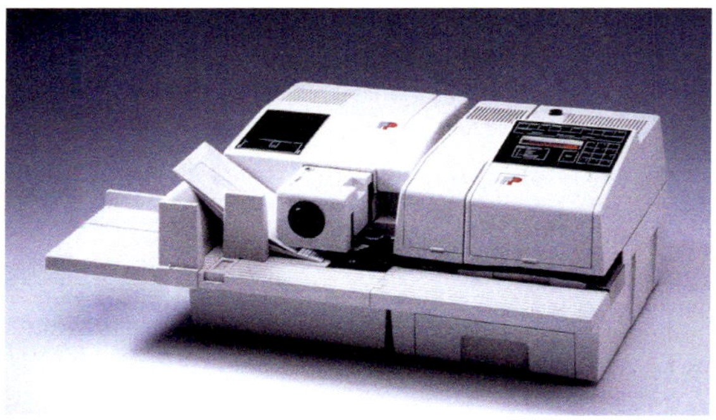

Frankiermaschine

Die Deutsche Post AG übernimmt im Rahmen des **Frankierservice** für ihre Kunden das Frankieren der Briefe, Postkarten, Bücher- und Warensendungen sowie Infopostsendungen. Dieser Service verursacht zusätzliche Kosten, die abhängig sind von der Einlieferungsmenge.

Entgelttarif (Stand 02/2012)

Sendungsart	zusätzliche Leistungen	Portowert
Standardbrief		0,55 €
Kompaktbrief		0,90 €
Großbrief		1,45 €
Maxibrief		2,20 €
Postkarte		0,45 €
Infopost		0,25 € bis 1,42 €
Infobrief		0,35 € bis 1,80 €
Büchersendung (bis 1 000 g)		0,45 € bis 1,40 €
Warensendung		0,45 € bis 1,65 €
Blindensendung		entgeltfrei
	Einschreiben Einwurf	1,60 €[1]
	Einschreiben	2,05 €[1]
	Eigenhändig	1,80 €[1]
	Rückschein	1,80 €[1]
	Nachnahme	2,40 €[1]
Päckchen (max. 2 kg)		3,90 €
Postpaket DHL (max. 10 kg)		ab 6,90 €

[1] zuzüglich zum Beförderungsentgelt für die Sendungen

Kosten Frankierservice

Preistabelle 1 für Sendungen der Basisprodukte Standard und Kompakt

Stück	Preis*
1–250	9,00 €
251–500	12,00 €
501–750	15,00 €
751–1 000	18,00 €
ab 1 001	15,00 € zzgl. 0,6 ct. je Stück

Preistabelle 2 für Sendungen der Basisprodukte Groß und Maxi

Stück	Preis*
1–50	7,00 €
ab 51	3,00 € zzgl. 0,8 ct. je Stück

** Zzgl. gesetzlicher Umsatzsteuer*

Bei jedem Auftrag Frankierservice werden zur Berechnung des Service-Entgelts folgende Sendungen mengenmäßig zusammengefasst (außer bei Infopostsendungen und Einlieferungen Teilleistungen Brief):

- Sendungen der Basisprodukte Standard und Kompakt gemäß Preistabelle 1
- Sendungen der Basisprodukte Groß und Maxi gemäß Preistabelle 2

Voraussetzung:
Es handelt sich um Sendungen desselben Absenders, die zeitgleich an einem Ort eingeliefert werden.

Quelle: www.deutschepost.de
Stand 01/2012

Poststraße

Die einzelnen Postbearbeitungsmaschinen lassen sich in Baukastenform zusammenfassen. Dadurch kann ein vollautomatisches Bearbeiten der Ausgangspost erfolgen.

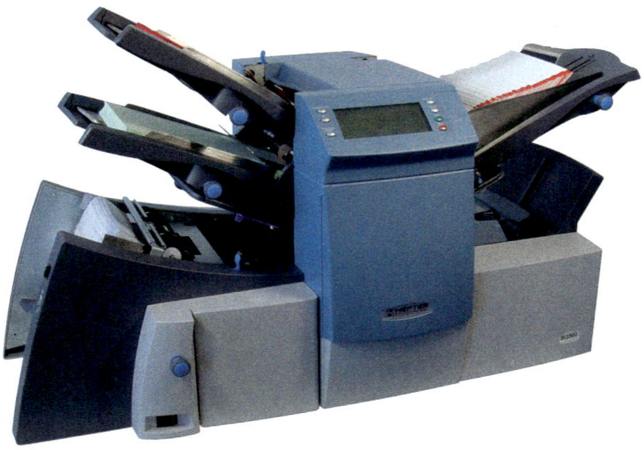

Die Poststraße übernimmt als Automat die Funktion mehrerer Postausgangsmaschinen: Zusammentragen, Falzen, Kuvertieren und Schließen.

Zustell-Check

Für Einschreibesendungen und Nachnahmen kann eine Kontrolle der Zustellung erfolgen. Dafür werden die Sendungen bei der Einlieferung mit einem Barcode-Label versehen, das die Sendung per EDV identifizierbar macht. Die Auslieferung der Sendung wird anhand des Barcodes erfasst und kann drei Tage nach der Einlieferung telefonisch über das Callcenter der Deutschen Post AG überprüft werden. Gegen Entgelt kann von dort auch eine Kopie des Auslieferungsbelegs angefordert werden.

Merke

1. Die Tätigkeiten im Posteingang sind Sortieren, Öffnen, Kontrollieren, Stempeln und Verteilen.
2. Als maschinelle Hilfsmittel gibt es Brieföffnermaschinen, Briefumschlag-Durchleuchtungsmaschinen und Eingangsstempel.
3. Privatbriefe dürfen im Posteingang nicht geöffnet werden.
4. Im Postausgang unterscheidet man zwischen Tages- und Massenpost.
5. Die Tätigkeiten im Postausgang sind Adressieren, Zusammentragen, Kontrollieren, Falzen, Kuvertieren, Sortieren und Wiegen, Schließen und Frankieren.
6. Für diese Tätigkeiten gibt es entsprechende Postbearbeitungsmaschinen (Ausnahme: Kontrollieren).
7. Alle Postbearbeitungsmaschinen lassen sich zu einer Poststraße zusammenstellen.

Projektthema

„Wir laden zum ‚Tag der offenen Tür' ein“

Arbeitshinweise:
Erkunden Sie die verschiedenen Möglichkeiten zur Versendung von Einladungen. Stellen Sie die Voraussetzungen, die bei den verschiedenen Versendungsarten zu erfüllen sind, in einer Tabelle zusammen.

Aufgaben

1. Besorgen Sie sich den aktuellen Entgelttarif bei Ihrer Poststelle oder der Postfiliale.
2. Warum werden im Betrieb Postvollmachten erteilt?
3. Was ist ein „Standardbrief"?
4. Vergleichen Sie die Entgelte für einen Brief und ein Päckchen von jeweils 120 g.
5. Welche Anforderungen werden an den Verschluss von Paketen gestellt?
6. Erläutern Sie die besonderen Versendungsformen der Deutschen Post AG.
7. Welchen Vorteil hat eine Einschreibesendung?
8. Vergleichen Sie die Preise der Anbieter für:
   a) Standardbriefe: 150 Briefe gleichen Inhalts sollen deutschlandweit versendet werden;
   b) Paketsendung mit 3 kg
9. Wodurch unterscheiden sich Privat- und Geschäftsbrief?
10. Beschreiben Sie die Vorteile des Postfachs gegenüber der Postzustellung.
11. Wodurch unterscheiden sich die Vorauszahlungssysteme bei Frankiermaschinen?
12. Beschreiben Sie die verschiedenen Verfahren zur Adressierung der Geschäftspost.
13. Suchen Sie im Internet nach Mitbewerbern der Deutschen Post AG.

2.2 Die Registratur

Die Registratur (Schriftgutablage) dient der geordneten Aufbewahrung und Verwaltung von Schriftgut. Unter Schriftgut versteht man alle Aufzeichnungen in Buchstaben, Ziffern und Sonderzeichen auf Papier oder vergleichbarem Material.

2.2.1 Grundlagen

Die **Notwendigkeit** zur Führung einer Registratur hat zum einen betriebliche Gründe, wird aber andererseits auch vom Gesetzgeber vorgeschrieben.

Betriebliche Gründe

Briefe, Kataloge, Kundenverzeichnisse usw. dienen als Auskunftsmittel für die tägliche Arbeit im Büro. Bei Rechtsstreitigkeiten ist es wertvoll, wenn durch entsprechende Unterlagen der eigene Standpunkt beweisbar ist. Selbstverständlich wird ein Betrieb auch die Unterlagen über die Firmengründung und -entwicklung aufbewahren.

Gesetzliche Gründe

Der Gesetzgeber schreibt im **Handelsgesetzbuch** (§§ 238 und 257 HGB) und in der **Abgabenordnung** (§ 147 AO) vor, dass verschiedene Schriftgutarten aufgehoben werden müssen.

- **6 Jahre:** empfangene Handelsbriefe, Wiedergaben (Kopien, Durchschriften) abgesandter Handelsbriefe, Geschäftspapiere und sonstige Unterlagen wie Preislisten, Kassenzettel, Angebote
- **10 Jahre:** Bilanzen
Inventare
Handelsbücher
Buchungsbelege

Neben diesen Aufbewahrungsfristen gibt es noch kürzere Fristen aufgrund von Steuergesetzen.

Die Aufbewahrungsfristen beginnen stets mit dem Ende des Kalenderjahres, in dem die letzten Eintragungen gemacht wurden oder Schriftgut entstanden ist. Das bedeutet, dass ein in sich geschlossener Vorgang, der z. B. am 22. August erledigt wurde, ab 1. Januar des folgenden Jahres sechs bzw. zehn Jahre lang aufbewahrt werden muss. Dieses Schriftgut wird als Altablage in Archiven abgelegt. Der Ablauf der Aufbewahrungsfristen bleibt durch eine steuerliche Prüfung unbeeinflusst. Nach Ablauf der Fristen kann das Schriftgut vernichtet werden.

Unterschiedliche Bedeutung verschiedener Schriftgüter

Täglich erreicht Schriftgut mit unterschiedlicher Bedeutung den Posteingang. Dieses Schriftgut lässt sich in vier Wertstufen gliedern: Tageswert, Prüfwert, Gesetzeswert und Dauerwert.

Wertigkeitsstufen	Definition	Aufbewahrung
1. Tageswert	Einmalige Information ohne bleibenden Wert: • Infos, unverlangte Angebote, Prospekte, Zeitungen, Notizen usw.	nach Kenntnisnahme vernichten bzw. löschen
2. Prüfwert	In Bearbeitung befindliche Vorgänge und Unterlagen mit zeitlich befristetem Wert: • Angebote, Prospekte, Mahnungen, Statistiken, Kataloge, Preislisten usw.	arbeitsbezogene Zwischenablage bzw. CD/Festplatte
3. Gesetzeswert	Unterlagen mit gesetzlicher Aufbewahrungspflicht, z. B. nach HGB oder AO: • Handelsbriefe, Rechnungen, Zahlungsbelege usw.	Raum sparende Registraturen bzw. Mikroformen
4. Dauerwert	Unterlagen von langfristiger Bedeutung für das Unternehmen/die Verwaltung: • Fotos, Umsätze, Rechtsverhältnisse, Verträge, Patente, Muster, Verfahren usw.	Archive Spezial-Ablagen

Das Beachten der Wertstufen vermeidet unnötiges Aufbewahren von Schriftgut und spart dadurch einen erheblichen Teil der Registraturkosten ein. Um jedem Mitarbeiter das Einstufen der unterschiedlichen Schriftgutarten zu erleichtern, gibt es den **Schriftgutkatalog.** In diesem Verzeichnis ist das gesamte Schriftgut eines Betriebes alphabetisch aufgelistet. Es ist vermerkt, was wie lange aufbewahrt werden muss. Die betrieblich festgesetzten Aufbewahrungsfristen müssen mindestens die gesetzlichen Fristen enthalten.

§

Aufbewahrungsfristen gem. § 257 HGB

Aufbewahrungspflichtige Unterlagen	Beispiele	Fristen (Jahre)
1. Handelsbücher	Kontenblätter, Rechnungsablage bei der Offenen-Posten-Buchhaltung, Datenträger mit obigem Inhalt	10
2. Inventar	alle Aufzeichnungen über die körperliche Bestandsaufnahme aller Vermögensgegenstände, z. B. Saldenlisten von Forderungen, Verbindlichkeiten, Anlagenkartei, Lagerkartei, Aufnahmezettel, Wiegekarten	10
3. Eröffnungsbilanz Jahresabschluss Lagebericht Konzernabschluss	in der Regel geprüfter und mit Bestätigungsvermerk versehener Abschlussbericht	10
4. Arbeitsanweisungen Organisationsunterlagen	Kontenplan, Verzeichnisse über Abkürzungen und Symbole	10

(Fortsetzung folgende Seite)

Aufbewahrungspflichtige Unterlagen	Beispiele	Fristen (Jahre)
Empfangene Handelsbriefe II	alle Schriftstücke, die das Handelsgeschäft betreffen, aus dem Verkehr mit Behörden, Lieferanten usw. • Aufträge von Kunden • empfangene Auftragsbestätigungen • empfangene Versandanzeigen • Lieferscheine, Frachtbriefe • Eingangsrechnungen • empfangene Zahlungsbelege	6
Kopien abgesandter Handelsbriefe III	vgl. hierzu nach II: • Auftragsbestätigungen • Aufträge • Ausgangsrechnungen • Gutschriften • Unterlagen über Zahlungsausgänge	6
Buchungsbelege IV	alle Belege, nach denen Buchungen in den Handelsbüchern vorgenommen werden können • Rechnungen, Gutschriften, Steuerbescheide • Vertragsurkunden, Lohn- und Gehaltsunterlagen • Kontoauszüge • auch interne Buchungsanweisungen, z. B. selbst erstellte Belege, Bewertungsunterlagen für Inventur, Unterlagen über Abschlussbuchungen	10

2.2.2 Ordnungsmöglichkeiten

In jedem Büro ist eine Vielzahl von Dingen zu ordnen, z. B. Briefe, Rechnungen, Karteien. Dafür gibt es unterschiedliche Ordnungsmöglichkeiten:

- Namen,
- Nummern,
- Sache,
- Zeit.

Als Ordnungsmittel stehen Buchstaben, Zahlen, Farben und Symbole zur Verfügung.

Ordnungsmöglichkeiten	
Beispiel	**Regel**
Buchstabenfolge A, B, C, D, E, F, G, H, I, J, K, L, M, N, O, P, Q, R, S, T, U, V, W, X, Y, Z Aberle Abstein Barden Immet Jakobi Zwickert	Die Buchstabenfolge ist das Alphabet. Wörter werden zuerst nach dem Anfangsbuchstaben und dann nach dem zweiten, dritten usw. Buchstaben geordnet. **I** und **J** sind verschiedene Buchstaben.
Badorf, Anton Baecker, Peter Balten, Kurt Bassler, Anton Baßler, Anton Bassler, Wilhelm	Die Umlaute **ä, ö, ü** werden wie ae, oe, ue geordnet, **ß** wie **ss**. Bei Übereinstimmung steht **ae, oe, ue** und **ss vor ä, ö, ü** und **ß**.
Sachs Szerba Schaad Schworm Stadler Styslo	In der Registratur kann die Ausnahme gelten: Die Wörter mit **S, SCH** und **ST** bilden je eine Ordnungsgruppe für sich.

(Fortsetzung folgende Seite)

Beispiel	Regel
Personennamen Reuter Rilk, Andrea Rilk, Veronika Rocker, Albert, Bahnstraße 16 Rocker, Albert, Berghain 17 Rocker, Albert, Stadttor 89	Der Familienname ist das erste, der Vorname das zweite Ordnungswort. Reicht dies nicht aus, müssen weitere Merkmale (z. B. Straße mit Hausnummer, Wohnort) hinzugefügt werden.
Kindel Kindel, Christel Kindel, Gebrüder Kindel, U. Kindel, Ursula Kindel, Wilhelm	„Gebrüder" und „Geschwister" gelten als Vornamen. Abgekürzte Vornamen werden wie selbstständige Wörter behandelt.
Zimmerle, Wilhelm, Dr. Zitzewitz, Ernst von Zollmann, August, Dipl.-Ing. Zollmann, Eva, Baronin von Zweinert, Peter von der Zwingert, Wolfgang im	Vorsatzwörter (z. B. van, von, de), akademische Grade (z. B. Dr., Dipl.-Ing.), historische Namenszusätze (z. B. Freiherr) werden nicht berücksichtigt.
Meier, Astrid Meier, Martina Meier-Klein, A. Meier-Mosch, Erika Meier-Ott, Charlotte Meier-Walther, Paul	Nach den einfachen Familiennamen folgen als Sondergruppe die zusammengesetzten Familiennamen.
Namen von Behörden, Firmen, Vereinen usw. ABCD Bahn siehe Deutsche Bahn AG Berghoff KG DESOKA Deutsche Bahn AG dk-Großmarkt	Für die Einordnung soll der vollständige offizielle Name verwendet werden. Feststehende Abkürzungen werden wie ein Wort behandelt. Hinweise erleichtern das Auffinden.
Verband der Gastwirte Verband der Hausbesitzer Weiler & Co. Weiler GmbH Weiler, Peter & Co. Weiler, Peter & Söhne	Weniger wichtige Wörter und Zeichen (z. B. am, zu, für, und, &, der, die, das) bleiben unberücksichtigt.
Oberfinanzdirektion Oellinger, Karl Österle, Carola ORION GmbH Ottmann, Bekleidungs KG Overberg, Paul	Beim gemeinsamen Einordnen von Familien- und anderen Namen gilt das Alphabet.
Orts- und Straßennamen Babenhausen Bad Ems Badenweiler Bad Ischl Neubeckum Neu Bernitt	Für die Eintragung ist die offizielle Schreibweise zu verwenden. Die Leerstellen werden übergangen.

2.2.2.1 Alphabetische Ordnung

Die alphabetische Ordnung ist die verbreitetste Ordnungsweise. Man unterscheidet zwischen namens- und ortsalphabetischer Ordnung. Im ersten Fall wird zuerst nach dem Namen geordnet, im zweiten Fall zuerst nach dem Ort und dann nach dem Namen. Grundlage für die alphabetische Ordnung ist die DIN 5007. Wichtige Regeln sind in der Übersicht ab Seite 55 mit Beispielen zusammengestellt.

2.2.2.2 Numerische Ordnung

Bei der numerischen Ordnung wird mit Zahlen geordnet. Man unterscheidet die Ordnung nach fortlaufenden Nummern, nach Vorziffern und die dekadische bzw. halbdekadische Ordnung.

Ordnung nach fortlaufenden Nummern

Kunden 3020 bis 3050		Suchindex „B"	
3020	Möller, Fritz	Bachner, Anton	3010
3021	Klein & Weber	Baldus KG	3049
3022	Becker Josef	Bayer & Co.	3002
3023	Lufthansa AG	Becker, Josef	3022
3024	Huber, Karl	Brandner Ernst	3078

Jeder Vorgang oder Kunde erhält eine fortlaufende Nummer. Diese Ordnung ist eindeutig, die Ablage- und Suchzeiten sind verhältnismäßig gering. Neben dem Nummernverzeichnis muss noch ein „Suchindex" (alphabetisches Verzeichnis) geführt werden. Der Suchindex zeigt, was oder wer sich hinter der Nummer verbirgt.

Ordnung nach Vorziffern

21	=	**Großhändler**
21.1	=	Weber, Karl
21.2	=	Arkus GmbH
21.3	=	Meyer & Söhne
21.4	=	Bollinghaus KG
21.5	=	Peroni, Anton

Bei dieser Ordnung gibt man den Vorziffern einer Nummer eine bestimmte Bedeutung, z. B. 21 = Großhändler, 22 = Einzelhändler usw. Auch bei dieser Ordnung ist ein Suchindex erforderlich.

Dekadische Ordnung

Bei der dekadischen Ordnung verwendet man die Ziffern 0 bis 9 (Zehnergruppe = Dekade). Die Ordnung kann in Hauptgruppen, Gruppen und Untergruppen eingeteilt werden. Vorteil ist, dass in der ersten Ziffer der Untergruppe die Hauptgruppe erkennbar ist. Deshalb heißen diese Ordnungsnummern auch „sprechende Nummern". Die dekadische Ordnung findet man z. B. im Kontenrahmen der Buchführung und im Aktenplan der Registratur.

Hauptgruppe		Gruppe		Untergruppe	
0	Geschäftsführung				
1	Finanzen				
2	Anlagen				
3	Verwaltung				
4	Personalwesen	40	Abrechnung, Steuern		
5	Einkauf	41	Arbeitsrecht		
6	Fertigung	42	Ausbildung	420	Auszubildende
7	Vertrieb	43	Gesetzliche Aufwendungen	421	Ausbilder
8	–	44	Soziale Aufwendungen	422	Ausbildungsplan
9	–	45	Soziale Einrichtungen	423	Gesetzliche Vorschriften
		46	Personalakten	424	Berufsschule
		47	Personalbeschaffung	425	Fortbildung
		48	Personalvertretung	426	Jugendvertretung
		49	–	427	–
				428	–
				429	–

Halbdekadische Ordnung

Die halbdekadische Ordnung unterscheidet sich von der dekadischen Ordnung nur dadurch, dass die letzten Ziffern der Untergruppe über 9 hinausgehen.

2.2.2.3 Alphanumerische Ordnung

B 71	(Materialbezeichnung)
D-LK 665	(Kfz-Kennzeichen)
6 a	(Schulklasse)

Diese Ordnung stellt eine Verknüpfung der alphabetischen mit der numerischen Ordnung dar. Eine dieser beiden Ordnungsarten dient als Grundordnung. Die alphanumerische Ordnung verhindert eine zu hohe Nummernbildung und trägt zu einer besseren Übersicht bei. Die Anwendung der alphanumerischen Ordnung ist dann vorteilhaft, wenn mehr als zehn zu unterscheidende Einheiten als Oberbegriffe geordnet werden sollen.

2.2.2.4 Sonstige Ordnungsmöglichkeiten

Mnemotechnische Ordnung

BS	(Berufsschule)
E	(Einkauf)
V	(Verkauf)

Die mnemotechnische Ordnung (sprich: memotechnisch; Mnemotechnik = Gedächtniskunst) stellt eine Beziehung zur Sache her, die man sich leicht merken kann. Grundlage ist das Alphabet.

Zeitliche Ordnung (chronologische Ordnung)

11-01-01
↓ } Behördenheftung
11-12-31

11-12-31
↓ } kaufm. Heftung
11-01-01

Die zeitliche Ordnung, die auch als chronologische Ordnung bezeichnet wird, erfasst Sachverhalte in ihrer zeitlichen Reihenfolge, z. B. nach Jahren, Monaten und Tagen. Werden in der Registratur z. B. Rechnungen alphabetisch in Stehordnern abgeheftet, so ist diese Ordnung zusätzlich nach Datum unterteilt. Die Reihenfolge kann unterschiedlich sein. Bei der **kaufmännischen Heftung** liegt das neue Schriftstück oben, bei der **Behördenheftung** dagegen unten.

Farben und Symbole

Farben sind zusätzliche Ordnungsmittel, die eine bestehende Ordnung sinnvoll ergänzen. Mit Farben wird z. B. das Vorsortieren von Schriftstücken erleichtert (Rechnungskopien = gelb, Lieferscheinkopien = blau, Mahnkopien = rot usw.). Farbige Schriftgutbehälter erleichtern das Abstellen in der richtigen Gruppe. Zu viel Farbe kann unübersichtlich wirken. Kräftige Farben sollte man Weiß, Grau und Schwarz vorziehen.

Symbole ermöglichen eine gute Übersicht. Sicher verständliche Vorgänge können z. B. an einer Tafel mit Symbolen übersichtlich dargestellt werden. Die Abbildung zeigt eine Plantafel. Die Terminplanung, der Auftragsdurchlauf oder die Raumbelegung sind damit „auf einen Blick" zu erkennen.

Plantafel

2.2.3 Registraturformen

2.2.3.1 Traditionelle Registraturformen

Die Bezeichnung der einzelnen Registraturformen leitet sich von der Art und Weise ab, wie das Schriftgut im Behälter aufbewahrt wird: **liegend, stehend** oder **hängend.**

Liegende Aufbewahrung
(Flachablage)

Ungelochtes Schriftgut wird in Aktendeckel oder Mappen eingelegt. Schnellhefter nehmen gelochtes Schriftgut auf. Alle Schriftgutbehälter liegen übereinander.

Stehende Aufbewahrung

Für gelochtes Schriftgut verwendet man Einstellhefter. Mehrere Mappen oder Hefter stehen nebeneinander in **Stehsammlern.** Eine schnelle Ablage bei ungeheftetem Schriftgut und die geringe Zugriffszeit zeichnen diese Registraturform aus. Hinzu kommt, dass die Einrichtungskosten im Verhältnis zu anderen Aufbewahrungsarten sehr niedrig sind.

Hängende Aufbewahrung

Bei der hängenden Aufbewahrung gibt es grundsätzlich zwei verschiedene Ausführungen:

vertikal (Das Schriftgut hängt von vorne gesehen hintereinander.)

lateral (Das Schriftgut hängt von vorne gesehen seitlich nebeneinander.)

Vertikal hängende Aufbewahrung
(Hängeregistratur)

Ungelochtes Schriftgut wird in Vertikal-Hängemappen oder -sammler eingelegt. Gelochtes Schriftgut heftet man in Vertikal-Hängehefter oder -ordner ein. Jeder Schriftgutbehälter ist an zwei „Hängenasen", die an der Breitseite angebracht sind, in Hängerahmen hintereinander eingehängt. Die Hängerahmen sind in Schubladen oder Rahmenauszügen vorziehbar.

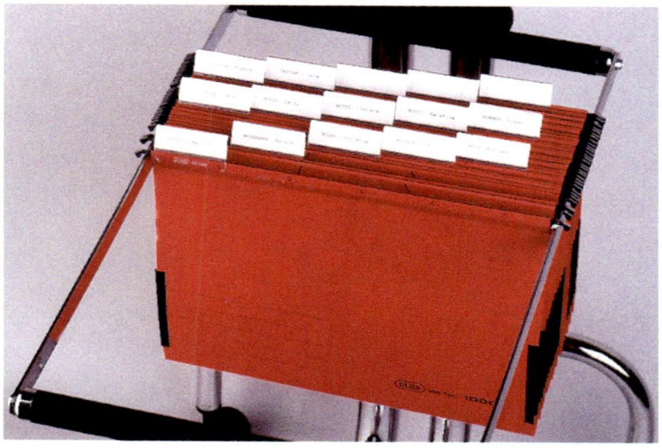

Hängeregisterhalter

Lateral hängende Aufbewahrung
(Pendelregistratur)

Ungelochtes Schriftgut wird in Lateral-Hängemappen oder -sammler eingelegt. Lateral-Hängehefter oder -ordner nehmen gelochtes Schriftgut auf. Die Behälter haben eine Aufhängevorrichtung an ihrer Breitseite. Damit werden sie nebeneinander hängend in eine Profilschiene eingehakt. Geringe Materialkosten und eine gute Raumausnutzung – sechs bis sieben Reihen lassen sich übereinander anbringen – sind vorteilhaft.

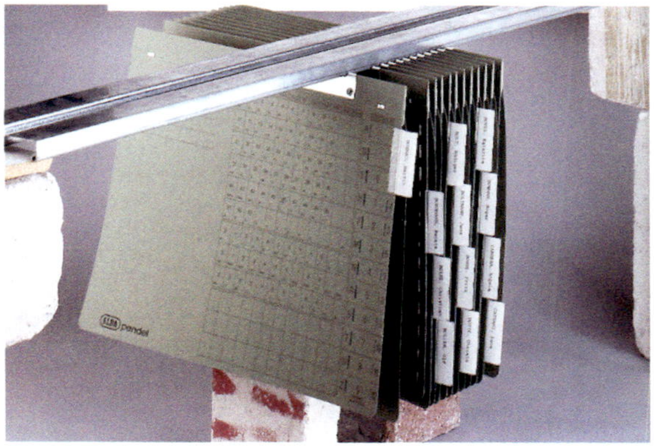

Pendelregisterhalter

Für großformatige **EDV-Listen** gibt es zur Aufbewahrung – ebenso wie in der herkömmlichen Registratur – Endlosformularhefter, Mappen, Ringbücher und Ordner. Briefkörbe im Format A3 eignen sich zum Aufbewahren, Sammeln, Sortieren und Verteilen von EDV-Listen. Als Möbel für die EDV-Ablage gibt es fahrbare Gestelle, EDV-Regale und EDV-Schränke. Feuersichere Datentresore eignen sich zur Aufbewahrung von wertvollen Datenträgern.

Die Registraturen im Überblick

Registraturart	Ordnerregistratur	Hängeregistratur	Stehsammler-registratur	Pendelregistratur	Flachablage
		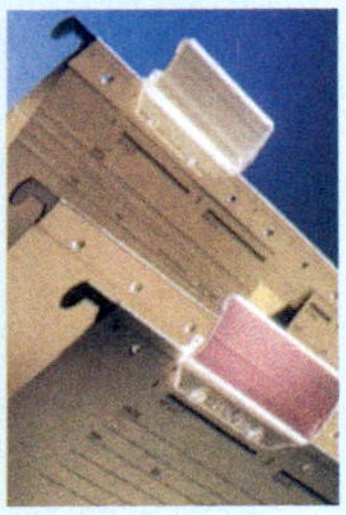			
Schriftgutbehälter	Briefordner verschiedener Rückenbreiten mit Registern oder Trennblättern für DIN A3, A4, A5, A6	Hängemappen, -hefter, -ordner und -sammler für DIN A4 und A3	Stehsammler aus Kunststoff 10 cm breit, mit Einstellmappen bzw. Einstellheftern für DIN A4	Pendelhefter, -mappen, -sammler oder -ordner für DIN A4	Hefter oder Mappen in Stapeln liegend für DIN A4
Art der Möbel	Schränke, Regale, Rollregale, Paternoster, Drehsäulen	Hängeauszüge in Schränken oder Schreibtischen, Hängekörbe und -wagen	Schränke, Regale, Rollregale, Paternoster	Schränke, Regale, Rollregale, Paternoster	Schränke, Regale, Rollregale
Vorteile	gute Übersicht, schnelle geheftete Ablage, bei voller Füllung gute Raumausnutzung	gute Übersicht, schnelle Loseblattablage, hohe Flexibilität, ideale Arbeitsplatzablage	bei Farbcodierung gute Übersicht und schneller Zugriff, gute Raumausnutzung; Signalisierung und Terminierung möglich	bei Farbcodierung gute Über-sicht, schneller Zugriff, sehr flexibel, gute Raumausnutzung; Signalisierung und Terminierung möglich.	gute Raumausnutzung bei voller Füllung der Gefache
Nachteile	durch starre Rückenbreite inflexibel bei ungleichmäßigem Schriftgutanfall, Zeitaufwand beim Ablegen	größerer Raumbedarf durch Bedienung von oben (vier Auszüge) und erford. Auszugsflächen	hoher Aufwand für Beschriftung und Signalisierung beim Einstechen	hoher Aufwand für Heftung und Beschriftung bzw. Signalisierung beim Einrichten	schlechte Übersicht, umständlicher Zugriff, inflexibel, Zeitaufwand für Heftung, Aktenverschleiß
lfd. m Registratur je 1 m Wandfläche	6 m	5,5 m	7 m	7 m	6 m
je 1 m² Stellfläche netto (ohne Bedien- und Gangfläche)	15 m	11,5 m	17,5 m	17,5 m	15 m
Ablegeleistung bei Einzelblattablage/ Tag	geheftet: 500 Blatt	lose Ablage: 700 Blatt geheftet: 400 Blatt	lose Ablage: 700 Blatt geheftet: 400 Blatt	geheftet: 400 Blatt	geheftet: 300 Blatt
empfohlene Einsatzmöglichkeiten	fortl. anfallende Massenbelege, starke Einzelakten, Akten mit Nachschlagecharakter	Arbeitsplatzablage, stärkere Einzelakten (über 100 Blatt)	dünnere Einzelakten (unter 100 Blatt)	stärkere Einzelakten (über 100 Blatt)	Altablage ohne häufigen Zugriff

Quelle: Leitz, Stuttgart

Registraturformen – Überblick

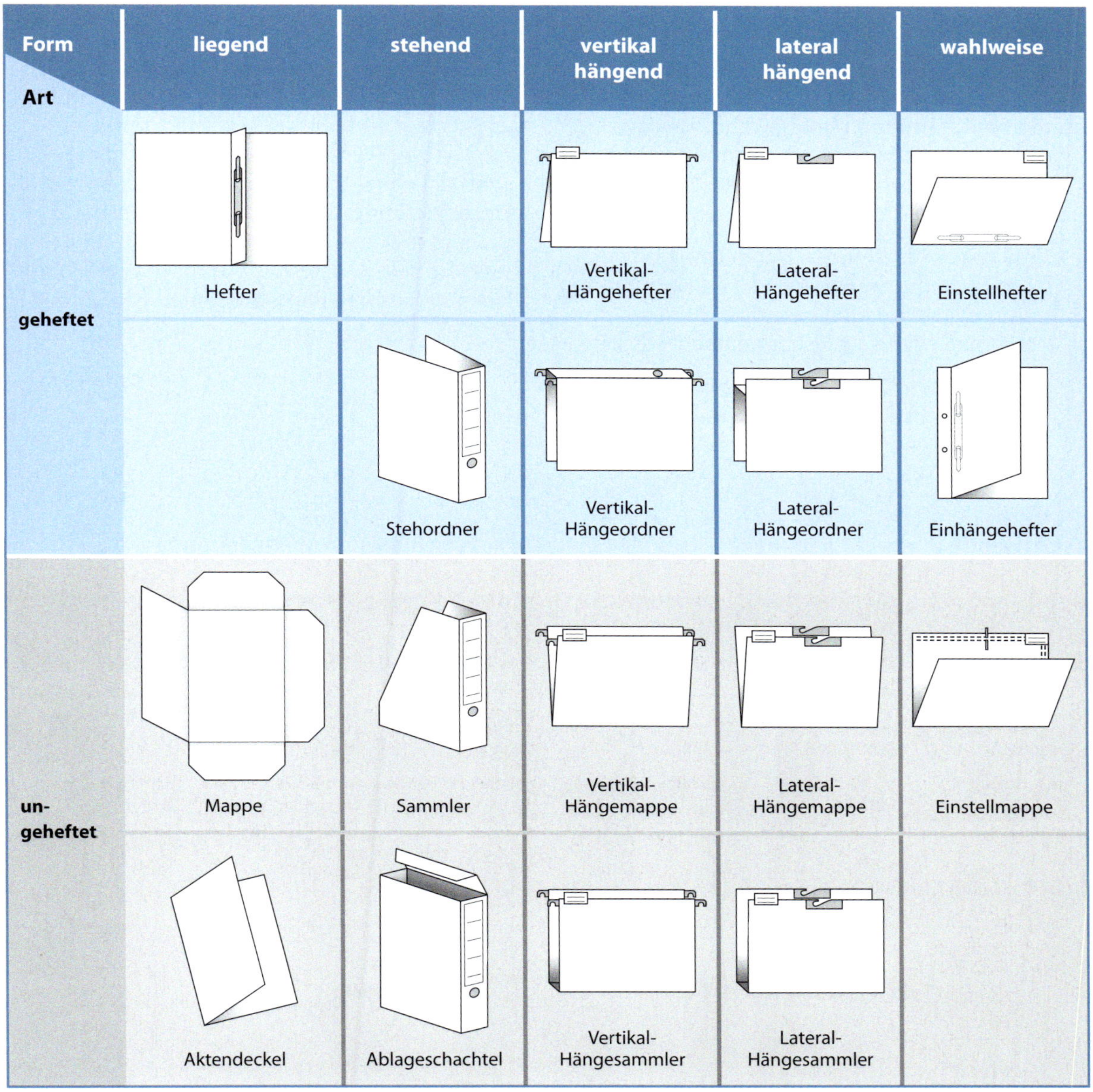

Form / Art	liegend	stehend	vertikal hängend	lateral hängend	wahlweise
geheftet	Hefter		Vertikal-Hängehefter	Lateral-Hängehefter	Einstellhefter
geheftet		Stehordner	Vertikal-Hängeordner	Lateral-Hängeordner	Einhängehefter
un-geheftet	Mappe	Sammler	Vertikal-Hängemappe	Lateral-Hängemappe	Einstellmappe
un-geheftet	Aktendeckel	Ablageschachtel	Vertikal-Hängesammler	Lateral-Hängesammler	

2.2.3.2 Mikroverfilmung

Die Mikrofilmtechnik ist ein fotografisches Verfahren mit der Möglichkeit, von Originalschriftstücken stark verkleinerte Wiedergaben auf Mikrofilm (Film mit Mikrokopien) herzustellen.

Gesetzliche Grundlagen

Seit 1965 erkennt der Gesetzgeber den Mikrofilm als Aufbewahrungsmittel an. Im HGB heißt es, dass mit Ausnahme der Bilanz aufbewahrungspflichtige Unterlagen auch als Wiedergabe auf einem Bildträger aufbewahrt werden können. Wie bei der Registratur gelten auch hier die gesetzlichen Aufbewahrungsfristen und die Grundsätze ordnungsmäßiger Buchführung. Voraussetzung für die Anwendung des Mikrofilms als Aufbewahrungsmittel ist weiterhin, dass die empfangenen Handelsbriefe und Buchungsbelege bildlich übereinstimmen, wenn sie lesbar gemacht werden.

§

Auszug HGB

§ 257 (3) [...] können [...] Unterlagen auch als Wiedergabe auf einem Bildträger oder auf anderen Datenträgern aufbewahrt werden, wenn dies den Grundsätzen ordnungsmäßiger Buchführung entspricht und sichergestellt ist, dass die Wiedergabe oder die Daten

1. mit den empfangenen Handelsbriefen und den Buchungsbelegen bildlich und mit den anderen Unterlagen inhaltlich übereinstimmen, wenn sie lesbar gemacht werden,
2. während der Dauer der Aufbewahrungsfrist verfügbar sind und jederzeit innerhalb angemessener Frist lesbar gemacht werden können. [...]

§ 261 Wer aufzubewahrende Unterlagen nur in der Form einer Wiedergabe auf einem Bildträger oder auf anderen Datenträgern vorlegen kann, ist verpflichtet, auf seine Kosten diejenigen Hilfsmittel zur Verfügung zu stellen, die erforderlich sind, um die Unterlagen lesbar zu machen; soweit erforderlich, hat er die Unterlagen auf seine Kosten auszudrucken oder ohne Hilfsmittel lesbare Reproduktionen beizubringen.

Die folgende Übersicht zeigt Beispiele für den Einsatz der verschiedenen Mikrofilmformen.

Filmform / Merkmal	Rollfilm auf Spule	Rollfilmkassette	Filmtasche (Jacket)	Mikroplanfilm (Mikrofiche)	Mikrofilm-lochkarte
Vorgang	abgeschlossen	abgeschlossen	zu ändern, zu ergänzen	zu ergänzen, abgeschlossen	zu ändern, abgeschlossen
Gebrauch	sehr selten	selten	häufig	häufig	selten
Anwendung	Sicherheitsverfilmung	Ersatzverfilmung	Arbeitsverfilmung	Arbeitsverfilmung	Arbeitsverfilmung

Schriftgutverfilmung

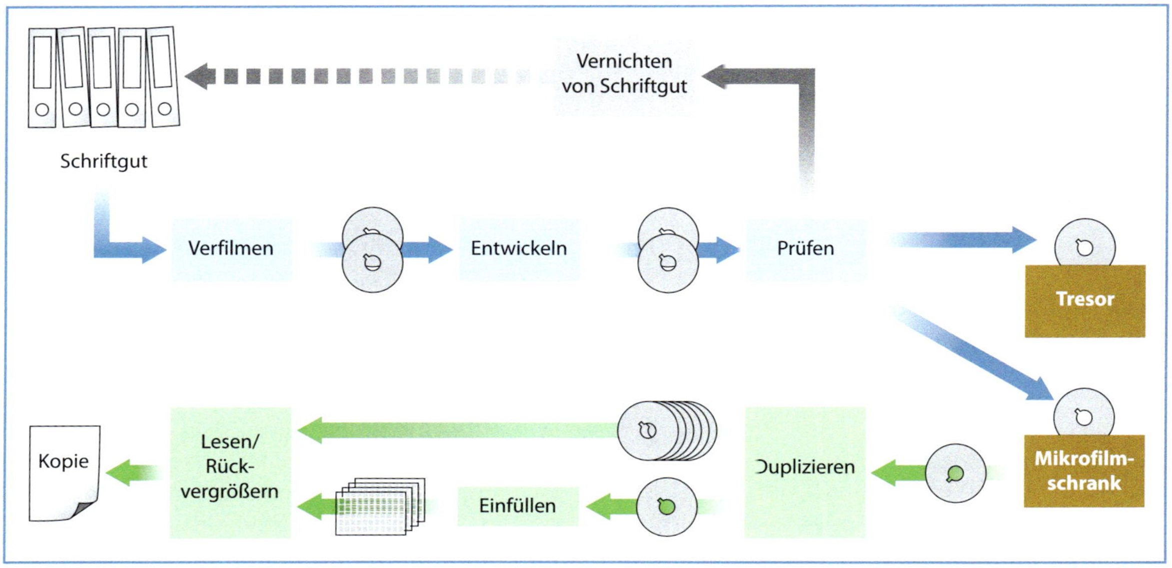

Raumersparnis

Auf einem 16-mm-Mikrofilm von 30 m Länge können 2 100 Seiten im Format A4 im Simplexverfahren aufgenommen werden. Der Verkleinerungsmaßstab beträgt dabei 1 : 23 (23-fache Verkleinerung). In einen Mikrofilmschrank mit der Stellfläche von 0,4 m^2 passen etwa 880 dieser Filme. In dem Schrank können 1 900 000 verfilmte A4-Seiten aufbewahrt werden.

Eine Registratur mit Stehordnern benötigt für 2 Millionen A4-Seiten 40 m^2 Platz. In diesem Beispiel beträgt die Raumersparnis bei der entsprechenden Ablage mit Mikrofilm 95 %. Je nach Aufnahmeverfahren ist eine Raumersparnis bis zu 98 % gegenüber der herkömmlichen Ablage möglich.

Vorteile der Schriftgutverfilmung

- Der Mikrofilm besitzt eine sehr hohe Speicherdichte im Vergleich zu anderen Mitteln der Informationsspeicherung.
- Die Raumersparnis beträgt bis zu 98 % gegenüber der herkömmlichen Registratur.
- Die Vollständigkeit des Schriftgutes ist jederzeit gewährleistet.
- Unterlagen stehen an mehreren Arbeitsplätzen gleichzeitig und in unmittelbarer Nähe zur Verfügung.
- Wertvolle Unterlagen werden vor unerlaubtem Zugriff, Verfälschung und Umwelteinflüssen sicher aufbewahrt.
- Porto- und Verpackungskosten werden eingespart.
- Mikrofilm kann in allen Betriebsbereichen eingesetzt werden, ohne dass vorhandene Ordnungsgrundsätze geändert werden müssen.

Von Nachteil ist, dass die auf Mikrofilm gespeicherten Informationen nur mit Hilfsmitteln lesbar sind. Außerdem sind keine Nachträge und Einschübe möglich.

COM-System

COM ist die Abkürzung für Computer Output on Microfilm. Über ein COM-System lassen sich Daten aus einer EDV-Anlage sekundenschnell auf Mikrofilm ausgeben. Dieses Verfahren ist rund zwanzigmal schneller als eine Datenausgabe über einen Drucker. Die Bezeichnung COM ist international üblich für die direkte Verfilmung von Daten.

Anwendung

Sollen Massendaten gespeichert werden, dann können sie über die EDV-Anlage auf Tabellierpapier ausgedruckt werden. Um Platz zu sparen, werden die EDV-Listen auf Mikrofilm aufgenommen. Diesen Umweg vermeiden COM-Systeme. Massendaten können über COM direkt auf Mikrofilm gespeichert werden.

2.2.3.3 Elektronische Datenträger

Neben dem Bildträger (Mikrofilm) werden heute in der Registratur zunehmend **Magnetplatten, Magnetbänder, CDs, DVDs, USB-Sticks** u. Ä. als Datenträger zur Aufbewahrung von Unterlagen eingesetzt.

Für den **allgemeinen Schriftverkehr** eines Unternehmens bestehen keine Rechtsvorschriften, die bei der Registratur dieser Unterlagen zu berücksichtigen sind. Im Eigeninteresse des Unternehmens ist es jedoch, auch den Einsatz moderner Kommunikationstechniken so zu organisieren, dass abgeschlossene Geschäftsvorgänge zu einem späteren Zeitpunkt nachvollziehbar sind. Dieses Problem kann sich beispielsweise dann stellen, wenn in einem Rechtsstreit die eigene Position anhand von Unterlagen dokumentiert werden soll.

Bei der Aufbewahrung von **Buchführungsunterlagen** ermöglicht der Gesetzgeber (§§ 239, 257 HGB, § 147 AO), dass mit Ausnahme der Eröffnungsbilanz und des Jahresabschlusses alle Buchführungsunterlagen auf Bildträger (Mikrofilm) oder Datenträger (z. B. CDs) aufbewahrt werden können. Dabei gilt allerdings die Voraussetzung, dass die gespeicherten Daten jederzeit durch Ausdruck oder auf Bildschirm lesbar gemacht werden können.

Die Weiterentwicklung der EDV hat die Gestaltung der Registratur bereits stark beeinflusst. Die Ersparnis von Arbeitszeit bei der Durchführung der Registraturarbeiten und der geringere Platzbedarf elektronisch gespeicherter Informationen bringen Kostenvorteile für Unternehmen, die ihre Registratur mittels EDV organisieren.

2.2.3.4 Dokumentenmanagement

Die Vernetzung von PC-Arbeitsplätzen im Unternehmen und die Anbindung dieser Netze ins Internet (s. 10.3.5 Intranet–Extranet) führen dazu, dass neben dem konventionellen Schriftverkehr auf Papier zunehmend papierlose Dokumente (PC-Faxe, E-Mails) im Unternehmen eintreffen, die an den richtigen Empfänger weitergeleitet und aufbewahrt werden müssen.

Die Schaffung eines überschaubaren Ab- und Wiedervorlagesystems samt eines gemeinsam zugänglichen Archivs ist Aufgabe des Dokumentenmanagements.

Die Entwicklung von Dokumentenmanagementsystemen (DMS), die diese Aufgabe lösen können, und ihre Verbesserung hinsichtlich Geschwindigkeit, Nutzerfreundlichkeit und Speicherkapazität beschäftigt verschiedene Softwarehersteller schon seit längerer Zeit.

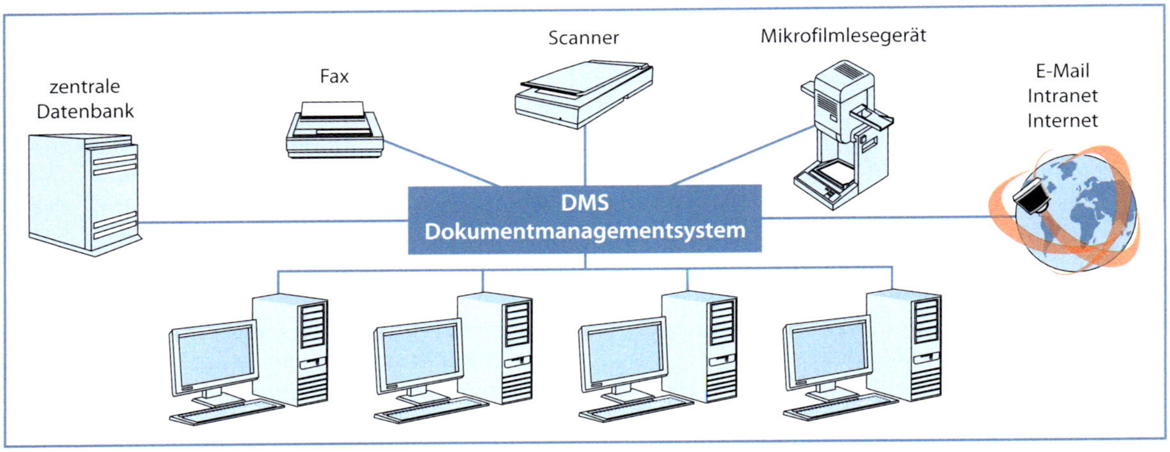

2.2.4 Standort der Registratur

Für den Ort der Registratur ist entscheidend, ob das Schriftgut noch eine Zeit lang bearbeitet werden muss („lebendes Schriftgut") oder ob es sich um erledigte Akten handelt („totes Schriftgut"). Daneben sind die Betriebsgröße und die Zahl der Mitarbeiter, die einen Vorgang bearbeiten, für die Auswahl des Standortes mit entscheidend.

In der Praxis unterscheidet man zwischen

- Arbeitsplatz- und Sekretariatsregistratur,
- Abteilungsregistratur,
- Zentralregistratur,
- Altablage und
- Archiv.

Die **Arbeitsplatzregistratur** eignet sich für Vorgänge, die von einem Mitarbeiter bearbeitet werden. Das Schriftgut befindet sich im Schreibtisch oder in Beistellmöbeln, sodass keine Zeitverluste durch Laufwege entstehen. Eine besondere Art der Arbeitsplatzregistratur ist die **Sekretariatsregistratur.** Hier werden vertrauliche Schriftstücke bis zum Bearbeitungsende unter Verschluss aufbewahrt.

Die Aufbewahrung in einer **Abteilungsregistratur** ist dann vorteilhaft, wenn mehrere Mitarbeiter gemeinsam den gleichen Vorgang bearbeiten müssen. Die Verantwortlichkeit für die Registratur muss eindeutig geregelt sein, um Unordnung zu vermeiden. Die Laufwege sollten möglichst kurz sein.

Die **Zentralregistratur** speichert das Schriftgut von mehreren Abteilungen oder auch des gesamten Betriebs. Eine einheitliche Verwaltung und Kontrolle gewährleisten das geordnete Aufbewahren, Ausleihen und Zurückgeben des Schriftgutes. Hierbei ist Wert auf einen schnellen Transport zu legen. Die Zentralregistratur ist in einem zentral gelegenen Betriebsbereich eingerichtet.

In der **Altablage** wird das Schriftgut nach Bearbeitungsende bis zum Ablauf der gesetzlichen Aufbewahrungsfristen gelagert. Die Altablage kann in der Zentralregistratur oder in besonderen Räumen untergebracht sein.

Nach Ablauf der Aufbewahrungsfrist wird das Schriftgut vernichtet. Aktenvernichtungsmaschinen zerreißen das Papier so, dass ein unbefugtes Lesen der Schriftstücke unmöglich ist. Das Verbrennen von Papier ist abzulehnen, weil Altpapier wieder zu neuem Papier verarbeitet werden kann und die Luft nicht unnötig verunreinigt werden soll.

Aktenvernichter

In einem **Archiv** werden Unterlagen mit Dauerwert diebstahl- und feuersicher aufbewahrt. In kleineren Betrieben erfüllt diese Aufgabe z. B. ein Tresor.

2.2.5 Registraturmöbel

Alle Registraturmöbel sollen in ihrem Aufbau der Registraturform und der Menge des anfallenden Schriftgutes entsprechen. Die Zugriffszeit ist für die Auswahl der Möbel von entscheidender Bedeutung.

Schreibtisch

Der Unterbau eines Schreibtisches ist vor allem für die Hängeregistratur am Arbeitsplatz geeignet. Ein nachträglicher Einbau eines Registratureinsatzes ist möglich.

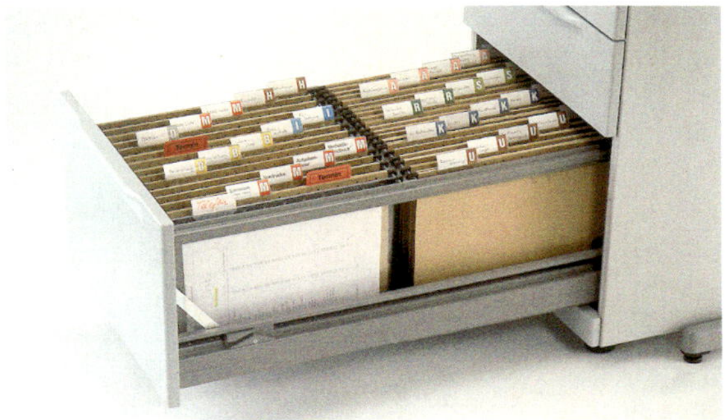

Schreibtischunterschrank mit Hängeregister

Beistellmöbel

Fahrbare und feststehende Beistellmöbel ergänzen die Ablage am Arbeitsplatz. Die Anwendungsmöglichkeiten sind sehr vielseitig, sodass

Fahrbarer und verschließbarer Aktenschrank

alle Registraturformen übersichtlich im Griffbereich angebracht werden können. Beistellmöbel gibt es in offenen und verschließbaren Ausführungen.

Regal

Regale sind für alle Registraturformen geeignet. Regale haben den Vorteil, dass sie je nach dem verfügbaren Raum zusammengestellt werden können.

Verschiebbare Regalanlagen eignen sich zur Aufnahme von umfangreichem Schriftgut. Das Verschieben der einzelnen Regalreihen kann von Hand oder durch elektrischen Antrieb erfolgen. Ein Gang genügt für alle Regalreihen. Dadurch wird eine Raumersparnis von über 50 % gegenüber feststehenden Regalen erreicht.

Verschiebbare Regalanlage

Drehsäulen

Drehsäulen haben sich bei der Aufbewahrung von lebendem Schriftgut in Stehordnern bewährt. Drehsäulen verbessern die Raumausnutzung gegenüber feststehenden Regalen erheblich.

Drehsäule

Registraturschrank

Schränke können einzeln oder in Gruppen aufgestellt werden. Sie eignen sich für alle Registraturarten. Vorteilhaft ist, dass das Schriftgut unter Verschluss ist. Schrankanlagen („automatische Registraturgeräte") bringen auf Knopfdruck die gewünschten Schriftgutbehälter in Griffhöhe. Sie sind für alle Registraturformen geeignet. Sehr kurze Zugriffszeiten, hohe Sicherheit gegen unbefugtes Benutzen und bestmögliche Raumausnutzung zeichnen diese Anlagen aus. Die Außenmaße der Registraturschränke sind in der DIN 4545 genormt.

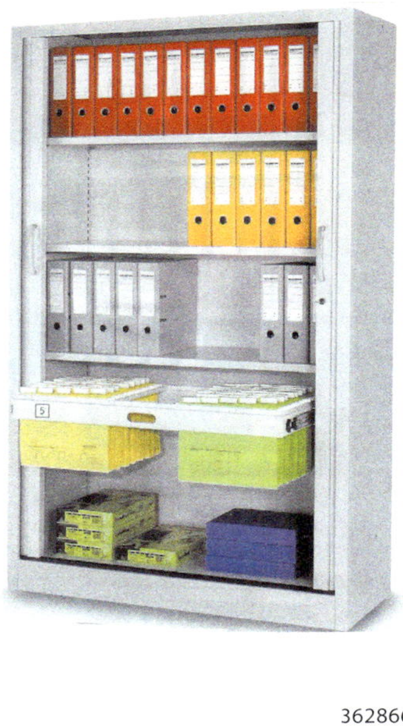

Registraturschrank mit Hängeregister

362866

2.2.6 Sicherheitsaspekte

Die Betriebsunterlagen haben für ein Unternehmen einen hohen Wert, manche Unterlagen, wie z. B. Lieferverträge oder Patente, beinflussen wesentlich den Unternehmenserfolg. Deshalb ist es wichtig, beim Aufbau der Registratur wie beim täglichen Arbeiten darauf zu achten, dass das Schriftgut entsprechend seinem jeweiligen Wert **„sicher"** aufbewahrt ist.

Bauliche Maßnahmen

Blitz- und Brandschutzanlagen an Gebäuden müssen bereits beim Bau geplant werden. Tür- und Fenstergitter sowie Spezialverglasungen und technische Zugangskontrollen sind mit hohen Kosten verbunden. Hier ist abzuwägen, welche Kosten zur Sicherung welcher Unterlagen zu rechtfertigen sind.

Wahl der Registraturmöbel

Zum Schutz vor Zerstörung von Schriftgut sollten feuerhemmende oder feuerfeste Registraturmöbel angeschafft werden. Dies gilt in erster Linie für wertvolle Unterlagen wie Konstruktionspläne, Lohnlisten, Arbeitsverträge u. Ä. Abschließbare Registraturmöbel bieten zwar keinen absoluten Schutz vor unbefugtem Zugriff, erschweren aber den Diebstahl.

Wahrung von Betriebsgeheimnissen

Informationen über Kunden, Lieferanten, Produktionspläne oder die finanzielle Geschäftslage müssen vor Unbefugten geschützt werden. Neben den technischen Maßnahmen zum Schutz dieser Unterlagen erwartet das Unternehmen auch von seinen Mitarbeitern, dass diese Informationen nicht nach außen getragen werden. Insbesondere Mitarbeiter, die mit solch sensiblen Unternehmensdaten arbeiten, werden ausdrücklich zur Verschwiegenheit verpflichtet. Ein Verstoß gegen die Verschwiegenheitspflicht kann zur fristlosen Kündigung führen.

Projektthema

„Unsere Registratur"

Arbeitshinweise:

a) Stellen Sie fest, welche Formen der Registratur in Ihrem Ausbildungsbetrieb verwendet werden und wo die Registratur(en) geführt wird (werden).
b) Welche Möglichkeiten sehen Sie, die Organisation der Registratur zu verbessern?

Aufgaben

1. Begründen Sie die Notwendigkeit, eine Registratur zu führen.
2. Erläutern Sie die Ordnungsmöglichkeiten einer Registratur.
3. Skizzieren Sie den Arbeitsablauf der Mikroverfilmung.
4. Welche Vorteile sehen Sie in der Schriftgutverfilmung, welche Nachteile sehen Sie?

2.2.7 Abc der Registratur

Ablage
Raum oder Platz, an dem Schriftgut aufbewahrt wird (auch Registratur).

Akte
Aus mehreren zusammengehörenden Schriftstücken bestehender Vorgang.

Aktendeckel
Einmal gefalteter Bogen aus Karton oder Kunststoff zur ungehefteten Aufnahme von Schriftgut.

Aktualitätszeitraum
Zeitraum, innerhalb dessen relativ häufig auf Schriftgut zurückgegriffen werden muss.

Altablage
Raum oder Platz, an dem älteres, nur selten gebrauchtes Schriftgut aufbewahrt wird.

Archiv
Ablage für dauernd oder zumindest sehr langfristig aufzubewahrende wichtige Unterlagen, Dokumente, Fotos, Muster, hauptsächlich zur Firmengeschichte.

Auszugsraum
Bei vertikalen Registraturen zusätzlich zur Stellfläche erforderlicher Raum für das Herausziehen der Hängerahmen bzw. Schubladen.

Bewegungsraum
Bei Hänge-, Pendel- und Stehsammlerregistraturen zusätzlich erforderlicher Raum zum Arbeiten in der Registratur, meist 10 %–20 % des Gesamtraumbedarfs.

COM-Verfahren
Begriff aus der Mikrofilmtechnik: Computer output on Microfilm – direkte Ausgabe von Daten aus der EDV-Anlage auf den Mikrofilm ohne den sonst üblichen Umweg über Papier.

Einzelakte
Akte, bei der die Schriftstücke zusammen einen Vorgang bilden. Zur Bearbeitung wird sie immer komplett benötigt.

Geheftete (gelochte) Ablage
Aufbewahrung von Schriftgut mithilfe von Lochungen in Schriftgutbehältern mit Mechaniken.

Haftsignale
Selbstklebende farbige Signale aus Papier oder Folie zum Kennzeichnen von Schriftgutbehältern nach verschiedenen Gesichtspunkten.

Handakten
Akten, die zu Informationszwecken oder als Arbeitsunterlage ständig zur Verfügung stehen müssen (Arbeitsanweisungen, Verzeichnisse, Preislisten usw.). Meist hängend direkt im Schreibtisch, oft geheftet.

Hefter
Gefalteter und zusätzlich gerillter Bogen aus Karton oder Kunststoff mit Heftvorrichtung zum Aufreihen von gelochtem Schriftgut.

Jurismappe
Gefalteter und zusätzlich gerillter Bogen aus Karton oder Kunststoff mit drei Einschlagklappen zur losen Aufnahme von Schriftgut.

Leitkarte
Mit Tabs oder Reitern versehener Zuschnitt aus Karton, Pappe oder Kunststoff, mit oder ohne Möglichkeit zum Abhängen, zur Unterteilung von Registraturen oder Karteien.

Locher
Gerät zum Anbringen der für die geheftete Ablage erforderlichen Lochungen im Schriftgut. Je nach erforderlicher Leistung in verschiedenen Stärken erhältlich.

Loseblattablage
Lose, ungeheftete Aufbewahrung von Schriftgut in Mappen oder Taschen.

Mappe
Einmal gefalteter und zusätzlich gerillter Bogen aus Karton oder Kunststoff zur losen Aufbewahrung von Schriftgut – auch für hängende Aufbewahrung.

Mechanik
Vorrichtung aus Metall oder Kunststoff, mit der gelochtes Schriftgut im Behälter aufgereiht wird.

Mehrfachablagen
Aufbewahrung von zwei oder mehr Ausfertigungen (Kopien) eines Schriftstücks an gleichen oder verschiedenen Stellen einer Verwaltung. Eine der Hauptursachen überflüssiger Registraturaufblähung.

362868

Mikrofilm
Im registraturtechnischen Sinne Verfahren, bei dem Schriftgut fotografiert und dabei stark verkleinert wird. Statt des Originalschriftguts wird dann lediglich der Film aufbewahrt. Raumersparnis ca. 95 %.

Nutzraum
Der in einer Registratur bzw. einem Schriftgutbehälter tatsächlich für die Aufnahme von Schriftgut genutzte Raum.

Ordner
Behälter aus Pappe oder Kunststoff mit vorgegebenem, festem Rücken oder Mechanik zur Aufnahme von gelochtem Schriftgut, Heftstreifen oder Einhängeheftern.

Organisationsschreibtisch
Innerlich und äußerlich wandelbarer Schreibtisch, der sich nach den Erfordernissen des Arbeitsplatzes einrichten lässt.

Pultordner
Behälter aus Pappe oder Kunststoff mit Dehnrücken und Blättern mit seitlichen Tabs zum Sortieren bzw. vorübergehenden Aufbewahren von Schriftgut.

Raumausnutzung
Verhältnis des Nutzraums zum Gesamtraumbedarf.

Raumbedarf
Angabe über den Raum, der zur Unterbringung einer bestimmten Schriftgutmenge erforderlich ist.

Register
Satz aus mehreren Trennblättern mit unbedruckten oder bedruckten Tabs zur Unterteilung von Schriftgut in einem Schriftgutbehälter.

Registratur
siehe Ablage

Reiter
Aufgesteckter oder geklebter überstehender Beschriftungsträger an einem Schriftgutbehälter.

Sammelakte
Viele verschiedene Schriftstücke bzw. Vorgänge, die zwar in einem Behälter gesammelt, aber inhaltlich nur mittelbar zusammenhängen.

Schlitzordner
Ordner mit Schlitzen im Oberdeckel, in die die Bügel der Mechanik einrasten. Wird dadurch standfest und bietet bessere Raumausnutzung.

Schnellhefter
Hefter für liegende Aufbewahrung aus Karton oder Plastik.

Schriftgut
Alle Formen von Datenträgern aus Papier oder vergleichbarem Material, die die Daten in geschriebener, gedruckter oder sonst wie markierter Form enthalten.

Schriftgutbehälter
Sammelbezeichnung für alle Arten von Behältern (Ordner, Mappen, Taschen, Hefter), die zur Aufnahme von Schriftgut verwendet werden.

Schriftgutdurchlauf
Weg des Schriftguts durch eine Verwaltung vom Entstehen bzw. Eingang über die verschiedenen Stufen der Bearbeitung und Aufbewahrung bis zur Vernichtung.

Schriftgutverwaltung
Die Summe registraturtechnischer und organisatorischer Maßnahmen, die zu einer wirtschaftlichen Bearbeitung und Aufbewahrung des Schriftguts in einer Verwaltung erforderlich sind.

Totraum
Für die Aufbewahrung von Schriftgut nicht nutzbarer Raum in einem Schriftgutbehälter (z. B. Bügelbereich im Ordner) bzw. Eigenstärke des Behälters.

Vorordner
Behälter mit dehnbarem Rücken, großem Fassungsvermögen und steifen Zwischenblättern zum Vor- und Feinsortieren von Schriftgut.

Wiederzugriff
Rückgriff auf bereits abgelegtes Schriftgut oder Akten.

Zugriffzeit
Summe aller Zeiten, um ein Schriftstück oder einen Vorgang aus der Registratur zu entnehmen.

Zuwachsraum
Raum im Möbel oder im Behälter selbst, der bereitgestellt werden muss, um das in einem bestimmten Zeitraum anfallende Schriftgut aufzunehmen.

Zwischenablage
Aufbewahrung von Vorgängen unmittelbar am Arbeitsplatz während der Bearbeitung.

2.2.8 Kosten der Registratur

Die Gesamtkosten einer Registratur setzen sich zusammen aus:

- Materialkosten (Registraturmittel und Möbel),
- Raumkosten,
- Personalkosten.

Bei der Ermittlung der Materialkosten ist es sinnvoll, die verschiedenen Registraturformen vergleichbar zu machen, z. B. dadurch, dass jeweils die Kosten für die Aufbewahrung von 1 000 Schriftstücken ermittelt werden. Hier ist festzustellen, dass die Möbel zum Aufbau einer Hängeregistratur teurer sind als Schranklösungen. Die preiswerteste Registratur ist nach wie vor die Ablage in Ordnern, die in Regalen aufbewahrt werden.

Die Raumkosten werden im Wesentlichen durch die Höhe der Miete pro m² bestimmt. Hier gibt es aufgrund der großen Schwankungen zwischen teuren Großstadtbüros und preiswerten Mieten im ländlichen Raum keine allgemeingültigen Aussagen.

Auch die Personalkosten können in unterschiedlicher Höhe anfallen. Als bestimmende Faktoren müssen einerseits die Ablegeleistung des Mitarbeiters und andererseits die Lohnkosten für die Registraturkraft berücksichtigt werden. Die Ablegeleistung des Mitarbeiters ist wiederum abhängig von der Registraturart: Studien haben ergeben, dass die Ablegeleistung bei Loseblattablage in Mappen um bis zu 40 % gegenüber der gehefteten Ablage z. B. in Ordnern steigt.

Allgemein kann man heute davon ausgehen, dass die

- Materialkosten ca. 3 % – 20 %,
- Raumkosten ca. 1 % – 3 %,
- Personalkosten etwa 80 % – 95 %

der gesamten Registraturkosten ausmachen.

Kosten in Euro jeweils für 1 000 Blatt Schriftgut		
Kostenart	**Ordner-registratur geheftet**	**Hänge-registratur Loseblatt**
Materialkosten (Investitionskosten)	22,00	35,00
Raumkosten	5,00	8,00
Personalkosten	480,00	360,00
Gesamtkosten	507,00	403,00

Durchschnittswerte verschiedener Herstellerangaben

Gesamtkosten der Registratur für die verschiedenen Systeme

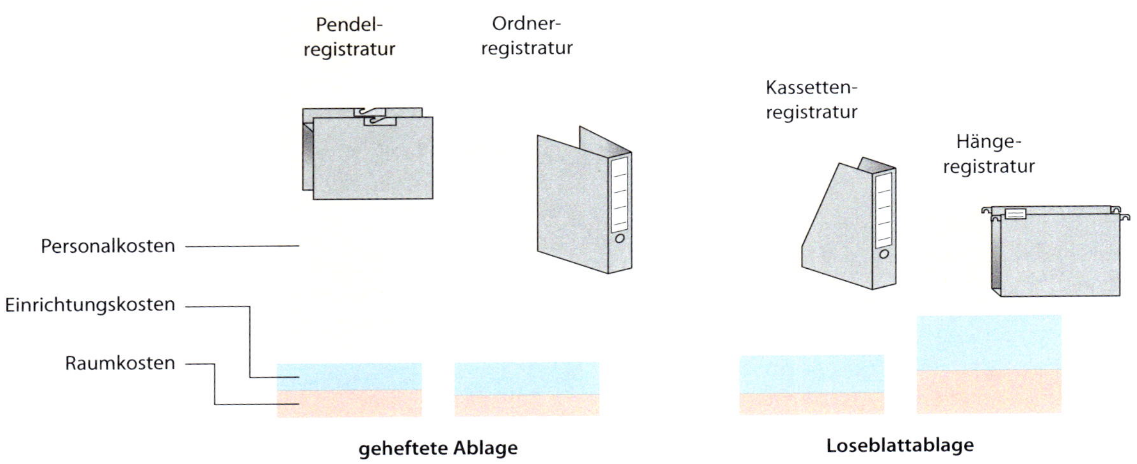

Die Entscheidung für eine bestimmte Form der Registratur wird letztlich auch davon abhängig zu machen sein, welche Kosten dafür veranschlagt werden müssen. Obige Grafik zeigt, dass bei allen Formen der Registratur die Personalkosten den größten Anteil ausmachen. Die kostengünstigste Loseblatt-Registratur vertikal-liegend hat allerdings auch erhebliche Nachteile: So werden z. B. vordergründige Kostenvorteile durch den Mehraufwand beim späteren Suchen der Akten wieder kompensiert. Ebenso ist der Sicherheitsaspekt bei diesen Kostenüberlegungen nicht entsprechend zu bewerten.

2.3 Karteien und Dateien

Briefe, Aktennotizen, Belege usw. tragen sehr oft Informationen ohne planmäßige Ordnung. Diese Unterlagen können auch mit Ballast beladen sein, hinter dem sich wichtige Angaben verstecken. Neben Geschäftsbüchern und Listen ist es möglich, die wesentlichen Informationen stichwortartig auf Karten zu schreiben. Mehrere Karten in einem entsprechenden Behälter heißen **Kartei.** Werden Blätter statt Karten verwendet, so spricht man von einer **Blattei.** Werden die Informationen (Daten) in einem Computer gespeichert, spricht man von einer **Datei.**

2.3.1 Informationsspeicherung auf Karteien

Karteiarten

Die Kartei kann auch als Ordnungs- und Hilfsmittel für das Planen und Kontrollieren eingesetzt werden. Karteien in der Buchhaltung müssen nach den gesetzlichen Bestimmungen geführt werden. Je nach Verwendungszweck speichern Karteien unterschiedliche Informationen:

- Terminkartei (z. B. Mahn- und Auftragskartei),
- Personenkartei (z. B. Personal- und Kundenkartei),
- Sachkartei (z. B. Lager- und Bezugsquellenkartei).

Karteikarte

Das Format der Karteikarten sollte den DIN-Formaten entsprechen. In der Praxis haben sich die Formate A4, A5 und A6 bewährt. Karteikarten, die im Hochformat in einem Behälter stehen, sind nicht so standfest wie Karten im Querformat.

Die Karteikarte besteht aus der Grundkarte und der Leitkarte. In die Grundkarte werden die laufenden Eintragungen vorgenommen. Die Leitkarten dienen als Ordnungsmittel, ragen über die Grundkarte hinaus und bestehen aus Holz, festem Kunststoff oder dickem Karton.

Als **Materialfarbe** sind besonders helle Farben, z. B. Hellgrün, Hellblau, Weiß, Hellbraun, geeignet. Die Farbe der Karte kann als Ordnungsmittel verwendet werden. In einer Kundenkartei können z. B. die Karten der Einzelhändler grün, der Großhändler rot und der Großverbraucher gelb sein.

Gliederung

Der obere Rand einer Karteikarte, die **Kartenleiste,** kann zum Anbringen von Ordnungsmitteln vorgesehen sein. Im **Kartenkopf** stehen einmalige Angaben, z. B. Kundenanschrift, Ersatzteilbezeichnung, Nummer. Der Kartenrumpf wird für fortlaufende Eintragungen benutzt. Im **Kartenfuß** werden z. B. die Bestellnummer der Karte, die Auflagenhöhe und das Druckdatum vermerkt.

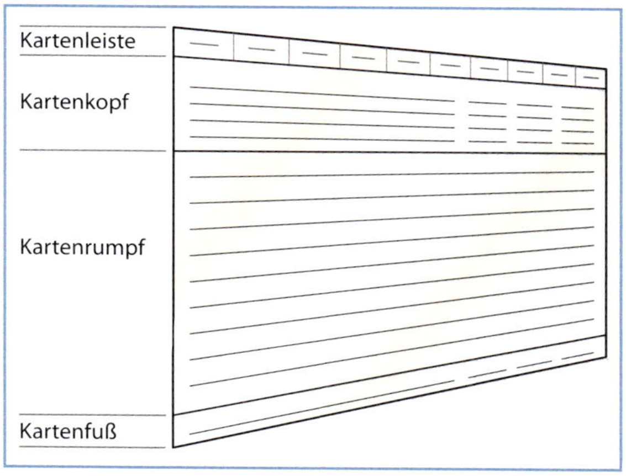

Ordnungsmerkmale

Neben der Farbe gibt es noch Tab, Kerbe und Reiter, die das Bearbeiten einer Kartei beschleunigen. Empfehlenswert ist ein Karteiplan, der die Bedeutung der Ordnungsmerkmale und zusätzliche Bearbeitungshinweise für alle Mitarbeiter enthält.

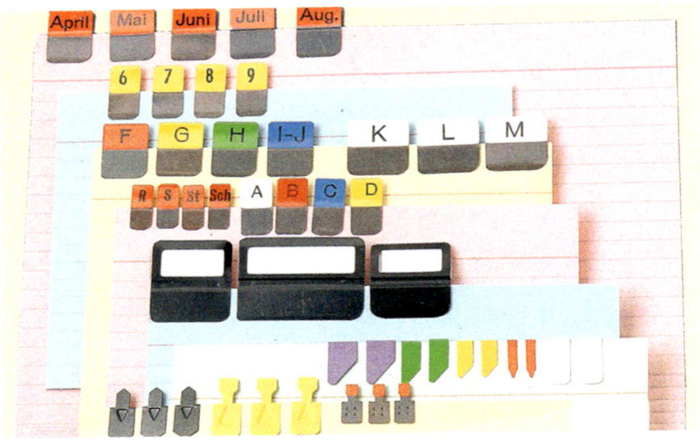

Reiter: Die Ordnungsmerkmale sind vorgegeben oder können selbst eingetragen werden.

Der **Tab** ist ein unveränderlicher vorspringender Teil der Karteikarte. Er ist mit einem Buchstaben oder einer Zahl bedruckt oder wird je nach Wunsch beschriftet. Die nicht benutzten Tabs werden abgeschnitten. Häufiger Gebrauch führt zum schnellen Verschleiß der Tabs.

Kerben werden mit einer besonderen Zange am Rand einer Karteikarte gestanzt. Über den Bürofachhandel können bereits gekerbte Karteikarten gekauft werden. Falsch abgestellte Karten sind leicht zu erkennen, da die Kerbbahn unterbrochen wird. Kerben zählen zu den unveränderlichen Ordnungsmerkmalen.

Reiter sind veränderliche Ordnungsmittel. Es gibt sie in zahlreichen Farben und Ausführungen. Reiter sind sowohl für Leitkarten als auch für Grundkarten geeignet. Biegsame Reiter eignen sich für Karteikarten, die mit Maschinen beschriftet werden.

Karteiformen

Grundsätzlich lassen sich zwei Karteiformen unterscheiden, die von der Stellung der Karteikarten abgeleitet sind: Steilkartei und Staffelkartei.

Steilkarteien	Staffelkarteien
• einfache Steilkartei • Hängekartei • Fächerkartei • Schrägsichtkartei • Randlochkartei	• Flachstaffelkartei • Breitstaffelkartei • Streifenkartei

Bei der **Steilkartei** stehen alle Karten geradlinig hintereinander. Das Querformat wird bevorzugt. Ordnungsmittel können am Kartenrand angebracht werden. Leitkarten erleichtern die Bearbeitung dieser Karteiform und sind unbedingt erforderlich. Die Handhabung der Steilkartei ist einfach: Kartengruppe aufschlagen und blättern bis zur gesuchten Karte.

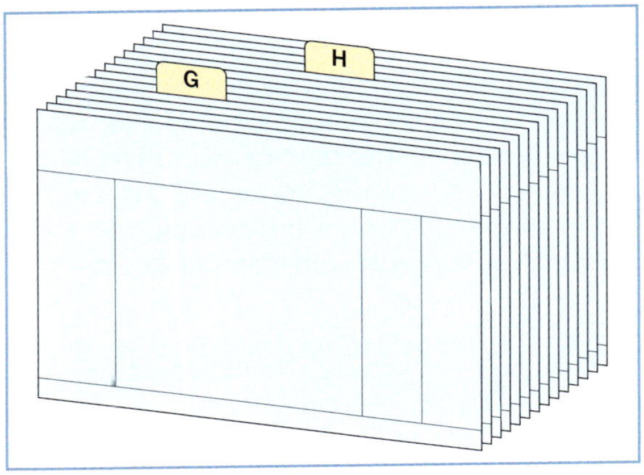

Steilkartei

Bei der **Staffelkartei** sind die einzelnen Karten schuppenartig versetzt – gestaffelt – angeordnet. Dadurch bleibt die Randzone jeder Karte sichtbar. Der Zugriff zu einer gesuchten Karteikarte ist sehr schnell: Kartengruppe aufschlagen und die gesuchte Karte ist sichtbar.

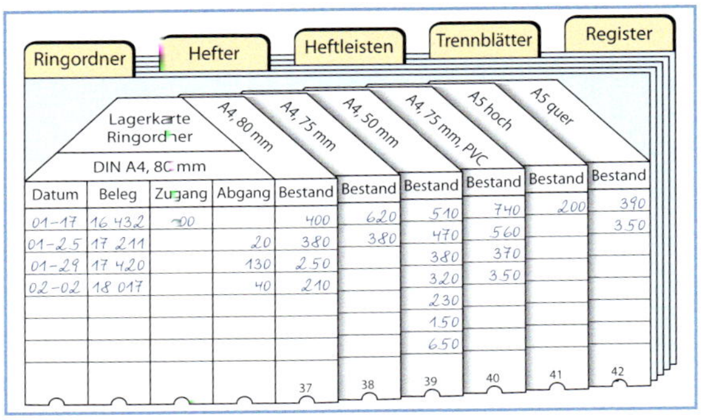

Breitstaffelkartei

362872

Im Vergleich zeigen die Karteiformen große Unterschiede. Besonders auffällig sind die Abweichungen bei folgenden Merkmalen:

- Einrichtungskosten,
- Zeitaufwand für die Bearbeitung,
- Raumbedarf.

Karteiform / Merkmal	Steilkartei	Staffelkartei
Einrichtungs kosten	niedrig	hoch
Bearbeitung	langsam	schnell
Raumbedarf	gering	hoch
Übersicht	gering	sehr gut

Verhältnismäßig teure Karteien in der Anschaffung haben in der Regel auch einen größeren Raumbedarf. Dem steht jedoch ein hohes Bearbeitungstempo gegenüber. Die im Preis niedrigeren Karteiformen eignen sich wegen ihres geringen Raumbedarfs für Massenaufgaben.

Neben den verschiedenen Formen der Steil- und Staffelkarteien finden wir heute auf vielen Schreibtischen die **Rotations-** oder **Drehkartei.** Diese Karteiform eignet sich für die Aufnahme von Datensätzen wie z. B. Anschriften oder Telefonnummern, die nur sehr selten verändert

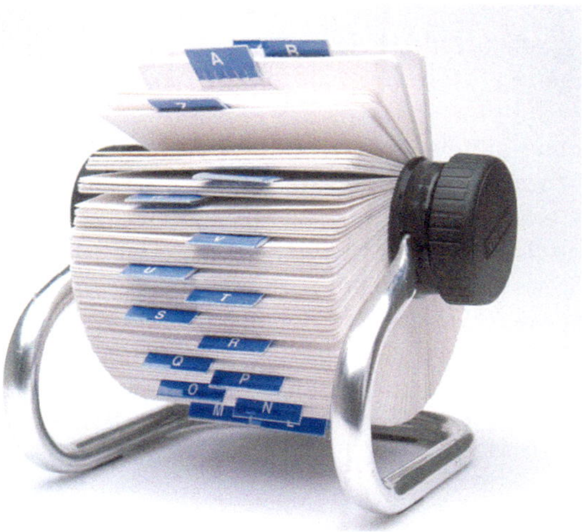

Rotations-/Drehkartei

werden müssen. Ein neuer Datensatz wird auf einem Karteikärtchen angelegt und an der entsprechenden Stelle in die Drehkartei eingehängt. Eine besondere Form der Drehkartei ist mit Transparenthüllen zur Aufnahme von Visitenkarten ausgestattet.

2.3.2 Dateien ersetzen Karteien

Die stetig wachsende Flut von Informationen ist in den Betrieben heute ohne den Einsatz der EDV nicht mehr zu bewältigen. Offene Kunden- und Lieferantenrechnungen müssen termingerecht bezahlt werden, Löhne und Gehälter sind zu errechnen und zu überweisen, Umsatzstatistiken zu erstellen, der Krankenstand soll erfasst werden u. v. m.

Um diese umfangreichen Aufgaben zu erledigen, müssten endlose Karteien angelegt werden, die oft schon kurze Zeit später nicht mehr aktuell wären.

Die moderne EDV bietet hier eine effiziente Alternative zu den traditionellen Karteien an: Mithilfe entsprechender Programme können umfangreiche Datenbanken angelegt werden, die mit der Erfassung von Zahlungsein- oder -ausgängen sofort den aktuellen Stand der Kreditoren und Debitoren ausweisen, die auf Knopfdruck Wochen-, Monats- oder Jahresstatistiken zu Umsätzen, Mitarbeitern und vielem mehr dokumentieren.

Neben der immensen Zeitersparnis bei der Pflege dieser EDV-„Karteien" ist ein weiterer großer Vorteil, dass mit den modernen Speichermedien der EDV (Festplatten, CDs oder Magnetbänder) große Datenmengen platzsparend gespeichert werden können. Die Zukunft bei der Speicherung von Informationen gehört zweifelsohne den Dateien.

Aufbau einer Datei

Am Beispiel einer Lieferantenkartei soll gezeigt werden, wie in der EDV eine Datei aufgebaut wird.

Datei

Eine Datei besteht aus mehreren Datensätzen, die alle nach dem gleichen Prinzip aufgebaut sind, z. B. die Lieferantendatei mit den Angaben verschiedener Lieferanten (also alle Karteikarten).

Datensatz

Die Eintragungen zu einem Lieferanten in einer Datei bezeichnet man als Datensatz. Diese Eintragungen sind mit dem Inhalt einer Karteikarte vergleichbar.

Datenfeld

Die Eintragungen zu einem Stichwort des Datensatzes erfolgen in einem Datenfeld, z. B. Postleitzahl, Straße, bezogene Artikel.

Alle Angaben zu einem Lieferanten werden in Datenfelder eingetragen, die zusammen einen Datensatz bilden. Alle Datensätze zusammen ergeben dann die Lieferantendatei.

Der Einsatz moderner Datenbankprogramme und -verwaltungssysteme ermöglicht es heute, den Datenbestand nach den unterschiedlichsten Vorgaben zu sortieren. Bei unserem Beispiel einer Lieferantendatei könnte so die gesamte Datei nach Artikeln oder – über die PLZ – nach Gebieten sortiert werden.

Elektronisches Büroablagesystem

Um einerseits die große Informationsflut bewältigen zu können, andererseits aber vielleicht später benötigte Informationen nicht ganz zu vernichten, bedienen sich die meisten Unternehmen heute eines elektronischen Ablagesystems.

Die auf Papier festgehaltenen Informationen werden dabei über einen Scanner in einen PC eingelesen und von dort unter einem vorzugebenden Dateinamen oder Begriff gespeichert. Das ursprüngliche Schriftstück kann vernichtet werden.

Werden die Informationen zu einem späteren Zeitpunkt benötigt, kann es über Suchmerkmale gefunden, auf dem Bildschirm aufgezeigt und gegebenenfalls über einen Drucker ausgegeben werden.

Die **Vorteile** dieses Verfahrens sind vor allem in der platzsparenden Speicherung vieler Informationen und dem schnellen späteren Auffinden zu sehen.

Als aktuelle Technik auf dem Gebiet der Archivierung gilt die Speicherung von Akten auf CD-ROMs, DVDs oder Festplatten-Speichersystemen. Die Platzersparnis dieses Ablagesystems ist einer der herausragenden Vorteile und war mit ausschlaggebend für die schnelle Verbreitung.

Für viele Benutzer genauso wichtig wie die Platzersparnis ist das schnelle Auffinden gesuchter Dokumente, das oft nur wenige Sekunden dauert. Per Knopfdruck wird das Abbild des gesuchten Dokuments auf dem Monitor aufgezeigt und eine Kopie erstellt.

Weiterer Vorteil: Eine Information, die einmal aus der Papierform in ein elektronisches Dokument umgewandelt wurde, lässt sich über Datennetze innerhalb und außerhalb des Unternehmens in Sekundenschnelle auf jeden beliebigen Monitor versenden (vgl. auch Kap. 9.1.2).

Elektronische Dokumente

Mit elektronischen Dokumenten wird zunehmend auch in vielen Bereichen der Verwaltung gearbeitet. So lässt § 239 Abs. 4 HGB das Führen von Handelsbüchern auf Datenträgern ausdrücklich zu. Die Finanzverwaltungen erheben Steuererklärungen mittlerweile ebenfalls auf elektronischem Weg (Software ELSTER = Elektronische Steuererklärung). Im gerichtlichen Verfahren können dem Gericht gegenüber Schriftsätze in elektronischer Form abgegeben werden. Umgekehrt können Verfügungen und Zustellungen durch das Gericht ebenfalls elektronisch erfolgen.

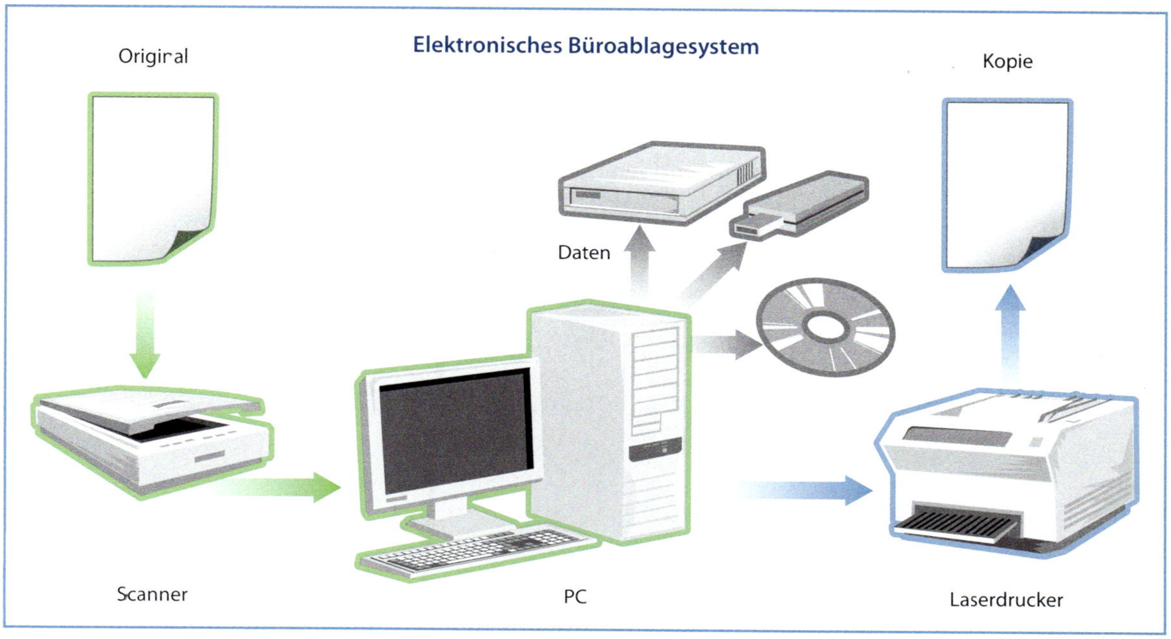

§

Führung der Handelsbücher

§ 239 Abs. 4 Die Handelsbücher und die sonst erforderlichen Aufzeichnungen können auch in der geordneten Ablage von Belegen bestehen oder auf Datenträgern geführt werden, soweit diese Formen der Buchführung einschließlich des dabei angewandten Verfahrens den Grundsätzen ordnungsmäßiger Buchführung entsprechen. Bei der Führung der Handelsbücher und der sonst erforderlichen Aufzeichnungen auf Datenträgern muß insbesondere sichergestellt sein, daß die Daten während der Dauer der Aufbewahrungsfrist verfügbar sind und jederzeit innerhalb angemessener Frist lesbar gemacht werden können. [...]

Merke

1. Das Führen einer Registratur dient nicht nur betrieblichen Interessen (Auskunfts- und Beweismittel), sondern ist auch vom Gesetzgeber vorgeschrieben (§§ 238, 257 HGB, § 147 AO).
2. Die noch vor wenigen Jahren am weitesten verbreitete alphabetische Ordnung (namensalphabetisch) wird mit zunehmender Verbreitung der EDV von den numerischen Ordnungsverfahren abgelöst.
3. Für den Standort einer Registratur ist entscheidend, ob „lebendiges" Schriftgut (wird noch bearbeitet) oder „totes" Schriftgut (erledigte Akten) aufzubewahren ist.
4. Der größte Teil der Kosten für die Registratur entfällt auf die Personalkosten (80 % – 95 %).
5. Karteien werden immer häufiger als Tabellen im Computer geführt. Diese Dateien lösen Karteien in der betrieblichen Praxis immer mehr ab.

Aufgaben

1. Stellen Sie fest, welche Arten von Karteien in Ihrem Ausbildungsbetrieb noch geführt werden.
2. Beschreiben Sie die Ihnen bekannten Karteiformen.
3. Erläutern Sie die Vorteile von Dateien gegenüber Karteien.
4. Welche Vorteile bringt die elektronische Dokumentenspeicherung für die Betriebe?
5. Welche Datenfelder sind zum Aufbau einer
   a) Bezugsquellendatei,
   b) Lagerdatei
   notwendig?
6. Internetrecherche: Suchen Sie neue Produkte zum Stichwort „Registratur".

3 Grundlagen der Betriebsorganisation

In der einschlägigen Fachliteratur werden zahlreiche Definitionen für den Begriff „Organisation" aufgeführt. Allen gemeinsam ist das Ziel, die im Unternehmen vorhandenen Produktionsfaktoren so einzusetzen, dass ein positives Ergebnis erzielt wird. Das heißt, ein optimaler Gewinn soll erwirtschaftet werden. Es müssen also Regelungen gefunden werden, die ein wirtschaftliches Verhalten fördern, unwirtschaftliche Verhaltensweisen dagegen unterdrücken.

Dabei müssen wir darauf achten, dass nicht zu viel und nicht zu wenig geregelt wird, denn beides kann im Extremfall unwirtschaftlich sein. Aber auch dann, wenn wir mit großer Sorgfalt alle Einflussfaktoren in unsere Überlegungen haben einfließen lassen, werden wir oft vor der Situation stehen, dass wir uns für den einen oder den anderen Weg entscheiden müssen. Vielleicht ist es ganz gut, dass wir, nachdem eine Entscheidung getroffen und der Weg eingeschlagen wurde, nicht mehr feststellen können, was geschehen wäre, hätten wir uns für den anderen Weg entschieden. Offensichtliche Fehlentwicklungen werden wir immer korrigieren können, was aber im Detail sich anders dargestellt hätte, bleibt ungewiss.

Im Kapitel 3 wollen wir versuchen, einige grundsätzliche Überlegungen zu Fragen der Betriebsorganisation zu verdeutlichen.

3.1 Grundbegriffe der Organisation

3.1.1 Organisation

Den Begriff **„Organisation"** können wir wie folgt definieren:

> Organisation ist ein auf Dauer angelegtes System betrieblicher Regelungen, das einen möglichst kontinuierlichen und zweckmäßigen Betriebsablauf gewährleisten soll.

System

Unter einem **System** verstehen wir dabei eine Anzahl von Elementen, die miteinander in Beziehung stehen. Bei einer Familie könnten wir die Familienmitglieder als Elemente bezeichnen, deren Beziehung zueinander durch die Kommunikation verdeutlicht wird.

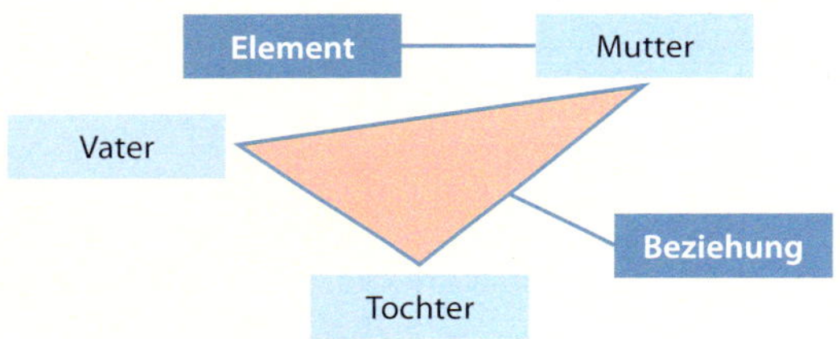

Auf den Bereich der Betriebswirtschaft übertragen, muss man sich die einzelnen Stellen im Unternehmen als Elemente vorstellen. Die Beziehungen zwischen den Stellen werden dabei durch die sie verbindenden Arbeitsabläufe dargestellt.

Subsystem/Untersystem

Einzelne Systeme selbst können meist in mehrere **Untersysteme** aufgeteilt werden. So, wie wir bei der Familie an das **Subsystem** Eltern denken können, wäre für das Unternehmen ein Untersystem der Bereich Fertigung oder auch die einzelnen Abteilungen.

Aufbau- und Ablauforganisation

Es besteht heute weitgehend Übereinstimmung darüber, dass zur Erreichung der Unternehmensziele der **Organisation** eines Unternehmens zentrale Bedeutung zukommt. Größere Unternehmen unterhalten deshalb häufig eine Stelle „Organisation", bei der ein Organisationsfachmann die Unternehmensleitung in organisatorischen Fragen berät. Dabei beschäftigt er sich vor allem mit zwei Fragen:

- Wie können einzelne Aufgaben effizienter verrichtet werden?
- Mit welchen organisatorischen Änderungen kann das Unternehmen insgesamt erfolgreicher arbeiten?

Danach unterscheiden wir in der Betriebswirtschaftslehre die beiden Arbeitsgebiete der Organisation: **Ablauforganisation** und **Aufbauorganisation.**

In Großbetrieben finden wir häufig eine weitere Strukturierung der Ablauforganisation vor, die sich heute oftmals durch den Einsatz der EDV im Unternehmen begründet. So können wir in der Praxis eine Unterteilung der Ablauforganisation in der Form antreffen, dass neben einer allgemeinen Organisation eine EDV-Organisation und eine Büroorganisation besteht.

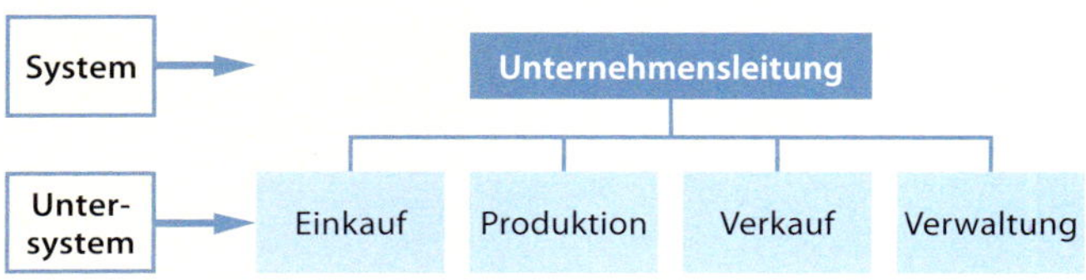

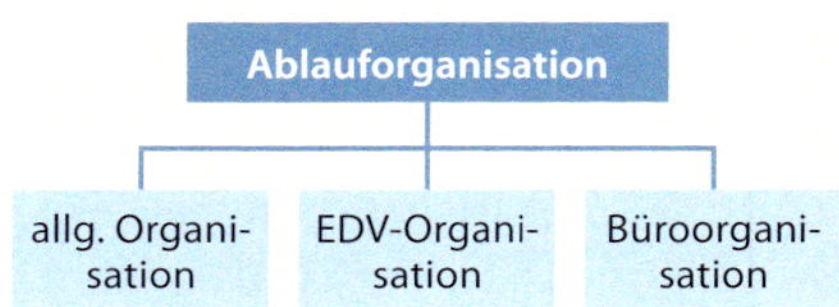

3.1.2 Improvisation

Ein wesentliches Element der Organisation ist die **Planung.** Es wird im Voraus festgelegt, welches Arbeitsergebnis wie und wann erreicht werden soll. Immer wieder kommt es jedoch im Unternehmen auch zu Situationen, deren Eintreten nicht vorhersehbar war, die ungeplant, überraschend auftreten. Auch in solchen Situationen müssen Mitarbeiter handeln, eine Lösung des anstehenden Problems suchen. In diesen Fällen sprechen wir von **Improvisation.** Als Beispiel könnte hier die Störung des geplanten Produktionsablaufs durch eine verspätete Rohstofflieferung angenommen werden: Ursprünglich war geplant, dass der Rohstoff unmittelbar zu Arbeitsbeginn in der Produktion verwendet werden sollte. Aufgrund eines Unfalls wird nun das Material erst zwei Tage später geliefert. Der Betriebsleiter muss nun improvisieren, vom Plan abweichend handeln, damit die Arbeiter nicht untätig bleiben müssen. Ähnlich kann es auch im Büro geschehen, dass geplante Kontierungsarbeiten aufgrund einer Störung der EDV zu einem anderen Zeitpunkt durchgeführt werden müssen.

Improvisierte Lösungen verursachen in aller Regel höhere Kosten. Aus diesen Überlegungen leitet sich das **Substitutionsprinzip der Organisation** ab:

> Eine ökonomische Erfüllung der Gesamtaufgabe ist nur dann langfristig zu gewährleisten, wenn improvisierte in organisierte Regelungen überführt werden.

Trotz aller Planung und Organisation kann nicht für alle Eventualitäten eine organisierte Lösung vorbereitet werden. Eine solche **Überorganisation** verursacht selbst erhebliche Kosten und wird häufig von den Mitarbeitern als unnötige Einengung empfunden.

3.1.3 Disposition

Gelegentlich kommt es vor, dass organisierte Regelungen ergänzt werden müssen. Unternehmen sind heute stark kundenorientiert und müssen deshalb gelegentlich auch ausgefallene Kundenwünsche berücksichtigen. Verlangt z. B. ein Kunde eine seefeste Verpackung der bestellten Geräte, wird der Verkäufer in diesem Fall von der üblichen Verpackungsart abweichen und den Kundenwunsch erfüllen. **Disposition** ist damit die geplante Weisung für den Einzelfall.

Den Zusammenhang zwischen Organisation, Disposition und Improvisation können wir folgendermaßen darstellen:

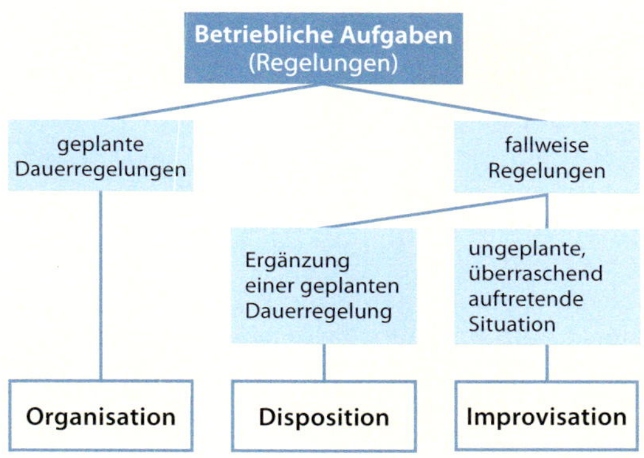

3.2 Bestimmungsfaktoren der Organisation

Von den zahlreichen Faktoren, die eine Organisation der Unternehmen in der Praxis beeinflussen, werden wir uns auf die drei wesentlichen beschränken:

- die Größe des Unternehmens,
- die Branchenzugehörigkeit,
- das Unternehmenskonzept.

3.2.1 Größe des Unternehmens

In welchem Umfang Organisation in einem Unternehmen notwendig ist, bestimmt sich zunächst über die Größe des Unternehmens.

Kleine und mittelständische Unternehmen kommen oft mit wenigen Stellen aus, um die anfallenden Büroarbeiten zu erledigen. Es sind weniger formale Vorgaben der Organisation notwendig, da die einzelnen Mitarbeiter ihre jeweiligen Aufgabenbereiche kennen und die Kompetenzen ebenfalls bekannt sind. Die bei solcher Unternehmensgröße noch vorhandene Überschaubarkeit des Gesamtsystems ermöglicht es dem Geschäftsführer, die Arbeitsbelastung der einzelnen Mitarbeiter einzuschätzen, ohne dass hierzu eine exakte Stellenbeschreibung mit dem entsprechenden Aufgabenkatalog zwingend notwendig wäre. Für die Mitarbeiter in solchen Unternehmen ist damit häufig ein breit gefächertes Aufgabengebiet zu bearbeiten: Da der Arbeitsanfall für die Beschäftigung eines Einkäufers nicht umfangreich genug ist, muss der Mitarbeiter neben den Tätigkeiten eines Einkäufers noch Aufgabenbereiche der Arbeitsvorbereitung, des Verkaufs oder der Betriebsbuchhaltung übernehmen. Extrem wenig formale Organisation ist bei vielen Handwerksbetrieben vorzufinden, bei denen der Unternehmer (Meister) oft selbst alle anfallenden Bürotätigkeiten verrichtet und täglich neu seinen Arbeitern die zu erledigenden Aufgaben vorgibt.

Handwerksbetrieb
Meister (Unternehmer) ist zugleich Einkäufer, Buchhalter, Kalkulator, Verkäufer, Arbeitsorganisator, …

	Kleinbetrieb	
	Unternehmer betreut Großkunden	
Mitarbeiter Fritze	**Mitarbeiter Heinz**	**Mitarbeiter Reiser**
Abwicklung des Einkaufs und des Verkaufs in Zusammenarbeit mit dem Chef	Koordination der Produktion einschließlich Terminüberwachung und Qualitätskontrolle	Durchführung und Überwachung des Zahlungsverkehrs, Nachkalkulation

In **Großbetrieben** muss zwingend eine formale Organisationsstruktur vorgegeben sein, damit die Mitarbeiter ihre jeweiligen Aufgaben- und Kompetenzbereiche kennen. Erst damit wird überhaupt ein reibungsloser, effizienter Arbeitsablauf ermöglicht. Sowohl die Strukturen der Aufbauorganisation wie auch der Ablauf einzelner Aufgaben sind in Großbetrieben genau beschrieben und für jeden Mitarbeiter nachvollziehbar; entsprechend komplex sind die Instanzenbilder (Organigramme) solcher Unternehmen. Je größer das Unternehmen ist, desto häufiger wird von den Mitarbeitern die Spezialisierung auf ein Teilgebiet gefordert. So wird ein Einkäufer nicht mehr alle Waren beschaffen, sondern nur noch für den Einkauf bestimmter Güter zuständig sein.

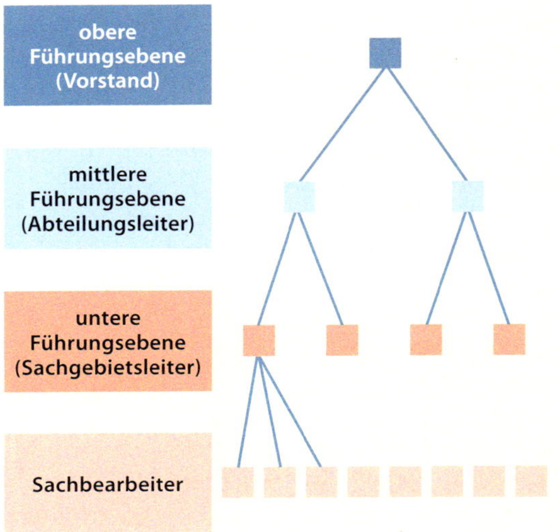

3.2.2 Branchenzugehörigkeit

Unternehmen unterschiedlicher Wirtschaftszweige und -stufen übernehmen verschiedene Aufgaben innerhalb unserer Wirtschaft und haben von daher einen unterschiedlichen Organisationsbedarf.

So unterscheidet sich der Unternehmensaufbau von **Industrie- und Handelsbetrieben** zunächst dadurch, dass bei Letzteren der Produktionsprozess mit seinen umfangreichen Organisationsstrukturen und komplexen Arbeitsabläufen entfällt. Ähnliches gilt auch für **Bankbetriebe oder Versicherungsunternehmen:** Auch hier werden aufgabengerecht unterschiedliche Stellen geschaffen.

Wenngleich sich einige Arbeitsabläufe über die Wirtschaftszweige hinweg ähnlich darstellen, können die organisatorischen Regelungen doch erhebliche Unterschiede aufweisen. So ist die Arbeit des Verkäufers eines Großhandelsbetriebs (z. B. Metro, Fegro, Selgros u. Ä.) durchaus vergleichbar mit der des Verkäufers in einem Einzelhandelsunternehmen. Betrachten wir dagegen die notwendigen organisatorischen Maßnahmen zur Regelung der Arbeitszeit, werden wir zwischen dem Groß- und dem Einzelhandel schon aufgrund der unterschiedlichen Öffnungszeiten ganz unterschiedliche Anforderungen an die Organisation feststellen. Bekannt sind die unterschiedlichen Regelungen zur Arbeitszeit auch aus dem Versicherungsgewerbe (z. B. im Vergleich zu einem Kundenberater der Bank), wo Kundenbesuche oftmals in den Abendstunden oder am Wochenende terminiert werden.

Auch hinsichtlich des Umfangs zu regelnder Einzelfälle, oben als Disposition bezeichnet, und improvisierten Problemlösungen gibt es z. B. zwischen Unternehmen der Konsumgüterindustrie und solchen der Investitionsgüterindustrie deutliche Unterschiede. Die Herstellung von Erfrischungsgetränken bspw. ist in der Regel gut planbar, dispositive Regelungen sind eher die Ausnahme. Ein Maschinenbaubetrieb dagegen wird solche Einzelfallentscheidungen immer wieder treffen müssen, da z. B. der Ausfall einer Maschine oder sonstige Produktionsstörungen bei den Kunden schnellstmöglich behoben werden müssen. Dabei werden neben einem Bereitschaftsdienst als dispositive Regelung auch Situationen auftreten, in denen improvisiert werden muss.

3.2.3 Unternehmenskonzept

„Der Markt bestimmt die Spielregeln des Unternehmenserfolgs“ ist eine häufig zu hörende Aussage von Managern. Tatsächlich bringt der Abbau von Handelsbeschränkungen europa- und weltweit für die Unternehmen schärfere Wettbewerbsbedingungen. Nur die Unternehmen, die ernst machen mit der Markt- und damit der Kundenorientierung, werden letztlich auch am Markt bestehen können.

Das **traditionelle Unternehmenskonzept** hat als Ausgangspunkt die Produkte des Unternehmens. Durch entsprechende Werbung und sonstige Verkaufsaktivitäten müssen nun Kunden gesucht werden. Über ein bestimmtes Umsatzvolumen soll dann Gewinn erzielt werden.

Alles dreht sich um eines: um Sie

Kundenorientierung – unser Selbstverständnis in einem Wort.

Bei der Deutschen Telekom dreht sich alles um eines: um Sie. Schließlich sind es die Kunden, die über unseren Erfolg entscheiden. Deshalb haben wir uns viel vorgenommen: das kundenfreundlichste Dienstleistungsunternehmen Deutschlands zu werden.

Wir beginnen nicht erst jetzt. Schon 1992 startete eine umfassende Reorganisation. Sie baut Hierarchien ab, verkürzt Entscheidungen, schafft neue Kompetenzen vor Ort. Denn wir wollen, dass Sie kompetente Gesprächspartner haben.

Kundennähe verstehen wir aber auch ganz wörtlich. Die größte Kundendienst-Organisation Europas wird weiterhin überall in Ihrer Nähe sein.

Deutsche Telekom

Ausgangspunkt	Mittel	Ziel
Produkte →	absatzpolitische Maßnahmen →	Umsatz/Gewinn

Beim **modernen Unternehmenskonzept** stehen dagegen die Nachfragerwünsche am Ausgangspunkt. Über die Marktforschung und absatzpolitische Maßnahmen wird nun versucht, durch die Befriedigung der Kundenwünsche Gewinne zu erzielen.

Das Marketing steht damit am Anfang aller Aktivitäten, durchdringt alle unternehmerischen Entscheidungen und ist entsprechend in die Struktur der Aufbauorganisation einzubinden, z. B. durch die Ausstattung der Stelle mit den notwendigen Kompetenzen.

Ausgangspunkt	Mittel		Ziel
Nachfragerwünsche →	Marktforschung →	absatzpolitische Maßnahmen →	Gewinne durch Befriedigung der Kundenwünsche

3.3 Grundsätze der Betriebsorganisation

Wirtschaftlichkeit

Die organisatorischen Regelungen eines Unternehmens müssen unter ökonomischen Aspekten getroffen werden. Die Beachtung des Wirtschaftlichkeitsprinzips bedeutet dabei, dass durch die Organisation Arbeitsvorgänge kostengünstig erledigt werden können.

Zweckmäßigkeit

Organisatorische Regelungen müssen zweckmäßig sein. Wird ein Arbeitsauftrag in einzelne Teilaufgaben gegliedert, muss die Abfolge dieser Einzeltätigkeiten sinnvoll festgelegt sein.

Stabilität, Flexibilität

Organisatorische Regelungen im Unternehmen gewährleisten Stabilität.

Stabilität ist die Fähigkeit eines Systems, in gleichartigen oder vergleichbaren Situationen in vorhersehbarer, festgelegter Weise zu reagieren.

Dennoch muss ein System anpassungsfähig sein: Da sich Umweltbedingungen permanent verändern, muss das System auf diese Veränderungen angemessen reagieren, sich flexibel zeigen. Diese Anpassungsfähigkeit an veränderte Bedingungen bezeichnet man auch als Elastizität. Dabei gilt:

Zu viel Flexibilität führt zu **Unterorganisation.**	Zu viel Stabilität führt zu **Überorganisation.**

In jedem System muss deshalb ein harmonisches Gleichgewicht zwischen Flexibilität und Stabilität geschaffen und auf Dauer erhalten werden.

Klarheit

Organisatorische Regelungen müssen klar und eindeutig formuliert sein, damit es bei den Stelleninhabern nicht zu Verständnisproblemen oder Kompetenzstreitigkeiten kommt. Dieser Grundsatz ist insbesondere auch bei der Zielvorgabe und der Zielformulierung zu berücksichtigen (s. Kap. 3.4).

Berücksichtigung der Mitarbeiter

Bei der Festlegung organisatorischer Regelungen sind die Bedürfnisse der Mitarbeiter zu berücksichtigen. So ist bei der Stellenbildung auf die angemessene Belastung der Mitarbeiter einzugehen. Weder eine Unterforderung noch eine zu große Überforderung wirken sich günstig auf die Leistungsbereitschaft eines Menschen und das Arbeitsergebnis aus. Bei der Neubesetzung einer Stelle ist die Berücksichtigung der Persönlichkeitsstruktur des neuen Mitarbeiters neben der fachlichen Qualifikation ein mitentscheidendes Kriterium: Der oder die Neue muss auch menschlich in die Abteilung, das Team oder die Gruppe passen.

3.4 Organisationsziele

Im Rahmen der Zielhierarchie müssen die **Organisationsziele** aus den Unternehmenszielen abgeleitet werden.

Ein **Organisationsziel** ist die Vorstellung davon, was von der Organisation erreicht werden soll. Als Organisationsziele können formuliert werden:

- Kostensenkungen,
- Personaleinsparungen,
- Verkürzung von Auftragszeiten,
- Senkung der Ausschussquote,
- Minderung von Bearbeitungsfehlern,
- Steigerung der Arbeitsmoral,
- Humanisierung der Arbeit.

Quantitative Organisationsziele – Ziele, die durch die Vorgabe von exakten Zahlen festgelegt werden – könnten dabei etwa lauten:

- Die Kosten für die Produktion eines Stücks sollen von 12,00 € auf 10,00 € gesenkt werden.
- Die Verwaltungskosten sollen 300.000,00 € im Jahr nicht überschreiten.
- Die Ausschussquote soll um 20 % gesenkt werden.

Für **qualitative Organisationsziele,** wie z. B. „Humanisierung der Arbeit", ist es nicht möglich, Vergleichszahlen festzulegen. Die Realisierung solcher nicht quantifizierbarer Organisationsziele kann deshalb nicht überprüft werden und fällt in den subjektiven Beurteilungsbereich des zuständigen Mitarbeiters.

Werden im Rahmen der Organisation mehrere Ziele angestrebt, ist es notwendig, eine Prioritätenfestschreibung vorzugeben. Die Senkung der Produktionskosten und die Verbesserung der Qualität über die Erhöhung der Kontrolle können z. B. konkurrierende Ziele sein. Deshalb muss festgelegt werden, welches Ziel als Erstes realisiert werden soll. Bereits bei der Formulierung der Organisationsziele gilt es deshalb, direkt erkennbare Zielkonflikte zu vermeiden.

3.5 Regelkreis der Organisation

Die Vorgabe von Organisationszielen führt zu Planungsüberlegungen, bei denen letztlich die Maßnahmen formuliert werden, mit denen die gegebenen Ziele am besten zu erreichen sind. Die Umsetzung dieser Planung, als Realisierungsphase bezeichnet, führt zu einem Ist-Zustand, der mit dem ursprünglich geplanten Soll-Zustand verglichen wird. In dieser Kontrollphase wird der Grad der Zielerreichung überprüft. Abweichungen führen so lange zu neuen Planungen und zu neuen Realisierungsprozessen, bis entweder das Ziel selbst erreicht ist oder der Realisierungsgrad der Zielerreichung als zufriedenstellend beurteilt wird und neue Ziele vorgegeben werden.

Organisation selbst ist somit ein dynamischer Prozess, die Arbeit des Organisators eine Daueraufgabe.

Aufgeschlossene Unternehmensstrategen haben heute erkannt, dass Unternehmenserfolg eng mit einer optimalen Organisation zusammenhängt.

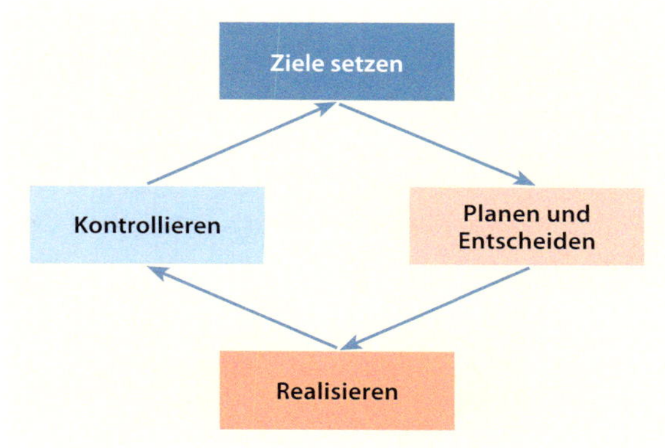

Immer öfter wird deshalb auch ein Vergleich der eigenen Organisation mit der des Marktführers angestellt. Die gewonnenen Erkenntnisse sollen dazu führen, im Zuge einer **Reorganisation** die eigenen Strukturen zu verbessern. Dieser Vergleich mit dem Besten der Branche, **Benchmarking** genannt (Kap. 6.4.1), soll Unternehmen in ihrem Streben nach Spitzenleistungen unterstützen.

Merke

1. **Organisation** umfasst alle Regelungen, die auf Dauer angelegt und geplant sind.
2. Unter **Disposition** verstehen wir fallweise Regelungen zur Ergänzung geplanter Dauerregelungen.
3. **Improvisation** ist fallweise dann notwendig, wenn ungeplante Situationen überraschend auftreten.
4. Wirtschaftlichkeit, Zweckmäßigkeit, Flexibilität, Klarheit und die Bedürfnisse der Mitarbeiter sind als wesentliche Grundsätze bei der Betriebsorganisation zu berücksichtigen.
5. Ziele der Betriebsorganisation können qualitativ und quantitativ formuliert werden. Das Erreichen quantitativer Ziele ist durch Vergleich von Ergebnissen verschiedener Perioden möglich.
6. Organisation ist wegen der sich ständig ändernden Rahmenbedingungen als dynamischer Prozess zu verstehen und deshalb eine Daueraufgabe im Unternehmen.

Aufgaben

1. Erklären Sie, was man unter „Organisation" versteht.
2. Was versteht man unter einem „System", was unter einem „Subsystem"? Geben Sie Beispiele, die Ihre Ausführungen verdeutlichen.
3. Unterscheiden Sie zwischen der Aufbau- und der Ablauforganisation.
4. Welcher Unterschied besteht zwischen Organisation, Improvisation und Disposition?
5. Worin liegen die Vor- und Nachteile von Organisation und Improvisation?
6. Wodurch bestimmt sich der Organisationsbedarf eines Unternehmens?
7. Erläutern Sie die Grundsätze der Betriebsorganisation.
8. Überprüfen Sie, ob und welche dieser Grundsätze in Ihrem Ausbildungsbetrieb berücksichtigt wurden.
9. Warum kann man sagen: „Organisieren ist ein dynamischer Prozess."?
10. Was können qualitative, was quantitative Organisationsziele sein? Geben Sie Beispiele.
11. Was versteht man unter „Benchmarking"?

4 Aufbauorganisation

„Schlanke Organisationen" scheint das Zauberwort zu sein, mit dem alle Probleme von Not leidenden Unternehmen beseitigt werden können. Leanorganisation, wie dieses Konzept auch in den führenden Industriestaaten genannt wird, soll mit weniger Personal auf weniger Hierarchieebenen ein für das Unternehmen erfolgreicheres Arbeiten ermöglichen; rote Zahlen in der Jahresrechnung sollen so wieder zu schwarzen Zahlen werden. Um in die Diskussion über „schlanke Organisationen" eintreten zu können, muss man sich zunächst einige Gedanken darüber machen, wie ein Unternehmen aufgebaut ist, welche Aufgaben im Unternehmen von wem zu erfüllen sind, welche Beziehungen zwischen den einzelnen Mitarbeitern bestehen und welche gesetzlichen Vorschriften bei all diesen Überlegungen berücksichtigt werden müssen.

Die Aufbauorganisation befasst sich deshalb mit folgenden Themenbereichen:

4.1 Grundlagen der Aufbauorganisation

Ein Unternehmen wird heute im Wesentlichen durch zwei Merkmale gekennzeichnet:

- die gewählte **Rechtsform** und
- die **Organisationsform.**

Mit der Wahl der Rechtsform (Einzelunternehmen, OHG, KG, GmbH oder AG) wird zugleich eine Entscheidung darüber getroffen, welche gesetzlichen Vorschriften für das Unternehmen Gültigkeit haben. Die Beachtung der unterschiedlich umfangreichen Rechtsvorschriften ist für das Unternehmen zugleich der Gestaltungsrahmen: Die Gründung einer AG z. B. bedingt die Schaffung der Gremien Aufsichtsrat und Vorstand.

Während die Entscheidung für eine Rechtsform den rechtlichen Rahmen eines Unternehmens bestimmt, beschreibt die Organisationsform den organisatorischen Rahmen des Unternehmens. Die Organisationsform eines Unternehmens kann dabei individuell gestaltet werden.

Im Rahmen der organisatorischen Gestaltung eines Unternehmens beschäftigen wir uns mit der Aufbauorganisation unter drei Gesichtspunkten:

1. Die Stellenbildung
Über die Beschreibung der kleinsten Teilaufgaben in der Aufgabenanalyse kommen wir über die Zusammenfassung von Einzelaufgaben zu den kleinsten organisatorischen Einheiten im Unternehmen, den Stellen.

2. Die Organisationsformen
Die Anordnung der einzelnen Stellen zueinander und im Unternehmen insgesamt kann in verschiedenen Formen erfolgen. Die Organisationsformen zeigen uns die Struktur der Aufbauorganisation.

3. Die Aufbaugestaltung
Die im Unternehmen gebildeten Stellen müssen gestaltet werden. Die Gestaltung der Arbeitsverhältnisse oder der Beteiligung von Mitarbeitern bei Entscheidungen sind in den verschiedenen Unternehmen unterschiedlich organisiert.

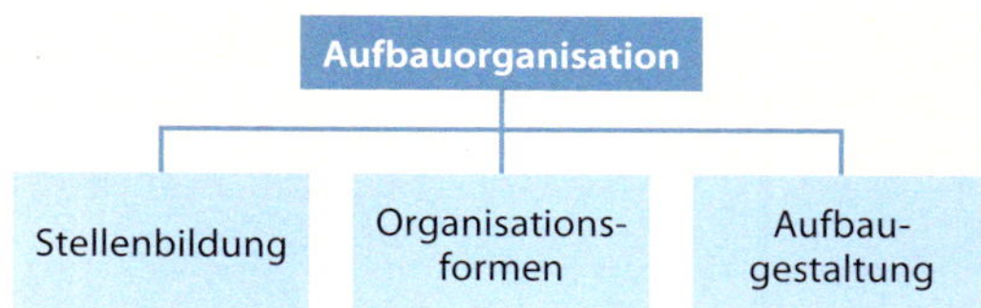

4.2 Die Stellenbildung

> Als Stellen bezeichnet man die kleinsten organisatorischen Einheiten zur Erfüllung von Aufgaben im Unternehmen. Sie sind die Bausteine der Aufbauorganisation.

4.2.1 Aufgabenanalyse

Um eine Stelle bilden zu können, müssen wir zunächst die Gesamtaufgabe in ihre einzelnen Bestandteile zerlegen **(Aufgabenanalyse).** So kann das Unternehmensziel **„Gewinne erwirtschaften"** nur dann erreicht werden, wenn die Gesamtaufgabe **Umsatzerzielung** erfüllt ist.

Dazu müssen einerseits Produkte hergestellt, verkauft und ausgeliefert werden, andererseits muss aber auch dafür gesorgt werden, dass die Zahlungseingänge der Kunden pünktlich erfolgen.

Wie detailliert im Rahmen der **Aufgabenanalyse** die Zerlegung der Gesamtaufgabe erfolgt, hängt vor allem davon ab, wie komplex die Gesamtaufgabe ist, und davon, ob es sich lohnt, eine differenzierte Analyse zu betreiben. Muss eine Aufgabe nur einmal erledigt werden, wird eine ins Detail gehende Analyse oftmals unwirtschaftlich sein.

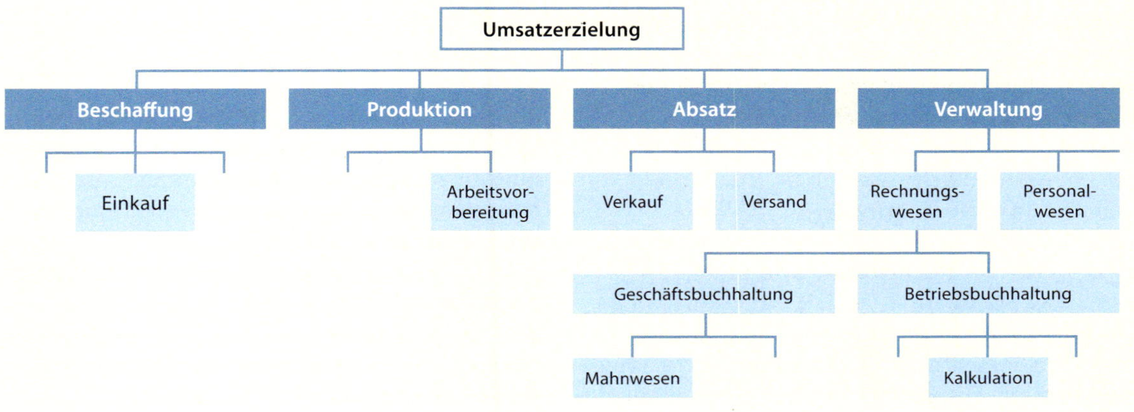

Gliederungsmerkmale

Die Durchführung der Aufgabenanalyse kann nach unterschiedlichen Gliederungsmerkmalen erfolgen. In der Organisationslehre unterteilt man zunächst in sachliche und formale Merkmale und verdeutlicht eine weitergehende Gliederung folgendermaßen:

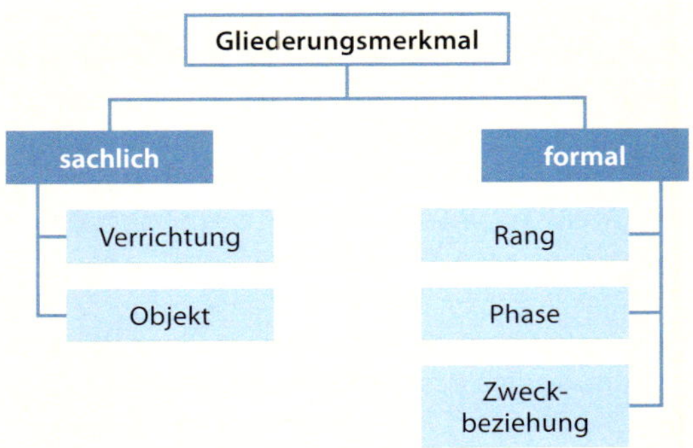

Jede einzelne Teilaufgabe im Unternehmen wird durch diese fünf Gliederungsmerkmale bestimmt. Um dies zu verdeutlichen, soll am Beispiel **Erstellung eines Formulars** auf die einzelnen Merkmale eingegangen werden.

Gliederung nach der Verrichtung
Die zu untersuchende Aufgabe soll mithilfe des EDV-Einsatzes ausgeführt werden. Die Darstellung der **verrichtungsbezogenen Aufgabenanalyse** könnte dann folgendes Aussehen haben:

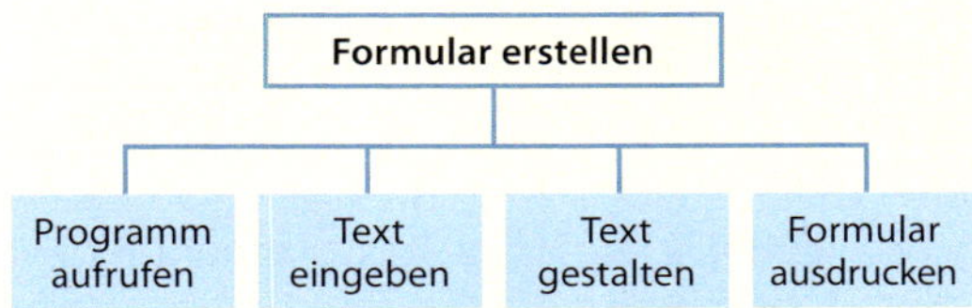

Auf das gesamte Unternehmen bezogen, ist folgende Darstellung ein Beispiel für die Gliederung nach der Art der Tätigkeit:

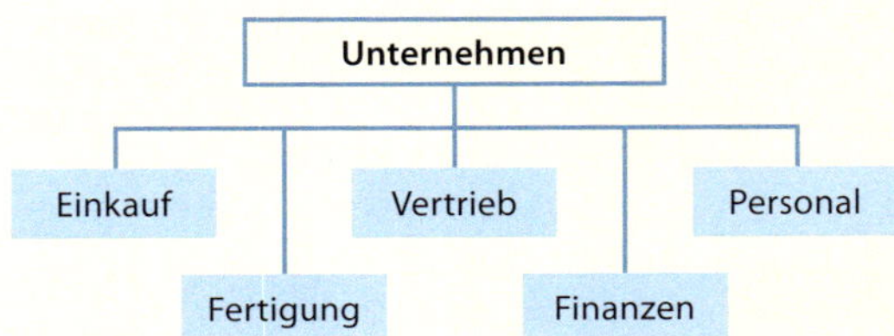

Bei dieser Gliederung gibt es für alle betrieblichen Funktionen nur eine gemeinsame Abteilung, also nur einen Einkauf für alle zu beschaffenden Materialien, eine Personalabteilung usw.

Objektbezogene Gliederung
Jede Verrichtung wird an einem Objekt durchgeführt. Objekte in unserem Beispiel sind der PC, das Benutzerprogramm und der Drucker.

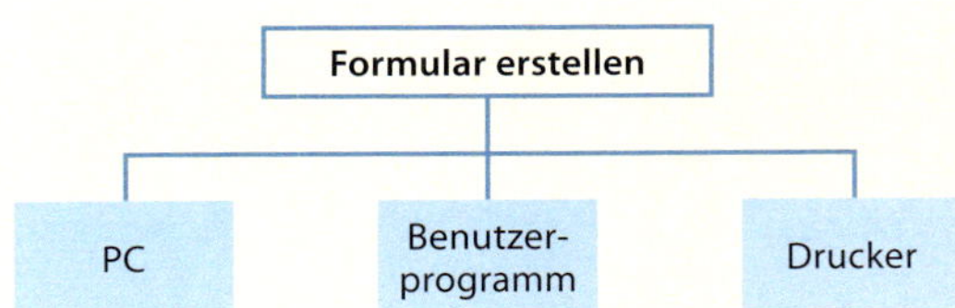

Auch hierzu nochmals ein Beispiel für die Gliederung eines Unternehmens insgesamt. Wir sprechen dabei auch von einer **produktbezogenen Gliederung** und verwenden objekt- und produktbezogen synonym:

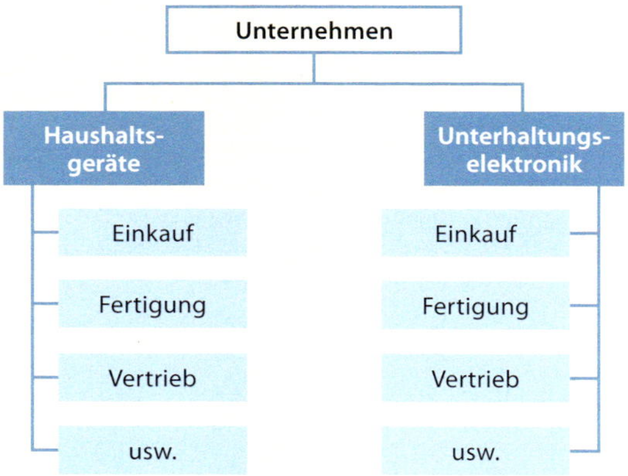

Bei diesem Unternehmen haben wir zwei Produktgruppen und diesen jeweils zugeordnet die verschiedenen Aufgabenbereiche. Für jede Produktgruppe gibt es hier einen Einkauf, Vertrieb usw.

Der Rang als Gliederungsmerkmal
Da jeder auszuführenden Verrichtung eine Entscheidung zugrunde liegen muss, können wir auch zwischen der **Entscheidungs-** und der **Ausführungsaufgabe** differenzieren. Im Beispiel kann ein Abteilungsleiter entscheiden, dass das Formular nicht fertig als Vordruck gekauft, sondern im Unternehmen selbst erstellt wird. Ein Mitarbeiter wird dann mit der Ausführung der Aufgabe betraut.

Die Phasen als Gliederungsmerkmal
Jeder Aufgabe liegen üblicherweise drei Phasen zugrunde, nämlich die **Planung,** die **Durchführung** und die **Kontrolle.** So kann auch die Erstellung eines Formulars unter diesem Gliederungsmerkmal dargestellt werden:

Die Zweckbeziehung als Gliederungsmerkmal
Hier wird die Frage aufgegriffen, welchem Zweck die zu untersuchende Aufgabe im Zusammenhang mit der Hauptaufgabe dient. Die Erstellung eines Formulars ist für eine Druckerei oder ein auf solche Aufgaben spezialisiertes Schreibbüro eine Zweckaufgabe. Für einen Industriebetrieb dagegen ist Zweckaufgabe die Fertigung (und der Verkauf) von Gütern. Die Erstellung eines Formulars wird dort als reine Verwaltungsaufgabe gesehen.

4.2.2 Aufgabensynthese – Stellenbildung

In der Aufgabenanalyse werden Aufgaben in ihre kleinsten Einzelaufgaben zerlegt. Die Aufgabensynthese fügt diese Elementaraufgaben zu Stellen zusammen. Dieses Zusammenfügen erfolgt unter dem Gesichtspunkt der Zweckmäßigkeit. Eine solchermaßen gebildete Stelle weist folgende Eigenschaften auf:

1. Die Aufgaben einer Stelle sind genau beschrieben.
2. Die Stelle ist von anderen Stellen abgegrenzt.
3. Die Durchführung der Aufgabe ist von einem Mitarbeiter bei Normalleistung sowie entsprechender Ausbildung zu bewältigen.
4. Die Stelle ist auf Dauer oder zumindest für einen längeren Zeitraum gebildet.

Werden gleichartige Aufgaben zu einer Stelle zusammengefasst, sprechen wir von **Zentralisation.**

Die Verteilung gleichartiger Aufgaben auf mehrere Stellen heißt demnach **Dezentralisation.**

Entscheiden wir uns für die Zentralisation von Aufgaben nach einem Merkmal, bedeutet das zwangsläufig eine Dezentralisation nach den anderen Merkmalen.

Die Vorteile einer Stellenbildung nach der **Verrichtungszentralisation** sind insbesondere in der Spezialisierung von Mensch und Maschine auf einzelne Arbeitsgänge zu sehen. Gleichzeitig besteht hierbei jedoch die Gefahr, dass diese Spezialisierung in eine Monotonie der Arbeit mündet, die das Arbeitsergebnis insgesamt negativ beeinflusst. Die Struktur unseres Schaubildes weiterentwickelt, könnte das für den Einkauf z. B. bedeuten, dass eine Stelle (genauer: ein Stelleninhaber) sich nur und immer wieder mit dem Einholen von Angeboten beschäftigt. Vorhergehende und nachfolgende Aufgaben werden von anderen Stellen ausgeführt.

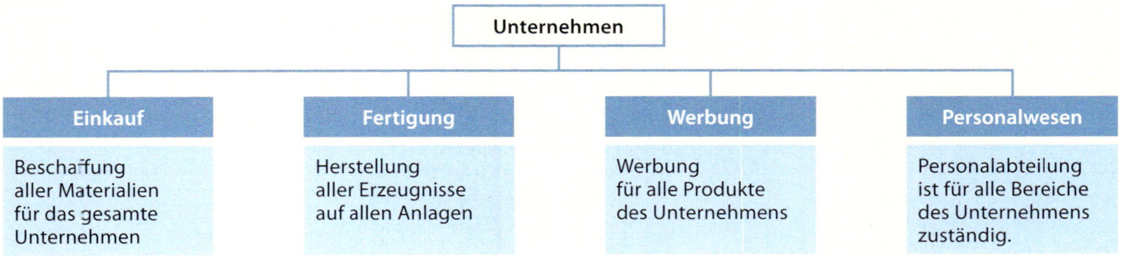

Zentralisation nach der Verrichtung

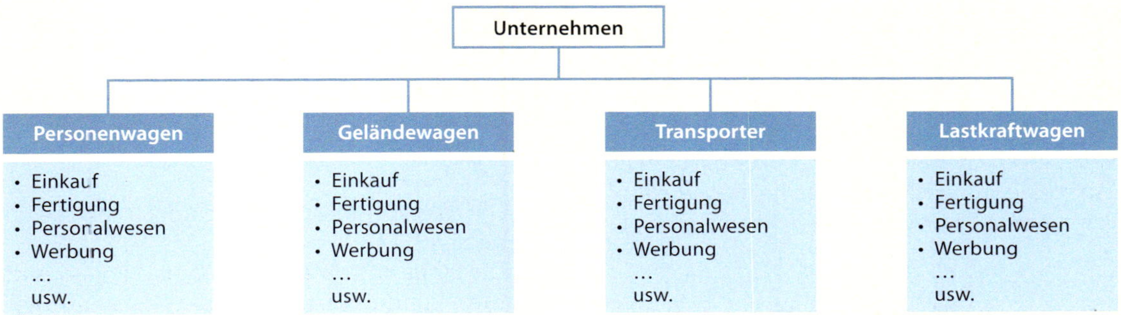

Zentralisation nach dem Objekt

Die Stellenbildung nach dem Merkmal Produkte oder Produktgruppen – **Objektzentralisation** genannt – vermeidet vor allem die Arbeitsmonotonie und bringt für den Stelleninhaber einen direkteren Bezug zum Objekt, dem Produkt. Der Stelleninhaber ist bei dieser Organisation nicht nur in einen größeren Aufgabenzusammenhang eingebunden, sondern erlebt auch – sehr viel direkter als bei der Verrichtungszentralisation – den Erfolg oder auch den Misserfolg seiner Arbeit.

Das Beispiel eines – fiktiven – Automobilherstellers macht den Unterschied zur Verrichtungszentralisation deutlich: Für jede Produktgruppe gibt es einen eigenen Einkauf, eine eigene Fertigung, Werbung usw. Diese Dezentralisierung der Aufgaben ist nur dort sinnvoll und in der Realität vorzufinden, wo die Größe des Unternehmens ein ausgewogenes Verhältnis von einerseits Spezialisierung auf eine Aufgabe und andererseits dem Arbeitsumfang erwarten lässt.

In der Praxis wird dem Problem der Arbeitsmonotonie und der Tatsache, dass einzelne Aufgaben in unterschiedlichem Umfang anfallen, oftmals dadurch begegnet, dass weder eine reine Objekt- noch eine reine Verrichtungszentralisation organisiert werden. Vielmehr werden aus diesen beiden grundsätzlichen Möglichkeiten der Aufgabengliederung häufig Mischformen gebildet. So könnte im obigen Beispiel etwa die Werbung zentralisiert sein, während die anderen Aufgaben dezentral erfüllt werden.

4.2.3 Stellenbeschreibung und Stellenplan

Stellenbeschreibung

Die **Stellenbeschreibung** als Instrument der Aufbauorganisation gibt uns Auskunft darüber,

1. wie die Stelle in der Hierarchie des Unternehmens eingegliedert ist **(Instanzenbild);**
2. welche Aufgaben der Stelleninhaber zu erfüllen hat **(Aufgabenbild);**
3. welche Anforderungen an den Stelleninhaber gestellt werden **(Leistungsbild).**

Beispiel einer Stellenbeschreibung

	Stellenbezeichnung	Leiter der kaufmännischen Ausbildung
Instanzenbild	Rang der Stelle Unterstellung Überstellung passive Stellvertretung aktive Stellvertretung	• Sachgebietsleiter (Gehalt K5 + 10 %) • Leiter der Personalabteilung • den Ausbildungsbeaftragten und den Auszubildenden bei Fragen zur Ausbildung • stv. Leiter kfm. Ausbildung • nicht vorgesehen
Aufgabenbild	Hauptaufgabe Teilaufgaben	• Gewinnung neuer Mitarbeiter durch optimale Planung und Durchführung der kaufmännischen Ausbildung • Anwerbung, Auswahl und Einstellung der kaufmännischen Auszubildenden • Erstellung betrieblicher Ausbildungspläne • Durchführung von Unterweisungen • Organisation des Betriebsunterrichts • Beurteilung der Auszubildenden • Kontaktpflege zur Berufsschule
Leistungsbild	Anforderungen	• abgeschlossenes Studium der BWL • kaufmännische Ausbildung • Höchstalter 33 Jahre • kooperativer Führungsstil

Im Rahmen der Personalbeschaffung ist die Stellenbeschreibung für den Betrieb wie auch für mögliche Bewerber ein wichtiges Hilfsmittel zur Stellenbesetzung. Sie ist für den Betrieb als Anforderungsprofil für den Stelleninhaber zu verstehen und kann sodann mit dem Eignungsprofil der Bewerber verglichen werden. Über das Ausmaß an Überschneidung zwischen Anforderungs- und Eignungsprofil wird schließlich der am besten geeignete Bewerber herausgefunden. Je detaillierter die Stellenbeschreibung formuliert wird, desto zuverlässiger wird sie als Instrument der Personalbeschaffung eingesetzt werden können.

Stellenplan

Alle im Unternehmen geschaffenen Stellen werden in ein Ordnungssystem gebracht, den Stellenplan. Je nach Unternehmensgröße werden mehrere Stellen zu einer Abteilung unter einheitlicher Leitung zusammengefasst. Großbetriebe weisen in der Praxis oftmals mehrere Hierarchieebenen aus: Ausgehend vom Sachbearbeiter können dann in der Hierarchie folgen: Bereichsleiter, Abteilungsleiter, Hauptabteilungsleiter, Vorstand.

Merke

1. Die kleinsten organisatorischen Einheiten zur Erfüllung betrieblicher Aufgaben nennt man **Stellen.**
2. Anhand der im Unternehmen gebildeten Stellen wird der Aufbau des Unternehmens organisiert.
3. Die Aufbauorganisation des Unternehmens kann nach dem Verrichtungsprinzip oder dem Objektprinzip erfolgen.
4. Die Stellenbeschreibung informiert über die Eingliederung im Unternehmen **(Instanzenbild),** die Aufgaben des Stelleninhabers **(Aufgabenbild)** und die Anforderungen, die an ihn gestellt werden **(Leistungsbild).**

Aufgaben

1. Mit welchen Teilaufgaben beschäftigt sich die Aufbauorganisation?
2. Was versteht man im Rahmen der Stellenbildung unter der Aufgabenanalyse?
3. Suchen Sie in Ihrem Arbeitsumfeld nach Beispielen für die verrichtungsbezogene und die objektbezogene Gliederung von Aufgaben.
4. Erläutern Sie, was unter der Aufgabensynthese zu verstehen ist.
5. Geben Sie zwei Beispiele für eine Stellenbeschreibung. Suchen Sie dazu das Gespräch mit einem Mitarbeiter der Personalabteilung Ihres Ausbildungsbetriebs.

4.3 Organisationsformen

Mit der Darstellung der Organisationsformen werden die grundsätzlich denkbaren Aufbaustrukturen eines Unternehmens verdeutlicht. Anhand der Aufbaustruktur soll für den Stelleninhaber erkennbar sein, wie seine Stelle im Unternehmen eingeordnet ist. Die Unternehmenshierarchie zeigt damit auch den Autoritäts- und Machtaufbau zwischen der obersten Führungsspitze und der untersten Ausführungsstelle.

Bei der Organisation im Liniensystem entsteht für größere Unternehmen eine Vielzahl von Problemen dadurch, dass der Arbeitsanfall in einzelnen Funktionen so umfangreich ist, dass mehrere Mitarbeiter mit der Erfüllung dieser Aufgabe beschäftigt werden müssen. Dies führt dazu, dass der Einzelne nur noch Teilaufgaben übernimmt: Im Einkauf z. B. gibt es dann Mitarbeiter, die Bezugsquellen ermitteln, solche, die Angebote vergleichen, Bestellungen vornehmen usw.

Lange Jahre wurde die so organisierte Spezialisierung auf wenige Tätigkeiten als effiziente Organisation betrachtet, da die fortwährende Wiederholung der Aufgabe zu kürzeren Bearbeitungszeiten führte; in den Unternehmen versprach man sich dadurch Kostenvorteile und damit ein produktiveres Arbeiten. Das Problem, dass der einzelne Mitarbeiter einer solchermaßen arbeitsteilig organisierten Einkaufsabteilung den Bezug zur Aufgabe insgesamt verliert und damit in seiner Leistungsbereitschaft (Motivation) erheblich eingeschränkt wird, wurde erst im Laufe der Zeit erkennbar. Früher gegebene Kostenvorteile sind heute nicht mehr in dieser Form vorhanden; es hat sich gezeigt, dass umfassendere Aufgaben die Zufriedenheit der Mitarbeiter positiv beeinflussen und das Arbeitsergebnis verbessern. Dieser Prozess wurde sicher auch durch eine gesamtgesellschaftliche Entwicklung und Bewusstseinsänderung unterstützt.

4.3.1 Einliniensystem

Im Einliniensystem sind die Mitarbeiter jeweils nur einem weisungsbefugten Vorgesetzten unterstellt. Der straffe Führungsaufbau bestimmt sowohl den Informationsfluss von unten nach oben wie umgekehrt. Durch die exakte Abgrenzung der einzelnen Stellen treten keine Kompetenzprobleme auf; die Organisation ist für Mitarbeiter leicht überschaubar.

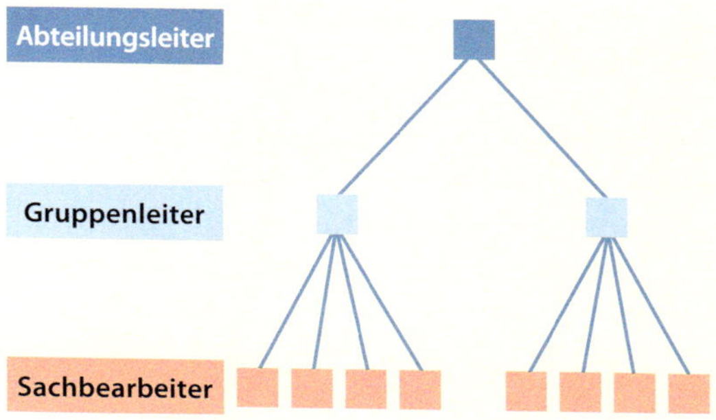

Trotz der Vorteile dieser Organisationsform wird das Einliniensystem heute in vielen Unternehmen als nicht mehr zeitgemäß angesehen und nur noch von wenigen organisiert. Bei Behörden dagegen ist diese Organisation immer noch der Regelfall.

4.3.2 Mehrliniensystem

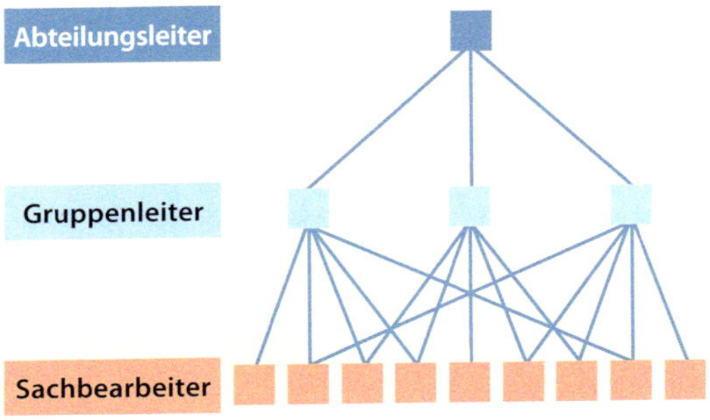

Beim Mehrliniensystem können Mitarbeiter von verschiedenen Vorgesetzten Weisung erteilt bekommen.

Im Gegensatz zum Einliniensystem werden beim Mehrliniensystem einzelne Funktionen von Spezialisten ausgeführt. So könnte z. B. ein Mitarbeiter die Aufgabe übernehmen, die im Unternehmen benötigten Formulare zu erstellen. Dieser Mitarbeiter wird dann für den Einkauf (Formular zum Angebotsvergleich), für das Personalwesen (Formular zur Erfassung von Fehlzeiten) oder auch für den Vertrieb (Formular zur Erfassung der Kundenwünsche für unsere Außendienstmitarbeiter) gleichermaßen tätig.

Erklärte Ziele dieser Organisationsform sind die Verkürzung des Instanzenweges, die Entbürokratisierung sowie die Leistungssteigerung der Mitarbeiter durch Spezialisierung auf bestimmte Aufgaben.

Als Nachteil wird bei dieser Organisation oftmals das „Kompetenzgerangel" der Abteilungsleiter bezeichnet, was letztlich dazu führt, dass der Sachbearbeiter nicht weiß, was er zuerst erledigen soll.

4.3.3 Stabliniensystem

Durch die Verknüpfung von Elementen des Einlinien- und des Mehrliniensystems sollen bei der Organisation im Stabliniensystem die Vorteile der beiden Organisationsformen zusammengefasst werden:

- Wie im **Einliniensystem** wird das Prinzip der Auftragserteilung von jeweils nur einer Stelle aus konsequent eingehalten ②; Kompetenzstreitigkeiten werden damit von vornherein vermieden.
- Wie im **Mehrliniensystem** wird die Leistung des Inhabers einer Stabsstelle durch die Spezialisierung auf bestimmte Aufgaben gesteigert.

Das Schaubild lässt die klare Struktur des Einliniensystems erkennen. Die Inhaber der Stabsstellen sind hier mit ① und ③ gekennzeichnet. In der betrieblichen Praxis könnte die Stabsstelle ① von einem Direktionsassistenten eingenommen werden; und ③ könnte stehen für Rechtsberatung, Revision oder Organisation.

Zur Bewältigung der umfangreichen Aufgaben im Bereich der Führungsebene eines Unternehmens finden wir solche Stabsstellen oftmals als Assistenten des Geschäftsführers. Stabsstrukturen existieren ebenfalls bei der öffentlichen Verwaltung, z. B. als persönlicher Referent des Bürgermeisters, und in der Politik. Spitzenpolitiker aus Bund und Ländern können ohne die Unterstützung solcher „persönlichen Stäbe" heute nicht mehr erfolgreich arbeiten. Die Inhaber solcher Stabsstellen wirken als „Zuarbeiter" im Hintergrund; ihre Hauptaufgabe besteht u. a. darin, die tägliche Informationsflut nach Wichtigem und weniger Wichtigem zu sortieren, Tagesabläufe zu planen und Termine zu koordinieren.

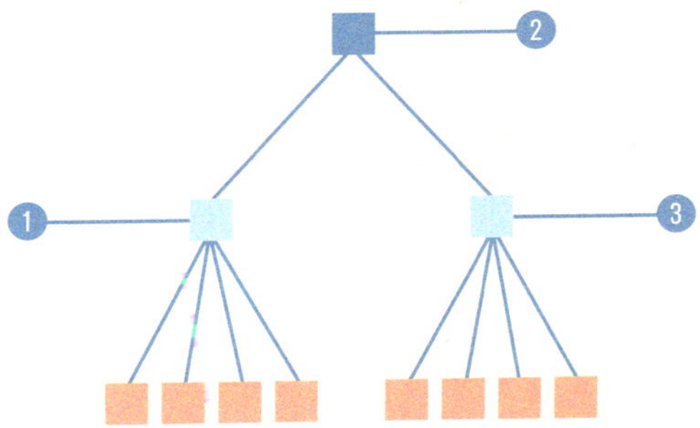

362892

Der Unterschied zwischen „Linie" und „Stab"

Der Inhaber einer Linienstelle	Der Inhaber einer Stabsstelle
• orientiert sich an der Stellung in der Unternehmenshierarchie und ist oft karriere-, zumindest aber prestigebewusst. • bestimmt im Rahmen seiner Kompetenzen, **was** getan wird, und entscheidet, ordnet an, realisiert geplante Vorhaben.	• orientiert sich mehr an der fachlichen Aufgabe und gilt häufig als weniger positionsbewusst. • bestimmt innerhalb seines Spezialgebietes, **wie** etwas getan wird, berät, koordiniert, analysiert, plant und kontrolliert die Umsetzung von Vorhaben.

4.3.4 Spartenorganisation

Für die Großzahl der Unternehmen haben sich die Marktbedingungen in den letzten Jahren gravierend verändert. Grenzöffnungen Richtung Osten und die Entwicklung im vereinten Europa vergrößern einerseits den Absatzmarkt, sorgen andererseits aber auch für zusätzlichen Wettbewerb. Der Angebotsüberfluss zwingt die Unternehmen heute dazu, verstärkt auf individuelle Kundenwünsche einzugehen.
Die traditionelle Linienorganisation hat sich vor allem bei Großunternehmen als ungeeignet gezeigt, diese Aufgaben zufriedenstellend zu lösen.

Mit der Spartenorganisation (auch divisionale oder produktbezogene Organisation genannt) versuchen heute viele Großbetriebe, die aufgezeigten Schwierigkeiten in den Griff zu bekommen. So kann ein Chemiebetrieb z. B. Sparten bilden für Arzneimittel, Chemikalien, Farben und Kunststoffe, je nachdem, auf welchen Märkten das Unternehmen tätig ist.

Bei dieser Form der Spartenorganisation werden alle betrieblichen Aufgaben dezentral von der jeweiligen Sparte durchgeführt.

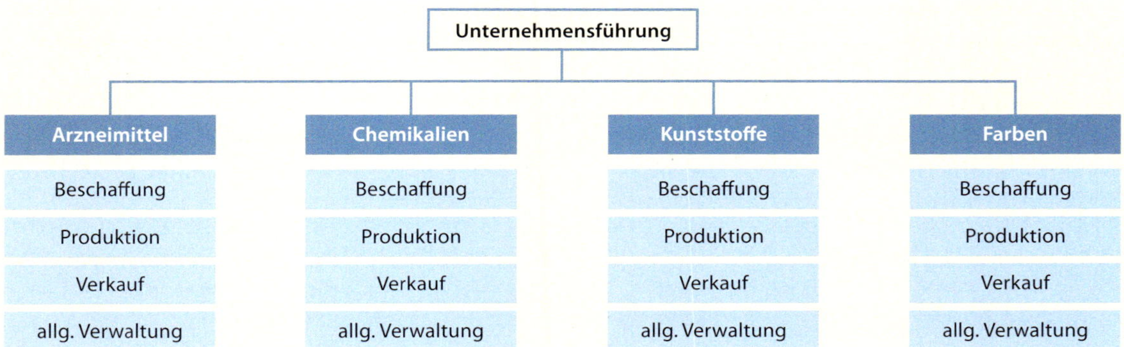

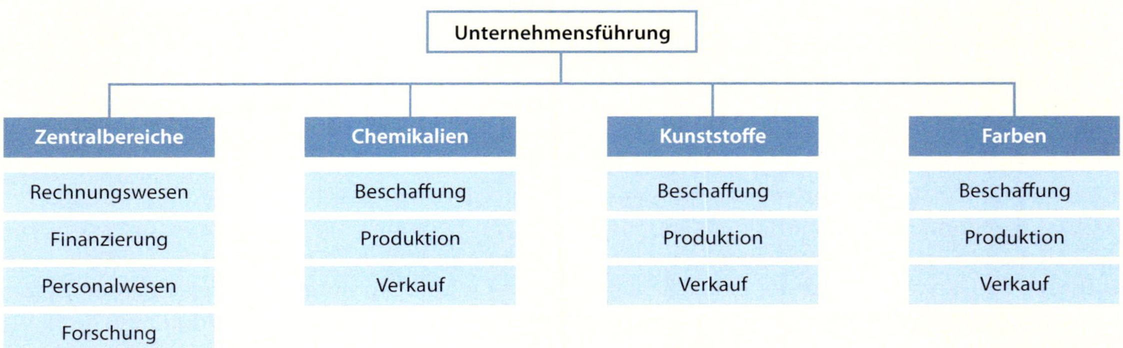

Großbetriebe sind heute teilweise sogar schon so weit bei der Reorganisation gegangen, dass für die einzelnen Produktbereiche wirtschaftlich selbstständige Unternehmen – meist in der Rechtsform der GmbH – errichtet wurden. Der Spartenleiter ist dann Geschäftsführer des neu gegründeten Unternehmens, die GmbH selbst bleibt natürlich rechtlich von der „Mutter" abhängig.

Andere Organisationsformen sind dort vorzufinden, wo Zentralbereiche Aufgaben für alle Sparten gleichermaßen übernehmen. Für ein Chemieunternehmen wäre z. B. die Organisationsstruktur der vorhergehenden Seite mit nur drei Sparten und einem Zentralbereich denkbar.

Leistungen, die zwischen den einzelnen Sparten ausgetauscht werden, werden wie ein Ein- oder Verkauf behandelt. Je nach Organisation ist es damit möglich, den wirtschaftlichen Erfolg einzelner Sparten (genau) zu ermitteln.

Ein anderes Beispiel für den Aufbau des Unternehmens nach Produktbereichen bildet der Daimler-Konzern. Wie für viele andere Großkonzerne ist die Grobstrukturierung nach den verschiedenen Geschäftsbereichen (Automobilbau, Luft- und Raumfahrttechnik, Softwaresysteme) auch hier eine notwendige Voraussetzung dafür, dass ein wirtschaftliches Arbeiten überhaupt erst möglich wird.

4.3.5 Matrix- oder Projektorganisation

Um einen Großauftrag abzuwickeln, bedienen sich Unternehmen einer besonderen Organisationsform, der Projektorganisation. Betrachten wir den Aufbau des folgenden Schaubilds, wird verständlich, warum in der Organisationslehre dafür auch der Begriff Matrixorganisation verwendet wird.

Für einen Bauträger stellt sich die Aufgabe, eine Wohnanlage zu planen, zu bauen und die einzelnen Wohnungen schließlich zu verkaufen. Um dieses Projekt realisieren zu können, muss zunächst ein Team aus den verschiedenen Aufgabenbereichen zusammengestellt werden. Die organisatorischen Vorbereitungen könnten mittels folgender Matrix konkretisiert werden:

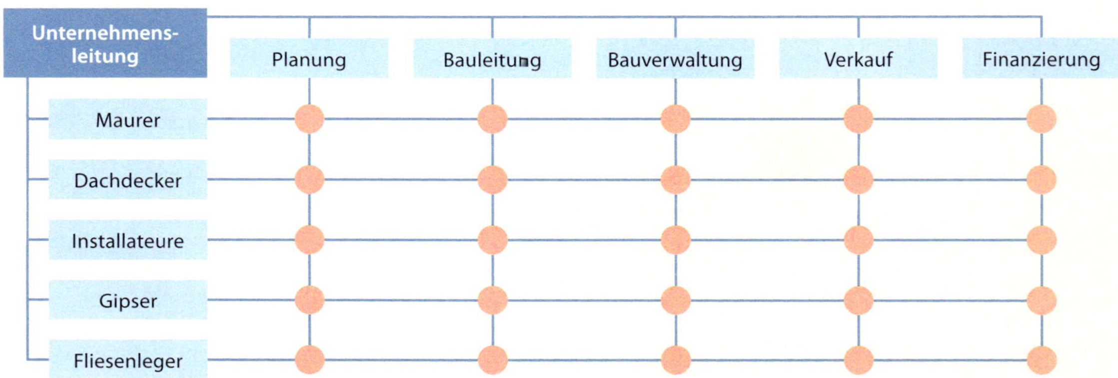

Das Projektteam aus Mitarbeitern der einzelnen Funktionsbereiche (Planung, Bauleitung, Bauverwaltung usw.) plant die ineinander verflochtenen Tätigkeiten für das Projekt über alle Funktionen hinweg und stimmt diese Planung mit den jeweiligen Leitern der Funktionsbereiche ab. So wird z. B. für die Bauverwaltung auf der Baustelle ein Mitarbeiter abgestellt werden, der die Materialbestellungen vornimmt, Materialeingänge kontrolliert oder den Einsatz von Spezialmaschinen koordiniert. Ab einem gewissen Zeitpunkt des Baufortschritts wird der zuständige Verkäufer damit beginnen, Werbeanzeigen für den Verkauf der Wohnungen zu schalten. Nach Abschluss ihrer jeweiligen Aufgabe stehen die Mitarbeiter für neue Projekte zur Verfügung.

Merke

1. Als grundsätzlich denkbare Formen der Aufbauorganisation kennen wir:
   - das Einliniensystem,
   - das Mehrliniensystem,
   - das Stabliniensystem,
   - die Spartenorganisation.
2. Zur Durchführung einer größeren Aufgabe (eines Projekts) bietet sich die Matrix- oder Projektorganisation an. Sie ist i. d. R. zeitlich begrenzt und endet mit der Erfüllung der Aufgabe.

Aufgaben

Die Großhandlung Werner Schneider handelt mit Heizungsbau- und Sanitärmaterialien und mit Badmöbeln. Folgende Stellen bestehen in der Firma:

- Gruppenleiter für den Sanitäreinkauf
- Gruppenleiter für den Einkauf Heizungsbaumaterial
- 4 Sachbearbeiter Verkauf Heizungsbaumaterial
- Gruppenleiter Controlling und sonstige Aufgaben
- Gruppenleiter Einkauf Badmöbel
- Gruppenleiter Lager Heizungsbau und Sanitär
- Gruppenleiter Lieferantenbuchhaltung
- Abteilungsleiter Einkauf
- 3 Sachbearbeiter Verkauf Badmöbel
- 5 Lagerarbeiter Heizung und Sanitär
- 2 Lagerarbeiter Badmöbel
- Unternehmensleitung
- 4 Sachbearbeiter Einkauf Heizungsbaumaterial
- 2 Sachbearbeiter Sanitäreinkauf
- Abteilungsleiter Lager
- Gruppenleiter Sanitärverkauf
- 2 Sachbearbeiter Einkauf Badmöbel
- Abteilungsleiter Verkauf
- 3 Sachbearbeiter Sanitärverkauf
- Abteilungsleiter Rechnungswesen und Finanzen
- 3 Sachbearbeiter Kundenbuchhaltung
- 2 Sachbearbeiter Controlling und sonstige Aufgaben
- Gruppenleiter Verkauf Badmöbel
- Gruppenleiter Kundenbuchhaltung
- 2 Sachbearbeiter Lieferantenbuchhaltung
- Gruppenleiter Verkauf Heizungsbaumaterial
- Gruppenleiter Lager Badmöbel

1. Zeichnen Sie das Organigramm der Großhandlung Werner Schneider.
2. Welche Stellen gehören zum oberen, mittleren und unteren Management?
3. Ermitteln Sie die Instanzentiefe.
4. Nennen Sie für jede Stufe die Instanzenbreite.
5. Erläutern Sie für jede Stelle zwei typische Aufgaben des Stelleninhabers.

4.4 Aufbaugestaltung in Unternehmen

Sind im Unternehmen die Stellen gebildet und die Organisationsform festgelegt, müssen in einem letzten Schritt die Fragen beantwortet werden, welche Rechte der Stelleninhaber haben soll, nach welchen Grundsätzen Aufgaben erledigt werden und wie die Zusammenarbeit mit anderen Stellen stattfindet.

4.4.1 Kompetenz und Weisungsbefugnis

Unter **Kompetenz** verstehen wir den Zuständigkeitsbereich eines Stelleninhabers. Für die Erfüllung der einzelnen Aufgaben in diesem Bereich ist der Stelleninhaber verantwortlich.

So kann der Inhaber einer Stabsstelle zuständig sein für die zeitliche Ablaufplanung eines Projektes. Die Entscheidungskompetenz darüber, wann mit dem Projekt begonnen werden soll, obliegt dagegen dem Inhaber der Linienstelle.

Als **Weisungsbefugnis** bezeichnen wir das innerbetriebliche Recht, untergebenen Mitarbeitern Anweisungen erteilen zu dürfen, die für diese verbindlich sind.

Generell gilt, dass Kompetenz und Weisungsbefugnis zunehmen, je höher wir uns in der Unternehmenshierarchie bewegen.

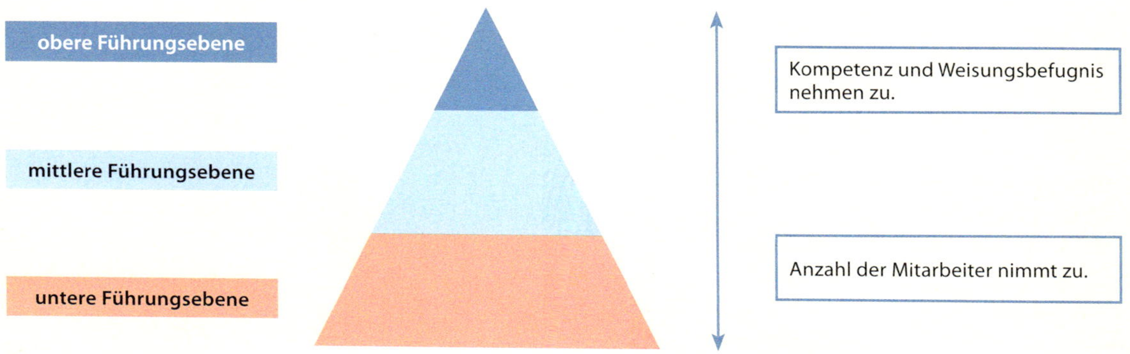

4.4.2 Vertretungsbefugnis

Während die Weisungsbefugnis das Verhältnis der Stelleninhaber zueinander regelt, wird mit der Vertretungsbefugnis das Verhältnis der Stelleninhaber nach außen, gegenüber Dritten, beschrieben. Dabei wird z. B. festgelegt, in welchem Umfang ein Stelleninhaber rechtsverbindliche Geschäfte für das Unternehmen abschließen kann.

Die **wirtschaftlichen Gründe** für die Erteilung von Vollmachten zur Vertretung des Geschäftsinhabers können sein:

- Arbeitsentlastung des Geschäftsinhabers,
- Aufgabenteilung innerhalb der Betriebsorganisation,
- größere Rechtssicherheit im Geschäftsleben.

Wenn ein Geschäftsinhaber einem Mitarbeiter bestimmte Vollmachten erteilt, wird er die persönlichen Voraussetzungen des zu Bevollmächtigenden überprüfen. Das können u. a. sein:

- langjährige Erfahrung in diesen Geschäften,
- die fachliche Eignung des Mitarbeiters,
- Zuverlässigkeit bei der Aufgabenerfüllung,
- Vertrauen des Vollmachtgebers in diese Person.

Die unterschiedlich umfangreichen Vertretungsrechte werden mit den verschiedenen Arten der Handlungsvollmacht und der Prokura geregelt.

362896

§

Gesetzesauszug (HGB): Prokura und Handlungsvollmacht

§ 48
(1) **Erteilung der Prokura.** Die Prokura kann nur von dem Inhaber des Handelsgeschäfts oder seinem gesetzlichen Vertreter und nur mittels ausdrücklicher Erklärung erteilt werden.
(2) **Gesamtprokura.** Die Erteilung kann an mehrere Personen gemeinschaftlich erfolgen (Gesamtprokura).

§ 49 Umfang der Prokura.
(1) Die Prokura ermächtigt zu allen Arten von gerichtlichen und außergerichtlichen Geschäften und Rechtshandlungen, die der Betrieb eines Handelsgewerbes mit sich bringt.
(2) Zur Veräußerung und Belastung von Grundstücken ist der Prokurist nur ermächtigt, wenn ihm diese Befugnis besonders erteilt ist.

§ 50 Beschränkung des Umfanges.
(1) Eine Beschränkung des Umfanges der Prokura ist Dritten gegenüber unwirksam.
(2) Dies gilt insbesondere von der Beschränkung, dass die Prokura nur für gewisse Geschäfte oder gewisse Arten von Geschäften oder nur unter gewissen Umständen oder für eine gewisse Zeit oder an einzelnen Orten ausgeübt werden soll.
(3) Eine Beschränkung der Prokura auf den Betrieb einer von mehreren Niederlassungen des Geschäftsinhabers ist Dritten gegenüber nur wirksam, wenn die Niederlassungen unter verschiedenen Firmen betrieben werden. Eine Verschiedenheit der Firmen im Sinne dieser Vorschrift wird auch dadurch begründet, dass für eine Zweigniederlassung der Firma ein Zusatz beigefügt wird, der sie als Firma der Zweigniederlassung bezeichnet.

§ 51 Zeichnung des Prokuristen. Der Prokurist hat in der Weise zu zeichnen, dass er der Firma seinen Namen mit einem die Prokura andeutenden Zusatz beifügt.

§ 52
(1) Widerruflichkeit. Die Prokura ist ohne Rücksicht auf das der Erteilung zugrunde liegende Rechtsverhältnis jederzeit widerruflich, unbeschadet des Anspruchs auf die vertragsgemäße Vergütung.
(2) **Unübertragbarkeit.** Die Prokura ist nicht übertragbar.
(3) **Tod des Inhabers.** Die Prokura erlischt nicht durch den Tod des Inhabers des Handelsgeschäfts.

§ 53
(1) **Anmeldung der Erteilung.** Die Erteilung der Prokura ist von dem Inhaber des Handelsgeschäfts zur Eintragung in das Handelsregister anzumelden. Ist die Prokura als Gesamtprokura erteilt, so muss auch dies zur Eintragung angemeldet werden.
(2) **Anmeldung des Erlöschens.** Das Erlöschen der Prokura ist in gleicher Weise wie die Erteilung zur Eintragung anzumelden.

§ 54 Handlungsvollmacht.
(1) Ist jemand ohne Erteilung der Prokura zum Betrieb eines Handelsgewerbes oder zur Vornahme einer bestimmten zu einem Handelsgewerbe gehörigen Art von Geschäften oder zur Vornahme einzelner zu einem Handelsgewerbe gehöriger Geschäfte ermächtigt, so erstreckt sich die Vollmacht (Handlungsvollmacht) auf alle Geschäfte und Rechtshandlungen, die der Betrieb eines derartigen Handelsgewerbes oder die Vornahme derartiger Geschäfte gewöhnlich mit sich bringt.
(2) Zur Veräußerung oder Belastung von Grundstücken, zur Eingehung von Wechselverbindlichkeiten, zur Aufnahme von Darlehen und zur Prozessführung ist der Handlungsbevollmächtigte nur ermächtigt, wenn ihm eine solche Befugnis besonders erteilt ist.
(3) Sonstige Beschränkungen der Handlungsvollmacht braucht ein Dritter nur dann gegen sich gelten zu lassen, wenn er sie kannte oder kennen musste.

§ 57 Zeichnung des Handlungsbevollmächtigten. Der Handlungsbevollmächtigte hat sich bei der Zeichnung jedes eine Prokura andeutenden Zusatzes zu enthalten; er hat mit einem das Vollmachtsverhältnis ausdrückenden Zusatz zu zeichnen.

§ 58 Unübertragbarkeit. Der Handlungsbevollmächtigte kann ohne Zustimmung des Inhabers des Handelsgeschäfts seine Handlungsvollmacht auf einen anderen nicht übertragen.

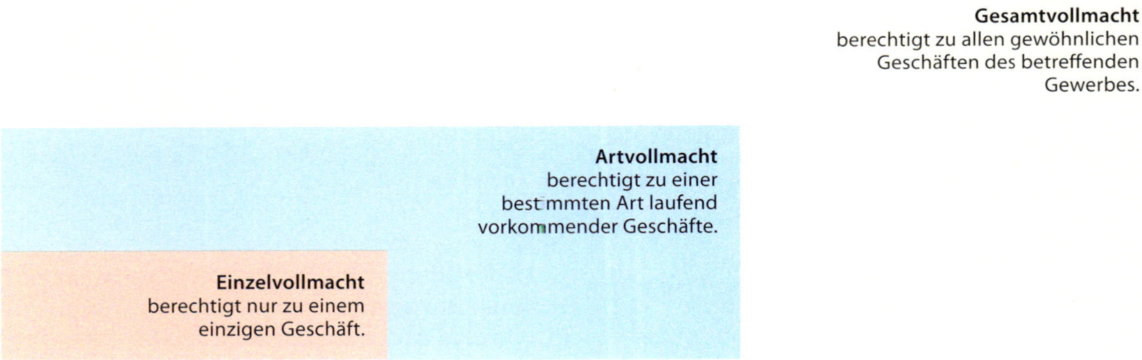

4.4.2.1 Handlungsvollmacht

Da ein Unternehmer nicht alle Geschäfte selbst abschließen kann, muss er Mitarbeitern Vollmachten erteilen, damit sie für das Unternehmen rechtswirksam Geschäfte abschließen können.

Die einfachste Form der Vollmachterteilung ist die **Einzelvollmacht.** Der Geschäftsinhaber beauftragt einen Mitarbeiter, eine bestimmte Aufgabe zu erfüllen: Eine Einzahlung auf dem Bankkonto vorzunehmen, Büromaterial zu kaufen, eine Warensendung abzuholen u. Ä. Der Mitarbeiter ist in diesem Fall nur dazu berechtigt, **einmalig** eine Aufgabe durchzuführen. Die Einzelvollmacht muss von Fall zu Fall neu erteilt werden.

Ist ein Mitarbeiter berechtigt, eine bestimmte Art von Geschäften **laufend** vorzunehmen, sprechen wir von der **Artvollmacht:** Der Mitarbeiter darf **laufend** die Post in Empfang nehmen, darf bestimmte Waren immer wieder einkaufen oder laufend verkaufen.

Die umfassendste Art der Handlungsvollmacht ist die **Gesamtvollmacht.** Der Bevollmächtigte ist berechtigt, alle **gewöhnlichen Geschäfte des betreffenden Handelsgewerbes** abzuschließen. Dazu gehören: einkaufen, verkaufen, bestellen, Mitarbeiter einstellen und entlassen, Waren annehmen, Zahlungen in Empfang nehmen oder veranlassen u. v. m. Nach § 54 (Abs. 2) HGB darf aber auch ein Mitarbeiter mit Gesamtvollmacht

- keine Grundstücke belasten oder verkaufen,
- keine Wechselverbindlichkeiten eingehen und
- keine Prozesse für das Unternehmen führen.

Soll ein Bevollmächtigter dennoch eine dieser Aufgaben für den Geschäftsinhaber wahrnehmen, muss diese Befugnis besonders erteilt werden.

- Mitarbeiter, die eine Gesamt- oder Artvollmacht besitzen, unterzeichnen mit **„i. V."** (in Vollmacht).
- Mitarbeiter, die mit einer Einzelvollmacht ausgestattet sind, unterzeichnen mit **„i. A."** (im Auftrag).

4.4.2.2 Prokura

Die weitestgehende Form der Vollmachterteilung ist die **Prokura.** Der Prokurist ist bevollmächtigt, alle **gewöhnlichen und außergewöhnlichen Geschäfte** abzuschließen, die in einem Unternehmen anfallen.

Nach § 48 und § 50 HGB gibt es verschiedene **Arten der Prokura:**

Einzelprokura, der Prokurist kann das Vertretungsrecht allein ausüben.

Zeichnung: Walter Wagner KG
Röhrenfabrik
ppa. *Hahn*

Gesamtprokura, zwei oder mehrere Personen vertreten das Unternehmen gemeinsam.

Zeichnung: Walter Wagner KG
Röhrenfabrik
ppa. *Müller* ppa. *Dresing*

Filialprokura, der Prokurist kann nur Geschäfte für die Niederlassung rechtswirksam abschließen.

Zeichnung: Walter Wagner KG
Röhrenfabrik
Zweigwerk Hanau
ppa. Rößner

Die **Erteilung der Prokura** kann nur der Geschäftsinhaber selbst vornehmen. Dieser muss allerdings selbst Vollkaufmann im Sinne des HGB sein, das heißt, das Gesetz gilt in vollem Umfang für sein Unternehmen. Der Geschäftsinhaber muss die Prokura ausdrücklich erteilen, dies kann schriftlich oder mündlich geschehen. Im Innenverhältnis wird die Prokura mit der Erteilung wirksam. Um auch im Außenverhältnis wirksam zu werden, muss die Prokura im Handelsregister eingetragen und veröffentlicht werden. Erst dann können Geschäftspartner davon ausgehen, dass der Mitarbeiter diese Vertretungsrechte tatsächlich besitzt.

Fall:

Herr Rister ist Inhaber einer Möbelgroßhandlung. Zur Abwicklung zahlreicher Geschäfte erteilt er Frau Leier Prokura mit den Worten: „Sie sind ab sofort Prokuristin meiner Firma." Zwar ist Frau Leier damit tatsächlich Prokuristin geworden, denn die Eintragung im Handelsregister hat nur deklaratorischen (= rechtsbezeugenden) Charakter, andererseits können Geschäftspartner ja noch gar nicht wissen, dass Frau Leier Prokura erteilt wurde. Um hier Rechtssicherheit zu schaffen, bedarf es der Eintragung und Veröffentlichung.

Ist ein Mitarbeiter zum Prokuristen ernannt worden, können seine Vertretungsrechte nur im Innenverhältnis eingeschränkt werden. **Im Außenverhältnis sind diese Einschränkungen unwirksam.** Davon unberührt sind die Einschränkungen, die das Gesetz ohnehin vorsieht. So darf der Prokurist keine Grundstücke, Teile oder das ganze Unternehmen verkaufen oder auch nicht Insolvenz anmelden.

Fall:

Herr Rister sagt zu Frau Leier: „Wechsel unterschreibe ich nach wie vor selbst." Einige Zeit später kauft Frau Leier eine neue Möbelkollektion und unterschreibt einen Wechsel. Der Verkäufer kann den Wechsel beruhigt entgegennehmen und seiner Bank einreichen. Die Einschränkung der Prokura von Frau Leier wirkt nicht gegenüber dem Verkäufer. Herr Rister wird die Einlösung des Wechsels nicht verweigern können mit dem Hinweis, Frau Leier habe dazu keine Vollmacht gehabt. Welche Konsequenzen das Verhalten von Frau Leier allerdings im Verhältnis zu Herrn Rister haben wird, wird den Verkäufer weniger interessieren.

Die Prokura erlischt durch:

- den **Widerruf** der Prokura durch den Geschäftsinhaber,
- das **Ausscheiden des Prokuristen** aus dem Unternehmen,
- den **Wechsel des Geschäftsinhabers** und
- die **Auflösung des Geschäftes.**

Aber: Die Prokura erlischt nicht durch den Tod des Geschäftsinhabers!

Fall:

Herr Rister hat die Prokura von Frau Leier widerrufen, das Schreiben an das Amtsgericht zur Löschung der Prokura allerdings noch nicht abgeschickt. Bis zur Löschung im Handelsregister und der Veröffentlichung können die Geschäftspartner nach wie vor davon ausgehen, dass Frau Leier Prokura hat. Die Verpflichtungen, die Frau Leier in dieser Zeit für den Betrieb von Herrn Rister eingeht, sind rechtswirksam. Entsteht Herrn Rister allerdings dadurch ein Schaden, kann er (im Innenverhältnis mit Frau Leier) auf Schadensersatz klagen.

4.4.3 Entscheidungssysteme auf Führungsebene

Auf der unteren und mittleren Führungsebene werden Entscheidungen vielfach routinemäßig getroffen. Durch Zielvorgaben der Unternehmensleitung wissen die jeweiligen Stelleninhaber, welche Erwartungen an sie gestellt werden, die Entscheidungsspielräume sind damit eng gefasst. Je weiter wir uns in der Unternehmenshierarchie nach unten bewegen, desto geringer werden die Entscheidungsspielräume der Stelleninhaber. Auf unterster Stufe letztlich werden nur noch Routinearbeiten verrichtet.

Anders sieht es in der oberen Führungsebene, der Unternehmensleitung, aus. Die Entscheidungsspielräume sind im Prinzip sehr groß, die künftige Entwicklung des Unternehmens wird durch Entscheidungen auf dieser Ebene bestimmt.

Diese unternehmerischen Entscheidungen werden im Wesentlichen durch die Eigentümer- und Geschäftsführungssituation des Unternehmens geprägt. Ein Interessenkonflikt wird am ehesten dort auftreten, wo die traditionelle Unternehmerfunktion (Eigentümer = Geschäftsführer) von verschiedenen Personen übernommen wird.

In vielen Unternehmen haben die Eigentümer die Unternehmensführung an einen Geschäftsführer übertragen und selbst mit dem Unternehmen kaum noch etwas zu tun. Dabei können durchaus unterschiedliche Interessen aufeinandertreffen:

Eigentümer	⇔	Geschäftsführer
Ein wesentliches Interesse der Eigentümer besteht in einer hohen Gewinnausschüttung. Insgesamt möchte man dabei vermeiden, vom eingesetzten Geschäftsführer zu sehr abhängig zu werden.		Im Vordergrund steht für ihn die Sicherheit für sich und das Unternehmen. Über die Bildung von Rücklagen und Investitionen aus dem Gewinn soll ein solides Wachstum erreicht werden, womit letztlich dann auch die eigene Position gestärkt wird.

Träger von Führungsentscheidungen

Eigentümer-Unternehmen
Der Eigentümer trägt allein das Kapitalrisiko und leitet das Unternehmen selbst. Die Unternehmerfunktion liegt in einer Hand, die Zukunft des Unternehmens hängt wesentlich von der „richtigen" Entscheidung des Eigentümers ab.

Geschäftsführer- (Manager-) Unternehmen
Der oder die Geschäftsführer ist/sind Führungskraft/-kräfte des Unternehmens, die von dem/den Eigentümer/n bestellt wird/werden. Die Anteilseigner selbst tragen dabei nur das Kapitalrisiko, die Unternehmerfunktion ist aufgeteilt. Dies ist z. B. bei einer AG der Fall: Die Eigentümer sind die Aktionäre im Gremium Hauptversammlung, geleitet wird die AG vom Vorstand.

Mischform
Als Kombination aus den zwei oben dargestellten Formen sind solche Unternehmen anzusehen, die zwei Arten von Eigentümern haben:

- Solche, die als Geschäftsführer tätig sind und Kapitaleinlagen im Unternehmen halten, und
- solche, die nur Kapitalgeber des Unternehmens sind.

Als Beispiel dafür können wir an die Kommanditisten und Komplementäre der KG denken.

4.4.4 Führungsprinzipien

Nach der grundsätzlichen Art und Weise, wie Unternehmen geführt werden können und Entscheidungen getroffen werden, unterscheiden wir das Direktorial- und das Kollegialitätsprinzip.

Direktorialprinzip

An der Spitze des Unternehmens steht eine Person, die die volle Verantwortung trägt und alle Entscheidungen alleine trifft. Die Gefahr einer Fehlentscheidung ist hier deshalb besonders groß, weil es heute zunehmend schwieriger wird, alle Faktoren einer unternehmerischen Entscheidung zu erfassen und entsprechend zu bewerten.

Kollegialitätsprinzip

Die Führung des Unternehmens liegt in den Händen mehrerer, gleichberechtigter Personen. Es ist dabei gewährleistet, dass Fachleute aus den verschiedenen Bereichen gemeinsam über Maßnahmen entscheiden, die die weitere Existenz des Unternehmens sichern sollen.

Je nachdem, wie Abstimmungen letztlich entschieden werden, unterscheiden wir drei Formen:

- **Primatkollegialität;** bei Abstimmungen gibt die Stimme des Vorsitzenden den Ausschlag, wenn Stimmengleichheit zu einer Pattsituation führen würde (Primus inter Pares – der Erste unter Gleichen).
- **Abstimmungskollegialität;** alle Entscheidungen werden grundsätzlich mehrheitlich getroffen. Kommt es bei einer Abstimmung zu Stimmengleichheit, muss erneut beraten und abgestimmt werden, bis eine Entscheidung getroffen ist.
- **Kassationskollegialität;** alle Entscheidungen müssen grundsätzlich einstimmig getroffen werden. Die Gegenstimme eines Entscheidungsträgers macht die erneute Beratung und Abstimmung notwendig.

Durch bestehende Gesetze (z. B. MitbestG, BetrVG) sind in größeren Unternehmen bestimmter Rechtsformen Entscheidungsstrukturen im Grunde festgelegt. So werden bei der Aktiengesellschaft wichtige Entscheidungen im Aufsichtsrat vorbereitet, das heißt, dass die Zusammensetzung dieses Gremiums, also das Verhältnis Arbeitnehmervertreter und Vertreter der Kapitaleigner, darüber entscheidet, welche Interessengruppe sich mit ihren Vorstellungen und Plänen eher durchsetzen kann.

4.4.5 Mitbestimmung der Arbeitnehmer

> Mitbestimmung: In welchem Umfang können Arbeitnehmer Einfluss nehmen auf wirtschaftliche, soziale und personelle Entscheidungen im Unternehmen?

Die unterschiedlichen Vorstellungen von Arbeitgebern und Arbeitnehmern darüber, wer welchen Beitrag zum Unternehmenserfolg (Gewinn) geleistet hat und welche Aufteilung des Gewinns gerecht ist, werden in den Tarifverhandlungen immer wieder erkennbar und führen dort gelegentlich zu Streiks und Aussperrungen.

Dennoch verfolgen Arbeitgeber und Arbeitnehmer eines Unternehmens vielfach gemeinsame Ziele: erfolgreich arbeiten, wettbewerbsfähig bleiben, Gewinne erwirtschaften und die Zukunftschancen des Unternehmens absichern. Das Interesse der Arbeitnehmer bezieht sich dabei insbesondere auf die Erhaltung sicherer Arbeitsplätze.

Neben den Auseinandersetzungen in den Tarifverhandlungen entsteht Streit meist über die Frage, auf welchem Weg die gemeinsamen Ziele erreicht werden können.

Auf der Ebene der Unternehmensleitung können die Arbeitnehmer ihre Interessen über gewählte Vertreter im Aufsichtsrat vortragen. Wahl und Zusammensetzung des Aufsichtsrats sind deshalb für Grundsatzentscheidungen im Unternehmen besonders wichtig.

Um die Mitbestimmungsrechte der Arbeitnehmer im Unternehmen zu erläutern, müssen wir zwei Bereiche unterscheiden:

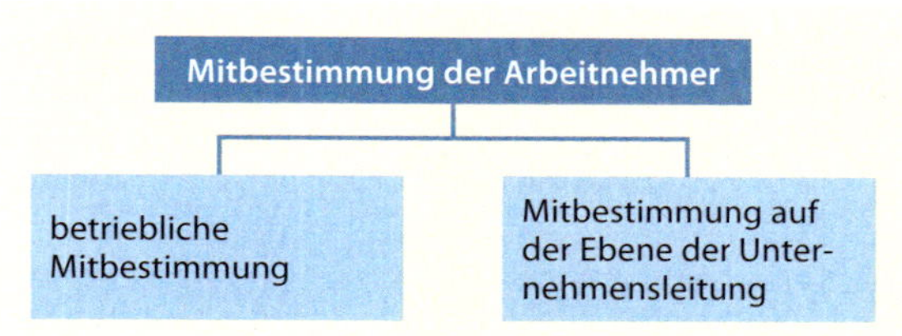

4.4.5.1 Betriebliche Mitbestimmung

Die betriebliche Mitbestimmung der Arbeitnehmer ist im Betriebsverfassungsgesetz von 1972 geregelt.

§

Auszug

Betriebsverfassungsgesetz (BetrVG)

§ 1 Errichtung von Betriebsräten. In Betrieben mit in der Regel mindestens fünf ständigen wahlberechtigten Arbeitnehmern, von denen drei wählbar sind, werden Betriebsräte gewählt.

§ 5 Arbeitnehmer (1) Arbeitnehmer (Arbeitnehmerinnen und Arbeitnehmer) im Sinne dieses Gesetzes sind Arbeiter und Angestellte einschließlich der zu ihrer Berufsausbildung Beschäftigten, unabhängig davon, ob sie im Betrieb, im Außendienst oder mit Telearbeit beschäftigt werden. Als Arbeitnehmer gelten auch die in Heimarbeit Beschäftigten, die in der Hauptsache für den Betrieb arbeiten.

(2) Als Arbeitnehmer im Sinne dieses Gesetzes gelten nicht:

1. in Betrieben einer juristischen Person die Mitglieder des Organs, das zur gesetzlichen Vertretung der juristischen Person berufen ist;
2. die Gesellschafter einer offenen Handelsgesellschaft oder die Mitglieder einer anderen Personengesamtheit, soweit sie durch Gesetz, Satzung oder Gesellschaftsvertrag zur Vertretung [...] berufen sind [...].

(3) Dieses Gesetz findet, soweit in ihm nicht ausdrücklich etwas anderes bestimmt ist, keine Anwendung auf leitende Angestellte. Leitender Angestellter ist, wer nach Arbeitsvertrag und Stellung im Unternehmen oder im Betrieb

1. zur selbstständigen Einstellung oder Entlassung von im Betrieb oder in der Betriebsabteilung beschäftigten Arbeitnehmern berechtigt ist oder
2. Generalvollmacht oder Prokura hat und die Prokura auch im Verhältnis zum Arbeitgeber nicht unbedeutend ist oder
3. regelmäßig sonstige Aufgaben wahrnimmt, die für den Bestand und die Entwicklung des Unternehmens oder eines Betriebs von Bedeutung sind und deren Erfüllung besondere Erfahrungen und Kenntnisse voraussetzt [...].

§ 7 Wahlberechtigung. Wahlberechtigt sind alle Arbeitnehmer des Betriebs, die das 18. Lebensjahr vollendet haben. Werden Arbeitnehmer eines anderen Arbeitgebers zur Arbeitsleistung überlassen, so sind diese wahlberechtigt, wenn sie länger als drei Monate im Betrieb eingesetzt werden.

§ 8 Wählbarkeit. (1) Wählbar sind alle Wahlberechtigten, die sechs Monate dem Betrieb angehören oder als in Heimarbeit Beschäftigte in der Hauptsache für den Betrieb gearbeitet haben [...].

Die Interessen der Arbeitnehmer im Betrieb werden vom Betriebsrat vertreten. Der Betriebsrat wird von den Arbeitnehmern oder auf Anregung der Gewerkschaft errichtet, ein Zwang zur Errichtung eines Betriebsrates besteht jedoch nicht.

Der Betriebsrat ist die Interessenvertretung aller Arbeitnehmer gegenüber der Unternehmensleitung. Ausgenommen sind nach § 5 BetrVG die leitenden Angestellten.

§

§ 9 Zahl der Betriebsratsmitglieder. Der Betriebsrat besteht in Betrieben mit in der Regel

5	bis	20	wahlberechtigten Arbeitnehmern aus einer Person,		
21	bis	50	wahlberechtigten Arbeitnehmern aus 3 Mitgliedern,		
51	bis	100	wahlberechtigten Arbeitnehmern aus 5 Mitgliedern,		
101	bis	200	Arbeitnehmern aus	7	Mitgliedern,
201	bis	400	Arbeitnehmern aus	9	Mitgliedern,
401	bis	700	Arbeitnehmern aus	11	Mitgliedern,

(Fortsetzung folgende Seite)

701	bis	1 000	Arbeitnehmern aus	13	Mitgliedern,
1 001	bis	1 500	Arbeitnehmern aus	15	Mitgliedern,
1 501	bis	2 000	Arbeitnehmern aus	17	Mitgliedern,
2 001	bis	2 500	Arbeitnehmern aus	19	Mitgliedern,
2 501	bis	3 000	Arbeitnehmern aus	21	Mitgliedern,
3 001	bis	3 500	Arbeitnehmern aus	23	Mitgliedern,
3 501	bis	4 000	Arbeitnehmern aus	25	Mitgliedern,
4 001	bis	4 500	Arbeitnehmern aus	27	Mitgliedern,
4 501	bis	5 000	Arbeitnehmern aus	29	Mitgliedern,
5 001	bis	6 000	Arbeitnehmern aus	31	Mitgliedern,
6 001	bis	7 000	Arbeitnehmern aus	33	Mitgliedern,
7 001	bis	9 000	Arbeitnehmern aus	35	Mitgliedern.

In Betrieben mit mehr als 9 000 Arbeitnehmern er-höht sich die Zahl der Mitglieder des Betriebsrats für je angefangene weitere 3 000 Arbeitnehmer um 2 Mitglieder.

Zur Unterstützung der Arbeit des Betriebsrats und in Abhängigkeit von der Betriebsgröße können weitere Gremien eingerichtet werden:

Die Jugend- und Auszubildendenvertretung wird zur Wahrnehmung der besonderen Interessen dieser Altersgruppe eingerichtet, wenn regelmäßig mindestens fünf jugendliche Arbeitnehmer unter 18 Jahren oder Auszubildende unter 25 Jahren beschäftigt werden. Sie hat ein Informationsrecht gegenüber dem Betriebsrat und wird auf zwei Jahre gewählt.

Der **Wirtschaftsausschuss** wird gebildet, wenn ein Unternehmen regelmäßig mehr als 100 Arbeitnehmer beschäftigt. Dieser Ausschuss berät mit dem Unternehmer wirtschaftliche Angelegenheiten (z. B. über Investitionen, Rationalisierungsvorhaben, Zusammenschlüsse, Betriebsverkäufe, Stilllegungen) und unterrichtet den Betriebsrat. Er setzt sich zusammen aus drei bis sieben sachverständigen Personen, von denen eine dem Betriebsrat angehören muss.

Der **Betriebsausschuss** muss dann gebildet werden, wenn aufgrund der Betriebsgröße mindestens neun Betriebsräte gewählt wurden. Er führt die laufenden Geschäfte des Betriebsrats.

Die **Einigungsstelle** kann bei Bedarf eingerichtet werden, um Meinungsverschiedenheiten zwischen Arbeitgeber und Betriebsrat zu klären. Als feste Einrichtung wird die Einigungsstelle häufig aufgrund einer Betriebsvereinbarung geschaffen.

Die **Betriebsversammlung** besteht aus den Arbeitnehmern des Betriebes. Sie wird vom Betriebsrat einmal im Kalendervierteljahr einberufen und vom Vorsitzenden des Betriebsrats geleitet. Der Betriebsrat erstattet in der Betriebsversammlung seinen Tätigkeitsbericht.

Der Betriebsrat hat folgende **allgemeine Aufgaben:**

- überwacht die Einhaltung von Gesetzen, Tarifverträgen und Betriebsvereinbarungen zugunsten der Arbeitnehmer,
- leitet berechtigte Beschwerden der Arbeitnehmer an den Arbeitgeber weiter,
- beantragt Maßnahmen, die dem Unternehmen und den Arbeitnehmern dienen,
- sorgt für die Eingliederung von Schutzbedürftigen (z. B. Schwerbehinderte).

Die Mitbestimmungsrechte des Betriebsrats sind nach den Vorschriften des BetrVG in drei Bereiche abgestuft.

Diese Angelegenheiten können zwischen Arbeitgeber und Betriebsrat dadurch geregelt sein, dass entweder ein entsprechender Tarifvertrag zu den einzelnen Angelegenheiten besteht, eine Betriebsvereinbarung abgeschlossen wurde oder im Einzelfall eine Einigung erzielt wird.

Bei mitbestimmungspflichtigen Angelegenheiten ist die Zustimmung des Betriebsrats erforderlich; kommt keine Einigung zwischen Betriebsrat und Arbeitgeber zustande, entscheidet die Einigungsstelle.

Der Betriebsrat arbeitet ehrenamtlich und ist für die Ausübung der Betriebsratstätigkeit von der

Arbeit freizustellen. Die Mitglieder des Betriebsrats dürfen aufgrund ihrer Tätigkeit als Interessenvertreter der Arbeitnehmer weder Vor- noch Nachteile haben. Sie genießen einen besonderen Kündigungsschutz.

Die finanziellen Aufwendungen, die durch die Arbeit des Betriebsrats entstehen (Büromaterialien, Telefongebühren usw.), sind vom Arbeitgeber zu tragen.

Europäische Betriebsräte (EBR)

Im Rahmen der EU-Erweiterung um Ländern aus Mittel-, Ost- und Südeuropa zum 1. Mai 2004 und 1. Januar 2007 ergab sich für Unternehmen, die Beschäftigte in diesen Ländern haben, Anpassungsbedarf bezüglich der EBR-Richtlinien. Diese Richtlinien stellen sicher, dass Arbeitnehmer in grenzüberschreitend tätigen Unternehmen über für sie bedeutsame, länderübergreifende Entscheidungen der Unternehmensleitung informiert und konsultiert werden.

Mitbestimmung und Mitwirkungsrechte des Betriebsrats

echtes Mitbestimmungsrecht	Mitwirkungsrecht	Informations- und Beratungsrecht
↓	↓	↓
Die Entscheidung kommt nur mit Zustimmung des Betriebsrats zustande.	Der Betriebsrat kann aus wichtigem Grund Entscheidungen der Geschäftsleitung widersprechen.	Die Geschäftsleitung berät mit dem Betriebsrat und unterrichtet ihn, ein Widerspruch des Betriebsrats ist wirkungslos.
↓	↓	↓
§ 87 Soziale Angelegenheiten	**Personelle Maßnahmen**	**Wirtschaftliche Angelegenheiten**
• Fragen der Betriebsordnung • Festlegung von Arbeitszeiten (einschließlich Kurzarbeit und Mehrarbeit) • Grundsätze der Urlaubsregelung • betriebliche Lohngestaltung • Maßnahmen zur Verhütung von Arbeitsunfällen • Einführung und Anwendung technischer Einrichtungen mit denen das Verhalten oder die Leistung der Arbeitnehmer überwacht werden kann • Festlegung von Akkord- und Prämiensätzen • Gestaltung des betrieblichen Vorschlagswesens	• Einstellungen • Versetzungen • Umgruppierungen • Eingruppierung • Kündigungen	• allg. wirtschaftliche und finanzielle Lage • Investitionsvorhaben • Produktionsprogramm • Einführung neuer Arbeitsmethoden • Stilllegung von Betriebsteilen • Änderung der Betriebsorganisation • Rationalisierungsvorhaben, • Neu-, Um- und Erweiterungsbauten • Änderung von Arbeitsverfahren • technische Einrichtungen • Personalplanung • Förderung der Berufsbildung

4.4.5.2 Mitbestimmung auf Unternehmensebene

Für die verschiedenen Wirtschaftsbereiche hat der Gesetzgeber bis heute drei unterschiedliche Regelungen für die Mitbestimmung der Arbeitnehmer auf der Ebene der Unternehmensleitung geschaffen:

- Die Montanmitbestimmung von 1951,
- die Mitbestimmung nach dem Betriebsverfassungsgesetz von 1972 und
- das Mitbestimmungsgesetz von 1976.

Die Montanmitbestimmung

Für Kapitalgesellschaften des Bergbaus und der Eisen und Stahl erzeugenden Industrie (Montanindustrie) wurde bereits 1951 die **paritätische Mitbestimmung** eingeführt. Arbeitgeber und Arbeitnehmer sind im gleichen Verhältnis (z. B. jeweils fünf Mitglieder) im Aufsichtsrat vertreten; um eine Pattsituation durch diese Stimmengleichheit zu vermeiden, muss der gesamte Aufsichtsrat ein **neutrales Mitglied** wählen. Können sich die zehn Mitglieder des Aufsichtsrats nicht einigen, wird durch die Einschaltung des Vermittlungsausschusses die Einigung gesucht.

3628104

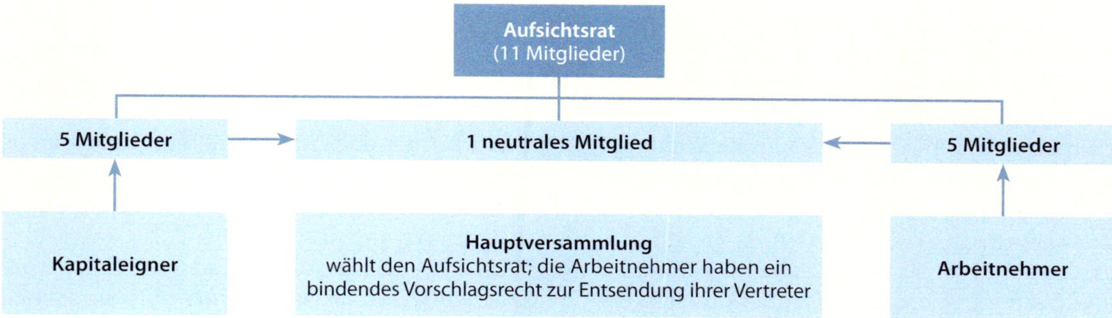

Bei der Wahl des Vorstandes müssen die Interessen der Arbeitnehmer durch die Wahl eines **Arbeitsdirektors** berücksichtigt werden. Dieser hat die Aufgabe, im Alltagsgeschäft der Unternehmensführung die persönlichen und sozialen Belange der Arbeitnehmer zu vertreten.

Die Tatsache, dass bereits sehr früh in der Geschichte der Bundesrepublik Deutschland den Arbeitnehmern so weitgehende Mitbestimmungsrechte eingeräumt wurden, erklärt sich in erster Linie aus der damaligen Wirtschaftssituation: Deutschland hatte immer noch unter den Kriegsfolgen zu leiden, der begonnene Wiederaufbau konnte nur mit großen Anstrengungen der Arbeiter durchgeführt werden, die Montanindustrie war damals eine sogenannte Schlüsselindustrie; Kohleförderung und Eisen-/Stahlerzeugung waren zum Wiederaufbau besonders wichtig.

Mitbestimmung nach dem Drittelbeteiligungsgesetz vom 18. Mai 2004

Das DrittelbG regelt die Mitbestimmungsrechte der Arbeitnehmer im Aufsichtsrat von Kapitalgesellschaften und Wirtschaftsgenossenschaften mit mehr als 500 Arbeitnehmern. Haben diese Unternehmen in der Regel mehr als 2 000 Arbeitnehmer beschäftigt, gilt das Mitbestimmungsgesetz von 1976.

Nach den Vorgaben des BetrVG sind die Arbeitnehmer zu einem Drittel im Aufsichtsrat vertreten, zwei Drittel der Mitglieder sind Vertreter der Kapitaleigner (Drittelparität). Aufgrund dieser Regelung muss die Zahl der Aufsichtsratsmitglieder durch drei teilbar sein, wobei mindestens drei und höchstens 21 Personen den Aufsichtsrat bilden. Die Einflussnahme auf Unternehmensentscheidungen ist für die Vertreter der Arbeitnehmer im Aufsichtsrat damit sehr begrenzt.

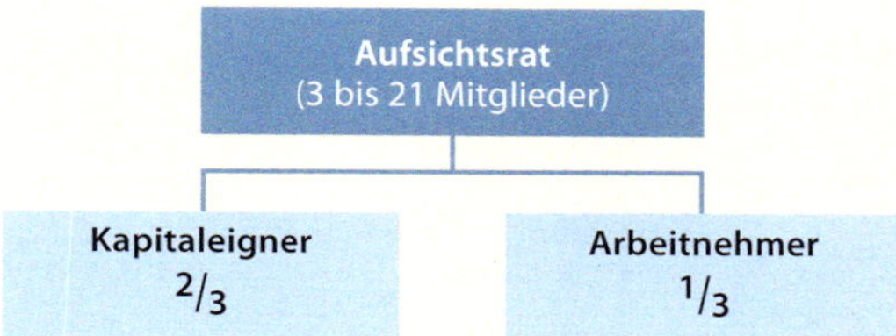

Mitbestimmungsgesetz von 1976

Sind regelmäßig mehr als 2 000 Arbeitnehmer beschäftigt, gelten zur Wahl und Zusammensetzung des Aufsichtsrats die Vorschriften des **MitbestG.** Die Zahl der Mitglieder ist dabei abhängig von der Anzahl der im Unternehmen beschäftigten Mitarbeiter, die Mindestzahl beträgt dabei 12 Mitglieder, kann aber auch 16 oder 20 Mitglieder betragen.

Arbeitnehmer und Kapitaleigner sind je zur Hälfte im Aufsichtsrat vertreten.

Um eine mögliche Pattsituation bei Stimmengleichheit auch hier zu vermeiden, wird die Stimme des Aufsichtsratsvorsitzenden doppelt gezählt.

Der Aufsichtsratsvorsitzende wird dabei mit einer Zweidrittelmehrheit aller Mitglieder gewählt. Erhält im ersten Wahlgang niemand die erforderliche Mehrheit, wählen die Kapitaleigner im zweiten Wahlgang den Vorsitzenden, die Arbeitnehmervertreter dessen Stellvertreter.

In großen Unternehmen mit verschiedenen Betriebsstätten oder in Konzernen können die Arbeitnehmer ihre Vertreter im Aufsichtsrat aus organisatorischen Gründen oftmals nicht direkt wählen. In diesen Fällen werden in den verschiedenen Betriebsbereichen sogenannte **Wahlmänner** gewählt, die dann wiederum die Vertreter in den Aufsichtsrat wählen.

Was also zunächst als paritätische Besetzung dieses Gremiums erscheint, ist über das stärkere Gewicht der Stimme des Vorsitzenden zugunsten der Kapitaleigner entschieden. Da vielfach auch die leitenden Angestellten mehr auf der Seite der Unternehmensleitung und der Kapitaleigner gesehen werden, ist der Aufsichtsrat nach der Mitbestimmung von 1976 nicht als paritätisches Entscheidungsgremium zu sehen.

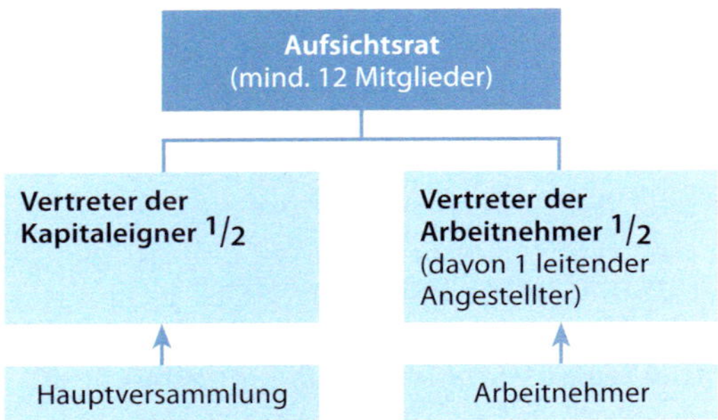

Unterschiedliche Interessen

Das Verhältnis von Kapitaleignern und Arbeitnehmern eines Unternehmens ist heute nur bedingt als gleichberechtigt anzusehen. Im Sinne einer partnerschaftlichen Kooperation ist die betriebliche Mitbestimmung heute durchaus anerkannt, auf der Ebene der Unternehmensführung wird Mitbestimmung jedoch kontrovers diskutiert. Während die Arbeitgeber durch die Mitbestimmung ihre Eigentumsrechte an den Produktionsmitteln eingeschränkt sehen und die Mitbestimmung als Hemmschuh unternehmerischer Entscheidungen bezeichnen, argumentieren die Arbeitnehmer damit, dass **Kapital und Arbeit** gleichermaßen den Unternehmenserfolg begründen und eine Gleichberechtigung auch bei der Entscheidung auf Führungsebene deshalb selbstverständlich sein muss.

4.4.6 Führungsstile

Jeder Stelleninhaber, der eine Führungsrolle ausübt, setzt unter Berücksichtigung seiner Erfahrungen, seiner Menschenkenntnis und seiner Ausbildung bestimmte Methoden ein, um Mitarbeiter zu einem bestimmten Verhalten oder zu bestimmten Handlungen zu veranlassen.

> Unter **Führungsstil** verstehen wir die persönliche Art und Weise, nach der ein Vorgesetzter seine ihm unterstellten Mitarbeiter führt.

Der Führungsstil des Vorgesetzten wirkt sich in der Regel direkt auf die Mitarbeiter, ihre Einstellung und ihr gezeigtes Verhalten aus. In der betrieblichen Praxis erleben wir das ganze Spektrum möglicher Führungsstile, vom autoritären Vorgesetzten über die kooperative Führung bis hin zum Laissez-faire, das heißt bis zum Verzicht auf die Formulierung irgendwelcher Führungsmaßnahmen.

Die unterschiedlichen Führungsstile können sein:

Autoritär
Der Vorgesetzte erteilt die Anweisungen, der Untergebene hat diese ohne Mitsprache auszuführen.

Patriarchalisch
Der Vorgesetzte sieht sich als gütig, väterlich und auf das Wohlergehen der Untergebenen bedacht. Mit diesem Empfinden trifft er seine Entscheidungen, duldet keine Widersprüche.

Bürokratisch
Für alle Fälle hat der Vorgesetzte eine Verordnung, einen Erlass oder eine Gepflogenheit parat, die das Handeln bestimmt. Den Untergebenen lässt er so keinen Entscheidungsspielraum.

Kooperativ
Entscheidungen sucht der Vorgesetzte gemeinsam mit seinen untergebenen Mitarbeitern zu treffen. Deren Vorschläge und Meinungen werden respektiert und fließen in das Arbeitsergebnis ein. Der Vorgesetzte delegiert dabei auch Entscheidungen und Verantwortung.

Laissez-faire
Der Vorgesetzte „lässt gewähren". Dabei wird auf Führung insoweit verzichtet, dass entweder keine Anordnungen erteilt werden oder deren Einhaltung nicht überwacht wird. Dieser Führungsstil wird im Büro nicht anzutreffen sein.

In der Realität wird ein Vorgesetzter kaum eindeutig einem bestimmten Führungsstil zuzuordnen sein, sondern meist Elemente aus verschiedenen Führungsstilen in sich vereinen. Das in der Praxis gezeigte Führungsverhalten dürfte sich in aller Regel zwischen dem autoritären und dem kooperativen Stil einordnen lassen. Dazu einige Beispiele:

1. Das Mitarbeiterteam entscheidet weitgehend selbstständig, der Vorgesetzte gibt nur noch Informationen und Anregungen an seine Mitarbeiter weiter.
2. Der Vorgesetzte lässt seine Mitarbeiter teilweise mitentscheiden, gewährt stark eingeengten Entscheidungsspielraum.
3. Der Vorgesetzte lässt „gute" Änderungsvorschläge zu, erbittet gelegentlich Stellungnahme von den Untergebenen.
4. Die Rückfragen bei Mitarbeitern sind eher die Ausnahme; Entscheidungen werden im Regelfall vom Vorgesetzten getroffen und sind von den Mitarbeitern durchzuführen.

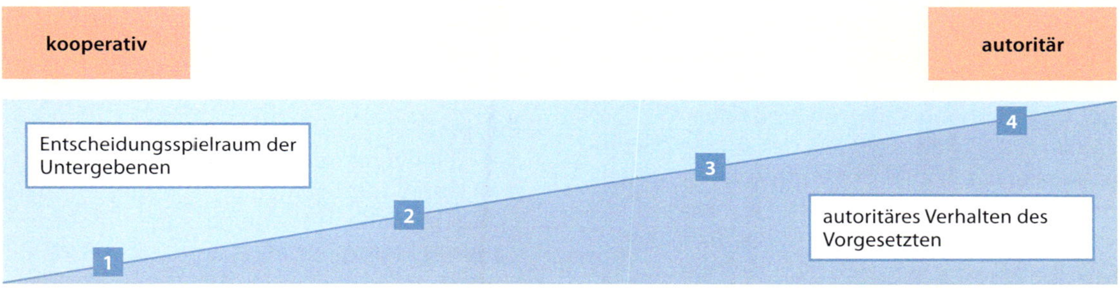

Die gesellschaftliche Entwicklung hat in den letzten Jahren auch Veränderungen im Bereich der Unternehmensführung mit sich gebracht. Die Tendenz geht, wie zahlreiche Untersuchungen gezeigt haben, eindeutig hin zum kooperativen Führungsstil: Das gemeinsame Erarbeiten von Problemlösungen mit der Übernahme von Verantwortung für gemeinsam getroffene Entscheidungen wird vielfach als die ideale Form der betrieblichen Zusammenarbeit bezeichnet.

Die heutige Praxis zeigt, dass die Verantwortung für Entscheidungen mit positiver Auswirkung für das Unternehmen eher dem Team gemeinsam angerechnet wird, während Entscheidungen mit negativer Wirkung häufig Konsequenzen für den formal Verantwortlichen, den Vorgesetzten, haben. Diese Erkenntnis zeigt die heute absehbaren Grenzen der Weiterentwicklung in der Frage betrieblicher Kooperation und Führungsstile auf.

Da Kooperationsfähigkeit und Teamarbeit heute Führungsqualitäten darstellen, die von einem Vorgesetzten einfach erwartet werden, kann davon ausgegangen werden, dass eben diese Eigenschaften die meisten Vorgesetzten auch für sich in Anspruch nehmen.

Diese Selbsteinschätzung stimmt jedoch nur in geringem Umfang überein mit der Einschätzung der Führungsstile durch Mitarbeiter.

Eine Untersuchung aus dem Jahr 2004 hat dazu erstaunliche Ergebnisse geliefert; die Kennzeichnungen der unterschiedlichen Führungsstile wurden dazu etwas modifiziert.

Weitere Führungsstile
In der Literatur werden zahlreiche weitere Führungsstile ausgewiesen, die sich aber oftmals nur in Nuancen unterscheiden. Eine kleine Auswahl:

- sinnorientierter Führungsstil: Der Arbeitssoziologe Walter Böckmann entwickelte, aufbauend auf der Sinnlehre von Viktor Frankl, diese Führungsphilosophie.
- situativer Führungsstil: abhängig von der Führungssituation zwischen Vorgesetztem,

Mitarbeiter und der jeweiligen Situation. Je nach Notwendigkeit wird in der situativen Führung auf die Werkzeuge und Möglichkeiten der bekannten Führungsstile zurückgegriffen. Der situative Führungsstil wird in der Literatur als Führungsstil der Zukunft angesehen.
- reifegradbezogenes Führungsmodell: eine Weiterentwicklung des situativen Führungsstils, bei dem der Reifegrad des zu führenden Mitarbeiters den Führungsstil selbst bestimmt.
- Führungskontinuum: ein von Tannenbaum und Schmidt Ende der 50er-Jahre entwickeltes Führungsmodell.
- Kontingenztheorie: ein von Fred Edward Fiedler entwickelter Ansatz, der auf die persönlichen Eigenschaften des Vorgesetzten abstellt.
- 3-D-Führungsmodell, das den Führungsstil abhängig von der Situation und vom Erfolg beschreibt.

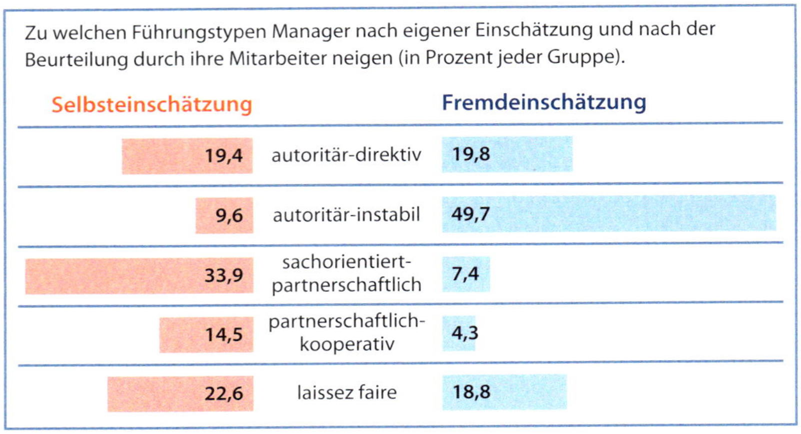

4.4.7 Führungstechniken

Während der Führungsstil die persönliche Art der Mitarbeiterführung eines Vorgesetzten beschreibt, sollen Führungstechniken ein geschlossenes Konzept für alle Weisungsbefugten eines Unternehmens bilden.

Die Führungstechniken bezeichnet man auch als Führungsmethoden oder Management-Systeme. Man unterscheidet folgende Arten:

Management by Objectives

→ Führen durch Zielvereinbarungen

Ausgehend von den Unternehmenszielen, die von der Unternehmensleitung vorgegeben werden, setzen Angestellte mit ihren Vorgesetzten diese Ziele in ihrem jeweiligen Arbeitsbereich um. Es werden die konkreten Ziele und Aufgaben für die einzelnen Stellen festgelegt. Da der einzelne Stelleninhaber an der Aufgabenstellung und Zielformulierung für seinen Bereich mit beteiligt war, wird er besonderen Ehrgeiz entwickeln, diese Aufgaben zu bewältigen. Um das Ziel zu erreichen, können Untergebene auf das Wissen und die Erfahrung des Vorgesetzten zurückgreifen, der berät und informiert.

Beispiel:
Der Sachbearbeiter im Verkauf vereinbart mit dem Abteilungsleiter, dass die detaillierten Berichte der Außendienstmitarbeiter immer am 10. eines Monats für den Vormonat vollständig vorliegen. Die Berichte beinhalten:
1. Anzahl der Kundenbesuche, 2. gewonnene Neukunden, 3. Umsätze je Kunde und insgesamt, 4. gefahrene Kilometer, 5. Anzahl der Übernachtungen, 6. Auflistung der vom Außendienstmitarbeiter erfassten Reklamationen und Kundenwünsche. Wie der Mitarbeiter die Arbeit dann durchführt, bleibt ihm selbst überlassen.

Für den Geschäftsführer eines Unternehmens könnte die Zielvorgabe der für das Geschäftsjahr von den Eigentümern erwartete Gewinn sein. Die Realisierung des Ziels ist dann dem Geschäftsführer überlassen. Diese Führungstechnik wird für die Bereiche des Topmanagements auch als **Management by Results** bezeichnet.

Management by Delegation

→ Führen durch Übertragung von Verantwortung und Entscheidungsbefugnis

Die Mitarbeiter dürfen hierbei im Rahmen ihrer Kompetenzen selbstständig Entscheidungen treffen. Sie unterliegen zwar der Kontrolle des Vorgesetzten, dieser soll aber nur dann in den

3628108

Entscheidungsprozess eingreifen, wenn damit erkennbare Fehlentwicklungen verhindert werden. Diese als „Harzburger Modell" bekannt gewordene Führungsmethode lehnt den autoritären Führungsstil ab und plädiert eindeutig für eine kooperative Führung der Mitarbeiter.

Management by Exceptions
→ Führung nach dem Ausnahmeprinzip

Alle üblicherweise anfallenden Entscheidungen werden von den zuständigen Stelleninhabern selbstständig getroffen. Die übertragenen Arbeiten werden dabei eindeutig festgelegt, klare Richtlinien geben vor, was unter „normalen" Arbeiten zu verstehen ist. Die Vorgesetzten greifen nur dann ein, wenn über außergewöhnliche Maßnahmen entschieden werden muss. Diese Führungstechnik entlastet Vorgesetzte von Routinearbeiten.

4.4.8 Informelle Beziehungen im Unternehmen

Im Rahmen der Aufbauorganisation können formale Beziehungen zwischen den einzelnen Stellen von der Unternehmensleitung durch den Organisationsplan vorgegeben werden. Entscheidend für eine effektive Zusammenarbeit im Unternehmen sind aber auch die informellen Beziehungen, die zwischen den einzelnen Stelleninhabern bestehen und deren Verhältnis entscheidend mitbestimmen. Solche informellen Strukturen können entstehen durch:

- Verwandtschaftsverhältnisse unter Mitarbeitern,
- gemeinsame politische Aktivitäten außerhalb des Unternehmens,
- Zugehörigkeit zu Freizeiteinrichtungen (Kegel-, Skatclub, Wanderfreunde u. Ä.),
- Nachbarschaftsverhältnisse,
- gleiche Herkunft, Nationalität,
- Freundschaften oder
- bestehende Fahrgemeinschaften zur Arbeit.

Diese informellen Beziehungen bestehen neben den formalen Über- und Unterordnungsverhältnissen, wirken sich jedoch, unter Umständen nachhaltig, auf diese formalen Beziehungen aus. So ist es z. B. für einen Abteilungsleiter schwierig, einen verwandten Untergebenen bei dessen Fehlverhalten so zu tadeln, wie er das bei einem Fremden tun würde. Politische Freunde werden ihre Zusammenarbeit besser und für das Unternehmen effektiver gestalten, als das zwischen Mitarbeitern der Fall sein wird, die unterschiedlichen politischen Gruppierungen angehören.

In allen Unternehmen sind die Strukturen informeller Beziehungen ähnlich. Die einzelnen Mitarbeiter gehören dabei oft mehreren informellen Gruppen an, sodass die Beziehungsgeflechte für die Unternehmensleitung, wenn überhaupt, nur schwer nachvollziehbar sind. Solange in den verschiedenen Gruppen ein harmonisches Miteinander gepflegt wird, wirkt sich die Existenz dieser informellen Beziehungen in aller Regel positiv auf das Betriebsklima und die Leistung der einzelnen Mitarbeiter aus. Werden dagegen negative Impulse von diesen Gruppen ausgesandt, sei es durch persönliche Feindschaften, Konkurrenzsituationen oder andere außerbetriebliche Konflikte, wirken diese auch negativ auf das Betriebsklima und die Leistung.

Merke

1. Als Kompetenzbereich bezeichnen wir die Aufgaben, für die ein Stelleninhaber zuständig ist.
2. Weisungsbefugnis ist ein innerbetriebliches Recht zur Erteilung von verbindlichen Anweisungen an Mitarbeiter.
3. Mit der Erteilung von Handlungsvollmacht und Prokura können Mitarbeiter das Unternehmen nach außen rechtswirksam vertreten.
4. Die Handlungsvollmacht berechtigt zur Vornahme der gewöhnlichen Geschäfte des betreffenden Handelsgewerbes. Je nach Umfang der Vollmacht unterscheidet man: – Einzelvollmacht – Artvollmacht – Gesamtvollmacht.

(Fortsetzung folgende Seite)

5. Die Prokura berechtigt zur Vornahme aller gewöhnlichen und außergewöhnlichen Geschäfte eines Handelsgewerbes. Je nach Umfang der Vertretungsbefugnis unterscheidet man: – Einzelprokura – Gesamtprokura – Filialprokura.
6. Als Prinzipien der Unternehmensführung sind das Direktorial- und das Kollegialitätsprinzip denkbar.
7. Die Mitbestimmung der Arbeitnehmer findet auf der Ebene des Betriebs (BetrVG) und der Ebene der Unternehmensführung statt.
8. Das Betriebsverfassungsgesetz unterscheidet zwischen
   - echter Mitbestimmung,
   - Mitwirkung und
   - Information, Beratung.
9. Je nach Branche und Mitarbeiterzahl wird die Mitbestimmung auf Unternehmensebene geregelt nach:
   - dem Mitbestimmungsgesetz (1976),
   - der Montanmitbestimmung (1951),
   - dem Betriebsverfassungsgesetz (1972).
10. Als Führungsstil bezeichnen wir die Art und Weise, wie ein Vorgesetzter seine Mitarbeiter führt – von autoritär bis laissez-faire sind unterschiedliche Führungsstile in der Praxis vorzufinden.
11. Das Konzept zur Durchführung anfallender Aufgaben bezeichnen wir als Führungstechnik oder Management-System.

Projektthema

„Arbeitsgebiete und -schwerpunkte des Betriebsrats und der Jugend- und Auszubildendenvertretung"

Arbeitshinweise:
Lassen Sie sich von Mitgliedern des Betriebsrats und der Jugend- und Auszubildendenvertretung erläutern, mit welchen speziellen Aufgaben sie sich gerade beschäftigen und in den letzten Jahren beschäftigt haben. Erstellen Sie eine Übersicht, die Arbeit, Erfolge, Vereinbarungen usw. des Betriebsrates und der JAV der letzten zehn Jahre dokumentiert.

Aufgaben

1. Was versteht man unter Kompetenz, was unter Weisungsbefugnis?
2. Beschreiben Sie die verschiedenen Arten der Handlungsvollmacht.
3. Worin besteht der Unterschied zwischen Prokura und Gesamtvollmacht?
4. Beschreiben Sie die Prinzipien, nach denen Ihr Ausbildungsbetrieb geführt wird.
5. Was sind wesentliche betriebliche Mitbestimmungsrechte?
6. Unterscheiden Sie zwischen Mitbestimmung, Mitwirkung und Informationsrecht des Betriebsrats.
7. Stellen Sie in einer Tabelle die unterschiedlichen Mitbestimmungsmodelle auf Unternehmensebene zusammen.
8. Welche Führungsstile pflegen die Mitarbeiter in Ihrer Abteilung?
9. Welche informellen Beziehungen sind Ihnen von Ihrem Ausbildungsbetrieb bekannt?

3628110

5 Personalwirtschaft

Hält man sich einmal vor Augen, wie viele Stunden ein Arbeitnehmer täglich an seinem Arbeitsplatz verbringt, dann ist die Forderung verständlich, dass er sich dort wohlfühlen soll. Manch einer wird jetzt sagen, dass dies nicht erreicht werden kann, weil man sich angenehmere Dinge als ausgerechnet Arbeit vorstellen kann.

Die Verrichtung einer Tätigkeit ist zur Sicherung der persönlichen Existenz und zur wirtschaftlichen Leistungserstellung des Unternehmens unabdingbar. Nur so kann das Funktionieren einer Volkswirtschaft gewährleistet werden. Wenn man sich das klargemacht hat, erscheint die oben aufgestellte Forderung vernünftig.

5.1 Ziele und Aufgaben der Personalwirtschaft

Ein Arbeitsplatz, an dem man sich wohlfühlt, liegt sowohl im Interesse des Arbeitnehmers als auch im Interesse des Arbeitgebers, denn zufriedene Mitarbeiter erbringen auch gute Leistungen.

Die Abteilung, die sich um Personalangelegenheiten kümmert und dafür sorgt, dass die **Personalpolitik** der Unternehmensleitung verwirklicht wird, heißt **Personalabteilung.**

Zu den Hauptaufgaben der Personalabteilung gehört zweifellos auch, dafür zu sorgen, dass die Mitarbeiter zufrieden und motiviert sind. Dies kann z. B. durch ein gutes Betriebsklima, besondere Sozialleistungen, modern ausgestattete Büroräume und -einrichtungen und Fortbildungsangebote geschehen. Unter diesen Voraussetzungen können die Mitarbeiter/-innen in die Lage versetzt werden, selbstbewusst, in Zusammenarbeit mit anderen Mitarbeiter/-innen unter Einsatz ihrer fachlichen und sozialen Fähigkeiten an Problemlösungen zu arbeiten und an Entscheidungsprozessen mitzuwirken.

Die Arbeit der Personalabteilung wird durch zahlreiche Gesetze beeinflusst, die beachtet werden müssen.

Weiterhin gehören zu den Aufgaben der **Personalabteilung:**

- Personalbeschaffung,
- Personalfreisetzungen,
- Personalumsetzungen,
- Planung des Personaleinsatzes,
- Personalausbildung und Personalfortbildung,
- Personalverwaltung,
- Personalführung,
- Personalbetreuung.

Das Personalwesen hat dafür zu sorgen, dass der Personalbestand des Unternehmens gesichert ist und dass die Leistungsbereitschaft und Leistungsfähigkeit der Mitarbeiter aufrechterhalten wird.

Diese Aufgabe kann in der folgenden Formel zusammengefasst werden:

> „Zur rechten Zeit am rechten Ort die richtige Anzahl der richtig qualifizierten Mitarbeiter zur Verfügung stellen."

5.2 Rechtliche Rahmenbedingungen

5.2.1 Arbeitsvertrag

Zur Begründung eines Arbeitsverhältnisses bedarf es eines Arbeitsvertrags, der einen gegenseitigen schuldrechtlichen Vertrag zwischen Arbeitnehmer und Arbeitgeber darstellt. Arbeitgeber können dabei natürliche Personen (z. B. Einzelunternehmer) oder juristische Personen (z. B. Kapitalgesellschaften) sein. Arbeitnehmer sind abhängig Beschäftigte wie Arbeiter, Angestellte und Auszubildende.

Grundlage für die Begründung eines Arbeitsverhältnisses sind folgende Gesetzesquellen:

- BGB, insbesondere § 611 ff. (Dienstvertrag),
- HGB, § 59 ff. (Handlungsgehilfe),
- Gewerbeordnung, § 105 ff. (gewerbliche Arbeitnehmer),
- Berufsbildungsgesetz für Auszubildende (BBiG).

Ein Arbeitsvertrag entsteht durch übereinstimmende Willenserklärungen und ist an keine besondere Formvorschrift gebunden **(Vertragsfreiheit).**

Die Ausnahme bildet der Berufsausbildungsvertrag, der schriftlich abgefasst sein muss. (Minderjährige benötigen das Einverständnis ihres gesetzlichen Vertreters.)

Es müssen jedoch gültige Gesetze wie z. B. das Kündigungsschutzgesetz, Berufsbildungsgesetz,

Jugendarbeitsschutzgesetz, Mutterschutzgesetz sowie Tarifverträge beachtet werden.

Der Arbeitgeber ist zudem durch das **Nachweisgesetz**[1] verpflichtet, dem Arbeitnehmer spätestens einen Monat nach Beginn des Arbeitsverhältnisses eine Niederschrift über die wesentlichen Arbeitsbedingungen auszuhändigen, sofern diese nicht bereits im Arbeitsvertrag dokumentiert sind.

Inhalte des Arbeitsvertrags

- genaue Bezeichnung der Tätigkeit
- Beginn und – falls bekannt – Ende des Arbeitsverhältnisses
- Dauer der Probezeit
- Kündigungsfristen
- Hinweis auf Arbeitsordnung und bestehende Betriebsvereinbarungen
- Genehmigung von Nebentätigkeiten
- Höhe der Bruttobezüge (Tarifgehalt, betriebliche Zulagen, vermögenswirksame Leistungen, Provisionen, Urlaubsgeld usw.)
- Arbeitszeit
- Überstundenregelungen
- Jahresurlaub

Rechte und Pflichten

Ist ein Arbeitsvertrag abgeschlossen, ergeben sich für die Vertragspartner sowohl **Rechte** als auch **Pflichten.**

> Die Rechte des Arbeitnehmers sind zugleich die Pflichten des Arbeitgebers.

Recht auf Vergütung
Der Arbeitgeber muss dem Arbeitnehmer das im Arbeitsvertrag vereinbarte Entgelt pünktlich auszahlen. Die **Entgeltfortzahlungspflicht** besteht auch im Krankheitsfall (bis zu sechs Wochen) und bei vorübergehender Verhinderung des Arbeitnehmers (z. B. Behördengänge).

Recht auf Urlaub
Nach dem **Bundesurlaubsgesetz** besteht ein Urlaubsanspruch von mindestens 24 Werktagen. In vielen Tarifverträgen wird von dieser Mindestregelung abgewichen und mehr Urlaub gewährt.

So besteht für die Beschäftigten vieler Unternehmen ein Urlaubsanspruch von 30 Arbeitstagen.

Recht auf ein Arbeitszeugnis
Wird ein Beschäftigungsverhältnis aufgelöst, muss dem Arbeitnehmer beim Ausscheiden aus dem Unternehmen ein Zeugnis über Art und Dauer der Beschäftigung ausgestellt werden **(einfaches Zeugnis).**

Auf seinen Wunsch sind auch Angaben über Führung und Leistung mit einzubeziehen **(qualifiziertes Zeugnis).**

Recht auf Fürsorge
Der Arbeitnehmer hat Anspruch auf einen sicheren Arbeitsplatz, der ihn in seiner Gesundheit nicht gefährdet. Außerdem sollen Sitte und Anstand gewahrt werden. Der Arbeitgeber ist verpflichtet, die Sozialversicherungsbeiträge ordnungsgemäß abzuführen.

> Die Pflichten des Arbeitnehmers sind zugleich die Rechte des Arbeitgebers.

Arbeitspflicht
Alle Tätigkeiten, die der Arbeitnehmer gemäß des Arbeitsvertrages verrichten muss, sind von ihm persönlich durchzuführen.

Gehorsamspflicht
Der Arbeitnehmer hat Weisungen des Arbeitgebers, die im Zusammenhang mit dem Beschäftigungsverhältnis stehen, zu befolgen.

Verschwiegenheitspflicht, Schmiergeldverbot
Geschäftsgeheimnisse wie Höhe des Gewinns oder Umsatzes, Informationen über Kunden und Lieferanten oder Angaben über Gehälter der Mitarbeiter dürfen weder weitergegeben noch gegen Schmiergelder verraten werden.

Pflicht zur Einhaltung des Wettbewerbsverbotes
Der Arbeitnehmer darf ohne Einwilligung des Arbeitgebers kein Handelsgewerbe zusätzlich betreiben. Außerdem darf er nicht im Geschäftszweig des Arbeitgebers Geschäfte im eigenen oder fremden Namen betreiben. Eine

[1] *Gesetz über den Nachweis der für ein Arbeitsverhältnis geltenden wesentlichen Bedingungen (NachwG).*

Konkurrenzklausel im Arbeitsvertrag kann dem Arbeitnehmer verbieten, nach einer Kündigung mit seinem ehemaligen Arbeitgeber über einen bestimmten Zeitraum in Konkurrenz zu treten. Bei kaufmännischen Angestellten kann diese Frist zwei Jahre betragen.

Merke

1. Die Personalabteilung hat dafür zu sorgen, dass der Personalbestand eines Unternehmens sowohl quantitativ als auch qualitativ gesichert ist und dass die Leistungsbereitschaft und Leistungsfähigkeit der Mitarbeiter aufrechterhalten wird.
2. Durch den Arbeitsvertrag wird zwischen dem Arbeitgeber und dem Arbeitnehmer ein Arbeitsverhältnis begründet.
3. Berufsausbildungsverträge können bei Minderjährigen nur dann rechtsgültig abgeschlossen werden, wenn der gesetzliche Vertreter damit einverstanden ist.
4. Aufgrund eines abgeschlossenen Arbeitsvertrags ergeben sich für Arbeitgeber und Arbeitnehmer sowohl Rechte als auch Pflichten.

Aufgaben

1. Nennen Sie wichtige Vereinbarungen, die in einem Arbeitsvertrag enthalten sein sollten.
2. Erstellen Sie ein Schaubild, das die Rechte und Pflichten des Arbeitnehmers, die sich aus dem Arbeitsvertrag ergeben, gegenüberstellt.
3. Was versteht man unter einer Konkurrenzklausel?

5.2.2 Tarifvertrag

§

Art. 9 Abs. 1 Grundgesetz

„Alle Deutschen haben das Recht, Vereine und Gesellschaften zu bilden."

Art. 9 Abs. 3 Grundgesetz

„Das Recht, zur Wahrung und Förderung der Arbeits- und Wirtschaftsbedingungen Vereinigungen zu bilden, ist für jedermann und für alle Berufe gewährleistet. […]"

Artikel 9 des Grundgesetzes garantiert den Arbeitnehmern und Arbeitgebern, sich in Berufsverbänden zu organisieren **(Koalitionsfreiheit).**

Die Interessenvertretungen der Arbeitnehmer sind die Gewerkschaften. Der Deutsche Gewerkschaftsbund (DGB) als Dachverband umschließt acht Einzelgewerkschaften.

Neben dem DGB existiert noch der Deutsche Bundeswehr-Verband, der Deutsche Beamtenbund (DBB) und der Christliche Gewerkschaftsbund Deutschlands (CGB).

Die Arbeitgeber können sich in Arbeitgeberverbänden zusammenschließen.

Zu den Arbeitgeberverbänden zählen der Bundesverband der Deutschen Industrie (BDI), die Bundesvereinigung der Deutschen Arbeitgeberverbände (BDA) und der Zentralverband des Deutschen Handwerks (ZDH).

Gewerkschaften und Arbeitgeberverbände bilden die **Tarifvertragsparteien.**

§ 2 Abs. 1 des Tarifvertragsgesetzes ermächtigt die Tarifvertragsparteien und in Ausnahmefällen einzelne Betriebe zum Aushandeln von **Tarifverträgen.**

In den Tarifverträgen werden die Arbeitsbedingungen (Löhne, Gehälter, Urlaubsdauer u. a.) für ganze Berufsgruppen, z. B. Bau-, Metallindustrie oder öffentlicher Dienst, festgelegt.

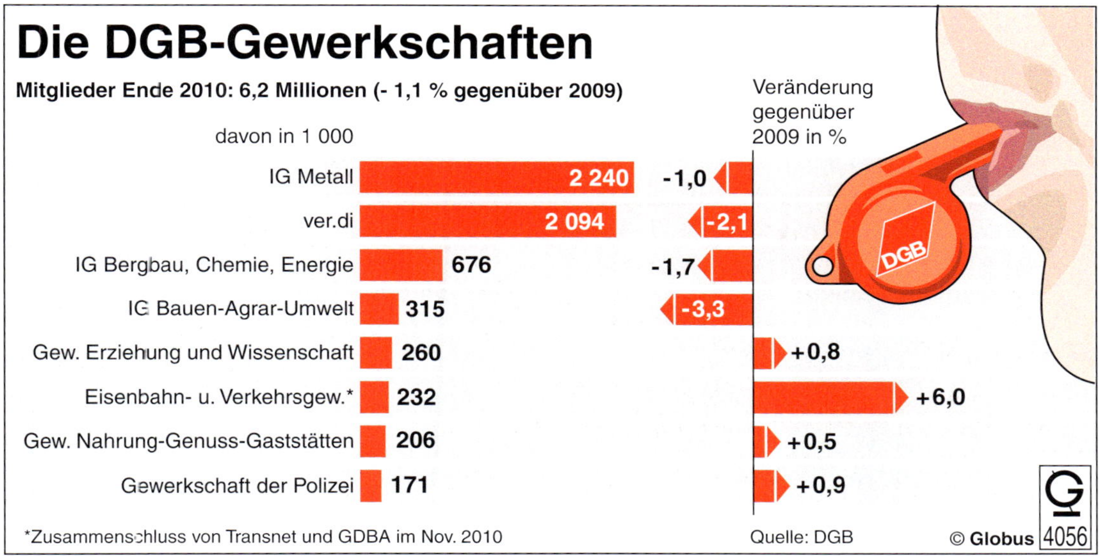

Der Mitgliederschwund in den acht Einzelgewerkschaften des Deutschen Gewerkschaftsbundes (DGB) hat sich 2010 weiter verlangsamt. Ende des Jahres hatten die Gewerkschaften zusammen noch 6 193 252 Mitglieder, knapp 72 000 oder gut ein Prozent weniger als ein Jahr zuvor. Stärkste Einzelgewerkschaft ist die IG Metall mit 2,24 Millionen Organisierten vor der Dienstleistungsgewerkschaft ver.di mit 2,09 Millionen Mitgliedern. Mit weitem Abstand folgt die IG Bergbau, Chemie, Energie mit rund 676 000 Mitgliedern. Im kleinsten DGB-Verband, der Gewerkschaft der Polizei, sind 171 000 Beschäftigte organisiert. Der Mitgliederzuwachs von sechs Prozent bei der Eisenbahn- und Verkehrsgewerkschaft resultiert aus dem Zusammenschluss der DGB-Gewerkschaft Transnet und der Verkehrsgewerkschaft GDBA, die vorher Mitglied im Deutschen Beamtenbund war. Der Zusammenschluss erfolgte zum 30. November 2010.

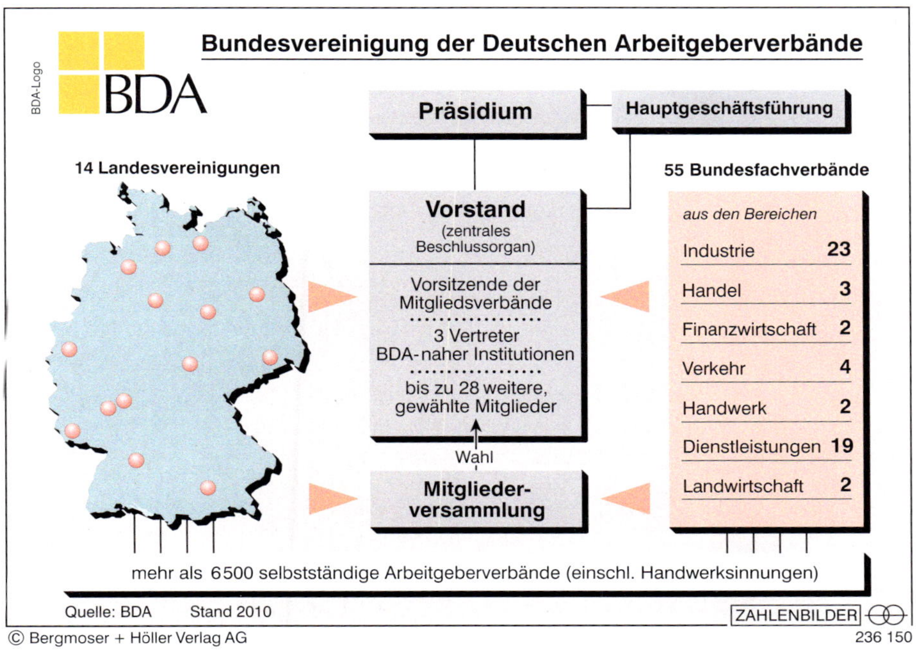

Wer über Tarifverträge spricht, muss einige Grundbegriffe kennen:

Tarifautonomie
Tarifautonomie bedeutet, dass Tarifverträge ohne staatliche Eingriffe von den Tarifpartnern ausgehandelt werden. Selbst wenn Tarifabschlüsse angestrebt werden, die nicht in das wirtschaftspolitische Konzept der Bundesregierung passen, muss dies akzeptiert werden.

Allgemeinverbindlichkeitserklärung
Grundsätzlich regeln Tarifverträge nur die Arbeitsverhältnisse der gewerkschaftlich organisierten Arbeitnehmer. Wenn jedoch die tarifgebundenen, organisierten Arbeitgeber mehr als 50 % der unter den Geltungsbereich des Tarifvertrags fallenden Arbeitnehmer beschäftigen, kann der Bundesminister für Arbeit den Tarifvertrag für allgemein verbindlich erklären.

Die Allgemeinverbindlichkeitserklärung bewirkt, dass der Tarifvertrag auch für die Arbeitnehmer und Arbeitgeber gültig wird, die nicht in den Tarifvertragsparteien organisiert sind. So können innerhalb einer Branche unterschiedliche Löhne, Gehälter und Arbeitsbedingungen ausgeschlossen werden und die nichtorganisierten Arbeitnehmer erhalten die gleichen Rechte wie die gewerkschaftlich organisierten Arbeitnehmer.

Günstigkeitsprinzip
Die Vereinbarungen des Tarifvertrags sind Mindestanforderungen, die im Einzelfall nicht unterschritten werden dürfen. Das Bestehen günstigerer Bedingungen ist unbeschränkt zulässig. Ist im Tarifvertrag z. B. ein Stundenlohn von 11,00 € vereinbart, darf der Arbeitgeber sehr wohl 12,00 €, nicht aber 10,00 € zahlen.

Durchführungspflicht
Beide Tarifvertragsparteien sind verpflichtet, für die Durchführung und Einhaltung der im Tarifvertrag vereinbarten Arbeitsbedingungen zu sorgen.

Friedenspflicht
Beide Tarifvertragsparteien sind im Rahmen der Friedenspflicht dazu aufgefordert, während der Laufzeit des Tarifvertrags von Arbeitskampfmaßnahmen wie Streik und Aussperrung abzusehen. Die Laufzeit ist die Gültigkeitsdauer der jeweiligen Vereinbarungen.

Tarifvertragsarten
Hinsichtlich des Inhaltes und der Laufzeit lassen sich der **Lohn- oder Gehaltstarifvertrag** und der **Rahmen- oder Manteltarifvertrag** unterscheiden.

Der Lohn- oder Gehaltstarifvertrag wird i. d. R. durch folgende Kriterien gekennzeichnet:	Der Rahmen- oder Manteltarifvertrag wird i. d. R. durch folgende Kriterien gekennzeichnet:
• hat eine Laufzeit von ein bis zwei Jahren. • enthält Bestimmungen, die häufig verändert bzw. an die wirtschaftliche und gesellschaftliche Situation angepasst werden müssen. • regelt insbesondere das Arbeitsentgelt mit genauen Angaben über Leistungs- und Zeitlohn sowie Ausbildungsvergütungen. • differenziert die Lohnsätze und Gehälter in Abhängigkeit von Ausbildung, Art der Tätigkeit, Lebensjahren der Arbeitnehmer.	• hat eine Laufzeit von vier bis sechs Jahren. • enthält Bestimmungen über die allgemeinen Arbeitsbedingungen, die voraussichtlich einen längeren Zeitraum gültig sind, wie z. B.: – Kündigungsfristen für Arbeitnehmer und Arbeitgeber, – Arbeitszeitregelungen, – Urlaub und Urlaubsgeld, – Zuschläge bei Mehr-, Nacht- und Feiertagsarbeit, – vermögenswirksame Leistungen, – Geltungsbereich und Geltungsdauer sowie Kündigungsfristen des Tarifvertrags.

Flexibilisierung – Öffnungen – Optionen

Moderne Chemie-Flächentarife

Die Tarifparteien der westdeutschen chemischen Industrie haben in den letzten Jahren eine Reihe von Flexibilisierungen, Öffnungen und Optionen in den Chemie-Flächentarifverträgen verankert. Mit diesen Tarifreformen waren sie mehrfach Vorreiter. Inzwischen verfügen die Chemie-Unternehmen im Bedarfsfall tariflich über beträchtliche Kosten- und Arbeitszeitspielräume.

Die Chemie-Flexibilisierungen lassen sich im Wesentlichen in die zwei Bereiche Arbeitszeit und Tarifentgelt einteilen. Markante Beispiele sind der sogenannte Arbeitszeitkorridor und der Entgeltkorridor. Nachfolgend ein Überblick über die Tarifmodernisierung:

Bereich Arbeitszeit

Arbeitszeitkorridor

Die tarifliche Regelarbeitszeit in der chemischen Industrie bertägt 37,5 Wochenstunden. Durch Vereinbarung auf betrieblicher Ebene kann für einzelne Betriebsteile oder größere Arbeitsgruppen eine längere oder kürzere Wochenarbeitszeit festgelegt werden. Hierfür steht ein Korridor zwischen 35 und 40 Wochenstunden zur Verfügung. Bezahlt werden die tatsächlich geleisteten Arbeitsstunden

Verteilzeiträume

Die festgelegte Wochenarbeitszeit muss nicht in jeder einzelnen Woche, sondern kann im Rahmen eines „Verteilzeitraums" von bis zu zwölf Monaten durchschnittlich erreicht werden.

Wochenendarbeit

Auf Grundlage der Tarifvereinbarungen in der chemischen Industrie ist auch Samstagsarbeit möglich. In Schichtbetrieben kann darüber hinaus auch an Sonntagen gearbeitet werden.

Ausgleich von Mehrarbeit durch Freizeit

Mehrarbeit – also Arbeitsstunden, die über die vereinbarte Wochenarbeitszeit hinausgehen und nicht im Rahmen eines Verteilzeitraumes (s. o.) ausgeglichen werden – wird gemäß Chemietarifvertrag nicht mehr bezahlt, sondern durch Freizeit ausgeglichen.

Altersteilzeit

Die Altersteilzeitregelung in der chemischen Industrie ermöglicht es Arbeitnehmern, ab dem 55. Lebensjahr ihre Arbeitszeit unter bestimmten Voraussetzungen für bis zu sechs Jahre um die Hälfte zu reduzieren. Im sogenannten „Blockmodell" können die Altersteilzeit-Arbeitnehmer ihre Arbeit in der ersten Hälfte des Altersteilzeit-Arbeitsverhältnisses leisten. Sie arbeiten dann beispielsweise 2 1/2 Jahre ab dem 55. Lebensjahr voll, um mit 57 1/2 für weitere 2 1/2 Jahre freigestellt zu werden.

Über den gesamten Zeitraum erhalten sie gleich bleibende Bezüge in Höhe von mindestens 85 % ihres Vollzeit-Nettoeinkommens. Sie gehen anschließend in Rente. Unter bestimmten Voraussetzungen kann duch betriebliche Regelungen die Altersteilzeit auf bis zu zehn Jahre ausgedehnt werden.

Bereich Tarifentgelt

Entgeltkorridor

Auf betrieblicher Ebene kann mit Zustimmung der Tarifvertragsparteien vereinbart werden, dass die in den Flächentarifverträgen für die chemische Industrie festgelegten Tarifentgelte für alle Beschäftigten eines Betriebes bis zu 10 % abgesenkt werden, wenn dies aus Gründen der Wettbewerbsfähigkeit oder zum Erhalt des Standortes und/ oder von Arbeitsplätzen erforderlich ist.

Abgesenkte Einstiegstarife

Für neu eingestellte Arbeitnehmer gelten in der chemischen Industrie sogenannte „Einstiegstarife" So erhalten unbefristet eingestellte Arbeitnehmer und übernommene Ausgebildete im ersten Beschäftigungsjahr Bezüge in Höhe von 95 % der sonst geltenden Tarifentgelte. Für neu eingestellte Langzeitarbeitslose gilt im ersten Jahr ein Satz von 90 %.

Erfolgsabhängige Jahresleistung

Die tarifliche Jahresleistung in der chemischen Industrie (13. tarifliches Monatsentgelt) kann bei tiefgreifenden wirtschaftlichen Schwierigkeiten mit Zustimmung des Betriebrates gekürzt, gestrichen oder auf einen späteren Zeitpunkt verschoben werden. Hierzu ist die Zustimmung der Tarifvertagsparteien erforderlich.

Tarifliche Altersvorsorge

Im Rahmen des Abschlusses für die westdeutsche Chemie-Industrie wurde 1998 erstmals in einem deutschen Flächentarif eine „tarifliche Altersvorsorge" vereinbart. Im September 2001 wurden die Regelungen erweitert und weiter flexibilisiert.

Bei dem Chemie-Modell kann der Arbeitnehmer seine vermögenswirksamen Leistungen, sein zusätzliches Urlaubsgeld und die Jahresleistung für den Aufbau einer zusätzlichen Altersvorsorge umwandeln. Für die Unternehmen ist das Modell mit geringem Verwaltungsaufwand verbunden. Durch die zurzeit geltenden steuer- und sozialversicherungsrechtlichen Regelungen ist es weitgehend kostenneutral.

Als zusätzlicher Durchführungsweg wurde nach dem Tarifabschluss 2001 von BAVC und IG BCE mit der Hypo-Vereinsbank der Chemie Pensionsfonds gegründet. Im Frühjahr 2002 wurde er als erster deutscher Fonds dieser Art von den Aufsichtsbehörden genehmigt.

Quelle: BAVC (Bundesarbeitgeberverband Chemie e. V., 2003)

Neben den tarifvertraglichen Bestimmungen haben Arbeitgeber und Betriebsrat die Möglichkeit, **Betriebsvereinbarungen** auszuhandeln.

Betriebsvereinbarungen können z. B. folgende Fragen regeln:

- Beginn und Ende der Arbeitszeit,
- Errichtung von Sozialeinrichtungen,
- Förderung der Vermögensbildung der Mitarbeiter,
- Verhütung von Arbeitsunfällen.

Betriebsvereinbarungen sind Verträge zwischen Arbeitgeber und Betriebsrat, die tarifvertragliche Regelungen ergänzen.

Gesamtbetriebsvereinbarung

zwischen der
Geschäftsführung
und dem
Gesamtbetriebsrat
zur Vertretungsregelung

1. Voraussetzung für die Zahlung einer höheren Entgeltgruppe

Eine Vertretung im Sinne des § 3 Abs. 5 ETV liegt vor, wenn eine vorübergehende Vertretungstätigkeit

- durch den Vorgesetzten ausdrücklich angeordnet wurde,
- vollwertig ausgeführt wird und
- unter Aufgabe der eigenen Tätigkeit einer höheren Entgeltgruppe entspricht.

2. Beginn der Zahlung der höheren Entgeltgruppe

Wird die Vertretungstätigkeit ausgeübt von einem Mitarbeiter in der

- Entgeltgruppe 1 bis 6,
  so erhält er bei mindestens einer vollen Schicht die höhere Entgeltgruppe,
- Entgeltgruppe 7 bis 12,
  so hat er rückwirkend Anspruch auf die nächsthöhere Entgeltgruppe, wenn die Vertretung zusammenhängend länger als vier Wochen dauert. Werden Mitarbeiter der Entgeltgruppen 9 – 12 vertreten, so ist das Gruppenjahr der höheren Entgeltgruppe zugrunde zu legen, dessen Entgeltsatz am nächsten über seinem bisherigen tariflichen Entgeltsatz liegt. Eine etwaige Ausgleichszulage wird hierbei angerechnet.

3. Vertretung von Mitarbeitern mit Funktionszulage

Ist ein stellvertretender Schichtführer, Schichtführer oder Vorarbeiter zu vertreten, so erhält der Vertreter unter den Voraussetzungen von 1. zusätzlich zu 2. die entsprechende Funktionszulage bei mindestens einer vollen Schicht. Abweichend hiervon hat ein stellvertretender Schichtführer keinen Anspruch auf die Schichtführerzulage, da er für diese Tätigkeit bestellt wurde, es sei denn, der Schichtführer wäre über einen längeren Zeitraum (über sechs Wochen) krank.

Darmstadt, 27. Febr. 20..

Tarifverhandlungen

Tarifverhandlungen werden mit der fristgerechten Kündigung des noch laufenden Tarifvertrages eingeleitet. Die Kündigung kann durch jede der Tarifvertragsparteien erfolgen. In der Vergangenheit wurde sie jedoch fast immer von Gewerkschaftsseite vorgenommen, was auch naheliegend ist, da die Gewerkschaften für ihre Mitglieder höhere Tariflöhne und -gehälter und noch bessere Arbeitsbedingungen durchsetzen wollen.

Nachdem der Tarifvertrag gekündigt ist, entsenden die Tarifvertragsparteien Mitglieder in die Tarifkommissionen, die sich zu Tarifverhandlungen treffen.

Die Gewerkschaften fordern unter Berücksichtigung allgemeiner wirtschaftlicher Daten, wie etwa der Preissteigerungsrate, der Wirtschaftswachstumsrate oder den Unternehmensgewinnen der letzten Jahre, eine konkrete Lohn- und Gehaltserhöhung von z. B. 2,5 %.

Die Arbeitgeber werden den Gewerkschaften ein Angebot unterbreiten, das in aller Regel weit unter deren Forderungen liegt, und dies mit gestiegenen Kosten, dem starken Konkurrenzdruck aus dem In- und Ausland, mit einer sich nur langsam erholenden Konjunktur oder hohen Investitionen begründen.

So kann das Angebot der Arbeitgeber z. B. bei 1 % liegen.

Ob sich die Tarifvertragsparteien einigen können, hängt nicht zuletzt von der Kompromissbereitschaft beider Seiten ab. Ein zufriedenstellendes Ergebnis kann oftmals erst nach zähen Verhandlungen, die von **Streiks** und **Aussperrungen** begleitet sein können, erreicht werden.

> Unter einem **Streik** ist die gemeinschaftliche Arbeitsniederlegung einer Arbeitnehmergruppe zu verstehen, um deren Forderung nach besseren Arbeitsbedingungen zu unterstreichen.

Folgende Streikarten können unterschieden werden:

Warnstreik
Kurze, stundenweise Arbeitsniederlegung, um während Tarifverhandlungen die Streikbereitschaft der Gewerkschaft zu demonstrieren.

Wilder Streik
Streik, der von der Gewerkschaft missbilligt wird und dem auch keine **Urabstimmung** vorausgeht.

Organisierter Streik
Allgemeiner Streik, der von der Gewerkschaft nach Ablauf der Friedenspflicht und nach erfolgreicher **Urabstimmung** organisiert wird. Eine Urabstimmung ist die Abstimmung aller gewerkschaftlich organisierten Arbeitnehmer, ob sie für oder gegen einen Streik sind.

Schwerpunktstreik
Organisierter Streik, der z. B. auf wichtige Zulieferbetriebe beschränkt wird, um so auch Betriebe lahmzulegen, die auf die Zulieferbetriebe angewiesen sind.

Bummelstreik
Die Arbeit wird nur langsam und schleppend verrichtet („Dienst nach Vorschrift"). Mit dem Bummelstreik können beispielsweise Fluglotsen oder Zöllner ihren Forderungen Nachdruck verleihen.

Neben den für die Betriebswirtschaft bedeutsamen Streiks gibt es noch weitere Streikarten:

- Sympathiestreik: Form des wilden Streiks, um sich mit den Forderungen der Gewerkschaft einer anderen Branche solidarisch zu erklären.
- Hungerstreik: Streik einzelner oder mehrerer Personen, um auf sich aufmerksam zu machen (z. B. Gefangene, die für humanere Haftbedingungen „streiken").
- Sitzstreik: Form des Protestes bei Demonstrationen, um Straßen, Zufahrten usw. zu blockieren.

> **Aussperrung** liegt vor, wenn ein Arbeitgeber seine Arbeiter nicht arbeiten lässt und die Lohnzahlung verweigert.

Die Aussperrung wird meist als Antwort des Arbeitgebers auf einen Streik der Gewerkschaft eingesetzt, um z. B. einen Schwerpunktstreik zu bekämpfen.

Nach Beendigung eines Arbeitskampfes sichert regelmäßig eine **Wiedereinstellungsklausel** im neuen Tarifvertrag die Fortsetzung der Arbeitsverhältnisse.

Für den Zeitraum des Streiks und/oder der Aussperrung gilt, dass das Arbeitsverhältnis lediglich unterbrochen ist. Nach Beendigung des Arbeitskampfes leben alle Rechte und Pflichten aus dem Arbeitsverhältnis wieder auf, ohne dass es erneuter Abmachungen bedarf. Arbeitskämpfe können also von der Arbeitgeberseite nicht dazu benutzt werden, Arbeitnehmer zu entlassen.

Zeitlicher Ablauf eines Arbeitskampfes

1. Kündigung des Tarifvertrags durch eine Tarifvertragspartei.

↓

2. Verhandlungen, in denen die Tarifvertragsparteien ihre Forderungen und Angebote unterbreiten. Kommt es hier bereits zu einer Einigung, kann der neue Tarifvertrag abgeschlossen werden.

↓

3. Werden die Verhandlungen als gescheitert erklärt, wird ein Schlichtungsversuch unternommen, um eine Einigung herbeizuführen. Zu Schlichtern werden neutrale Personen ernannt, die das Vertrauen beider Verhandlungsparteien genießen. Diese Aufgabe wird oft von ehemaligen Politikern wahrgenommen. Ist der Schlichtungsversuch erfolgreich, kann der neue Tarifvertrag abgeschlossen werden.

↓

4. Erzielt der Schlichter keine Einigung, werden die Tarifverhandlungen für gescheitert erklärt. Jetzt erlischt die Friedenspflicht der Tarifvertragsparteien und es können Arbeitskampfmaßnahmen ergriffen werden.

↓

5. Will die Gewerkschaft zu einem Streik aufrufen, muss sie zunächst eine Urabstimmung durchführen. Dabei werden alle gewerkschaftlich organisierten Arbeitnehmer befragt, ob sie für oder gegen einen Streik sind. Stimmen 75 % dafür, wird gestreikt. Werden die 75 % nicht erreicht, wird die Gewerkschaft – deutlich geschwächt – den Arbeitgebern eine neue Verhandlungsrunde anbieten.

↓

6. Während des Arbeitskampfes werden die Verhandlungen zu einem neuen Tarifvertrag wieder aufgenommen. Dies liegt im Interesse der Gewerkschaften, die an ihre streikenden Mitglieder Streikgelder zahlen müssen, aber auch im Interesse der Arbeitgeber, die Produktionsausfälle und somit Umsatzeinbußen zu verzeichnen haben.

↓

7. Der Arbeitskampf wird beendet, wenn sich die Tarifvertragsparteien auf einen Kompromiss geeinigt haben. Dabei können beide Seiten erneut auf die Hilfe eines Schlichters zurückgreifen.

↓

8. Abschluss eines neuen Tarifvertrags.

↓

9. Dem Verhandlungsergebnis müssen die gewerkschaftlich organisierten Arbeitnehmer in einer erneuten Urabstimmung zustimmen. Damit die Arbeit wieder aufgenommen werden kann, bedarf es nun lediglich einer Mehrheit von 25 %.

↓

10. Ende der Tarifverhandlungen.

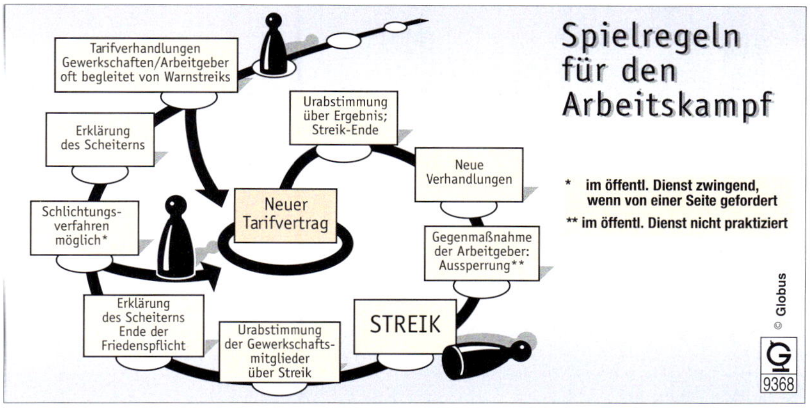

Ausgewählte Lohn- und Gehaltsabschlüsse West und Ost für 2010/2011

Abschluss	Tarifbereich	Ergebnis
03/2011	**Metallindustrie/ Textile Dienst-leistungen** West und Ost	Tariferhöhung ab 06/11 um 2,7 % und ab 06/12 um weitere 2,3 %; Übertrag der sich im Westen ergebenden höheren Beträge der Lohn- u. Gehaltsgruppen auf Tarifeinkommen im Osten; Erhöhung der Ausbildungsvergütung in allen Stufen um 22,00 € (West)/25,00 € (Ost) (06/11-05/12), ab 06/12 nochmals um 20,00 €/25,00 €; Erhöhung zusätzliches Urlaubsgeld ab 2012 um 5 %, in Ostbetrieben um 30,00 €, Jahressonderzahlung für Ostbetriebe steigt 2012 auf 405,00 € …
03/2011	**öffentlicher Dienst und Länder** West und Ost	Einmalzahlung für 2011 von 360,00 € (Auszubildende 120,00 €), Tariferhöhung um 2,3 % (04/11-12/11) und um 2,55 % für 2012 (Auszubildende 6,00 €); eine neue Regelung zur Eingruppierung der Beschäftigten im öffentl. Dienst der Länder ab 01/12 und zum 31.12.2014 erstmals kündbar …
04/2010	**Glasindustrie** Ost	Tariferhöhung um 2 % (12/10–08/11) und 1 % (09/11–02/12), Einmalzahlung von 280,00 € statt Tarifanhebung für 03/10–11/10, ATZ-TV bis 2014 verlängert (mit doppelter Freiwilligkeit)
03/2011	**Chemische Industrie** West und Ost	Die regionalen Tarifverträge werden wieder in Kraft gesetzt, d.h., die Laufzeiten der Chemie-Verträge beginnen 2011 regional unterschiedlich: In den Tarifbezirken Nordrhein, Rheinland-Pfalz und Hessen rückwirkend zum 1. März, in Westfalen, Bayern, Baden-Württemberg, Niedersachsen/Bremen, Schleswig-Holstein/Hamburg und Berlin zum 1. April und im Saarland und in Nordost zum 1. Mai; die Entgelte steigen um 4,1 Prozent für 14 Monate; die Ausbildungsvergütungen werden einheitlich um 35 Euro angehoben; das Förderprogramm „Start in den Beruf" wird fortgeführt und erweitert …
03/2011	**Zuckerindustrie** West und Ost	Erhöhung des Entgeltniveaus um 3 % ab 04/11, Laufzeit 12 Monate …

Quelle: nach BDA, Bundesvereinigung der Deutschen Arbeitgeberverbände – Tarifabteilung

Merke

1. Arbeitnehmer und Arbeitgeber können sich in Berufsverbänden zusammenschließen, um ihre Interessen vertreten zu lassen.
2. Tarifverträge regeln die für Arbeitsverhältnisse relevanten Rahmenbedingungen.
3. Betriebsvereinbarungen können zwischen der Unternehmensführung und dem Betriebsrat eines Unternehmens abgeschlossen werden und haben die Aufgabe, tarifvertragliche Bestimmungen umzusetzen oder zu ergänzen.
4. Tarifverhandlungen sind nötig, wenn die fristgerechte Kündigung eines Tarifvertrags durch eine der beiden Tarifvertragsparteien erfolgt ist.
5. In der Tarifkommission versuchen die Vertreter der Tarifvertragsparteien, einen neuen Tarifvertrag auszuhandeln.
6. Können sich die Tarifvertragsparteien auf keinen neuen Tarifvertrag einigen, können die Gewerkschaften zu Streiks aufrufen. Die Arbeitgeber können darauf mit Aussperrungen reagieren.

Aufgaben

1. Nennen Sie Gründe, die zu den Mitgliederverlusten bei den Gewerkschaften geführt haben.
2. Erklären Sie die folgenden Begriffe:
   - Koalitionsfreiheit,
   - Tarifautonomie,
   - Allgemeinverbindlichkeitserklärung,
   - Günstigkeitsprinzip,
   - Durchführungspflicht,
   - Friedenspflicht.
3. Wodurch unterscheiden sich Lohn- oder Gehaltstarifvertrag und Rahmen- oder Manteltarifvertrag?
4. Welches Ziel haben Tarifverhandlungen?
5. Diskutieren Sie in der Klasse die von den Tarifpartnern der chemischen Industrie vorgenommenen Tarifreformen. Sehen Sie weitere Möglichkeiten, das System der Tarifverträge zu reformieren?
6. Was ist unter Aussperrung zu verstehen?
7. Ein Streik ist das letzte Mittel der Gewerkschaften, um ihre Forderungen durchzusetzen.
   a) Was versteht man unter einem Streik?
   b) Welche negativen Auswirkungen können Streiks haben?
8. Welche Voraussetzungen sind nötig
   a) für die Ausrufung eines Streiks?
   b) für die Beendigung eines Streiks?
9. Nennen und erläutern Sie Betriebsvereinbarungen, die zwischen der Geschäftsleitung und dem Betriebsrat Ihres Ausbildungsbetriebs abgeschlossen wurden.

5.2.3 Schutzrechte der Arbeitnehmer

Die Beziehungen zwischen den Arbeitgebern und den Arbeitnehmern werden neben den arbeits- und tarifvertraglichen Regelungen durch zahlreiche Gesetze bestimmt. Die abhängig beschäftigten Arbeitnehmer sollen nicht der Willkür einzelner Arbeitgeber ausgesetzt sein, sondern ihre Rechte auch einfordern können.

Folgenden Rechtsquellen kommt dabei eine zentrale Bedeutung zu:

- Kündigungsschutzgesetz (KSchG),
- Arbeitszeitgesetz (ArbZG),
- Jugendarbeitsschutzgesetz (JArbSchG),
- Mutterschutzgesetz (MuSchG),
- Bundeselterngeld- und Elternzeitgesetz (BEEG),
- Schwerbehindertengesetz (SchwbG).

5.2.3.1 Kündigungsschutz

Eine Kündigung ist eine einseitige, empfangsbedürftige Willenserklärung, die keiner besonderen Form bedarf. Die Kündigung muss schriftlich abgefasst und der gekündigten Person persönlich übergeben werden. Eine Zustellung per Einschreiben mit Rückschein ist ratsam.

Eine Kündigung kann fristlos (außerordentliche Kündigung) oder fristgerecht (ordentliche Kündigung) erfolgen.

Vom Kündigungsschutz sind Arbeitnehmer in Betrieben ausgenommen, die nicht mehr als zehn Arbeitnehmer beschäftigen. Die Mindestkündigungsfrist in Kleinbetrieben beträgt vier Wochen.

§

Kündigungsschutzgesetz (KSchG) (Auszüge)

§ 1 Sozial ungerechtfertigte Kündigungen.

(1) Die Kündigung des Arbeitsverhältnisses gegenüber einem Arbeitnehmer, dessen Arbeitsverhältnis in demselben Betrieb oder Unternehmen ohne Unterbrechung länger als sechs Monate bestanden hat, ist rechtsunwirksam, wenn sie sozial ungerechtfertigt ist.

(2) Sozial ungerechtfertigt ist die Kündigung, wenn sie nicht durch Gründe, die in der Person oder in dem Verhalten des Arbeitnehmers liegen, oder durch dringende betriebliche Erfordernisse, die einer Weiterbeschäftigung des Arbeitnehmers in diesem Betrieb entgegenstehen, bedingt ist. [...]

§ 2 Änderungskündigung.

Kündigt der Arbeitgeber das Arbeitsverhältnis und bietet er dem Arbeitnehmer im Zusammenhang mit der Kündigung die Fortsetzung des Arbeitsverhältnisses zu geänderten Arbeitsbedingungen an, so kann der Arbeitnehmer dieses Angebot unter dem Vorbehalt annehmen, dass die Änderung der Arbeitsbedingungen nicht sozial ungerechtfertigt ist. [...]

§ 3 Kündigungseinspruch.

Hält der Arbeitnehmer eine Kündigung für sozial ungerechtfertigt, so kann er binnen einer Woche nach der Kündigung Einspruch beim Betriebsrat einlegen. Erachtet der Betriebsrat den Einspruch für begründet, so hat er zu versuchen, eine Verständigung mit dem Arbeitgeber herbeizuführen. Er hat seine Stellungnahme zu dem Einspruch dem Arbeitnehmer und dem Arbeitgeber auf Verlangen schriftlich mitzuteilen.

§ 4 Anrufung des Arbeitsgerichts.

Will ein Arbeitnehmer geltend machen, dass eine Kündigung sozial ungerechtfertigt oder aus anderen Gründen rechtsunwirksam ist, so muss er innerhalb von drei Wochen nach Zugang der schriftlichen Kündigung Klage beim Arbeitsgericht auf Feststellung erheben, dass das Arbeitsverhältnis durch die Kündigung nicht aufgelöst ist. [...]

§ 15 Unzulässigkeit der Kündigung.

(1) Die Kündigung eines Mitglieds eines Betriebsrats, einer Jugend- und Auszubildendenvertretung, einer Bordvertretung oder eines Seebetriebsrats ist unzulässig, es sei denn, dass Tatsachen vorliegen, die den Arbeitgeber zur Kündigung aus wichtigem Grund ohne Einhaltung einer Kündigungsfrist berechtigen. [...]

Betriebsverfassungsgesetz (Auszüge)

§ 102 Mitbestimmung bei Kündigungen.

(1) Der Betriebsrat ist vor jeder Kündigung zu hören. Der Arbeitgeber hat ihm die Gründe für die Kündigung mitzuteilen. Eine ohne Anhörung des Betriebsrats ausgesprochene Kündigung ist unwirksam.

(2) Hat der Betriebsrat gegen eine ordentliche Kündigung Bedenken, so hat er diese unter Angabe der Gründe dem Arbeitgeber spätestens innerhalb einer Woche schriftlich mitzuteilen. Äußert er sich innerhalb dieser Frist nicht, gilt seine Zustimmung zur Kündigung als erteilt. Hat der Betriebsrat gegen eine außerordentliche Kündigung Bedenken, so hat er diese unter Angabe der Gründe dem Arbeitgeber unverzüglich, spätestens jedoch innerhalb von drei Tagen, schriftlich mitzuteilen. [...]

(3) Der Betriebsrat kann innerhalb der Frist des Absatzes 2 Satz 1 der ordentlichen Kündigung widersprechen, wenn

1. der Arbeitgeber bei der Auswahl des zu kündigenden Arbeitnehmers soziale Gesichtspunkte nicht oder nicht ausreichend berücksichtigt hat,

(Fortsetzung folgende Seite)

2. die Kündigung gegen eine Richtlinie nach § 95 verstößt,
3. der zu kündigende Arbeitnehmer an einem anderen Arbeitsplatz im selben Betrieb oder in einem anderen Betrieb des Unternehmens weiterbeschäftigt werden kann,
4. die Weiterbeschäftigung des Arbeitnehmers nach zumutbaren Umschulungs- oder Fortbildungsmaßnahmen möglich ist oder
5. eine Weiterbeschäftigung des Arbeitnehmers unter geänderten Vertragsbedingungen möglich ist und der Arbeitnehmer sein Einverständnis hiermit erklärt hat.

(4) Kündigt der Arbeitgeber, obwohl der Betriebsrat nach Absatz 3 der Kündigung widersprochen hat, so hat er dem Arbeitnehmer mit der Kündigung eine Abschrift der Stellungnahme des Betriebsrats zuzuleiten.

(5) Hat der Betriebsrat einer ordentlichen Kündigung frist- und ordnungsgemäß widersprochen und hat der Arbeitnehmer nach dem Kündigungsschutzgesetz Klage auf Feststellung erhoben, dass das Arbeitsverhältnis durch die Kündigung nicht aufgelöst ist, so muss der Arbeitgeber auf Verlangen des Arbeitsnehmers diesen nach Ablauf der Kündigungsfrist bis zum rechtskräftigen Abschluss des Rechtsstreits bei unveränderten Arbeitsbedingungen weiterbeschäftigen. […]

§ 103 Außerordentliche Kündigung und Versetzung in besonderen Fällen.

(1) Die außerordentliche Kündigung von Mitgliedern des Betriebsrats, der Jugend- und Auszubildendenvertretung, der Bordvertretung und des Seebetriebsrats, des Wahlvorstands sowie von Wahlbewerbern bedarf der Zustimmung des Betriebsrats.

(2) Verweigert der Betriebsrat seine Zustimmung, so kann das Arbeitsgericht sie auf Antrag des Arbeitgebers ersetzen, wenn die außerordentliche Kündigung unter Berücksichtigung aller Umstände gerechtfertigt ist. […]

Außerordentliche Kündigung

Die außerordentliche Kündigung kann ohne Einhaltung einer Kündigungsfrist vom Arbeitgeber oder Arbeitnehmer ausgesprochen werden.

Nach dem Bürgerlichen Gesetzbuch (BGB) kann die außerordentliche Kündigung dann ausgesprochen werden, wenn eine Fortsetzung des Arbeitsverhältnisses beiden Seiten nicht mehr zugemutet werden kann.

Gründe für eine außerordentliche Kündigung können sein:

aus Arbeitgebersicht	aus Arbeitnehmersicht
• Betrug, Diebstahl • anhaltende Arbeitsverweigerung • strafbare Handlungen • Tätlichkeiten gegenüber Vorgesetzten oder Mitarbeitern • wiederholte Trunkenheit am Arbeitsplatz • geschäftsschädigendes Verhalten	• Nichtzahlung der Vergütung • Belästigungen am Arbeitsplatz • Verstoß gegen Arbeitsschutzbestimmungen • grobe Verletzung der Fürsorgepflicht

Die fristlose Kündigung muss spätestens zwei Wochen nach Bekanntwerden des Kündigungsgrundes ausgesprochen werden.

Der Betriebsrat muss über jede fristlose Kündigung unterrichtet werden. Hat der Betriebsrat begründete Bedenken, kann er diese dem Arbeitgeber innerhalb von drei Tagen schriftlich mitteilen. Wenn der Betriebsrat den Arbeitgeber z. B. auf einen Verstoß gegen den Tarifvertrag oder eine Betriebsvereinbarung aufmerksam macht, wird der Arbeitgeber die Kündigung zurücknehmen müssen.

Dem Arbeitnehmer steht es frei, die fristlose Kündigung anzunehmen oder vor dem **Arbeitsgericht** (vgl. Abschnitt 5.2.5) dagegen zu klagen.

Ordentliche Kündigung

Bei einer ordentlichen Kündigung seitens des Arbeitgebers sind die im § 622 BGB angegebenen gesetzlichen Kündigungsfristen einzuhalten.

Gesetzliche Kündigungsfristen	
Betriebszugehörigkeit[1]	**Kündigungsfrist**
unter 2 Jahren	4 Wochen zum 15. oder zum Monatsende
ab 2 Jahren	1 Monat zum Monatsende
ab 5 Jahren	2 Monate zum Monatsende
ab 8 Jahren	3 Monate zum Monatsende
ab 10 Jahren	4 Monate zum Monatsende
ab 12 Jahren	5 Monate zum Monatsende
ab 15 Jahren	6 Monate zum Monatsende
ab 20 Jahren	7 Monate zum Monatsende
während der Probezeit	2 Wochen

[1] *Bei der Berechnung der Betriebszugehörigkeit werden Zeiten, die vor der Vollendung des 25. Lebensjahres liegen, nicht berücksichtigt.*

Kündigt der Arbeitnehmer, hat er eine Frist von vier Wochen zum Monatsende bzw. 15. eines Monats einzuhalten. In den Arbeitsvertrag können jedoch auch freie Kündigungsvereinbarungen übernommen werden. So kann z. B. eine Kündigungsfrist von drei Monaten zum Jahresende vereinbart sein.

Gegen eine fristgerechte Kündigung des Arbeitnehmers kann der Arbeitgeber keinen Einspruch erheben.

Kündigt der Arbeitgeber fristgemäß, muss die Kündigung **sozial gerechtfertigt** sein.

Eine Kündigung ist dann **sozial gerechtfertigt,** wenn die folgenden Kündigungsgründe vorliegen:

- Die **verhaltensbedingte Kündigung** wird ausgesprochen, wenn der Arbeitnehmer durch sein Verhalten dem Arbeitgeber schadet. Kündigungsgründe können unentschuldigtes Fehlen, häufige Verspätungen oder unzureichende Arbeitsleistungen sein.
  Der verhaltensbedingten Kündigung gehen i. d. R. eine oder mehrere Abmahnungen voraus, in denen der Arbeitnehmer auf sein Fehlverhalten aufmerksam gemacht und gebeten wird, dieses umgehend abzustellen.
- Die **personenbedingte Kündigung** wird ausgesprochen, wenn der Arbeitnehmer nicht geeignet erscheint, die erforderliche Arbeitsleistung zu erbringen.
  Einen weiteren Kündigungsgrund stellen auch lange oder häufige Erkrankungen des Arbeitnehmers dar.
  Bei der personenbedingten Kündigung wird der Arbeitnehmer ebenfalls zunächst abgemahnt.
- Die **betriebsbedingte Kündigung** erfolgt zur Anpassung des Personalbestandes an:
  - Auftrags- bzw. Absatzrückgänge,
  - konjunkturelle Verschlechterungen,
  - Änderung der Produktionsverfahren,
  - Betriebsstilllegung,
  - Produktionsverlagerung ins Ausland.

Bevor Arbeitnehmer entlassen werden, ist zu prüfen, ob nicht eine Weiterbeschäftigung in anderen betrieblichen Bereichen oder die Einführung von Kurzarbeit möglich ist. Bei der betriebsbedingten Kündigung müssen die vier Kriterien der **Sozialauswahl** beachtet werden:

- Dauer der Betriebszugehörigkeit,
- Lebensalter,
- Schwerbehinderung,
- Unterhaltspflichten des Arbeitnehmers.

So sollte beim Personalabbau zunächst dem jüngeren, unverheirateten Arbeitnehmer gekündigt werden. Leistungsträger können von Kündigungen ausgenommen werden.

Rechte der Arbeitnehmer bei Kündigungen

Hält der Arbeitnehmer die Kündigung nicht für gerechtfertigt, kann er innerhalb einer Woche beim Betriebsrat Widerspruch einlegen.

Der Arbeitnehmer kann innerhalb von drei Wochen nach Zustellung der Kündigung beim zuständigen Arbeitsgericht klagen. Erklärt das Arbeitsgericht die Kündigung für unwirksam, muss der Arbeitnehmer weiterbeschäftigt werden.

Da dem Arbeitnehmer in vielen Fällen eine Weiterbeschäftigung nicht zugemutet werden kann (gestörtes Betriebsklima), einigen sich Arbeitgeber und Arbeitnehmer sehr häufig auf einen **Vergleich:**

Der Arbeitnehmer verzichtet auf Weiterbeschäftigung, der Arbeitgeber zahlt eine gerichtlich festgesetzte **Abfindung,** die bei älteren Arbeitnehmern bis zu 18 Monatsverdienste betragen kann.

Gesetzliche Abfindung bei betriebsbedingter Kündigung

Bei einer betriebsbedingten Kündigung kann der Arbeitnehmer wählen, ob er – wie bisher – Kündigungsschutzklage erhebt oder stattdessen die gesetzliche Abfindung in Höhe von einem halben Monatsgehalt pro Beschäftigungsjahr annimmt. Voraussetzung ist, dass der Arbeitgeber die Kündigung auf betriebsbedingte Gründe stützt und den Arbeitnehmer im Kündigungsschreiben auf den Abfindungsanspruch hinweist. Das macht die Kündigung für den Arbeitgeber berechenbar und vermeidet langwierige Prozesse, in denen es letztlich nur um die Abfindung geht.

Rechte des Betriebsrates bei Kündigungen

- Der Betriebsrat ist vom Arbeitgeber über jede Kündigung zu informieren. Wird dies versäumt, ist die Kündigung unwirksam.
- Der Betriebsrat kann einer ordentlichen Kündigung innerhalb einer Woche und einer außerordentlichen Kündigung innerhalb von drei Tagen schriftlich widersprechen.
- Dieser Widerspruch ist dann bedeutend, wenn der Arbeitnehmer gegen die Kündigung klagen will, denn er hat jetzt bis zum Arbeitsgerichtstermin Anspruch auf Weiterbeschäftigung im Unternehmen.

Kündigung von Auszubildenden

Für Auszubildende gilt, dass innerhalb der Probezeit beide Seiten das Ausbildungsverhältnis lösen können, ohne dabei Kündigungsfristen einhalten und Kündigungsgründe angeben zu müssen.

Nach der Probezeit kann der Arbeitgeber nur aus wichtigem Grund, wie z. B. Diebstahl, Tätlichkeiten oder anhaltender Arbeitsverweigerung, ohne Einhaltung einer Kündigungsfrist kündigen.

Der Auszubildende kann nach der Probezeit kündigen, wenn er die Ausbildung abbrechen will, sich für eine andere Berufstätigkeit ausbilden lassen will oder einen Umzug plant.

Kündigungsschutz für bestimmte Arbeitnehmergruppen

Ein besonderer Kündigungsschutz besteht für:

- Mitglieder des Betriebsrates und der Jugend- und Auszubildendenvertretung während und bis ein Jahr nach Ablauf ihrer Amtszeit.
- Frauen während und bis zu drei Jahre nach der Schwangerschaft.
- Wehr- und Zivildienstleistende sind während des Grundwehrdienstes, einer Wehrübung oder des Zivildienstes unkündbar; das Arbeitsverhältnis ruht lediglich.
- Schwerbehinderten kann nur gekündigt werden, wenn die Hauptfürsorgestelle zustimmt.

5.2.3.2 Arbeitszeitvorschrift

Das Arbeitszeitgesetz legt den zeitlichen Rahmen eines Beschäftigungsverhältnisses fest. Dabei handelt es sich um Mindestregelungen, die in Tarifverträgen oder Betriebsvereinbarungen zugunsten der Arbeitnehmer verändert werden können.

3628126

§

Arbeitszeitgesetz (ArbZG) (Auszüge)

§ 1 Zweck des Gesetzes. Zweck des Gesetzes ist es,

1. die Sicherheit und den Gesundheitsschutz der Arbeitnehmer bei der Arbeitszeitgestaltung zu gewährleisten und die Rahmenbedingungen für flexible Arbeitszeiten zu verbessern sowie
2. den Sonntag und die staatlich anerkannten Feiertage als Tage der Arbeitsruhe und der seelischen Erhebung der Arbeitnehmer zu schützen.

§ 2 Begriffsbestimmungen. (1) Arbeitszeit im Sinne dieses Gesetzes ist die Zeit vom Beginn bis zum Ende der Arbeit ohne die Ruhepausen; Arbeitszeiten bei mehreren Arbeitgebern sind zusammenzurechnen. Im Bergbau unter Tage zählen die Ruhepausen zur Arbeitszeit.

(2) Arbeitnehmer im Sinne dieses Gesetzes sind Arbeiter und Angestellte sowie die zu ihrer Berufsbildung Beschäftigten.

(3) Nachtzeit im Sinne dieses Gesetzes ist die Zeit von 23 bis 6 Uhr. [...]

(4) Nachtarbeit im Sinne dieses Gesetzes ist jede Arbeit, die mehr als zwei Stunden der Nachtzeit umfasst.

(5) Nachtarbeitnehmer im Sinne dieses Gesetzes sind Arbeitnehmer, die

1. aufgrund ihrer Arbeitszeitgestaltung normalerweise Nachtarbeit in Wechselschicht zu leisten haben oder
2. Nachtarbeit an mindestens 48 Tagen im Kalenderjahr leisten.

§ 3 Arbeitszeit der Arbeitnehmer. Die werktägliche Arbeitszeit der Arbeitnehmer darf acht Stunden nicht überschreiten. Sie kann auf bis zu zehn Stunden nur verlängert werden, wenn innerhalb von sechs Kalendermonaten oder innerhalb von 24 Wochen im Durchschnitt acht Stunden werktäglich nicht überschritten werden.

§ 4 Ruhepausen. Die Arbeit ist durch im Voraus feststehende Ruhepausen von mindestens 30 Minuten bei einer Arbeitszeit von mehr als sechs und bis zu neun Stunden und 45 Minuten bei einer Arbeitszeit von mehr als neun Stunden insgesamt zu unterbrechen. Die Ruhepausen nach Satz 1 können in Zeitabschnitten von jeweils mindestens 15 Minuten aufgeteilt werden. Länger als sechs Stunden hintereinander dürfen Arbeitnehmer nicht ohne Ruhepausen beschäftigt werden.

§ 5 Ruhezeit. (1) Die Arbeitnehmer müssen nach Beendigung der täglichen Arbeitszeit eine ununterbrochene Ruhezeit von mindestens elf Stunden haben. [...]

§ 9 Sonn- und Feiertagsruhe. (1) Arbeitnehmer dürfen an Sonn- und gesetzlichen Feiertagen von 0 bis 24 Uhr nicht beschäftigt werden.

(2) In mehrschichtigen Betrieben mit regelmäßiger Tag- und Nachtschicht kann Beginn oder Ende der Sonn- und Feiertagsruhe um bis zu sechs Stunden vor- oder zurückverlegt werden, wenn für die auf den Beginn der Ruhezeit folgenden 24 Stunden der Betrieb ruht. [...]

§ 10 Sonn- und Feiertagsbeschäftigung.
(1) Sofern die Arbeiten nicht an Werktagen vorgenommen werden können, dürfen Arbeitnehmer an Sonn- und Feiertagen abweichend von § 9 beschäftigt werden

1. in Not- und Rettungsdiensten sowie bei der Feuerwehr,
2. zur Aufrechterhaltung der öffentlichen Sicherheit und Ordnung sowie der Funktionsfähigkeit von Gerichten und Behörden und für Zwecke der Verteidigung,
3. in Krankenhäusern und anderen Einrichtungen zur Behandlung, Pflege und Betreuung von Personen,
4. in Gaststätten und anderen Einrichtungen zur Bewirtung und Beherbergung sowie im Haushalt,
5. bei Musikaufführungen, Theatervorstellungen, Filmvorführungen, Schaustellungen, Darbietungen und anderen ähnlichen Veranstaltungen, [...]

(Fortsetzung folgende Seite)

§ 11 Ausgleich für Sonn- und Feiertagsbeschäftigung. (1) Mindestens 15 Sonntage im Jahr müssen beschäftigungsfrei bleiben.

(2) Für die Beschäftigung an Sonn- und Feiertagen gelten die §§ 3 bis 8 entsprechend, jedoch dürfen durch die Arbeitszeit an Sonn- und Feiertagen die in den §§ 3, 6 Abs. 2 und §§ 7 und 21a Abs. 4bestimmten Höchstarbeitszeiten und Ausgleichszeiträume nicht überschritten werden.

(3) Werden Arbeitnehmer an einem Sonntag beschäftigt, müssen sie einen Ersatzruhetag haben, der innerhalb eines den Beschäftigungstag einschließenden Zeitraums von zwei Wochen zu gewähren ist. Werden Arbeitnehmer an einem auf einen Werktag fallenden Feiertag beschäftigt, müssen sie einen Ersatzruhetag haben, der innerhalb eines den Beschäftigungstag einschließenden Zeitraums von acht Wochen zu gewähren ist.

(4) Die Sonn- oder Feiertagsruhe des § 9 oder der Ersatzruhetag des Absatzes 3 ist den Arbeitnehmern unmittelbar in Verbindung mit einer Ruhezeit nach § 5 zu gewähren, soweit dem technische oder arbeitsorganisatorische Gründe nicht entgegenstehen.

5.2.3.3 Jugendarbeitsschutz

Jugendliche sind nach dem Gesetz Personen, die das 18. Lebensjahr noch nicht beendet haben und noch nicht die Leistungsfähigkeit eines Erwachsenen besitzen, weil ihre körperliche und geistig-seelische Entwicklung noch nicht abgeschlossen ist.

Aus diesem Grund werden sie vom Gesetzgeber unter einen besonderen Schutz gestellt.

Wichtige Bestimmungen des Jugendarbeitsschutzgesetzes

Geltungsbereich
Das Jugendarbeitsschutzgesetz gilt für Personen, die einer Berufsausbildung, einem Beschäftigungsverhältnis oder einer Heimarbeit nachgehen, älter als 15 Jahre, aber noch nicht 18 Jahre alt sind.

Arbeitszeit
Jugendliche dürfen nicht mehr als 8 Stunden täglich und nicht mehr als 40 Stunden wöchentlich beschäftigt werden. Die Fünftagewoche ist vorgeschrieben.

Verringert sich an einigen Werktagen die Arbeitszeit auf unter 8 Stunden, kann sie an den übrigen Werktagen derselben Woche 8,5 Stunden betragen.

Berufsschule
Der Arbeitgeber hat die Jugendlichen für den Berufsschulbesuch freizustellen und darf sie nicht beschäftigen

- vor einem vor 09:00 Uhr beginnenden Unterricht,
- an einem Berufsschultag mit mehr als fünf Unterrichtsstunden, einmal in der Woche,
- in Berufsschulwochen mit einem Blockunterricht von mindestens 25 Stunden an fünf Tagen.

Der Berufsschulunterricht wird auf die Arbeitszeit angerechnet und vergütet.

Auszubildende, die das 18. Lebensjahr vollendet haben, können an jedem Berufsschultag im Ausbildungsbetrieb beschäftigt werden. Dabei ist die Länge des jeweiligen Berufsschultages unerheblich. Für Volljährige erhöht sich dadurch die betriebliche Ausbildungszeit um bis zu 30 Tage.

Prüfungen
Der Arbeitgeber hat den Jugendlichen zur Teilnahme an der Zwischen- und Abschlussprüfung und am Tag vor der schriftlichen Abschlussprüfung freizustellen.

Ruhepausen
- bei einer täglichen Arbeitszeit von 4,5 bis 6 Stunden: insgesamt 30 Minuten
- bei einer täglichen Arbeitszeit über 6 Stunden: insgesamt 60 Minuten
- Die Mindestdauer einer Pause beträgt 15 Minuten.

Nachtruhe, Freizeit
Jugendliche dürfen nur in der Zeit von 06:00 bis 20:00 Uhr beschäftigt werden.
Ausnahmen: Jugendliche über 16 Jahre

- im Gaststätten- und Schaustellergewerbe bis 22:00 Uhr,
- in Betrieben mit Schichtarbeit bis 23:00 Uhr,
- in der Landwirtschaft ab 05:00 oder bis 21:00 Uhr,
- in Bäckereien und Konditoreien ab 05:00 Uhr. (Hier dürfen Jugendliche ab 17 Jahren bereits ab 04:00 Uhr arbeiten.)

Arbeit an Samstagen und Sonn- und Feiertagen
An diesen Tagen besteht grundsätzlich ein Beschäftigungsverbot. Erfolgt in Ausnahmen eine Beschäftigung, ist der Jugendliche an einem anderen berufsschulfreien Arbeitstag freizustellen.

Schichtarbeit
Ist ein Jugendlicher in einem Betrieb mit Schichtarbeit beschäftigt, darf die Schichtzeit zehn Stunden nicht überschreiten.
Ausnahmen:

- Bergbau unter Tage: acht Stunden
- Gaststätten, Landwirtschaft, Tierhaltung, Baustellen: elf Stunden

Ärztliche Untersuchung
Ein Jugendlicher darf nur beschäftigt werden, wenn er innerhalb der letzten 14 Monate ärztlich untersucht worden ist **(Erstuntersuchung).** Innerhalb der letzten drei Monate des ersten Beschäftigungsjahres hat eine **Nachuntersuchung** zu erfolgen.

Urlaub
Der bezahlte Mindesturlaub beträgt bei Jugendlichen, die zu Beginn des Kalenderjahres noch nicht

- 16 Jahre alt sind: 30 Werktage,
- 17 Jahre alt sind: 27 Werktage,
- 18 Jahre alt sind: 25 Werktage.

Bei der Festlegung der Urlaubstage sind in vielen Tarifverträgen weitergehende Vereinbarungen getroffen, als im Gesetz vorgesehen.

5.2.3.4 Mutterschutz, Elternzeit, Elterngeld

Das Mutterschutzgesetz gilt für alle Frauen, die in einem Arbeitsverhältnis stehen, auch für Teilzeitbeschäftigte, Haushaltsgehilfinnen und Heimarbeiterinnen sowie Auszubildende und Angestellte und Arbeiterinnen des öffentlichen Dienstes.

Wichtige Bestimmungen des Mutterschutzgesetzes

Gestaltung des Arbeitsplatzes
Wer eine werdende Mutter beschäftigt, hat bei der Einrichtung des Arbeitsplatzes dafür zu sorgen, dass alle Maßnahmen zum Schutz von Leben und Gesundheit der werdenden Mutter ergriffen werden. So müssen z. B. ausreichend Sitz- und Ruhegelegenheiten zur Verfügung gestellt werden.

Beschäftigungsverbot
Werdende Mütter dürfen in den letzten sechs Wochen vor dem berechneten Entbindungstermin nicht beschäftigt werden.

Beschäftigungsverbot besteht außerdem, wenn aufgrund eines ärztlichen Attestes Leben oder Gesundheit von Mutter oder Kind bei fortdauernder Beschäftigung gefährdet ist.

Arbeiten, die gesundheitsschädigende Auswirkungen haben können, wie z. B. das Tragen von schweren Lasten oder der Umgang mit Gefahrenstoffen, dürfen von werdenden Müttern nicht ausgeführt werden.

Nach der Entbindung darf die Mutter bis zum Ablauf von acht Wochen (bei Früh- oder Mehrlingsgeburten bis zum Ablauf von zwölf Wochen) nicht beschäftigt werden.

Kündigungsverbot
Einer werdenden Mutter darf während der Schwangerschaft und bis zum Ablauf von vier Monaten nach der Entbindung nicht gekündigt werden.

Eine Kündigung ist auch dann unzulässig, wenn dem Arbeitgeber die Schwangerschaft innerhalb von zwei Wochen nach Zugang der Kündigung angezeigt wird.

Mutterschaftsgeld, Zuschuss zum Mutterschaftsgeld
Frauen, die Mitglied einer Krankenkasse sind, erhalten für die **Schutzfrist** (sechs Wochen vor

und acht bis zwölf Wochen nach der Entbindung) Mutterschaftsgeld, das sich wie folgt berechnet:

1. Das Mutterschaftsgeld nach den Vorschriften der Reichsversicherungsordnung (RVO) beträgt maximal 13,00 € pro Tag. Das entspricht bei 30 Kalendertagen maximal 390,00 € im Monat.
2. Der Arbeitgeber zahlt die Differenz zum durchschnittlichen Nettolohn der Arbeitnehmerin.

Wichtige Bestimmungen zu Elterngeld und Elternzeit[1]

Elterngeld
Für Geburten ab dem 1. Januar 2007 tritt das Elterngeld an die Stelle des bisherigen Erziehungsgeldes. Für Kinder, die vor dem 1. Januar 2007 geboren wurden, kann wie bisher Erziehungsgeld bezogen werden.

Zuständig für die Ausführung des Bundeselterngeld- und Elternzeitgesetzes sowie des Bundeserziehungsgeldgesetzes sind die von den Landesregierungen bestimmten Stellen. Unter dem Stichwort „Elterngeld" informiert das **Bundesministerium für Familien, Senioren, Frauen und Jugend** darüber, wo das Elterngeld im jeweiligen Bundesland beantragt werden kann.

Die Beantragung muss schriftlich erfolgen. Jeder Elternteil kann pro Kind für sich einmal einen Antrag auf Elterngeld stellen. Dieser Antrag muss nicht sofort nach der Geburt des Kindes gestellt werden, jedoch werden rückwirkende Zahlungen nur für die letzten drei Monate vor Antragseingang geleistet.

- Anspruchsberechtigte:
  Anspruch auf Elterngeld haben Eltern, die
  - ihre Kinder nach der Geburt selbst betreuen und erziehen,
  - nicht mehr als 30 Stunden in der Woche erwerbstätig sind,
  - mit ihren Kindern in einem Haushalt leben und
  - einen Wohnsitz oder ihren gewöhnlichen Aufenthalt in Deutschland haben.

[1] *Nach dem Bundeselterngeld- und Elternzeitgesetz vom 1. Januar 2007.*

- Dauer des Anspruchs:
  Ein Elternteil kann für höchstens zwölf Monate Elterngeld beantragen. Anspruch auf zwei weitere Monatsbeträge besteht, wenn auch der andere Elternteil mindestens zwei Monate lang Elterngeld bezieht (Partnermonate als Bonus). Voraussetzung für die Partnermonate als Bonus ist, dass auch der andere Elternteil für zwei Monate nicht mehr als 30 Stunden in einer Woche erwerbstätig ist. Außerdem muss sich bei einem der beiden Elternteile zwei Monate lang das Erwerbseinkommen vermindern (etwa durch Elternzeit, Arbeitsreduzierung oder Mutterschutz).

- Höhe des Elterngeldes:
  Das Elterngeld fängt einen Einkommenswegfall nach der Geburt eines Kindes auf. Es beträgt 67 % des durchschnittlich nach Abzug von Steuern, Sozialabgaben und Werbungskosten vor der Geburt verfügbaren laufenden monatlichen Erwerbseinkommens, höchstens jedoch 1.800,00 € und mindestens 300,00 €. Nicht erwerbstätige Elternteile erhalten den Mindestbeitrag zusätzlich zum bisherigen Familieneinkommen. Das Eltergeld wird an Vater und Mutter für zusammen maximal 14 Monate gezahlt, beide können den Zeitraum frei untereinander aufteilen.

Elternzeit
Für Geburten ab dem 1. Januar 2007 gelten im Rahmen des Bundeselterngeld- und Elternzeitgesetzes die Neuregelungen der Elternzeit.

- Anspruchsberechtigte:
  Arbeitnehmerinnen und Arbeitnehmer, die ihr Kind selbst betreuen und erziehen, haben bis zur Vollendung des dritten Lebensjahres des Kindes einen Anspruch auf Elternzeit.

- Anmeldung:
  Die Anmeldefrist für die Elternzeit beträgt sieben Wochen. In dringenden Fällen ist auch eine kürzere Frist möglich. Bei der **schriftlichen** Anmeldung der Elternzeit werden die Zeiträume der Elternzeit innerhalb von zwei Jahren verbindlich festgelegt. Beantragt ein Elternteil Elternzeit nur bis zur Vollendung des ersten Lebensjahres des Kindes, schließt dies die Elternzeit für das zweite Lebensjahr aus. Eine Verlängerung der Elternzeit innerhalb dieses

Zeitraums ist in diesem Fall nur mit Zustimmung der Arbeitgeberseite möglich.
Ist geplant, die Partnermonate des Elterngeldes in Anspruch zu nehmen, muss die Anmeldung, wenn die Elternzeit damit verbunden werden soll, erst spätestens sieben Wochen vor Beginn bei der Arbeitgeberseite erfolgen.

- Inanspruchnahme und Dauer:
  Jedem Elternteil stehen unabhängig vom Partner drei Jahre Elternzeit zu. Erwerbstätige Eltern können frei entscheiden, wer von ihnen Elternzeit nimmt. Eine gleichzeitige Elternzeit ist auch möglich. Mit Zustimmung der Arbeitgeberseite können bis zu zwölf Monate der Elternzeit auf die Zeit zwischen dem dritten und dem achten Geburtstag des Kindes übertragen werden. Wer Elternzeit nimmt, kann in Teilzeit bis zu 30 Wochenstunden arbeiten. In Betrieben mit mehr als 15 Beschäftigten besteht der Anspruch auf Teilzeitarbeit in der Elternzeit, wenn

  - keine dringenden betrieblichen Gründe entgegenstehen,
  - die Arbeitnehmerin bzw. der Arbeitnehmer seit mehr als sechs Monaten im Unternehmen tätig ist,
  - die vertraglich vereinbarte regelmäßige Arbeitszeit für mindestens zwei Monate auf einen Umfang zwischen 15 und 30 Wochenstunden reduziert wird,
  - der Anspruch der Arbeitgeberseite sieben Wochen vor Beginn der Tätigkeit schriftlich mitgeteilt wurde.

- Kündigungsschutz:
  Während der Elternzeit besteht Kündigungsschutz. Er beginnt mit der Anmeldung der Elternzeit, frühestens jedoch acht Wochen vor deren Beginn. In besonderen Fällen kann ausnahmsweise durch die Aufsichtsbehörde eine Kündigung für zulässig erklärt werden.
  Nach Ablauf der Elternzeit haben die Eltern einen Anspruch, auf ihren bisherigen oder einen gleichwertigen Arbeitsplatz zurückzukehren. Eine Schlechterstellung ist nicht zulässig. Wurde die Arbeitszeit während der Elternzeit reduziert, gilt nach deren Ende wieder die frühere Arbeitszeit.

5.2.3.5 Schwerbehinderte

Schwerbehinderte sind Personen mit einem Behinderungsgrad von mindestens 50. Eine Behinderung wird im Schwerbehindertengesetz als Auswirkung einer nicht nur vorübergehenden Funktionsbeeinträchtigung bezeichnet, die auf einem regelwidrigen körperlichen, geistigen oder seelischen Zustand beruht.

Wichtige Bestimmungen des Schwerbehindertengesetzes	
Beschäftigungspflicht des Arbeitgebers	Jeder Arbeitgeber, der über mindestens 16 Arbeitsplätze verfügt (Auszubildende werden nicht mitgerechnet), muss auf mindestens 6 % der Arbeitsplätze Schwerbehinderte beschäftigen.
Ausgleichsabgabe	Beschäftigt ein Arbeitgeber nicht die vorgeschriebene Zahl Schwerbehinderter, muss er für jeden unbesetzten Pflichtplatz monatlich zwischen 102,26 € und 255,65 € an die zuständige Hauptfürsorgestelle bezahlen.
Kündigung	Die Kündigung Schwerbehinderter bedarf der Zustimmung der Hauptfürsorgestelle.
Zusatzurlaub	Schwerbehinderte haben Anspruch auf einen zusätzlichen Urlaub von fünf Arbeitstagen.
Schwerbehindertenvertretung	In Betrieben mit mindestens fünf dauerhaft beschäftigten Schwerbehinderten sind eine Vertrauensperson und mindestens ein Stellvertreter zu wählen. Die Schwerbehindertenvertretung hat die Eingliederung Schwerbehinderter in den Betrieb zu fördern und die Interessen der Schwerbehinderten zu vertreten.

Merke

1. Fristlose Kündigungen dürfen nur ausgesprochen werden, wenn wichtige Kündigungsgründe vorliegen.
2. Ordentliche Kündigungen müssen sozial gerechtfertigt sein, d. h., es müssen verhaltensbedingte, personenbedingte oder betriebsbedingte Kündigungsgründe vorliegen.

(Fortsetzung folgende Seite)

3. Betriebsbedingte Kündigungen müssen unter Berücksichtigung sozialer Gesichtspunkte wie Alter, Familienstand, Betriebszugehörigkeit usw. vorgenommen werden.
4. Wird der Betriebsrat über eine Kündigung nicht informiert, ist sie unwirksam.
5. Auszubildenden kann während der Probezeit ohne Angabe von Gründen fristlos gekündigt werden. Nach der Probezeit ist dies nur aus wichtigem Grund möglich.
6. Das Jugendarbeitsschutzgesetz stellt jugendliche Arbeitnehmer unter einen besonderen Schutz, da ihre körperliche und geistig-seelische Entwicklung noch nicht abgeschlossen ist.
7. Schwangeren Frauen und Müttern Neugeborener wird durch das Mutterschutz- und das Bundeselterngeldgesetz ein besonderer Schutz gewährt.
8. Sowohl Mütter als auch Väter können Elternzeit beanspruchen.
9. Das Schwerbehindertengesetz sorgt dafür, dass Schwerbehinderte in das Berufsleben integriert werden.

Aufgaben

1. Unterscheiden Sie die ordentliche und die außerordentliche Kündigung.
2. Schildern Sie, welche Möglichkeiten Arbeitnehmer haben, gegen eine Kündigung vorzugehen.
3. Was ist unter einer sozial gerechtfertigten Kündigung zu verstehen?
4. Ein Unternehmen plant aus betriebsbedingten Gründen Entlassungen vorzunehmen. Welche sozialen Gesichtspunkte müssen dabei beachtet werden?
5. Welche Rolle spielt der Betriebsrat bei einer Kündigung?
6. Wie beurteilen Sie die folgenden Fälle? (Ist die Kündigung wirksam?)
   a) Herr Baumann erhält eine fristlose Kündigung mit der Begründung, dass er vor drei Wochen einen Arbeitskollegen tätlich angegriffen habe.
   b) Frau Kluge soll entlassen werden. Der Betriebsrat ist über die Kündigung nicht informiert worden.
   c) Während einer Wehrübung wird Herrn Saftig aus betriebsbedingten Gründen gekündigt.
   d) Frau Wulf, die schon zweimal wegen unentschuldigten Fehlens abgemahnt wurde, wird nach erneutem unentschuldigtem Fehlen die ordentliche Kündigung zugestellt.
7. Welche Kündigungsfristen haben die folgenden Arbeitnehmer?
   a) Herr Richter, 24 Jahre, seit sechs Jahren im Unternehmen beschäftigt
   b) Frau Hilpert, 45 Jahre, seit 18 Monaten im Unternehmen beschäftigt
   c) Herr Rollmann, 56 Jahre, seit 30 Jahren im Unternehmen beschäftigt
   d) Frau Wagner, 22 Jahre, seit vier Jahren im Unternehmen beschäftigt
8. Welche Vorschriften werden im Arbeitszeitgesetz über die Arbeitszeit, die Sonn- und Feiertagsbeschäftigung und die Ruhepausen erlassen?
9. Weshalb stehen jugendliche Arbeitnehmer unter einem besonderen Schutz?
10. Marc Schuster und Sandra Rothmann, beide 17 Jahre alt und seit sieben Monaten auszubildende Bürokaufleute, berichten über betriebliche Erfahrungen:
    a) Marc sagt, er bekäme nur 23 Tage Urlaub.
    b) Sandra berichtet, dass sie vorher immer in den Betrieb gehen muss, wenn die Berufsschule um 08:45 Uhr beginnt.
    c) Marc war bereits bei der ärztlichen Nachuntersuchung.
    d) Sandra hat schon einmal an einem Samstag arbeiten müssen.
    e) Marc hatte an einem Tag einmal so viel zu tun, dass er nur 15 Minuten Pause machen durfte.
    Welche Ratschläge würden Sie Marc und Sandra geben?

(Fortsetzung folgende Seite)

11. Welche Aussagen macht das Jugendarbeitsschutzgesetz über die Arbeitszeit, die Nachtruhe, Freizeit und die Schichtarbeit?
12. Der berechnete Entbindungstermin von Frau Völkel ist der 7. Dezember.
    a) In welcher Zeit darf Frau Völkel nicht beschäftigt werden?
    b) Welche Arbeiten darf Frau Völkel während der Schwangerschaft nicht ausführen?
13. Frau Kirsch bezieht Mutterschaftsgeld. Ihr durchschnittlicher Nettoverdienst betrug 1.820,00 €. Wie viel Mutterschaftsgeld bezahlt die Krankenkasse, wie viel der Arbeitgeber?
14. Welche Personen haben Anspruch auf Elterngeld bzw. Elternzeit?
15. Darf während der Elternzeit gearbeitet werden?
16. Können Sie sich vorstellen, dass auch der Vater eines Kindes Elternzeit (teilweise) beanspruchen sollte? Diskutieren Sie mögliche Vor- und Nachteile.
17. Ein Arbeitgeber, der keine oder nicht genug Schwerbehinderte beschäftigt, ist verpflichtet, eine finanzielle Entschädigung zu leisten.
    a) Wie hoch ist diese Entschädigung?
    b) Halten Sie diese Regelung für sinnvoll?

5.2.4 Sozialversicherung

Die Sozialversicherung ist ein Wesensmerkmal des **Sozialstaates** und leistet einen wichtigen Beitrag zur **sozialen Absicherung** der Arbeitnehmer in der Bundesrepublik Deutschland.

Die Sozialversicherung hilft den Arbeitnehmern, die Folgen von Krankheiten und Unfällen, Alter, Arbeitslosigkeit und Pflegebedürftigkeit besser zu überstehen.

Alle Arbeitnehmer sind prinzipiell **pflichtversichert** und zahlen den gleichen Beitragssatz bezogen auf das jeweilige Einkommen. Jeder erhält dafür auch gleiche Leistungen.

An dieser **Solidargemeinschaft** beteiligt sich der Staat, indem er erhebliche Zuschüsse zu den Leistungen der Arbeitnehmer erbringt.

Jeder dritte Euro für Soziales

Das soziale Netz in Deutschland ist aus vielen Knoten geknüpft – großen und kleinen. Größter Knoten ist die Rentenversicherung mit 253,7 Milliarden Euro. Es folgen die Krankenversicherung mit 174 Milliarden Euro und die Grundsicherung für Arbeitsuchende mit 46,4 Milliarden Euro. Wesentlich kleinere Knoten – dennoch für viele Menschen wichtig – sind beispielsweise das Wohngeld, das Erziehungsgeld oder die Ausbildungsförderung. Alle Sozialleistungen zusammengenommen (und interne Verrechnungen abgezogen) erreichten im Jahr 2010 einen Umfang von rund 791 Milliarden Euro. Das entspricht fast einem Drittel (31,9 %) der gesamten deutschen Wirtschaftsleistung gemessen am Bruttoinlandsprodukt.

Quelle: Globus

Die Sozialversicherung besteht aus fünf Säulen:

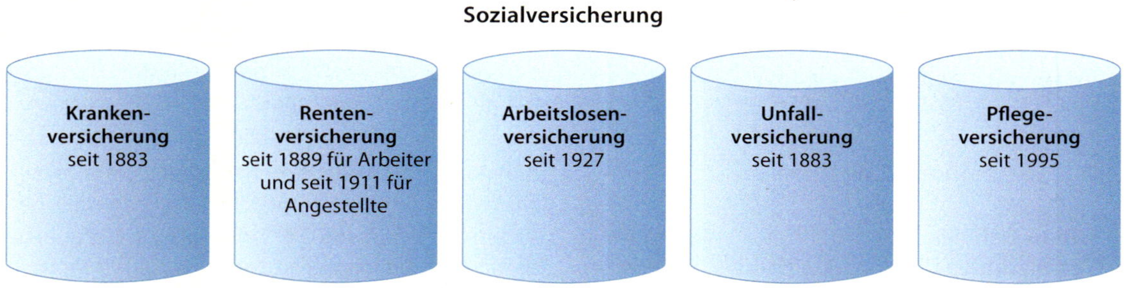

Beitragssätze

Für die einzelnen Zweige der Sozialversicherung gelten die folgenden Beitragssätze:

- **Krankenversicherung:** 15,5 % (8,2 % Arbeitnehmeranteil, 7,3 % Arbeitgeberanteil)
- **Pflegeversicherung:** 1,95 %
- **Rentenversicherung:** 19,6 %
- **Arbeitslosenversicherung:** 3,0 %
- **Unfallversicherung:** Der Beitragssatz richtet sich nach Gefahrenklasse und Betriebsgröße.

Seit dem 1. Januar 2011 hat sich der Beitragssatz der gesetzlichen Krankenkassen von 14,9 % auf 15,5 % erhöht. Davon trägt der Arbeitgeber 7,3 %, der Arbeitnehmer 8,2 %. Außerdem können die Krankenkassen seit der Gesundheitsreform 2009 bei finanziellen Schwierigkeiten Zusatzbeiträge von ihren Mitgliedern verlangen. Diese dürfen ab 2011 beliebig hoch sein, nur Geringverdiener erhalten einen Sozialausgleich, sodass für sie der Zusatzbeitrag nicht mehr als 2 % ihres Bruttoeinkommens ausmachen darf.

Die Beiträge für die Renten-, Arbeitslosen- und Pflegeversicherung werden je zur Hälfte vom Arbeitgeber und Arbeitnehmer getragen. Die Beiträge zur Unfallversicherung trägt der Arbeitgeber allein.

Zum 1. Januar 2005 hat sich der Beitragssatz der Pflegeversicherung für Kinderlose, die älter als 23 Jahre sind, um 0,25 % erhöht. Dieser Zusatzbeitrag ist vom Arbeitnehmer alleine zu tragen. Ihr Anteil zur Pflegeversicherung beträgt also 1,225 %, während der Anteil der Arbeitgeber unverändert bei 0,975 % bleibt.

Zum 1. Januar 2012 wurde der Beitrag zur gesetzlichen Rentenversicherung um 0,3 Prozentpunkte auf 19,6 % gesenkt.

Beitragsbemessungsgrenze (Stand 2012)

Die Beitragsbemessungsgrenze legt das monatliche Einkommen eines Arbeitnehmers fest, für das er höchstens Sozialversicherungsbeiträge abführen muss. Die Beitragsbemessungsgrenze liegt bei der

- Renten- und Arbeitslosenversicherung bei 5.600,00 € monatlich (4.800,00 € für die neuen Bundesländer).
- Kranken- und Pflegeversicherung bei 3.825,00 € bundesweit.

Arbeitnehmer, die ein regelmäßiges Arbeitsentgelt von mehr als 50.850,00 € jährlich bzw. 4.237,50 € monatlich beziehen, sind versicherungsfrei in der gesetzlichen Krankenversicherung. Sie sind jedoch verpflichtet, eine Krankheitskostenversicherung abzuschließen, entweder durch freiwilligen Eintritt zu einer gesetzlichen Krankenkasse oder durch Abschluss eines Vertrags mit einer privaten Krankenversicherung.

Die Versicherungspflichtgrenze befindet sich somit über der Beitragsbemessungsgrenze für die Kranken- und Pflegeversicherung. Damit soll erreicht werden, dass möglichst viele Arbeitnehmer in der gesetzlichen Krankenversicherung versichert bleiben, um somit langfristig weitere Finanzierungsprobleme zu vermeiden.

Verdient ein Arbeitnehmer beispielsweise 5.900,00 € monatlich, beziehen sich seine Renten- und Arbeitslosenbeiträge lediglich auf einen monatlichen Verdienst von 5.600,00 € bzw. 4.800,00 €. Für die Berechnung der Kranken- und Pflegeversicherung wird ein maximaler Betrag von 3.825,00 € zugrunde gelegt.

Als Rentenversicherungsbeitrag würden dem Arbeitnehmer 548,80 € bzw. 470,40 € (9,80 % von 5.600,00 € bzw. 4.800,00 €) abgezogen werden.

Minijobs

Seit dem 1. Januar 2007 ist für die Beschäftigung von Arbeitnehmerinnen und Arbeitnehmern auf 400,00-€-Basis eine neue gesetzliche Regelung in Kraft.

Diese Regelung der Minijobs holte insbesondere haushaltsnahe Dienstleistungen aus der Schwarzarbeit. Weniger Bürokratie und geringere finanzielle Belastung für Arbeitgeber und Arbeitgeberinnen machen Minijobs attraktiv. Die Höchstgrenze für den monatlichen Verdienst liegt bei 400,00 €. Auch Menschen in einer anderen Hauptbeschäftigung können jetzt einen Minijob versicherungsfrei ausüben.

Die Arbeitnehmerinnen und Arbeitnehmer zahlen keinerlei Abgaben. Die Arbeitgeberinnen und Arbeitgeber zahlen maximal 30,74 % Pauschalabgaben, bestehend aus: 13 % Krankenversicherungsbeitrag, 15 % Rentenversicherung, 2 % Pauschalsteuer, 0,74 % Umlagen zum Ausgleich der Arbeitgeberaufwendungen bei Krankheit und Mutterschaft. Bei Minijobs in Privathaushalten liegen die Pauschalabgaben sogar nur bei maximal 14,27 % (5 % KV, 5 % RV, 1,6 % gesetzliche Unfallversicherung, ggf. 2 % Pauschalsteuer sowie 0,67 % Umlagen zum Ausgleich der Arbeitgeberaufwendungen bei Krankheit und Mutterschaft). Arbeitgeber und Arbeitgeberinnen haben gegenüber ihren geringfügig Beschäftigten die gleichen arbeitsrechtlichen Verpflichtungen wie gegenüber den anderen Beschäftigten. Das betrifft beispielsweise die Entgeltfortzahlung, den bezahlten Erholungsurlaub sowie die Lohnfortzahlung am Feiertag.

Ein kurzfristiger Minijob liegt vor, wenn die Beschäftigung nicht mehr als 50 Arbeitstage beziehungsweise zwei Monate eines Kalenderjahres umfasst.

Die Neuregelungen für geringfügige Beschäftigungen bedeuten einen wesentlichen Bürokratie-Abbau: Die Pauschalabgaben für Minijobs werden nur noch an eine zentrale Stelle, die Minijob-Zentrale in Essen, gezahlt.

Hauptberuf und Minijob
Arbeitnehmerinnen und Arbeitnehmer können neben ihrem Hauptberuf **einen** 400,00-€-Job ausüben, der sozialversicherungsfrei bleibt. Der Arbeitgeber zahlt dann die für Minijobs üblichen Pauschalabgaben.

Weitere Minijobs werden aber mit der Hauptbeschäftigung zusammengerechnet, sind sozialversicherungs- und steuerpflichtig. Gleiches gilt für Bezieherinnen und Bezieher von Vorruhestandsgeld, die einen 400,00-€-Job aufnehmen.

Kurzfristige Beschäftigungen neben dem Hauptberuf werden nicht mit der Hauptbeschäftigung zusammengerechnet.

Mehrere Minijobs
Es ist auch möglich, mehrere Minijobs gleichzeitig auszuüben, jedoch nicht bei demselben Arbeitgeber. Diese Regelung soll verhindern, dass normal abgabenpflichtige Tätigkeiten in mehrere Minijobs aufgespaltet werden. Die Verdienste aus allen Beschäftigungen werden zusammengerechnet. Sie dürfen nicht über 400,00 € liegen. Sobald die Grenze überschritten ist, werden Sozialversicherungsbeiträge für den gesamten Verdienst fällig.

Überschreiten der 400,00-€-Grenze – Schwankender Verdienst
Da auch Minijobber Anspruch auf Urlaubs- und Weihnachtsgeld haben können (soweit dies im Tarif- oder Arbeitsvertrag festgelegt ist), kann die 400,00-€-Grenze überschritten und die Beschäftigung sozialversicherungspflichtig werden.

Beispiel:

Erhält der Minijobber ein Gehalt von 380,00 € im Monat und im Dezember ein Weihnachtsgeld von ebenfalls 380,00 €, so beträgt der monatliche Verdienst 411,67 € und ist damit sozialversicherungspflichtig.

Maßgeblich ist die Summe aller Verdienste innerhalb von zwölf Monaten. Ist der zusätzliche Verdienst allerdings unvorhersehbar und wird die 400,00-€-Grenze maximal zwei Monate im Jahr überschritten, so bleibt die Tätigkeit versicherungsfrei.

Niedriglohn-Jobs (Midijobs)

Beschäftigungen mit einem Verdienst von 400,01 bis 800,00 € sind sogenannte Niedriglohn-Jobs. In dieser „Gleitzone" werden geringere Sozialversicherungsbeiträge berechnet. Der Beitragsanteil des Arbeitnehmers beginnt bei einem Verdienst von 400,00 € bei 4 % und steigt auf bis zu 20 % bei einem Entgelt von 800,00 €.

Die Bemessungsgrundlage des Arbeitnehmer-Beitrags ist nicht das volle Gehalt, sondern ein nach einer bestimmten Formel berechneter Betrag. Der Arbeitgeber zahlt immer einen Beitragsanteil von 19,725 % vom tatsächlichen Gehalt. (Der Arbeitnehmer kann seine Rentenbeiträge freiwillig auf den vollen Betrag aufstocken.)

Rechnungsbeispiel (in €):

Arbeitsentgelt	Beitragspfl. Einnahmen	AG-SV-Beitrag	AN-SV-Beitrag
400,01	297,41	78,90	41,10
600,00	548,70	118,35	103,05
800,00	800,00	157,80	165,00

5.2.4.1 Gesetzliche Krankenversicherung

Die gesetzliche Krankenversicherung hat die Aufgabe, die Gesundheit der Versicherten zu erhalten, wiederherzustellen oder ihren Gesundheitszustand zu verbessern.

Träger

Träger der gesetzlichen Krankenversicherung sind die folgenden öffentlich-rechtlichen Körperschaften:

- die Ersatzkassen (DAK, BEK usw.)
- die Allgemeinen Ortskrankenkassen (AOK)
- die Betriebskrankenkassen (BKK)
- die Innungskrankenkassen
- die Bundesknappschaft
- die landwirtschaftlichen Krankenkassen
- die See-Krankenkasse

Versicherte Personen

- **Pflichtversicherte**
  Auszubildende, Arbeiter und Angestellte mit einem monatlichen Einkommen bis 4.237,50 € (Versicherungspflichtgrenze 2012)

- **Freiwillig Versicherte**
  Arbeitnehmer, deren monatlicher Verdienst über der Versicherungspflichtgrenze liegt. Arbeitnehmer, bei denen keine Versicherungspflicht besteht (z. B. Selbstständige).

- **Familienversicherte**
  Ehegatten und Kinder der Versicherten, soweit diese nicht selbst pflichtversichert sind.

Wichtige Leistungen

- Ärztliche Behandlung, Krankenhausbehandlung
- Zahlung von Krankengeld, wenn nach sechs Wochen die Entgeltfortzahlungspflicht des Arbeitgebers beendet ist. Die Krankenkasse zahlt 70 % des Arbeitsentgelts, maximal jedoch 90 % des Nettogehaltes.
- Maßnahmen zur Förderung der Gesundheit und Früherkennung von Krankheiten (Vorsorgeuntersuchungen, Krebstest usw.)
- Mutterschaftsgeld

Gesundheitsreform

Im Rahmen der Gesundheitsreform aus dem Jahre 2004 haben sich für den Versicherten zahlreiche Mehrbelastungen ergeben.

Zuzahlungen	
bei Arzt und Zahnarzt	Praxisgebühr von 10,00 € pro Quartal für jede erste Inanspruchnahme
verschreibungspflichtige Arzneimittel	10 % des Preises, mindestens 5,00 €, maximal 10,00 €
Heilmittel	10 % der Kosten zuzüglich 10,00 € je Verordnung
häusliche Krankenpflege	10 %, maximal für 28 Tage pro Jahr, zuzüglich 10,00 € je Verordnung
Hilfsmittel: Rollstühle, Hörgeräte usw.	10 % der Kosten, mindestens 5,00 €, maximal 10,00 €. Ausnahme bei Hilfsmitteln zum Verbrauch, z. B. Windeln bei Inkontinenz: Zuzahlung von 10 % pro Verbrauchseinheit, aber maximal 10,00 € pro Monat
Haushaltshilfe	10 % der kalendertäglichen Kosten, mindestens 5,00 €, maximal 10,00 €
bei stationärer Vorsorge und Rehabilitation sowie Mutter- bzw. Vater-Kind-Kuren	10,00 € täglich; bei Anschlussheilbehandlungen begrenzt auf 28 Tage pro Jahr
Krankenhausbehandlung	10,00 € täglich für maximal 28 Tage im Kalenderjahr
Fahrtkosten	10 %, mindestens 5,00 €, maximal 10,00 € pro Fahrt, aber: Fahrtkosten zur ambulanten Behandlung nur noch in besonderen medizinischen Ausnahmefällen

Kinder und Jugendliche unter 18 Jahren sind mit Ausnahme der Fahrtkosten von allen Zuzahlungen befreit.

5.2.4.2 Gesetzliche Rentenversicherung

Generationenvertrag

Die aktiv im Berufsleben stehenden Arbeitnehmer ermöglichen mit ihren Beiträgen zur Rentenversicherung den Lebensunterhalt der Menschen im Ruhestand.

Im Generationenvertrag zahlen die Jungen für die Alten. Das setzt jedoch voraus, dass genügend Junge da sind. Rückläufige Geburtenzahlen auf der einen und steigende Lebenserwartungen auf der anderen Seite gefährden den Generationenvertrag. Diese Entwicklung wird durch das folgende Schaubild belegt:

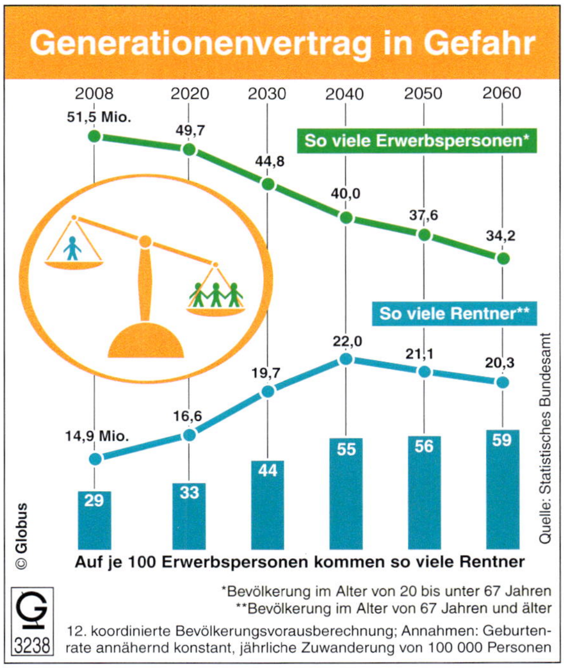

Wartezeiten

Um in den Anspruch einer Rentenzahlung zu kommen, muss eine bestimmte Wartezeit erfüllt werden, die i. d. R. fünf Jahre beträgt. Die Wartezeit setzt sich zusammen aus:

- der **Beitragszeit,** in der Rentenversicherungsbeiträge gezahlt wurden,
- der **Ersatzzeit,** wie z. B. dem Wehr- oder Zivildienst,
- der **Ausfallzeit,** die Schul- und Berufsausbildung, Studium oder Arbeitslosigkeit erfasst.

Träger

Mit der Organisationsreform der gesetzlichen Rentenversicherung vom 1. Oktober 2005 wurden die einzelnen **Rentenversicherungsträger** in der **Deutschen Rentenversicherung** zusammengefasst:

- *Deutsche Rentenversicherung Bund* (Zusammenschluss aus Bundesversicherungsanstalt für Angestelle und Verband deutscher Rentenversicherungsträger),
- Regionalträger der Landesversicherungsanstalten mit der einheitlichen Bezeichnung *„Deutsche Rentenversicherung"* plus dem entsprechenden *regionalen Zusatz*,
- *Deutsche Rentenversicherung Knappschaft-Bahn-See* (Zusammenschluss aus Bundesknappschaft, Bahnversicherungsanstalt und Seekasse).

Versicherte

Pflichtversicherte
- alle gegen Entgelt beschäftigten Arbeitnehmer und Auszubildenden
- Wehr- und Zivildienstleistende
- Entwicklungshelfer und Absolventen eines sozialen Jahres
- Personen im Erziehungsurlaub

Freiwillig Versicherte
- Selbstständige und Beamte, die bereits 60 Pflichtbeiträge gezahlt haben

Wichtige Leistungen

- Maßnahmen zur Wiedergewinnung oder Erhöhung der Erwerbstätigkeit wie
  - Heilbehandlungen und Kuren
  - Umschulungen usw.
- Altersruhegeld
- Erwerbsminderungsrente
  - **Volle Rente** erhält, wer täglich unter drei Stunden einer Erwerbstätigkeit nachgehen kann.
  - **Halbe Rente** erhält, wer täglich drei bis unter sechs Stunden einer Erwerbstätigkeit nachgehen kann.
  - **Keine Rente** erhält, wer sechs Stunden oder mehr einer Erwerbstätigkeit nachgehen kann.
  - **Ausnahme:** Versicherte, die vor dem **2. Januar 1961 geboren** sind. Hier gilt der Berufsschutz, wer in seinem erlernten oder gleichwertigen Beruf weniger als sechs Stunden täglich erwerbstätig sein kann, erhält die halbe Rente.
- Witwen-, Witwer- und Waisenrente

5.2.4.3 Gesetzliche Arbeitslosenversicherung

Die Arbeitslosenversicherung hat die Aufgabe, Arbeitsplätze zu sichern und Arbeitslose finanziell zu entschädigen.

Träger

Träger der gesetzlichen Arbeitslosenversicherung ist die Bundesagentur für Arbeit mit Sitz in Nürnberg. In größeren Städten hat die Bundesagentur für Arbeit Niederlassungen in Form der Agenturen für Arbeit.

Versicherte

Alle gegen Entgelt beschäftigten Arbeiter, Angestellte und Auszubildende. Von der Versicherungspflicht befreit sind z. B. Selbstständige und Beamte.

Wichtige Leistungen

- Arbeitsvermittlung und Beratung
- Förderung der beruflichen Bildung
- Arbeitsbeschaffungsmaßnahmen (ABM)
- Sicherung der Arbeitsplätze
- Schlechtwettergeld
- Kurzarbeitergeld

Arbeitslosengeld

Anspruch auf Arbeitslosengeld hat, wer arbeitslos ist, bei der Agentur für Arbeit gemeldet ist, der Arbeitsvermittlung zur Verfügung steht, in den letzten drei Jahren mindestens zwölf Monate Beiträge gezahlt und das Arbeitslosengeld beantragt hat. Die Höhe des Arbeitslosengeldes beträgt bei Arbeitnehmern, die Kinder erziehen, 67 % des pauschalisierten Nettolohnes, 60 % bei den übrigen. Die Dauer der Zahlung ist, abhängig von Alter, Beitragszeit usw., maximal 960 Kalendertage.

Arbeitslosengeld II
Seit 1. Januar 2005 ersetzt das Arbeitslosengeld II die bisherige Arbeitslosen- und die Sozialhilfe. Es gilt für solche Arbeitslose, die keinen Anspruch auf das reguläre Arbeitslosengeld haben. Das Arbeitslosengeld II orientiert sich an der Bedürftigkeit der Empfänger und nicht mehr an der Höhe des letzten Einkommens. Es beträgt seit dem 1. Januar 2012 bundeseinheitlich 374,00 € monatlich. Hinzu kommen nach Alter gestufte Regelsätze für die Haushaltsangehörigen der Arbeitslosen sowie ein Zuschuss für die Mietkosten. Beim Übergang vom regulären Arbeitslosengeld in die neue Leistung gibt es einen auf zwei Jahre befristeten Zuschlag. Das Einkommen des Lebenspartners und eigenes Vermögen werden auf das Arbeitslosengeld II angerechnet.

5.2.4.4 Gesetzliche Unfallversicherung

Die Unfallversicherung hat die Aufgabe, Arbeitsunfälle zu verhüten. Weiterhin trägt sie zur finanziellen Absicherung von Verletzten und deren Angehörigen und zur Wiederherstellung von Gesundheit und Erwerbsfähigkeit der Arbeitnehmer bei.

Der Versicherungsschutz erstreckt sich auf Unfälle am Arbeitsplatz und auf Unfälle auf dem Weg zwischen Wohnung und Arbeitsstätte.

Träger

Träger der gesetzlichen Unfallversicherung sind die Berufsgenossenschaften, die für die verschiedenen Branchen bestehen. Weitere Träger sind Eigenunfallversicherungen von Bund, Ländern und Gemeinden.

Versicherte

- alle gegen Entgelt beschäftigten Arbeiter, Angestellten und Auszubildenden
- Schüler, Studenten und Kinder in Kindergärten
- Lebensretter, Unfallhelfer während der Hilfeleistung
- einige Selbstständige

Wichtige Leistungen

- Verhinderung von Arbeitsunfällen durch Erlass von Unfallverhütungsvorschriften und deren Überwachung durch Aufsichtsbeamte
- Leistungen bei Unfallfolgen, wie z. B.:
  - Heilbehandlung (ärztliche Behandlung, Kuren usw.)
  - berufliche Rehabilitation oder Ausbildung in einem neuen Beruf
  - Verletztenrente (Unfallrente)
  - Verletztengeld
  - Wohnungshilfe
  - Sterbegeld

5.2.4.5 Gesetzliche Pflegeversicherung

Trotz modernster medizinischer Instrumente und Apparate und neuester Erkenntnisse wird es immer wieder zahlreiche Menschen geben, die nach einer schweren Krankheit oder infolge eines Unfalls nie wieder ganz gesund werden können und für den Rest oder eine längere Zeit ihres Lebens auf Pflege angewiesen bleiben.

Nach jahrelangen Diskussionen, Beratungen und Überzeugungsarbeit zwischen Politikern, Arbeitnehmern, Arbeitgebern und Vertretern der Krankenkassen ist 1995 die gesetzliche Pflegeversicherung eingeführt worden.

Anspruch auf Leistungen aus der gesetzlichen Pflegeversicherung haben alle **Pflegebedürftigen.**

Nach dem Sozialgesetzbuch ist eine Person pflegebedürftig, wenn sie eine körperliche, geistige oder seelische Krankheit oder Behinderung aufweist, mit der sie die Dinge des täglichen Lebens nicht ohne fremde Hilfe verrichten kann. Es wird dabei in erheblich, schwer- und schwerstpflegebedürftig (Pflegestufen I, II, III) unterteilt.

Träger

Träger der gesetzlichen Pflegeversicherung sind die Pflegekassen. Die Aufgaben der Pflegekassen werden von den Krankenkassen wahrgenommen.

Versicherte

Alle Personen, die in der gesetzlichen oder privaten Krankenversicherung versichert sind, befinden sich auch gleichzeitig im Schutz der gesetzlichen Pflegeversicherung. Es gilt der Grundsatz: „Pflegeversicherung folgt Krankenversicherung".

Wichtige Leistungen (Stand 2012)

Häusliche Pflege

- ***Sachleistungen*** können je nach Pflegebedürftigkeit (Pflegestufe I, II, III) durch die ambulanten Pflegedienste und Sozialstationen bis zum Wert von 450,00 €, 1.100,00 € oder 1.550,00 € (in besonderen Härtefällen bis zu 1.918,00 €) monatlich erbracht werden.
- ***Pflegegeld*** kann beantragt werden, wenn die pflegebedürftige Person die Versorgung selbst organisiert. Je nach Pflegestufen beträgt das Pflegegeld 235,00 €, 440,00 € oder 700,00 € monatlich.
- Das ***Wahlrecht*** zwischen Sach- oder Geldleistung sowie die Kombination von beidem sollen eine optimale Hilfe ermöglichen.
- ***Pflegehilfsmittel*** werden gewährt, um die häusliche Pflege zu erleichtern. Zu den Pflegehilfsmitteln können gehören:
  - Pflegebetten,
  - Rollstühle, Gehwagen,
  - Hebegeräte (Lifter).

Teilstationäre Pflege
Wenn sich die häusliche Pflege nicht ausreichend sicherstellen lässt, ist teilstationäre Pflege möglich.

Je nach Pflegestufe werden dafür Aufwendungen in Höhe bis zu 450,00 €, 1.100,00 € und 1.550,00 € monatlich übernommen.

Kurzzeitpflegeeinrichtungen
Personen, für die weder häusliche noch teilstationäre Pflege möglich ist, können bis zu vier Wochen in Kurzzeitpflegeeinrichtungen aufgenommen werden. Dafür steht pro Jahr ein Betrag von 1.510,00 € zur Verfügung.

Stationäre Pflege
Ist stationäre Pflege notwendig, übernimmt die gesetzliche Pflegeversicherung die pflegebedingten Aufwendungen, die Aufwendungen für die medizinische Behandlungspflege und die soziale Betreuung im Heim nach Pflegestufen gestaffelt:

- in Pflegestufe I: bis zu 1.023,00 €,
- in Pflegestufe II: bis zu 1.279,00 €,
- in Pflegestufe III: bis zu 1.550,00 €,
- in Härtefällen: bis zu 1.918,00 €.

Die Kosten für Unterbringung und Verpflegung muss der Versicherte selbst tragen.

Merke

1. Kranken-, Renten-, Arbeitslosen-, Unfall- und Pflegeversicherung bilden die fünf Säulen der Sozialversicherung.
2. Die Beitragsbemessungsgrenze legt das monatliche Einkommen fest, für das höchstens Sozialversicherungsbeiträge abgeführt werden müssen.
3. Arbeitnehmer, deren monatlicher Verdienst über der Versicherungspflichtgrenze der Krankenversicherung liegt, können in eine private Krankenkasse wechseln.
4. Um den Generationenvertrag aufrechtzuerhalten, bedarf es einer ausreichenden Zahl berufstätiger Arbeitnehmer, die mit ihren Rentenversicherungsbeiträgen die Renten der Alten finanzieren.
5. Die Landesversicherungsanstalten und die Bundesversicherungsanstalt für Angestellte sind die Träger der gesetzlichen Rentenversicherung.
6. Die Berufsgenossenschaften sind die Träger der gesetzlichen Unfallversicherung.
7. Der jüngste Zweig der Sozialversicherung ist die im Jahre 1995 eingeführte Pflegeversicherung, die pflegebedürftige Personen versorgt.

Aufgaben

1. Wie beurteilen Sie die Forderung, dass im Sozialbereich mehr gespart werden müsse, weil der Sozialstaat nicht mehr zu bezahlen sei?
2. Welches sind die Sozialversicherungszweige, wie hoch sind die Beiträge und wer bezahlt sie?
3. Wer sind die Träger der Sozialversicherungszweige?
4. Fertigen Sie eine Übersicht an, in der Sie die Leistungen der Sozialversicherungszweige gegenüberstellen können.
5. Was versteht man unter der Beitragsbemessungsgrenze?
   Berechnen Sie die Beträge, die ein Arbeitnehmer für jeden Sozialversicherungszweig maximal abführen muss.
6. Erklären Sie die folgenden Begriffe:
   a) Solidargemeinschaft,
   b) Arbeitnehmer mit Minijobs,
   c) Generationenvertrag,
   d) Wartezeiten.
7. Welche Aufgaben hat die gesetzliche Unfallversicherung?
8. Welche Personen sind in der gesetzlichen Pflegeversicherung versichert?
9. Erklären Sie, was im Zusammenhang mit der gesetzlichen Pflegeversicherung unter der
   - häuslichen Pflege,
   - teilstationären Pflege,
   - stationären Pflege

   zu verstehen ist.
10. Ermitteln Sie die aktuellen Voraussetzungen für die Gewährung von Arbeitslosengeld und Arbeitslosengeld II.
11. Diskutieren Sie in der Klasse die Folgen der Gesundheitsreform.

5.2.5 Arbeitsgerichtsbarkeit

Die Arbeitsgerichtsbarkeit ist als besondere Gerichtsbarkeit, wie z. B. auch die Sozialgerichtsbarkeit, von der ordentlichen Gerichtsbarkeit (Amts-, Land- und Oberlandesgerichte und Bundesgerichtshof) zu unterscheiden.

Die Arbeits- und Landesarbeitsgerichte unterstehen den einzelnen Bundesländern, das Bundesarbeitsgericht in Erfurt ist eine Einrichtung des Bundes.

In der Arbeitsgerichtsbarkeit werden das **Urteilsverfahren** und das **Beschlussverfahren** unterschieden.

Urteilsverfahren

Im Urteilsverfahren müssen die am Verfahren beteiligten Personen Tatsachen und Beweise liefern. Das Gericht würdigt diesen Prozessstoff im Rahmen der gestellten Anträge rechtlich.

Im Urteilsverfahren werden Streitigkeiten zwischen einzelnen Arbeitgebern und Arbeitnehmern über Kündigungen, Zeugnisse, Weihnachtsgeld- und Urlaubsansprüche behandelt.

Verfahrensablauf

Das Urteilsverfahren wird durch eine schriftliche **Klage,** die auch beim zuständigen Arbeitsgericht zu Protokoll gegeben werden kann, eingeleitet.

In der **Güteverhandlung** wird unter Vorsitz eines Richters versucht, eine gütliche Einigung zwischen den Parteien zu erzielen.

Können sich die Parteien nicht einigen oder erscheint eine Partei nicht zum Gütetermin, wird ein Termin für die **streitige Verhandlung** festgelegt.

In der **streitigen Verhandlung** findet die Beweisaufnahme in Form der Vernehmung der Zeugen und der Sachverständigen statt. Sie ist möglichst in einem Termin zu Ende zu führen und endet mit dem Urteilsspruch.

Vor dem Arbeitsgericht kann jeder selbst auftreten oder sich durch einen Rechtsanwalt oder Vertreter einer Gewerkschaft bzw. eines Arbeitgeberverbandes vertreten lassen.

Das **Berufungsverfahren** ist die zweite Instanz bei Arbeitsgerichtsprozessen.

Gegen das Urteil des Arbeitsgerichts kann innerhalb einer Frist von einem Monat beim zuständigen **Landesarbeitsgericht** Berufung eingelegt werden. Dies ist dann möglich, wenn das Arbeitsgericht in seinem Urteil die Berufung zugelassen hat oder der Streitwert 600,00 € übersteigt. Ein Arbeitnehmer, der z. B. noch 1.400,00 € Weihnachtsgeld von seinem Arbeitgeber zu bekommen hat, kann das Berufungsverfahren anstrengen.

Die Parteien müssen sich durch einen Rechtsanwalt oder Vertreter einer Gewerkschaft bzw. eines Arbeitgeberverbandes vertreten lassen.

Das **Revisionsverfahren** ist die dritte und letzte Instanz bei Arbeitsgerichtsprozessen.

Gegen das Urteil des Landesarbeitsgerichts kann innerhalb einer Frist von einem Monat beim **Bundesarbeitsgericht** Revision eingelegt werden.

Im Revisionsverfahren muss sich der Einzelne durch einen Rechtsanwalt vertreten lassen.

Die Revision ist z. B. dann zulässig, wenn die Rechtsstreitigkeit grundsätzliche Bedeutung hat.

Das Bundesarbeitsgericht prüft das Urteil des Landesarbeitsgerichts nur auf Rechtsfehler. An den vom Landesarbeitsgericht festgestellten Sachverhalt ist es gebunden.

Das Bundesarbeitsgericht kann abschließend entscheiden, dass das Urteil des Landesarbeitsgerichts richtig war, oder den Rechtsstreit zur erneuten Verhandlung an das Landesarbeitsgericht zurückweisen.

Arbeitszeugnis

Der Fall:
Eine junge Frau hatte ihre Arbeitsstelle bei einem Rechtsanwalt wegen des angeblich schlechten Betriebsklimas aufgegeben. Anschließend verlangte sie ein qualifiziertes Arbeitszeugnis, das der Arbeitgeber auch ausstellte. Dieser weigerte sich allerdings, das Arbeitszeugnis zuzuschicken und teilte seiner früheren Angestellten mit, dass sie das Zeugnis bei ihm abholen könne. Das Hessische Landesarbeitsgericht befand, dass der Rechtsanwalt das Arbeitszeugnis übersenden müsste.
Gegen dieses Urteil des LAG ging der Rechtsanwalt in Revision.

Das Urteil:
Dieser Ansicht folgte das Bundesarbeitsgericht nicht und hob die Entscheidung mit Urteil vom 8. März 1995 auf (Az.: 5 AZR 848/93). Arbeitszeugnisse müssen Beschäftigte nach ihrer Kündigung selbst beim Arbeitgeber abholen. Es liegt hier eine Holschuld vor, die nur ausnahmsweise zu einer Schickschuld des Arbeitgebers werden kann, wenn das Abholen des Zeugnisses für den Arbeitnehmer mit unzumutbaren Belastungen verbunden ist.

Beschlussverfahren

Im Beschlussverfahren erforscht das Gericht den Prozessstoff von Amts wegen und muss von sich aus alle dafür notwendigen Schritte unternehmen.

Allerdings müssen die Beteiligten an der Aufklärung des Sachverhalts mitwirken.

Das Beschlussverfahren wird auf Antrag, der schriftlich oder mündlich eingereicht werden kann, eingeleitet.

Im Beschlussverfahren werden Streitigkeiten zwischen Arbeitgeber- und Arbeitnehmerverbänden, die sich beispielsweise aus dem Betriebsverfassungsgesetz oder den Mitbestimmungsgesetzen ergeben, behandelt.

Der Weg in die höheren Instanzen findet beim Beschlussverfahren über die **Beschwerde** und **Rechtsbeschwerde** statt.

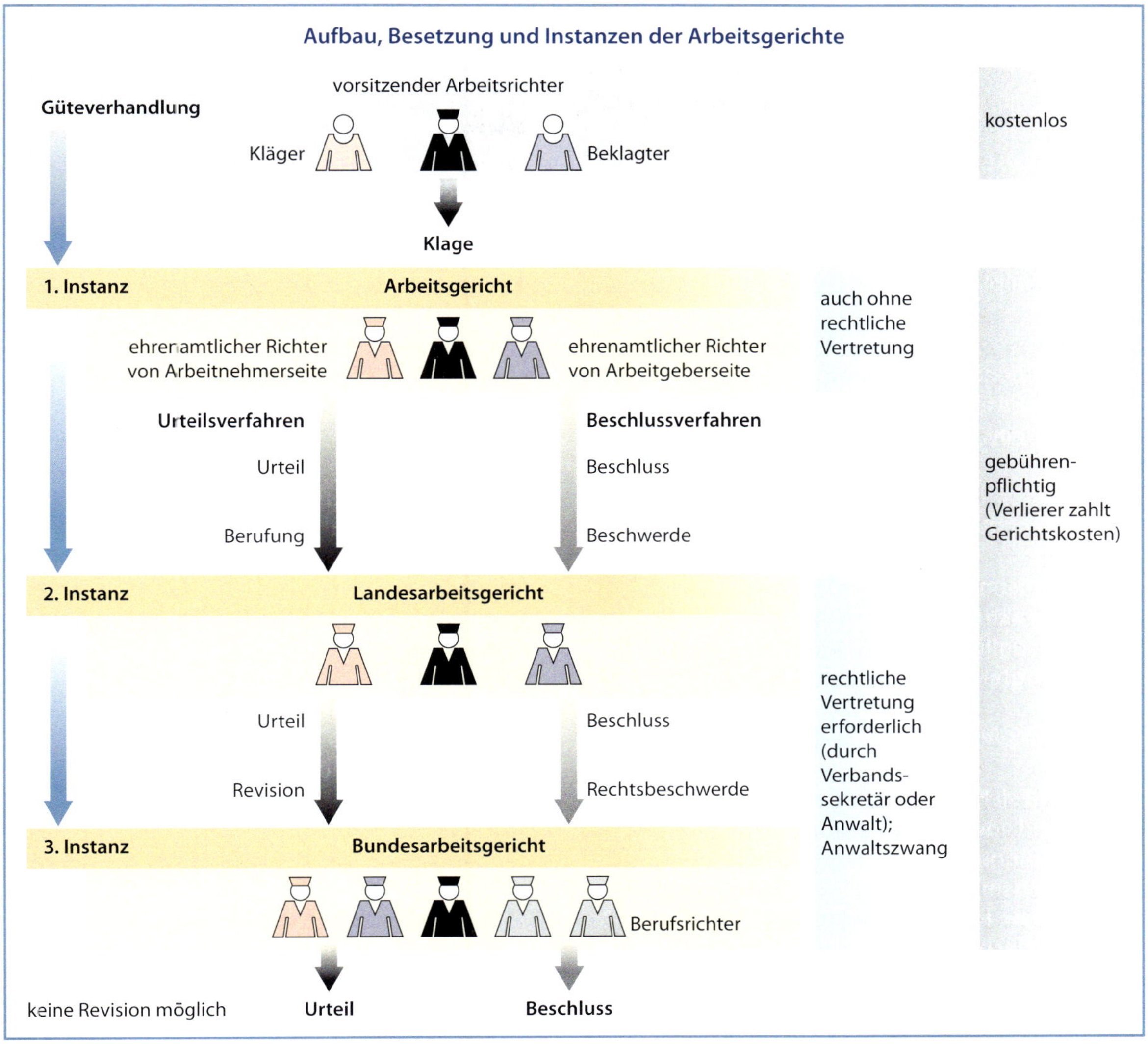

Merke

1. Die Arbeitsgerichtsbarkeit regelt Rechtsstreitigkeiten zwischen einzelnen Arbeitgebern und Arbeitnehmern und Streitigkeiten zwischen den Arbeitgeber- und Arbeitnehmerverbänden.
2. Bevor es zu einer streitigen Verhandlung vor dem Arbeitsgericht kommt, versuchen sich die Parteien in einer Güteverhandlung unter Vorsitz eines Richters zu einigen.

Aufgaben

1. Wodurch unterscheiden sich das Urteils- und das Beschlussverfahren?
2. Welche Sachverhalte regelt das Urteils-, welche das Beschlussverfahren?
3. Stellen Sie den Instanzenweg des Urteilsverfahrens dar.
4. Was versteht man unter der Güteverhandlung?

5.3 Personalplanung

Der Personalplanung kommt aus betrieblicher Sicht eine wichtige Aufgabe zu. Sie hat möglichst genau zu bestimmen, welcher Personalbestand in welcher Periode in quantitativer und qualitativer Hinsicht benötigt wird.

Die Personalplanung umfasst folgende Teilbereiche:

- Personalbedarfsermittlung,
- Personalbeschaffung,
- Personaleinsatzplanung.

5.3.1 Ermittlung des Personalbedarfs

Ziel der Personalbedarfsplanung ist es, ausgehend vom aktuellen Personalbestand, für die Zukunft möglichst genaue Prognosen bezüglich des benötigten Personals zu treffen.

Fragenkomplex der Personalbedarfsplanung

- Wie wird sich der derzeitige Personalbestand aufgrund von Pensionierungen, Fluktuation (Kündigungen), Beendigung von Ausbildungsverhältnissen, Ableistung von Wehr- und Zivildienst usw. in den nächsten Jahren verändern?
- Welche Nachfrage besteht momentan nach den eigenen Erzeugnissen; wie wird sich die Nachfrage beispielsweise unter Berücksichtigung der Konkurrenz, der Konjunktur im In- und Ausland entwickeln?
- Welche Veränderungen in der Sozialgesetzgebung sind zu erwarten? Wird z. B. das Rentenalter herauf- oder herabgesetzt oder verändert sich die Dauer der Elternzeit?
- Welche gewerkschaftlichen Erfolge sind zu erwarten? Kann angenommen werden, dass sich die Arbeitszeit weiter verkürzt, sich die Urlaubsansprüche verändern oder bundesweit die Viertagewoche eingeführt wird?
- Sind im Bereich der Arbeitstechniken und -verfahren weitere Innovationen zu erwarten, sodass im Rahmen von Rationalisierungsmaßnahmen Arbeitskräfte durch Maschinen ersetzt werden?
- Versprechen neue arbeitsmedizinische Untersuchungen eine Erhöhung der Arbeitsleistung?
- Sind z. B. aufgrund der hohen Produktionskosten (siehe Schaubild „Arbeitskosten in der Industrie" auf Seite 173) in der Bundesrepublik Deutschland Standortverlagerungen ins Ausland zu erwarten?

Jede noch so genaue und sorgfältige Planung des Personalbedarfs kann durch politische, gesellschaftliche und wirtschaftliche Veränderungen gegenstandslos werden. So haben z. B. die Terroranschläge vom 11. September 2001 zu einem Rückgang der Weltkonjunktur beigetragen.

Stimmungen und Trends bei den Nachfragern, die plötzlich neue, veränderte Produkte verlangen und ehemals erfolgreiche nicht mehr beachten, können zu einer veränderten Markt- und Absatzsituation führen. So kann die EU-Osterweiterung dazu beitragen, dass sich die Absatzmärkte vergrößern.

Beispiel einer Personalbedarfsrechnung

	2012	2013	2014	2015	2016
Ist-Bestand	60	57	55	59	62
ausscheidende Mitarbeiter	1	2	1	2	3
voraussichtlicher Bestand	59	55	54	57	59
voraussichtlicher Bedarf	57	55	59	62	62
Überdeckung	2	–	–	–	–
Unterdeckung	–	–	5	5	3
Ersatzbedarf	–	–	1	2	3
Neubedarf	–	–	4	3	–

Erläuterungen zur Personalbedarfsrechnung

Die einzige gesicherte Größe im Beispiel stellt der Ist-Bestand im Jahre 2012 mit 60 Mitarbeitern dar. Alle weiteren Angaben basieren auf Schätzungen und Erfahrungen aus der Vergangenheit. Deshalb wird vom voraussichtlichen Bestand und vom voraussichtlichen Bedarf gesprochen.

Wird vom Ist-Bestand im Jahre 2012 ein ausscheidender Mitarbeiter abgezogen, ergibt sich am Jahresende ein voraussichtlicher Bestand von 59 Mitarbeitern. Der voraussichtliche Mitarbeiterbedarf beträgt unter Berücksichtigung der Personalbedarfsplanung 57. Somit ergibt sich für das Unternehmen eine Überdeckung von zwei Mitarbeitern.

Für das Jahr 2013 wird der Bedarf von 57 Mitarbeitern auch als Bestand angenommen, d. h. das Unternehmen hat die Überdeckung abgebaut. Da im Jahr 2013 mit zwei ausscheidenden Mitarbeitern zu rechnen ist, ergibt sich am Jahresende ein voraussichtlicher Bestand von 55 Mitarbeitern. Da diese Zahl auch als Bedarf ermittelt wurde, kommt es weder zu einer Über- bzw. Unterdeckung.

Für 2014 ergibt sich ein voraussichtlicher Bestand von 54 Mitarbeitern. Da ein Bedarf von 59 errechnet wurde, entsteht eine Unterdeckung von fünf Mitarbeitern. Davon muss ein Mitarbeiter ersetzt werden, weil einer ausgeschieden ist, vier Mitarbeiter müssen zusätzlich eingestellt werden.

Im Jahr 2015 steigt der Personalbedarf weiter. Es wird mit einem Bedarf von 62 Mitarbeitern gerechnet. Da zusätzlich noch zwei Mitarbeiter ausscheiden werden, entsteht eine Unterdeckung von fünf Mitarbeitern.

Ersatzbedarf
Ausscheidende Mitarbeiter werden durch Neueinstellungen ersetzt.
Neubedarf
Mitarbeiter, die nach Ersatz der ausscheidenden Mitarbeiter zusätzlich eingestellt werden müssen.

Mögliche betriebliche Reaktionen auf Personalüberdeckungen

- Personalfreisetzungen (Kündigungen)
- Versetzungen innerhalb des Unternehmens oder in Tochterfirmen, Filialen
- Überstundenabbau
- Kündigung von Zeitverträgen
- Abbau von Leiharbeitskräften
- Kurzarbeit
- Teilzeitarbeit
- Vorruhestand

Der **Vorruhestand** hat in den letzten Jahren bei Personalfreisetzungen im großen Umfang immer mehr an Bedeutung gewonnen. So kann über eine Betriebsvereinbarung z. B. geregelt werden, dass Arbeitnehmer über 58 Jahre vorzeitig in Rente gehen. Die finanzielle Absicherung des Arbeitnehmers ist durch Vereinbarungen zwischen dem Unternehmen, der Agentur für Arbeit und dem Arbeitnehmer gewährleistet.

Seit einigen Jahren wird das **Outplacement** (engl. = Herausplatzieren, Hinausbefördern) als begleitende Maßnahme beim Personalabbau betrieben. Dabei handelt es sich um Hilfsangebote und Unterstützungen des Arbeitgebers, um den zu entlassenden Mitarbeiter auf den Beginn der Arbeitslosigkeit vorzubereiten oder ihm die Suche nach einer neuen Stelle zu erleichtern.

Inhalte des Outplacementprozesses können die psychologische und juristische Betreuung, die Auswertung von Arbeitsmarktinformationen und die Hilfe bei der eigentlichen Stellensuche sein.

Mögliche betriebliche Reaktionen auf Personalunterdeckungen

- Einstellungen
- Überstunden
- Urlaubssperren
- Vergabe von Aufträgen an Tochter- oder Fremdfirmen
- Einstellen von Auszubildenden
- Einstellen von Aushilfen
- Beschäftigung von Leiharbeitskräften
- Angebot der Weiterbeschäftigung nach Erreichen des Rentenalters
- Rationalisierung der Arbeitsabläufe

5.3.2 Personalbeschaffung

Wenn aufgrund der Personalbedarfsrechnung feststeht, wie viel Personal eingestellt werden soll, hat der Betrieb grundsätzlich zwei Möglichkeiten der Personalbeschaffung: interne und externe Personalbeschaffung.

§ 99 des Betriebsverfassungsgesetzes besagt, dass der Betriebsrat vor jeder Einstellung und Versetzung vom Arbeitgeber informiert werden muss.

Der Betriebsrat kann nach **§ 93 Betriebsverfassungsgesetz** verlangen, dass eine zu besetzende Stelle zunächst innerhalb des Betriebs ausgeschrieben wird.

Der Arbeitgeber kann jedoch gleichzeitig versuchen, einen Bewerber auf dem externen Arbeitsmarkt zu finden. Wenn gleich qualifizierte interne und externe Bewerber zur Auswahl stehen, ist der Betriebsangehörige vorzuziehen.

Interne Personalbeschaffung

Bei der internen Personalbeschaffung versucht die Personalabteilung, eine frei werdende Stelle mit einem eigenen Mitarbeiter zu besetzen. Anschläge am Schwarzen Brett, Stellenanzeigen in der Betriebszeitung oder die direkte Ansprache möglicher Kandidaten können dabei behilflich sein.

Vorteile	Nachteile
• Eröffnung von Aufstiegschancen • engere Bindung an den Betrieb • Nutzung der vorhandenen Betriebskenntnis des Mitarbeiters • Arbeitgeber kennt Mitarbeiter und seine Fähigkeiten. • kurze Einarbeitungszeiten • geringere Beschaffungskosten • positives Image bei den Arbeitnehmern	• Zahl der Bewerber ist begrenzt, somit wenig Auswahlmöglichkeiten. • Frust und Neid bei abgelehnten Bewerbern • Gefahr eines schlechten Betriebsklimas • Aufrückende Mitarbeiter hinterlassen in der alten Abteilung eine Lücke, sodass der quantitative Bedarf bestehen bleibt. • Kaum neue Ideen zu erwarten, da der Mitarbeiter viele Betriebsabläufe verinnerlicht hat und nicht infrage stellt.

Externe Personalbeschaffung

Versucht der Arbeitgeber, sich das benötigte Personal auf dem freien Arbeitsmarkt zu beschaffen, spricht man von externer Personalbeschaffung. Dies geschieht häufig über Meldungen bei der Agentur für Arbeit, Stellenanzeigen in Tageszeitungen oder Fachzeitschriften und Anschlagetafeln vor dem Betrieb.

Auch das Internet kann bei Berufsangeboten behilflich sein, wie das folgende Schaubild, das in einer Darmstädter Tageszeitung erschienen ist, zeigt.

Stellenmärkte im Internet (Auswahl)	
alle Branchen, Qualifikationen	www.arbeitsagentur.de
Baubranche	www.bau.net
Führungskräfte	www.bch.de
Datenverarbeitung	www.stepstone.de
Berufseinsteiger	www.hobsons.de
Akademiker	www.jobnet.de
alle Branchen	www.stellenanzeigen.de
EDV/Maschinenbau	www.stellenmagazin.de
ausgewählte Jobsuchmaschinen im Internet	www.jobrobot.de, www.cesar.de www.jobs.zeit.de, www.monster.de

Eine besondere Form der externen Personalbeschaffung stellt das **Headhunting** dar. Das Unternehmen beauftragt dabei Personalberater (**Headhunter**) mit der Suche nach Spezialisten oder Mitarbeitern aus der Führungsebene. Die möglichen Kandidaten werden direkt angesprochen und bei vorhandenem Interesse dem Unternehmen für dessen Personalauswahl vorgeschlagen. Da der potenzielle Kandidat meist schon erfolgreich für ein anderes Unternehmen tätig ist, muss bei der Direktansprache mit absoluter Diskretion und äußerster Behutsamkeit vorgegangen werden.

Vorteile	Nachteile
• große Auswahlmöglichkeit unter den unterschiedlichen Bewerbern • Neue Mitarbeiter bringen neue Ideen. • Der Personalbedarf wird direkt gedeckt.	• Stellenbesetzung ist zeitaufwendig und mit höheren Beschaffungskosten verbunden. • aufwendige Einführungs- und Einarbeitungsphase • Einschränkung innerbetrieblicher Aufstiegsmöglichkeiten • Gefahr, dass der Bewerber die Erwartungen nicht erfüllt. • Verärgerung des bisherigen Stellvertreters, wenn ihm ein externer Mitarbeiter vor die Nase gesetzt wird.

Angesichts der derzeit hohen Arbeitslosigkeit von ca. 3 Mio. sind die Einstellungschancen in vielen Wirtschaftsbereichen gering. Wie das Schaubild zeigt, können Investitionen seitens der Unternehmen die schwierige Arbeitsplatzsituation verbessern.

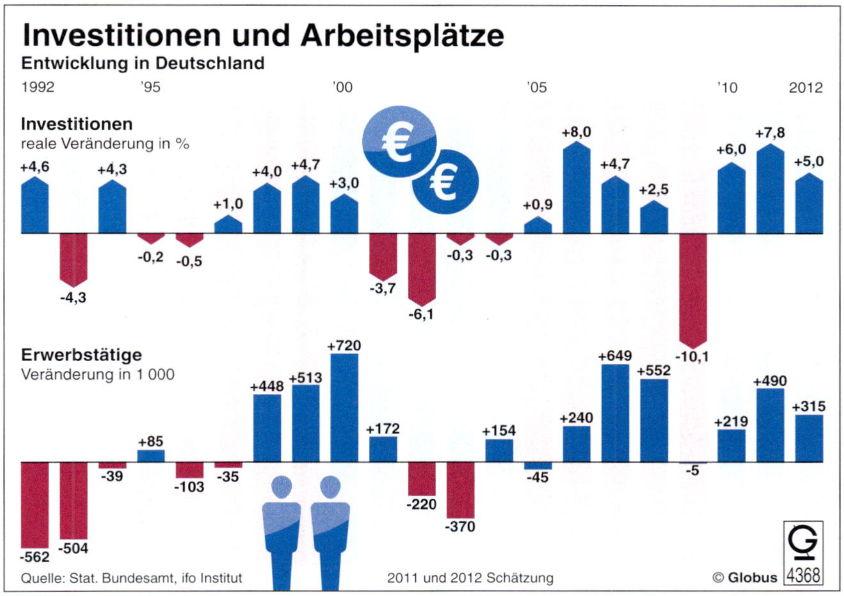

Abbau und Aufbau

Unternehmen investieren nicht, um Arbeitsplätze zu schaffen. Unternehmen investieren nur, wenn es sich lohnt, wenn also die Geschäftserwartungen gut sind und Gewinne in Aussicht stehen. Es gibt somit eine enge Verknüpfung von Konjunkturlage, Investitionsklima und Arbeitsplätzen. Läuft es mit der Wirtschaft reibungslos und sind zufriedenstellende Überschüsse zu erwarten, dann stecken die Unternehmen auch mehr Geld in neue Maschinen, Anlagen und Gebäude. Dann wächst – allerdings mit einer gewissen zeitlichen Verzögerung – auch die Zahl der Arbeitsplätze. In der Flaute dagegen, wenn die Betriebe sparen und ihre Investitionslust schwindet, gehen in der Regel auch Arbeitsplätze verloren. Während der flauen Konjunktur von 1992 bis 1997 wurden rund 1,2 Millionen Arbeitsplätze abgebaut. Von 1998 bis 2001 hingegen entstanden fast 1,9 Millionen neue Jobs, und die Bilanz für die Jahre 2010 bis 2012 wird nach Einschätzung von Wirtschaftsforschern bei rund einer Million neuen Jobs liegen.

Quelle: Globus

5.3.3 Personaleinsatzplanung

Wenn der Betrieb mit den nötigen qualifizierten Arbeitnehmern versorgt ist, bedarf es nun einer optimalen Zuweisung der einzelnen Mitarbeiter zu den verschiedenen Aufgaben und Stellen. Dabei sollte ein möglichst hoher Deckungsgrad zwischen den Anforderungen des Arbeitsplatzes und den Fähigkeiten des Mitarbeiters erreicht werden („auf jedem Platz der beste Mitarbeiter").

Die Personaleinsatzplanung befasst sich weiterhin damit, auf vorhersehbare und unvorhersehbare Personalveränderungen flexibel reagieren zu können. Mitarbeiter, die erkranken, Urlaub machen oder an Fortbildungsmaßnahmen teilnehmen, müssen z. B. durch Springer oder Leiharbeitskräfte effektiv vertreten werden.

Ein Springer ist ein Arbeitnehmer, der in der Lage ist, fehlende Mitarbeiter zu ersetzen.

Wenn der Produktionsprozess aufgrund fehlender Mitarbeiter aufrechterhalten werden soll, müssen Springer die Arbeit der ausgefallenen Mitarbeiter übernehmen.

Merke

1. Die Personalplanung befasst sich mit der Personalbedarfsermittlung, Personalbeschaffung und Personaleinsatzplanung.
2. Mithilfe der Personalbedarfsrechnung wird versucht, den Personalbedarf für die nächsten Jahre zu ermitteln.
3. Aufgrund der Personalbedarfsrechnung können sich Personalüber- oder -unterdeckungen ergeben.
4. Die Personalbeschaffung kann intern und extern erfolgen.
5. Die Personaleinsatzplanung hat die Aufgabe, den Betrieb mit den nötigen qualifizierten Mitarbeitern zu versorgen.

Projektthema

„Arbeitslosigkeit bekämpfen"

Arbeitshinweise:
Recherchieren Sie, welche Konzepte die Bundesregierung, Opposition und Vertreter der Gewerkschaften und der Industrie anbieten, um die hohe Arbeitslosigkeit zu beseitigen. Überlegen Sie, was zusätzlich unternommen werden kann, um die Arbeitslosigkeit zu bekämpfen.

Aufgaben

1. Wodurch wird die Personalplanung beeinflusst?
2. „Die Personalbedarfsplanung kann nie exakte Zahlen liefern." Nehmen Sie zu dieser Aussage kritisch Stellung.
3. Erklären Sie die folgenden Begriffe:
   a) Ersatzbedarf b) Neubedarf c) Vorruhestand d) Outplacement
4. Stellen Sie in einer Übersicht dar, wie ein Betrieb auf Personalüberdeckungen und Personalunterdeckungen reagieren kann.
5. Welche Rechte hat der Betriebsrat im Zusammenhang mit der Einstellung neuer Mitarbeiter?
6. Welche Arten der Personalbeschaffung lassen sich unterscheiden?
7. Was ist unter Headhunting zu verstehen?
8. Welche Ziele verfolgt die Personaleinsatzplanung?

3628148

5.4 Personaleinstellungsverfahren

Im Rahmen des Personaleinstellungsverfahrens wird überprüft, ob die Qualifikationen der Bewerber mit den Qualifikationsanforderungen der zu besetzenden Stelle übereinstimmen. Über- wie auch Unterqualifikationen sollten vermieden werden.

In Betrieben, in denen ein Betriebsrat besteht, muss der Arbeitgeber diesen rechtzeitig vor jeder Einstellung unterrichten, ihm die jeweiligen Bewerbungsunterlagen vorlegen und Auskünfte über die Bewerber geben. Verweigert der Betriebsrat der geplanten Einstellung seine Zustimmung, kann der Arbeitgeber vor dem Arbeitsgericht (vgl. Abschnitt 5.2.5) versuchen, sich die fehlende Zustimmung des Betriebsrates durch Urteil ersetzen zu lassen.

Das Personalauswahlverfahren

1. Schritt: Analyse und Auswertung der Bewerbungsunterlagen
Die eingehenden Bewerbungen müssen zunächst gesichtet, bewertet und analysiert werden. Um diesen Prozess zu schematisieren und um die Bearbeitung der Bewerbungsunterlagen zu vereinfachen, sind große Unternehmen dazu übergegangen, Onlinebewerbungen zu verlangen. Auf speziellen Kontaktformularen kann der Bewerber seine Daten eingeben und diese, sowie je nach Art des Formulars auch Dokumente, elektronisch versenden. Zu den Bewerbungsunterlagen gehören:

- Bewerbungsschreiben,
- Lebenslauf,
- Lichtbild,
- Zeugnisse,
- Fortbildungsnachweise.

Bewerbern, die offensichtlich für die Stelle ungeeignet sind, werden die Bewerbungsunterlagen mit dem Absageschreiben zurückgesandt.

Unvollständige Bewerbungsunterlagen von aussichtsreichen Bewerbern werden nachgefordert.

Aussichtsreiche Bewerber werden dann zu Vorstellungsgesprächen eingeladen.

2. Schritt: Vorstellungsgespräche
Mithilfe der Vorstellungsgespräche wird versucht, zusätzliche Informationen über den Bewerber zu gewinnen und festzustellen, ob das persönliche Erscheinungsbild mit dem aus den Bewerbungsunterlagen gewonnenen Eindruck übereinstimmt.

Beiden Seiten wird die Möglichkeit gegeben, sich näher kennenzulernen. So kann auch der Bewerber Fragen zum Unternehmen, zu einzelnen Produkten, Produktionsabläufen, Aufstiegschancen, Sozialleistungen usw. stellen.

Da Vorstellungsgespräche bei der Personalauswahl eine zentrale und entscheidende Bedeutung haben, sollten sie gut vorbereitet sein und nicht unter Zeitdruck geführt werden. Der Personalverantwortliche sollte sich nicht vorschnell auf eine Meinung über den Bewerber festlegen, sondern ihn über eine Vielzahl von Situationen hinweg beobachten.

Der Vorgesetzte aus der Abteilung, in der der „Neue“ arbeiten soll, wird häufig zu dem Vorstellungsgespräch hinzugezogen.

Hinterlässt der Bewerber im Vorstellungsgespräch einen positiven Eindruck, wird sehr häufig, gerade bei mehreren aussichtsreichen Bewerbern, ein weiteres Prüfungsverfahren in Form von Tests durchgeführt.

Es ist nicht zwingend vorgeschrieben, nach dem Vorstellungsgespräch Tests durchzuführen; viele Unternehmen testen erst und führen dann das Vorstellungsgespräch.

Lebenslauf

Name:	Doreen Winter
Geburtsdatum:	9. Mai 1986
Geburtsort:	Darmstadt
Familienstand:	ledig
Eltern:	Siegrid Winter geb. Härtel, Verkäuferin Dieter Winter, kaufmännischer Angestellter
Schulische Ausbildung:	1992–1996 Grundschule Goetheschule in Darmstadt 1996–2005 Gymnasium Viktoriaschule in Darmstadt
Berufliche Ausbildung:	1. Sept. 2005–31. Jan. 2009 Ausbildung zur Bürokauffrau bei der Firma Röhm GmbH in Darmstadt
Berufliche Praxis:	1. Febr. 2009 bis heute Mitarbeiterin im Verkauf der Firma Röhm GmbH, Abteilung chemische Additive
Besondere Fähigkeiten:	gute Sprachkenntnisse in Französisch und Englisch gute Kenntnisse in Word, Excel und Access Jugendtrainerin beim ASC Darmstadt

Darmstadt, 2012-04-23

Doreen Winter

Üblich ist auch, dass den Bewerbern nach dem Vorstellungsgespräch ein Personalbogen mitgegeben wird, den sie in aller Ruhe zu Hause ausfüllen können und zum Testverfahren wieder mitbringen. Nach § 94 Abs. 1 Betriebsverfassungsgesetz bedarf der Inhalt des Personalfragebogens der Zustimmung des Betriebsrates.

3. Schritt: Auswertung des Personalbogens
Mithilfe des Personalbogens versucht das Unternehmen, zusätzliche Auskünfte über z. B. folgende Bereiche zu erhalten:

- Gesundheitszustand des Bewerbers,
- Ableistung des Wehr- oder Zivildienstes,
- Freizeitinteressen,
- Nebentätigkeiten,
- Familienstand, Zahl der Kinder,
- Sprachkenntnisse,
- Gehaltsvorstellungen.

Mithilfe des Personalbogens sollen weitere Informationen über die Persönlichkeit, das gesellschaftliche Umfeld und außerberufliche Interessen des Bewerbers bezogen werden.

4. Schritt: Testverfahren
Als Tests werden Intelligenz-, Leistungs- und Persönlichkeitstests eingesetzt.

Intelligenztests sind psychologische Tests, die aus mehreren Aufgaben oder Aufgabengruppen bestehen, um die Intelligenz zu messen. Die Aufgaben stellen im Idealfall eine repräsentative Stichprobe von Problemsituationen dar, die zur Lösung den Einsatz intellektueller Fähigkeiten erfordern.

Leistungstests geben Auskünfte über die Ausdauer, die Geschicklichkeit, die Konzentrationsfähigkeit, die Aufmerksamkeit und den Leistungswillen des Bewerbers.

Persönlichkeitstests dienen zur Erfassung der gesamten Persönlichkeit des Bewerbers. Insbesondere versucht man, besondere Eigenschaften, Interessen, Einstellungen und den Charakter des Bewerbers herauszustellen.

Ein besonderes Testverfahren ist das **Assessment-Center,** bei dem ein oder mehrere Bewerber bei der Lösung verschiedenster Aufgaben, wie sie in der betrieblichen Praxis vorkommen können, von Vorgesetzten oder externen Fachleuten beobachtet und bewertet werden. Diese Tests können allerdings zwei bis drei Tage Zeit in Anspruch nehmen.

Die Verlässlichkeit von Tests ist unter Fachleuten sehr umstritten. Sollen sie dem Unternehmen bei der Auswahl eines geeigneten Bewerbers behilflich sein, müssen sie nach Möglichkeit von Fachleuten bzw. geschultem Personal durchgeführt und ausgewertet werden.

Ungeeigneten Bewerbern wird eine Absage erteilt (auch ihnen werden die Bewerbungsunterlagen zurückgesandt), geeignete Bewerber werden zu einem Einstellungsgespräch eingeladen.

In den USA gehen immer mehr Firmen dazu über, Integritätstest durchzuführen. Das Verfahren wird im Artikel auf Seite 152 beschrieben.

5. Schritt: Einstellungsgespräch
Hat sich der Personalverantwortliche schließlich für einen Bewerber entschieden, wird ein Einstellungsgespräch geführt, in dem u. a. das Entgelt und die Arbeitszeit festgelegt werden, sodass letztlich der Arbeitsvertrag (vgl. Abschnitt 5.2.1) unterschrieben werden kann.

6. Schritt: Anfordern der notwendigen Einstellungsunterlagen
Wenn ein neuer Mitarbeiter eingestellt wird, sind zahlreiche Daten und Informationen über ihn zu erfassen und zu verarbeiten. Wichtige Einstellungsunterlagen sind:

- ärztliches Zeugnis,
- Sozialversicherungsnachweise,
- Personalbogen,
- Arbeits- und Aufenthaltserlaubnis bei ausländischen Mitarbeitern.

Integritätstest

Prüfung auf Ehrlichkeit

Die Psychologen der amerikanischen University of Louisville wollten betrogen werden. Den Teilnehmern einer Umfrage hatten sie fünf Dollar als Lohn für ihre Mühen angeboten, tatsächlich aber fanden sich zehn Dollar in den Honorarumschlägen. Die Reaktion der Versuchspersonen: 22 % steckten das überschüssige Geld stillschweigend ein, statt die Forscher auf das vermeintliche Versehen hinzuweisen. Die Wissenschaftler waren begeistert – denn als Mogler entpuppten sich vor allem diejenigen, von denen es die Experten erwartet hatten.

Ihre weise Voraussicht stammte aus den Umfrageergebnissen. Die Probanden hatten nämlich einen Fragebogen ausgefüllt, wie er in den USA auch Jobsuchenden häufig vorgelegt wird. Dem potenziellen Arbeitgeber sollen solche Integritätstests helfen, unehrliche Kandidaten frühzeitig herauszufiltern. Genau das schaffte auch der sogenannte „Reid Report Inventory" an der University of Louisville: Versuchspersonen, die bei der Umfrage nur wenige Punkte bekommen hatten, behielten die unverdienten fünf Dollar mit überdurchschnittlich großer Wahrscheinlichkeit für sich.

Nicht nur Wissenschaftler, auch amerikanische Unternehmen halten viel von solchen Tests auf Ehrlichkeit – vor allem, seitdem der Kongress vor zehn Jahren den Einsatz von Lügendetektoren zur Personalauswahl verboten hat. Jährlich stellen sich etwa zehn Millionen Bewerber solchen Beurteilungsverfahren. Dass sich die Arbeitgeber vor Diebstahl und Untreue in den eigenen Reihen schützen wollen, ist auch kein Wunder: Sie verursacht der amerikanischen Wirtschaft jährlich einen Schaden von schätzungsweise 40 bis 60 Milliarden US-$. Und im Einzelhandel, so die amerikanische Handelskammer, treibt der Klau durch eigene Angestellte die Ladenpreise um satte 15 % nach oben.

Um solche Einbußen zu verhindern, kommen einige Arbeitgeber bei der Vorstellung von Bewerbern sehr direkt zur Sache – und konfrontieren die Aspiranten mit verblüffenden Fragen: „Haben Sie jemals erwogen, Geld von Ihren Eltern, Geschwistern oder von Ihrer Firma zu stehlen?", heißt es da ganz unumwunden. Oder: „Bitte geben Sie an, wie viel Geld Sie während Ihrer letzten Beschäftigung gestohlen haben." Erstaunlicherweise räumen viele Kandidaten solches Fehlverhalten auch ein.

Kritiker monieren allerdings das oft wenig subtile Vorgehen bei Integrationstests. Professor Benjamin Kleinmuntz von der Universität Illinois etwa ist grundsätzlich gegen solche Verfahren. Er befürchtet, dass gerade ehrliche Bewerber bereit sind, ihre Fehltritte auch zuzugeben – und damit Gefahr laufen, bei Tests mit allzu direkter Fragestellung besonders schlecht abzuschneiden.

aus: Wirtschaftswoche

Merke

1. Das Personaleinstellungsverfahren hat die Aufgabe, zu prüfen, ob die Qualifikation des Bewerbers mit den Qualifikationsanforderungen der zu besetzenden Stelle übereinstimmen.
2. Zum Personalauswahlverfahren gehören:
   - Analyse und Auswertung der Bewerbungsunterlagen,
   - Vorstellungsgespräche,
   - Auswertung des Personalbogens,
   - Testverfahren,
   - Einstellungsgespräche,
   - Einstellungsunterlagen anfordern.

Aufgaben

1. Nennen Sie Beispiele für Über- und Unterqualifikationen von Mitarbeitern.
2. Welche Unterlagen sind bei der Bewerbung um ein Ausbildungsverhältnis dem Bewerbungsschreiben beizufügen?
3. Was versteht man unter einem Assessment-Center?
4. Wozu dient der Personalbogen?
5. Nennen und beschreiben Sie die wichtigsten Einstellungsunterlagen.
6. Diskutieren Sie den Einsatz von Integritätstests.

5.5 Personalentwicklung

Personalentwicklung ist die Verbindung der Entwicklungs- und Karriereplanung der einzelnen Mitarbeiter eines Unternehmens mit den personellen Zielsetzungen des Unternehmens selbst.

Die Ziele der Mitarbeiter können sein:	Die Ziele des Unternehmens können sein:
• Ausführung anspruchsvollerer Tätigkeiten • mehr Entscheidungskompetenz • beruflicher Aufstieg • Ausbau und Nutzung persönlicher Fähigkeiten • Festigung des gesellschaftlichen und beruflichen Status • Erweiterung des beruflichen Horizonts • Selbstverwirklichung durch Übernahme anspruchsvoller Aufgaben	• Verbesserung der Qualifikation der Mitarbeiter • Gewinnung von Fach- und Führungskräften aus den eigenen Reihen, um so vom externen Arbeitsmarkt unabhängig zu werden • Optimierung der Leistung der Mitarbeiter • Anpassung der Mitarbeiter an sich ständig verändernde Arbeitsmittel und -techniken

Die Personalentwicklung umfasst die Ausbildung und die Fort- und Weiterbildung von Mitarbeitern sowie das Lernen am Arbeitsplatz (Learning by Doing).

Fort- und Weiterbildungsmaßnahmen könnten z. B. in Form eines Datenverarbeitungslehrgangs, Sprachkursus oder einer Fortbildung zum Bilanzbuchhalter angeboten werden.

Diese Maßnahmen können sowohl im Unternehmen selbst **(interne Maßnahmen)** oder von unternehmensfremden Veranstaltern **(externe Maßnahmen)** durchgeführt werden.

Die Hauptaufgabe der Personalentwicklung besteht darin, die Begabungen und Fähigkeiten der Mitarbeiter zu erkennen, heranzubilden und sie entsprechend der Anforderungen der verschiedenen Arbeitsplätze einzusetzen.

Ein Beispiel der betriebswirtschaftlichen Weiterbildung ist die Ausbildung zum Wirtschaftsassistenten – Industrie (WA-I) in Zusammenarbeit mit der Industrie- und Handelskammer (IHK).

Wirtschaftsassistent(in) – Industrie (IHK)

Das Konzept		
Abitur, FHS-Reife, mittlere Reife		10–13 Jahre
↓	↓	
Ausbildung zum IK/BK		2–3 Jahre
↓	↓	
berufliche Praxis		mind. 1/2 Jahr
↓	↓	
Lehrgang zum Wirtschaftsassistent – Industrie	berufliche Praxis	2 Jahre
IHK-Prüfung		

Inhalte des WA-I-Lehrgangs

In ca. 800 Unterrichtsstunden werden theoretische Kenntnisse in folgenden Fächern vermittelt:

• Bilanzierung	(ca. 30 Unterrichtsstd.)
• EDV	(58 Unterrichtsstd.)
• Englisch	(50 Unterrichtsstd.)
• Finanzierung	(40 Unterrichtsstd.)
• Investitionsrechnung	(10 Unterrichtsstd.)
• Kostenrechnung	(80 Unterrichtsstd.)
• Marketing	(108 Unterrichtsstd.)
• Materialwirtschaft	(32 Unterrichtsstd.)
• Mathematik	(72 Unterrichtsstd.)
• Organisation	(40 Unterrichtsstd.)
• Personalwirtschaft	(60 Unterrichtsstd.)
• Produktionswirtschaft	(48 Unterrichtsstd.)
• Recht	(16 Unterrichtsstd.)
• Statistik	(30 Unterrichtsstd.)
• Volkswirtschaftslehre	(90 Unterrichtsstd.)

Für die schriftliche Prüfung werden Klausuren in folgenden Fächern gestellt:

- Material- und Produktionswirtschaft
- Marketing und Recht
- Personalwirtschaft und Organisation
- EDV, Mathematik und Statistik
- Volkswirtschaftslehre
- Fremdsprache
- Rechnungswesen

Die mündliche Prüfung in Englisch ist obligatorisch. In anderen Fächern hängt eine mündliche Prüfung von den schriftlichen Ergebnissen ab.

Aufgaben

1. Zählen Sie die Gründe auf, weshalb sich Mitarbeiter weiterbilden.
2. Welche Fort- und Weiterbildungsmaßnahmen würden Sie persönlich interessieren?
3. Weshalb bieten viele Unternehmen Bildungsmaßnahmen für ihre Arbeitnehmer an?
4. Worin liegen die Vorteile und Nachteile von internen und externen Weiterbildungsmaßnahmen?
5. Beschreiben Sie das Konzept des Wirtschaftsassistenten – Industrie.

5.6 Personalverwaltung

Die Personalverwaltung hat sich um die Bearbeitung, Auswertung und Archivierung aller Unterlagen und Belege zu kümmern, die sich im Zusammenhang mit den verschiedenen Beschäftigungsverhältnissen des Unternehmens ergeben.

5.6.1 Erfassen und Auswerten der Personaldaten

Zur Erfassung der Personaldaten eignen sich besonders die Personalakte und die Personalkarte. Die Auswertung der Personaldaten wird in Form von Personalstatistiken und -übersichten geführt.

Personalakte

Die Personalakte enthält wichtige Informationen über den Arbeitnehmer und soll ein möglichst lückenloses und treffendes Bild über die Qualifikation des Mitarbeiters und den Inhalt und Verlauf des Arbeitsverhältnisses geben. Der Arbeitgeber ist zur Führung der Personalakte nicht verpflichtet. Es erscheint jedoch nützlich, alle Unterlagen, die im Zusammenhang mit dem Arbeitsverhältnis eines Mitarbeiters stehen, an einer Stelle zu sammeln.

Die mit der Führung der Personalakten Beauftragten sind nach dem **Bundesdatenschutzgesetz** zur absoluten Geheimhaltung verpflichtet und dürfen keine Informationen über Krankheiten, Fehlzeiten, Verdienste, Religionszugehörigkeit usw. an unbefugte Dritte weitergeben. Selbst die Weitergabe des Namens, der Adresse und der Telefonnummer eines Mitarbeiters ist nicht zulässig. Es erscheint daher zweckmäßig, die Personalakten unter Verschluss zu halten.

§

Betriebsverfassungsgesetz

§ 83 Einsicht in die Personalakten.

(1) Der Arbeitnehmer hat das Recht, in die über ihn geführten Personalakten Einsicht zu nehmen. […]

(2) Erklärungen des Arbeitnehmers zum Inhalt der Personalakte sind dieser auf sein Verlangen beizufügen.

Unterlagen, die in der Personalakte gesammelt werden sollten:
- Arbeitsvertrag,
- Personalbogen,
- Bewerbungsunterlagen,
- Zeugnisse,
- Lichtbild,
- Testergebnisse,
- Beurteilungen,
- Bescheinigungen,
- Fortbildungsunterlagen,
- Abmahnungen.

Personalkarte

In der Personalkarte werden Daten und Informationen erfasst, die von den Sachbearbeitern der Personalabteilung für die Personalverwaltung benötigt werden.

Alle wichtigen Informationen über den Arbeitnehmer, die als **Stammdaten** bezeichnet werden, sind so auf einen Blick erkennbar.

Die **Personalkartei** enthält die Personalkarten aller Mitarbeiter. Selbstverständlich erfassen die meisten Betriebe die Stammdaten ihrer Mitarbeiter zusätzlich mithilfe der EDV.

Wichtige Stammdaten sind:
- Name, Adresse, Telefon,
- Geburtsdatum, -ort,
- Familienstand, Zahl der Kinder,
- Name des Ehepartners,
- Religionszugehörigkeit,
- Staatsangehörigkeit,
- Personalnummer,
- Eintrittsdatum,
- Ausbildungsberuf,
- ausgeübter Beruf,
- Abteilung,
- Entgelt,
- Lohnpfändungen,
- Austrittsdatum.

Neben der Personalkartei werden für jeden Arbeitnehmer Listen geführt, die Auskunft über Urlaubstage, Fehlzeiten, Verspätungen usw. geben.

Personalstatistiken

Mit der Personalverwaltung ist die Aufgabe verbunden, verschiedene Personaldaten auszuwerten und an die verantwortlichen Stellen weiterzugeben oder zu archivieren.

Statistiken, die sich aus den Stammdaten der Belegschaft erstellen lassen:
- Stand der Belegschaft,
- durchschnittliches Entgelt,
- Teilzeitbeschäftigte nach Abteilungen, Männern und Frauen usw. gegliedert,
- Anteil der ausländischen Arbeitnehmer,
- Verhältnis von Angestellten zu Arbeitern,
- Altersstruktur,
- Bildungsabschlüsse,
- Weiterbildungsquote.

Aus den veränderlichen Daten der Mitarbeiter können Statistiken und Übersichten angefertigt werden über:

- Urlaub,
- Krankheit,
- Kuraufenthalt,
- Mutterschutz,
- Kündigungen,
- unentschuldigtes Fehlen.

5.6.2 Personalbeurteilung

Die Personalbeurteilung versucht die Mitarbeiter hinsichtlich ihrer Persönlichkeit, Leistung und Entwicklungsmöglichkeiten einzustufen.

Die **Persönlichkeitsbeurteilung** soll die charakterlichen Eigenschaften des Mitarbeiters erfassen. Es wird unterstellt, dass durch positive bzw. negative Charaktereigenschaften das Arbeitsverhalten positiv bzw. negativ beeinflusst wird, denn die Leistung hängt stark von den Persönlichkeitsmerkmalen des Mitarbeiters ab.

Leistungsbeurteilungen können bei gewerblichen Arbeitnehmern durch den Vergleich der erbrachten Leistung mit der vorgegebenen Soll-Leistung durchgeführt werden und so Anhaltspunkte für die Entlohnung liefern.

So kann bei der Akkordlohnberechnung festgestellt werden, in welchem Maß der Mitarbeiter die Vorgabezeit unterboten hat (vgl. Abschnitt 5.7.2).

Im kaufmännischen Bereich wird kontrolliert, ob vorgegebene Ziele erreicht wurden.

Hat ein Handelsvertreter die Vorgabe, einen bestimmten Umsatz zu erzielen, kann anhand der Umsatzstatistik überprüft werden, wie erfolgreich er war.

Entwicklungsbeurteilungen können Aufschlüsse über die Qualifikation von Mitarbeitern geben. Werden Unterqualifikationen festgestellt, könnte im Rahmen von Personalentwicklungen (vgl. Abschnitt 5.5) versucht werden, den Mitarbeiter fortzubilden. Im Falle einer Überqualifikation könnte der Mitarbeiter potenzieller Kandidat für eine Beförderung sein.

Eine weitere Bedeutung der Mitarbeiterbeurteilung liegt darin, dass sie die Grundlage für qualifizierte Zeugnisse (vgl. nächsten Abschnitt) und Abschlusszeugnisse von Auszubildenden darstellt. Aus diesem Grund erscheint es sinnvoll, regelmäßige Mitarbeiterbeurteilungen, z. B. alle zwei Jahre, durchzuführen. Auszubildende werden in der Regel vor dem Wechsel in eine andere Abteilung von der abgebenden Abteilung beurteilt.

Das **Beurteilungsgespräch** dient dem Leistungsfeedback und lässt sich prinzipiell in zwei Varianten durchführen.

In der herkömmlichen Form wird den Mitarbeitern lediglich das Ergebnis der Beurteilung mitgeteilt. In der angemessenen Form erhalten die Mitarbeiter zunächst die Möglichkeit der Selbsteinschätzung. Danach stellt der Beurteiler seine Ansichten dar. Abschließend wird das Beurteilungsergebnis festgehalten.

Kriterien der Mitarbeiterbeurteilung können sein:

- Fachkompetenz,
- Lernverhalten, Lerngeschwindigkeit,
- Sozialverhalten,
- Führungsqualitäten.

Beurteilungsverfahren

Die drei wichtigen Beurteilungsverfahren sind:

Freie Beurteilung
Der Beurteilende hat die Beurteilung frei zu formulieren und niederzuschreiben. Dieses Verfahren ist sehr aufwendig und zeitintensiv und setzt einen Beurteiler voraus, der dazu sprachlich und gedanklich in der Lage ist.

Standardisierte Beurteilung
Der Beurteilende bewertet einen vorgegebenen Bogen, der die Beurteilungskriterien vorgibt. Beurteilungskriterien können Leistungswille, Leistungsbereitschaft, Arbeitsausführung sein. Der Beurteilende markiert dann nur noch auf einer Skala, z. B. von 1 bis 6, die entsprechende Leistung. Die standardisierte Beurteilung kann nur die vorgegebenen Kriterien erfassen. Leistungen der zu Beurteilenden, die im Kriterienkatalog nicht aufgeführt sind, bleiben unberücksichtigt.

Halbstandardisierte Beurteilung
Diese Art der Beurteilung stellt eine Kombination von freier und standardisierter Beurteilung dar. Neben der Bewertung vorgegebener Kriterien hat der Beurteilende die Möglichkeit, handschriftliche Ergänzungen vorzunehmen. So können individuelle Eigenschaften und Leistungen des zu Beurteilenden zum Ausdruck gebracht werden, die nicht durch die vorgegebenen Kriterien erfasst werden.

Rechte der Arbeitnehmer bei Personalbeurteilungen

Nach § 82 Abs. 2 des BetrVG hat jeder Arbeitnehmer das Recht, eine Erörterung der Beurteilung seiner Leistung zu fordern.

Durch die Möglichkeit der Einsichtnahme seiner Personalakte (§ 83 Abs. 1 BetrVG) hat der Arbeitnehmer die Möglichkeit, auch die darin enthaltenen Beurteilungen zu studieren.

Der Betriebsrat muss nach § 94 Abs. 2 BetrVG den Beurteilungsgrundsätzen des Unternehmens zustimmen.

Eine Beurteilung wird nie vollkommen objektiv sein, da sie von Menschen mit eigenen Einstellungen, Wertvorstellungen und Empfindungen durchgeführt wird.

Häufige Beurteilungsfehler

- zu strenge oder zu milde Beurteilungen
- Rückschluss von einem Merkmal auf die Gesamtleistung des Mitarbeiters; so kann z. B. ein wortgewandter Mitarbeiter auch als intelligent, zuverlässig und selbstbewusst angesehen werden.
- Der Beurteilende lässt sich von Vorurteilen, die er beispielsweise gegenüber Frauen hat, leiten.
- Der Beurteilende lässt die eigene psychische Stimmungslage in die Beurteilung einfließen.
- Der Beurteilende kennt die zu beurteilende Person nur flüchtig.
- Der Beurteilende ist mit der zu beurteilenden Person befreundet.
- Es werden hauptsächlich Ereignisse und Leistungen berücksichtigt, die erst kürzlich stattgefunden haben.
- Der Beurteilende lässt sich von anfänglichen Eindrücken leiten.
- Sympathisch wirkende Mitarbeiter werden besser beurteilt als andere.
- In der Unternehmenshierarchie oben stehende Mitarbeiter werden besser beurteilt.

Ist sich der Beurteilende jedoch bewusst, dass auch er Fehler machen kann, und ist er außerdem darüber informiert, welche Fehler gemacht werden können, kann doch eine einigermaßen objektive Beurteilung möglich sein.

Beurteilungsbogen für Auszubildende

Name, Vorname: ______________________
Abteilung: ______________________
Ausbildungszeit: ______________________

Ausbildungsverhalten

Einstellung zur Mitarbeit und Ausbildung

Stellt sehr qualifizierte Fragen, die ein starkes Interesse für arbeitsbezogenes Wissen erkennen lassen, bietet seine Mitarbeit unaufgefordert an.	☐ 1	☐ 2	☐ 3	☐ 4	☐ 5	☐ 6	Ohne jeden Ehrgeiz, ist gleichgültig und uninteressiert, braucht ständig Ansporn und Ermahnung.

Bemerkungen: ______________________

Sorgfalt und Genauigkeit

Arbeitet immer äußerst sorgfältig, genau und zuverlässig, kontrolliert sich selbst, stets einwandfreie Arbeit.	☐ 1	☐ 2	☐ 3	☐ 4	☐ 5	☐ 6	Oberflächlich und Gedankenlos, Sorgfalt und Gewissenhaftigkeit lassen oft zu wünschen übrig.

Bemerkungen: ______________________

Lernverhalten und Lerngeschwindigkeit

Erfasst sofort das Wesentliche und begreift außergewöhnlich schnell und gut, auch bei schwierigen Zusammenhängen genügt eine Erklärung.	☐ 1	☐ 2	☐ 3	☐ 4	☐ 5	☐ 6	Lernt langsam und schwer, auch nach mehrfachen Erklärungen kein Verständnis, begreift nur sehr zögernd.

Bemerkungen: ______________________

Auftreten

Aufgeschlossen und sicher, sehr höflich und korrekt, findet sehr schnell Kontakt, natürlich und sympatisch, gewinnende persönliche Art.	☐ 1	☐ 2	☐ 3	☐ 4	☐ 5	☐ 6	Unpersönlich, verschlossen, kommt mit anderen nur sehr schwer ins Gespräch.

Bemerkungen: ______________________

sprachliche Gewandtheit

Verfügt über einen sehr umfangreichen Wortschatz und wendet ihn korrekt und sicher an.	☐ 1	☐ 2	☐ 3	☐ 4	☐ 5	☐ 6	Sucht häufig nach Formulierungen und ist unbeholfen im Ausdruck.

Bemerkungen: ______________________

Verhalten gegenüber Mitarbeitern

In hohem Maße hilfsbereit und zuvorkommend, mit besonderer Bereitschaft zur Teamarbeit.	☐ 1	☐ 2	☐ 3	☐ 4	☐ 5	☐ 6	Integriert sich nicht in die Gruppe und gibt Anlass zu ständigen Reibereien und Streitigkeiten.

Bemerkungen:______________________________

____

Ausbildungsergebnis

erworbene Kenntnisse/Fertigkeiten

Ist sehr gut informiert, kann jede Frage ausreichend beantworten und verfügt über ausgezeichnete Kenntnisse/Fertigkeiten – auch über den Ausbildungsrahmen hinaus.	☐ 1	☐ 2	☐ 3	☐ 4	☐ 5	☐ 6	Lückenhafte und unzureichende Kenntnisse/Fertigkeiten, beherrscht noch keines der behandelten Wissensgebiete.

Bemerkungen:______________________________

____

Anmerkung: die jeweils anzukreuzenden Zahlenwerte entsprechen den üblichen Schulnoten (**1** = sehr gut, **2** = gut, **3** = befriedigend, **4** = ausreichend, **5** = mangelhaft, **6** = ungenügend). Die Leerzeile gibt Ihnen Gelegenheit, die einzelnen **Beurteilungskriterien zu erläutern.**
Die nachfolgenden Angaben: vermittelte Kenntnisse, weitere Förderung, Empfehlungen/Bemerkungen usw. sind unbedingt auszufüllen.

In der Abteilung vermittelte Kenntnisse:______________________________

____

____

Besondere Kenntnisse: (**z. B.:** Kenntnisse in Wort und Schrift, EDV, Fremdsprachen, Rhetorik)

____

____

Vorschläge zur weiteren Förderung:______________________________

____

Empfehlungen, Bemerkungen, Begründungen:______________________________

____

____

Bemerkungen des Auszubildenden: ______________________________

____

____

Datum:__________________

______________________________ **Unterschrift Abteilungsleiter**

______________________________ **Unterschrift Auszubildender**

5.6.3 Beendigung des Arbeitsverhältnisses

Bei der Kündigung handelt es sich um eine einseitige, empfangsbedürftige Willenserklärung, die keiner besonderen Form bedarf. Die Kündigung muss schriftlich abgefasst und der gekündigten Person persönlich übergeben werden. Eine Zustellung per Einschreiben mit Rückschein ist ratsam.

Die Kündigung kann vom Arbeitgeber oder vom Arbeitnehmer ausgesprochen werden.

Kündigt der Arbeitgeber, muss die Kündigung gerechtfertigt sein. Beide Seiten müssen vorgeschriebene Kündigungsfristen beachten (vgl. Abschnitt 5.2.3.1).

Aufhebungsvertrag

Eine besondere Form der Kündigung stellt der Aufhebungsvertrag dar. Er löst das Arbeitsverhältnis im gegenseitigen Einvernehmen. Es brauchen keine Kündigungsfristen eingehalten werden, Kündigungsschutzvorschriften finden keine Anwendung und der Betriebsrat muss nicht informiert werden. Wegen dieser Vorteile sind Unternehmen häufig bereit, dem ausscheidenden Mitarbeiter eine höhere Abfindung zu zahlen.

Der Arbeitnehmer muss bei Aufhebungsverträgen bedenken, dass die Agentur für Arbeit erst nach Ablauf der regulären Kündigungsfrist das Arbeitslosengeld zahlt.

Änderungskündigungen

Änderungskündigungen sind Veränderungen der Arbeitsbedingungen, des Entgelts oder der Arbeitszeit. Mit Änderungskündigungen sind keine Entlassungen des Arbeitnehmers verbunden, sondern es erfolgt eine Weiterbeschäftigung zu veränderten Bedingungen. So können sich Arbeitgeber und Arbeitnehmer z. B. darauf einigen, dass die Arbeitnehmer künftig im Schichtbetrieb oder nur noch halbtags arbeiten.

„Innere Kündigung"

Bei der „inneren Kündigung" handelt es sich um einen inneren Rückzug eines demotivierten oder frustrierten Mitarbeiters aus dem Arbeitsprozess, ohne dass eine Kündigung ausgesprochen wird. Der Mitarbeiter verbleibt weiterhin im Unternehmen, weil er die Familie versorgen muss, kaum einen anderen Arbeitsplatz finden wird usw. Ein angenehmes Betriebsklima, ein interessanter Arbeitsplatz, der neueste psychologische und ergonomische Erkenntnisse berücksichtigt, können der inneren Kündigung vorbeugen.

Rationalisierungsschutzabkommen

> Wenn betriebliche Maßnahmen, die eine rationellere Arbeitsweise bezwecken, aber nicht unmittelbar durch einen Absatzrückgang bedingt sind **(Rationalisierungsmaßnahmen),** Entlassungen erfordern, muss die Unternehmensleitung zusammen mit dem Betriebsrat über die anstehenden personellen Konsequenzen beraten (Auszug aus dem Manteltarifvertrag für die chemische Industrie vom 24. Juni 1992).

Rationalisierungsschutzabkommen können Alternativen aufzeigen, um Kündigungen vorzubeugen oder zu erleichtern. Solche Alternativen können sein:

Umsetzungen
Fallen infolge von Rationalisierungsmaßnahmen Arbeitsplätze weg, sollen die betroffenen Mitarbeiter nach Möglichkeit auf andere, gleichwertige Arbeitsplätze umgesetzt werden. Der Arbeitnehmer muss bereit sein, an erforderlichen Umschulungen teilzunehmen.

Abfindungen
Je nach Alter und Dauer der Betriebszugehörigkeit erhalten Arbeitnehmer, bei denen eine Kündigung unvermeidbar ist, eine entsprechende Abfindung.

Wiedereinstellung
Liegt eine betriebsbedingte Kündigung beispielsweise erst ein Jahr zurück und hatte der Gekündigte eine bestimmte Betriebszugehörigkeit, wird er bei einer Neubesetzung eines für ihn geeigneten Arbeitsplatzes bevorzugt eingestellt.

Wenn feststeht, dass aufgrund der Stilllegung von Betriebsteilen, dem Zusammenschluss mit anderen Betrieben, der Änderung der Betriebsorganisation bzw. der Fertigungsverfahren ein Personalabbau in größerem Umfang unvermeidbar ist, können die Unternehmensleitung und der Betriebsrat eine Vereinbarung treffen, in welcher Weise die zu entlassenen Arbeitnehmer finanziell entschädigt werden.

Diese Vereinbarung wird als **Sozialplan** bezeichnet.

Der **Sozialplan** ist eine Vereinbarung zwischen Arbeitgeber und Betriebsrat über finanzielle Entschädigungen der Mitarbeiter, deren Kündigung aufgrund von veränderten Beschäftigungsbedingungen notwendig geworden ist.

Arbeitszeugnis

Der Arbeitgeber ist nach Beendigung eines Arbeitsverhältnisses verpflichtet, dem Arbeitnehmer auf Verlangen ein Arbeitszeugnis auszustellen.

Das Arbeitszeugnis dient dem Arbeitnehmer bei der Stellensuche als wichtiger Bestandteil der Bewerbungsunterlagen. Viele Unternehmen messen dem Arbeitszeugnis bei der Personalauswahl eine große Bedeutung bei.

Es lassen sich das einfache und das qualifizierte Arbeitszeugnis unterscheiden.

Das **einfache Arbeitszeugnis** gibt Auskunft über die Art und Dauer des Beschäftigungsverhältnisses.
Das **qualifizierte Arbeitszeugnis** enthält auch Angaben über Führung und Leistung des Arbeitnehmers.

Die Rechtsgrundlagen für das Arbeitszeugnis sind § 630 BGB, § 73 HGB (Handlungsgehilfe), § 113 GewO (gewerbliche Arbeitnehmer) und § 8 Berufsbildungsgesetz (Auszubildende).

Die Inhalte des Arbeitszeugnisses müssen wahr sein und dürfen keine negativen Formulierungen enthalten. Arbeitszeugnisse müssen wohlwollend abgefasst sein, sie dürfen die berufliche Entwicklung nicht behindern. Kritik muss vorsichtig und maßvoll formuliert werden. Aus diesem Grund hat sich ein von vielen Unternehmen praktizierter **Geheimcode,** eine spezielle Zeugnissprache, entwickelt, die mit verschiedenen positiven Formulierungen alle Einschätzungen von „sehr gut" bis „ungenügend" erfasst.

Problematisch wird es, wenn ein Zeugnisverfasser nichts von den üblichen Zeugnisverschlüsselungen weiß und Formulierungen verwendet, die für ihn etwas Positives bedeuten, in der „Übersetzung" aber ein vernichtendes Urteil über den Mitarbeiter abgeben.

Ist ein Arbeitnehmer mit seinem Zeugnis nicht einverstanden, kann er Widerspruch einlegen und ein neues Zeugnis verlangen. Weigert sich der Arbeitgeber, kann der Arbeitnehmer vor dem Arbeitsgericht klagen.

Was der Geheimcode im Klartext bedeutet

Note Bezeichnung	Sehr gut	Gut	Befriedigend	Ausreichend	Mangelhaft	Ungenügend
Arbeitsleistung	Er hat die ihm übertragenen Arbeiten stets zu unserer vollsten Zufriedenheit erledigt.	Er hat die ihm übertragenen Arbeiten stets zu unserer vollen Zufriedenheit erledigt.	Er hat die ihm übertragenen Aufgaben zu unserer vollen Zufriedenheit erledigt.	Er hat die ihm übertragenen Arbeiten zu unserer Zufriedenheit erledigt.	Er hat die ihm übertragenen Arbeiten im Großen und Ganzen zu unserer Zufriedenheit erledigt.	Er hat sich bemüht, die ihm übertragenen Arbeiten zu unserer Zufriedenheit zu erledigen.

(Fortsetzung folgende Seite)

Note Bezeichnung	Sehr gut	Gut	Befriedigend	Ausreichend	Mangelhaft	Ungenügend
Arbeitserfolg	Er fand und realisierte stets sehr gute, kostengünstige Lösungen.	Er fand und realisierte sehr gute, kostengünstige Lösungen.	Er fand und realisierte gute, kostengünstige Lösungen.	Er zeigte stets eine zufriedenstellende Arbeitsqualität.	Er arbeitete insgesamt zufriedenstellend.	Er bemühte sich um sinnvolle Lösungen.
Arbeitsweise	Seine Aufgaben erledigte er stets mit äußerster Sorgfalt und größter Genauigkeit.	Seine Aufgaben erledigte er stets mit großer Sorgfalt und Genauigkeit.	Seine Aufgaben erledigte er stets mit Sorgfalt und Genauigkeit.	Seine Aufgaben erledigte er mit Sorgfalt und Genauigkeit.	Seine Aufgaben erledigte er im Allgemeinen mit Sorgfalt und Genauigkeit.	Er bemühte sich, seine Aufgaben mit Sorgfalt zu erledigen.
Verhalten	Sein Verhalten zu Vorgesetzten und Mitarbeitern war stets einwandfrei/vorbildlich.	Sein Verhalten zu Vorgesetzten und Mitarbeitern war einwandfrei/vorbildlich.	Sein Verhalten zu Vorgesetzten und Mitarbeitern war gut.	Sein Verhalten zu Vorgesetzten und Mitarbeitern war stets befriedigend.	Er hat alle Arbeiten ordnungsgemäß erledigt (Bürokrat ohne Eigeninitiative). Sein Verhalten im Dienst war angemessen.	Er war stets um ein gutes Verhältnis zu Kollegen und Vorgesetzten bemüht.
Führungsqualität	Er verstand es, seine Mitarbeiter so zu überzeugen und zu motivieren, dass er alle ihm übertragenen Aufgaben mit großem Erfolg verwirklichen konnte.	Er überzeugte seine Mitarbeiter und förderte die Zusammenarbeit. Er informierte sein Team, regte Weiterbildung an und delegierte Aufgaben und Verantwortung und erreichte so ein hohes Abteilungsergebnis.	Er führte seine Mitarbeiter zielbewusst zu überdurchschnittlichen Leistungen.	Er motvierte seine Mitarbeiter und erreichte so stets voll befriedigende Leistungen.	Er war seinen Mitarbeitern jederzeit ein verständnisvoller Vorgesetzter.	Er koordinierte die Arbeit seiner Mitarbeiter und gab klare Anweisungen. Er führte straff demokratisch (pflegte einen autoritären Führungsstil).

Warum wirklich gekündigt wurde

Formulierung	Bedeutung
Er verlässt unser Unternehmen auf eigenen Wunsch.	Kündigung durch den Arbeitnehmer
Das Arbeitsverhältnis endete am …	Kündigung durch den Arbeitgeber
Das Arbeitsverhältnis endete in bestem beiderseitigem Einvernehmen.	einvernehmliche Trennung
Wir haben uns von … einvernehmlich getrennt.	Aufhebungsvertrag auf Initiative des Arbeitgebers
Unsere besten Wünsche begleiten ihn. Wir wünschen ihm alles Gute, vor allem Gesundheit. Wir wünschen ihm für die Zukunft alles nur erdenklich Gute.	Ironische Schlussbemerkungen, sinngemäß: Wir weinen ihm keine Träne nach.

Wann Lob Kritik bedeutet

Formulierung	Bedeutung
Sein Verhalten zu den Mitarbeitern war stets einwandfrei.	Sein Verhalten zu den Vorgesetzten wohl nicht.
Er war sehr tüchtig und wusste sich gut zu verkaufen.	Er war ein unangenehmer Zeitgenosse und Wichtigtuer.
Wir lernten ihn als umgänglichen Kollegen kennen.	Bei den Mitarbeitern wurde er als umgänglich geschätzt, aber nicht bei den Vorgesetzten.
Durch seine Geselligkeit trug er zur Verbesserung des Betriebsklimas bei.	Er trank Alkohol im Dienst.
Er trat innerhalb wie außerhalb unseres Unternehmens engagiert für die Interessen der Arbeitnehmer auf.	Er hat im Betriebsrat mitgearbeitet.

Merke

1. Mithilfe der Personalakte und Personalkarte werden alle Personaldaten erfasst.
2. Personalstatistiken werten die unterschiedlichsten Personaldaten aus und stellen sie in übersichtlicher Form dar.
3. Mitarbeiterbeurteilungen stellen die Grundlage für das Ausstellen einfacher und qualifizierter Zeugnisse dar.
4. Fachkompetenz, Lernverhalten, Sozialverhalten und Führungsqualitäten sind wichtige Kriterien der Mitarbeiterbeurteilung.
5. Mitarbeiterbeurteilungen sollten eingehend mit den Mitarbeitern besprochen werden.
6. Fehler bei Mitarbeiterbeurteilungen können reduziert werden, wenn der Beurteilende die möglichen Fehlerquellen kennt.
7. Jeder ausscheidende Mitarbeiter hat Anspruch auf ein Arbeitszeugnis, das bei dem neuen Arbeitgeber vorgelegt werden muss.
8. Arbeitszeugnisse müssen wohlwollend abgefasst sein und dürfen keine negativen Formulierungen enthalten. Sollen schlechte Leistungen zum Ausdruck gebracht werden, werden sie in einem „Geheimcode“ verschlüsselt.

Aufgaben

1. Wodurch unterscheiden sich Personalakte, Personalkarte und Personalstatistiken?
2. Welche Aussagen macht das Betriebsverfassungsgesetz zur Einsicht in die Personalakte?
3. Was versteht man unter den Stammdaten?
4. Welchem Zweck dienen Personalbeurteilungen?
5. Wodurch unterscheiden sich die freie, die standardisierte und die halbstandardisierte Beurteilung?
6. Welche Rechte hat der Arbeitnehmer bei Personalbeurteilungen?
7. Welche Beurteilungsfehler werden häufig gemacht?
8. Würdigen Sie bitte Ihre eigenen Beurteilungen. Was könnten Sie evtl. in Ihrem eigenen Verhalten verbessern?
9. Erklären Sie die folgenden Begriffe:
   a) Aufhebungsvertrag
   b) Änderungskündigung
   c) Rationalisierungsschutzabkommen
   d) Sozialplan
10. Beschreiben Sie, wie es zu einer „inneren Kündigung“ kommen kann.
11. Wodurch unterscheidet sich das einfache vom qualifizierten Arbeitszeugnis?
12. „Entschlüsseln“ Sie den folgenden Auszug eines qualifizierten Arbeitszeugnisses:

    [...] Herr Langendorf hat die ihm übertragenen Aufgaben stets mit Sorgfalt und Genauigkeit zu unserer Zufriedenheit erledigt und zeigte stets eine zufriedenstellende Arbeitsqualität. Wir lernten Herrn Langendorf als umgänglichen Kollegen kennen. Durch seine Geselligkeit trug er zur Verbesserung des Betriebsklimas bei. Herr Langendorf verlässt unser Unternehmen auf eigenen Wunsch. [...]“

    Was könnte Herr Langendorf unternehmen, wenn er mit seinem Zeugnis nicht einverstanden ist?

5.7 Ermittlung des Arbeitsentgeltes

Ein wesentliches Interesse des Arbeitnehmers ist es, möglichst viel Geld zu verdienen. Das Streben nach Wohlstand und dem damit verbundenen gesellschaftlichen Ansehen ist ein wichtiger Grund, einer Beschäftigung nachzugehen.

Der folgende Abschnitt befasst sich mit wichtigen Gesichtspunkten, die mit der Festlegung und Berechnung der Löhne und Gehälter der Arbeitnehmer zusammenhängen. Mitarbeiter, die an Arbeitsplätzen mit höheren Anforderungen beschäftigt sind, sollen ein höheres Entgelt bekommen als die Mitarbeiter an Arbeitplätzen mit geringeren Anforderungen.

Der Anspruch einer anforderungsgerechten Entlohnung ist in fast allen Tarifverträgen geregelt.

5.7.1 Arbeitsbewertung als Grundlage der Entlohnung

Aufgabe der Arbeitsbewertung ist die vergleichende Beurteilung der Arbeitsplätze innerhalb eines Betriebs, um eine anforderungsgerechte Unterscheidung der Entgelte zu ermitteln.

Grundlage der Arbeitsbewertung ist das Ergebnis der Analyse des Arbeitsplatzes und der Anforderungen, die an den Mitarbeiter gestellt werden. In der Praxis werden vier Arbeitsbewertungsverfahren unterschieden:

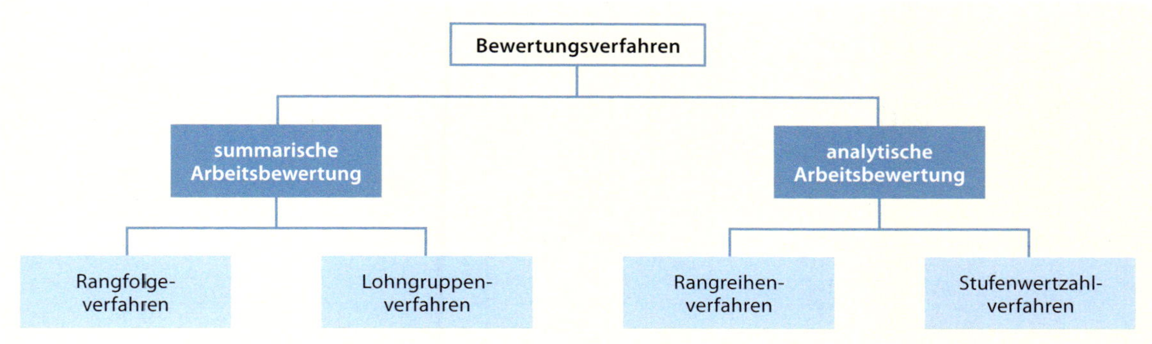

Summarische Arbeitsbewertung

Rangfolgeverfahren
Beim Rangfolgeverfahren werden alle im Unternehmen vorhandenen Stellen aufgelistet und jeweils paarweise miteinander verglichen. Dabei wird jeweils entschieden, welche Stelle höhere Anforderungen an den Stelleninhaber stellt. Die Stelle mit der höheren Anforderung erhält ein „+", die Stelle mit den niedrigeren Anforderungen ein „–". Ist der paarweise Vergleich abgeschlossen, ergibt sich aufgrund der Summe der positiven Nennungen eine Rangfolge, die als Grundlage der Entlohnung dient.

Beispiel eines Rangfolgeverfahrens:

Vergleichsstelle / Stelle	Einkäufer	Buchhalter	Pförtner	Sekretärin	Rang
Einkäufer		+	+	+	1
Buchhalter	–		+	+	2
Pförtner	–	–		–	3
Sekretärin	–	–	+		4

Der Einkäufer erhält das höchste Entgelt, weil seine Tätigkeit im jeweiligen Vergleich mit den anderen immer höher eingeschätzt wurde.

Das Rangfolgeverfahren ist nur für Kleinbetriebe mit wenig Stellen geeignet. Die Bewertung der einzelnen Stellen ist schwierig und das Problem des Lohnabstandes ist nicht geklärt.

Lohngruppenverfahren

Dieses Verfahren der Arbeitsbewertung ist weitverbreitet. Es legt Lohn- und Gehaltsgruppen fest, die nach Schwierigkeitsgraden abgestuft sind. Die Entgeltstufen sind nach Anforderungen gestuft und durch Definitionen und Richtbeispiele näher beschrieben.

Wenn z. B. 13 Lohngruppen festgelegt werden, kann man für die vielen verschiedenen Tätigkeiten eines Betriebs immer genau die zutreffende, den Anforderungen entsprechende Lohngruppe festlegen.

Als Beispiel für das Lohngruppenverfahren sind die seit dem 1. April 2010 gültigen Entgeltsätze und Ausbildungsvergütungen der chemischen Industrie in Hessen und Auszüge aus dem Entgeltgruppenkatalog des „Bundesentgelttarifvertrags der chemischen Industrie" unten aufgeführt.

Industriegewerkschaft
Bergbau, Chemie, Energie
IG BCE

Chemische Industrie Hessen

Entgeltsätze ab 1. April 2010

Entgeltgruppe	Vor Vollendung des 18. Lj.				Nach Vollendung des 18. Lj.			
1	10,93	1.783			12,86	2.098		
2	11,42	1.863			13,44	2.192		
3	11,65	1.901			13,71	2.237		
4					13,89	2.266		
	Tarifentgelt nach Tätigkeitsjahren in der Gruppe							
	Anfangssatz			nach 3 Jahren			nach 6 Jahren	
5	14,29	2.331		14,64	2.389		15,01	2.448
	Anfangssatz		nach 2 Jahren		nach 4 Jahren		nach 6 Jahren	
6	14,66	2.392	15,55	2.536	16,28	2.655	7,01	2. 775
7	15,20	2.479	16,11	2.628	17,02	2.776	7,93	2. 925
8	15,72	2.565	16,67	2.719	17,76	2.898	8,87	3. 078
	Anfangssatz		nach 2 Jahren		nach 4 Jahren		nach 6 Jahren	
9								
Kaufmännisch	2.401		2.628		2.888		3.245	
Technisch	2.642		2.892		3.177		3.570	
Meister	2.635		2.884		3.169		3.561	
10								
Kaufmännisch	2.768		3.023		3.314		3.642	
Technisch	2.970		3.244		3.556		3.908	
Meister	2.931		3.201		3.510		3.857	
11								
Kaufmännisch	3.147		3.430		3.672		4.035	
Technisch	3.315		3.613		3.868		4.250	
Meister	3.242		3.533		3.783		4.157	
12								
Kaufmännisch	3.380		3.683		3.986		4.333	
Technisch	3.582		3.903		4.225		4.592	
Meister	3.486		3.799		4.111		4.469	
13								
Kaufmännisch							4.636	
Technisch							4.932	
Meister							4.783	

Ausbildungsvergütungen

1. Ausbildungsjahr	705
2. Ausbildungsjahr	768
3. Ausbildungsjahr	845
4. Ausbildungsjahr	917

Quelle: www.igbce-vlciba.de/pdf/entgrlttabelle.pdf

Entgeltgruppenkatalog (Auszüge)

E 1

Arbeitnehmer, die Tätigkeiten verrichten, die eine kurze Einweisung erfordern und jederzeit durch andere Arbeitnehmer verrichtet werden können. Arbeitnehmer während der Einarbeitungszeit in Tätigkeiten der Gruppe E 2.

Bei Vorliegen dieser Voraussetzungen können folgende Tätigkeiten als Richtbeispiele gelten:

- Arbeiten gleichwertiger Art in Produktion, Labor, Technik, Lager Materialausgabe und Versand
- Botengänge
- Verteilen von Post
- Fotokopieren
- Aufnehmen von Daten mittels Codeleser
- Sortieren von Unterlagen nach einfachen Ordnungsmerkmalen

E 2

Arbeitnehmer, die Tätigkeiten verrichten, für die Kenntnisse und Fertigkeiten erforderlich sind, die durch eine angemessene Berufspraxis von in der Regel bis zu 13 Wochen erworben werden.

Richtbeispiele:

- Arbeiten gleichwertiger Art in Produktion, Labor, Technik, Lager, Materialausgabe und Versand
- Transportarbeiten auch mit Flurförderzeugen
- einfache Dateneingabe ohne gerätetechnische Kenntnisse
- Sortieren und Verteilen von Post

E 4

Arbeitnehmer, die Tätigkeiten verrichten, für die Kenntnisse und Fertigkeiten erforderlich sind, die durch eine abgeschlossene zweijährige Berufsausbildung in einem nach dem Berufsausbildungsgesetz anerkannten oder gleichgestellten Ausbildungsberuf erworben worden sind und in der Regel nach eingehenden Anweisungen ausgeführt werden. Das Merkmal der abgeschlossenen Berufsausbildung in dieser Gruppe wird erfüllt durch den erfolgreichen Abschluss einer Ausbildung z. B. zum Bürogehilfen, Chemiebetriebswerker, Chemielaborwerker, Elektroanlageninstallateur oder Teilezeichner.

Arbeitnehmer ohne eine derartige planmäßige Ausbildung, die aufgrund einer längeren Berufspraxis auf einem Arbeitsplatz der Entgeltgruppe 3 eine entsprechende Tätigkeit wie nach Absatz 1 ausüben.

Hilfshandwerker und Arbeitnehmer, die gleich zu bewertende Tätigkeiten verrichten. Richtbeispiele:

- Bedienen von Betriebs- oder Produktionseinrichtungen mit den entsprechenden Fachkenntnissen des oben genannten Personenkreises
- Arbeiten mit den entsprechenden Fachkenntnissen des oben genannten Personenkreises bei Aufbau, Inbetriebnahme, Wartung oder Instandhaltung von Maschinen und Apparaturen sowie an Betriebs- oder Produktionseinrichtungen
- gleichwertige Arbeiten in Lager, Transport oder Versandstenografisches Aufnehmen oder Übertragen (auch von Diktiergeräten und über Fernschreiber) von Texten ohne besondere Schwierigkeiten
- Herstellen von Fernsprechverbindungen in einer Telefonzentrale
- Ordnen und Ablegen von Schriftgut mit der dafür notwendigen allgemeinen Kenntnis des Geschäftsbetriebes oder mit besonderen Kenntnissen in einem abgegrenzten Geschäftsbereich
- Führen von Bestandsdateien in Material- und/oder Warenlagern
- Bedienen von Datenerfassungsgeräten und vergleichbaren Geräten nach Anweisung

E 5

Arbeitnehmer, die Tätigkeiten verrichten, die über die Anforderungsmerkmale der Gruppe E 4 hinaus erweiterte Kenntnisse und Fertigkeiten voraussetzen und in der Regel nach allgemeinen Anweisungen ausgeführt werden. Richtbeispiele:

- stenografisches Aufnehmen und Übertragen (auch von Diktiergeräten und über Fernschreiber) von Texten, gelegentlich auch mit mittlerem Schwierigkeitsgrad
- Führen von Beständen in Material- und/oder Warenlagern mit den dafür erforderlichen Material- und Warenkenntnissen
- Bedienen von Datenerfassungsgeräten nach allgemeinen Anweisungen
- Anfertigen einfacher technischer Zeichnungen mit den dazugehörigen Berechnungen

E 6

Arbeitnehmer, die Tätigkeiten verrichten, für die Kenntnisse und Fertigkeiten erforderlich sind, die durch eine abgeschlossene mindestens dreijährige Berufsausbildung in einem nach dem Berufsbildungsgesetz anerkannten oder gleichgestellten Ausbildungsberuf erworben worden sind. Das Merkmal der abgeschlossenen Berufsausbildung wird erfüllt durch den erfolgreichen Abschluss z. B. einer Handwerkerausbildung sowie einer Ausbildung zum Kaufmann, Chemikanten, Pharmakanten oder technischen Zeichner.

Arbeitnehmer ohne eine derartige planmäßige Ausbildung, die aufgrund mehrjähriger Berufspraxis gleichwertige Kenntnisse und Fertigkeiten erworben haben und entsprechende Tätigkeiten ausüben.

(Fortsetzung folgende Seite)

Mess- und Regelmechaniker in den ersten zwei Berufsjahren, wenn sie eine ihrer Ausbildung entsprechende Tätigkeit ausüben. Richtbeispiele:

Fahren (Überwachen und/oder Steuern) von Anlagen oder Teilanlagen, auch mit Prozesssteuerungstechnik, in Produktions- oder Energiebetrieben mit den entsprechenden Kenntnissen und Fertigkeiten des oben genannten Personenkreises

Instandhaltungsarbeiten an Geräten, Maschinen oder Anlagen, auch mit Funktionsprüfung und Inbetriebnahme mit den entsprechenden Kenntnissen und Fertigkeiten des oben genannten Personenkreises

Fertigen, Zusammenbauen oder Installieren von Geräten, Maschinen oder Anlagenteilen mit den entsprechenden Kenntnissen und Fertigkeiten des oben genannten Personenkreises

stenografisches Aufnehmen und Übertragen (auch von Diktiergeräten und über Fernschreiber) von Texten mittleren Schwierigkeitsgrades

Bearbeiten sich wiederholender Vorgänge in Verwaltungsbereichen sowie entsprechende Tätigkeiten in vergleichbaren Bereichen

Führen umfangreicher Bestände in Material- und/oder Warenlagern mit den dafür erforderlichen erweiterten Material- und Warenkenntnissen

Bedienen von einfachen Datenverarbeitungsanlagen

Programmieren einfacher Datenverarbeitungsaufgaben nach detaillierten Programmvorgaben unter Anleitung

Anfertigen technischer Zeichnungen mit den dazugehörigen Berechnungen

Analytische Arbeitsbewertung

Im Gegensatz zu den Verfahren der summarischen Arbeitsbewertung, wo die Arbeitsschwierigkeit als Ganzes bewertet wurde, untergliedert die analytische Arbeitsbewertung die verschiedenen Arbeitsplätze in charakteristische Anforderungsarten, die einzeln zu beurteilen und zu gewichten sind.

Die Grundlage aller analytischen Arbeitsbewertungen stellt das Genfer Schema dar.

Das Genfer Schema, als Ergebnis einer Tagung für Arbeitsbewertung aus dem Jahre 1950, unterscheidet vier Anforderungsarten.

Der Verband für Arbeitsgestaltung, Betriebsorganisation und Unternehmensentwicklung, REFA, hat das Genfer Schema erweitert und sechs Anforderungsarten abgeleitet.

Hauptanforderung nach Genfer Schema	Anforderungen nach REFA	Erläuterungen
I. Können	1. Kenntnisse	Ausbildung, Erfahrung, Denkfähigkeit
	2. Geschicklichkeit	handwerklich geschickt, körpergewandt
II. Verantwortung	3. Verantwortung	für eigene Arbeiten, für Arbeiten anderer, für die Sicherung
III. Belastung	4. geistige Belastung	Denkfähigkeit, Aufmerksamkeit
	5. körperliche Belastung	statische und dynamische Muskelkraft
IV. Arbeitsbedingungen	6. Umgebungseinflüsse	Kälte, Hitze, Nässe, Staub, Schmutz, Lärm, Dämpfe, Licht, Unfallgefahren

Rangreihenverfahren
Beim Rangreihenverfahren wird jede Stelle hinsichtlich jeder Anforderungsart bewertet. Für jede Anforderungsart wird eine maximale Punktzahl festgelegt.

Jede Stelle bekommt nun für jede Anforderungsart Punkte zugeordnet. Durch einen Gewichtungsfaktor kann man die Bedeutung der verschiedenen Anforderungsarten herausstreichen. Soll eine Anforderungsart stark gewichtet werden, kann sie z. B. mit dem Gewichtungsfaktor 1,5 multipliziert werden. Eine weniger bedeutende Anforderungsart kann z. B. mit dem Gewichtungsfaktor 0,7 multipliziert werden.

Am Ende des Verfahrens werden die erreichten Punkte pro Anforderungsart für jede Stelle addiert. Mithilfe der Punktsummen lässt sich eine Abstufung zwischen den einzelnen Stellen, eine Rangfolge, ermitteln.

Das unten stehende Beispiel eines Rangreihenverfahrens soll die Bewertung der Anforderungsarten „Verantwortung“ und „Kenntnisse“ verdeutlichen. Die maximale Punktzahl ist jeweils 100.

Das Beispiel zeigt, dass der Einkäufer mit einer Punktsumme von 164 Spitzenreiter ist und demnach das höchste Entgelt erhalten müsste.

Will man weitere Aspekte der betrieblichen Tätigkeiten und Aufgaben berücksichtigen, können die Anforderungsarten selbstverständlich noch weiter differenziert werden.

Stufenwertzahlverfahren
Beim Stufenwertzahlverfahren handelt es sich um eine Erweiterung des Rangreihenverfahrens. Die einzelnen Anforderungsarten werden in unterschiedliche Anforderungsstufen (z. B. von „gering“ bis „dauernd“) aufgeteilt und für die einzelnen Stellen bewertet.

Zusätzlich kann noch berücksichtigt werden, wie lange der Arbeitnehmer den Anforderungsstufen der verschiedenen Anforderungsarten ausgesetzt ist. So kann sich z. B. ergeben, dass ein Arbeitnehmer zwei Stunden am Tag eine sehr hohe Verantwortung trägt und drei Stunden eine geringe.

Das Stufenwertzahlverfahren ist in der Durchführung relativ zeitaufwendig, erhöht aber die Objektivität bei der Festlegung eines gerechten Entgeltes.

Beispiel eines Rangreihenverfahrens:

Anforderungsarten	Stelle	Bewertung	Gewichtsfaktor	Resultat
Verantwortung	Einkäufer	90	1,2	108
	Buchhalter	80	1,2	96
	Pförtner	20	1,2	24
	Sekretärin	40	1,2	48
Kenntnisse	Einkäufer	80	0,7	56
	Buchhalter	70	0,7	49
	Pförtner	20	0,7	14
	Sekretärin	70	0,7	49

5.7.2 Formen des Zeit- und Leistungslohnes

Die grundlegenden Lohnformen sind der Zeitlohn und der Leistungslohn.

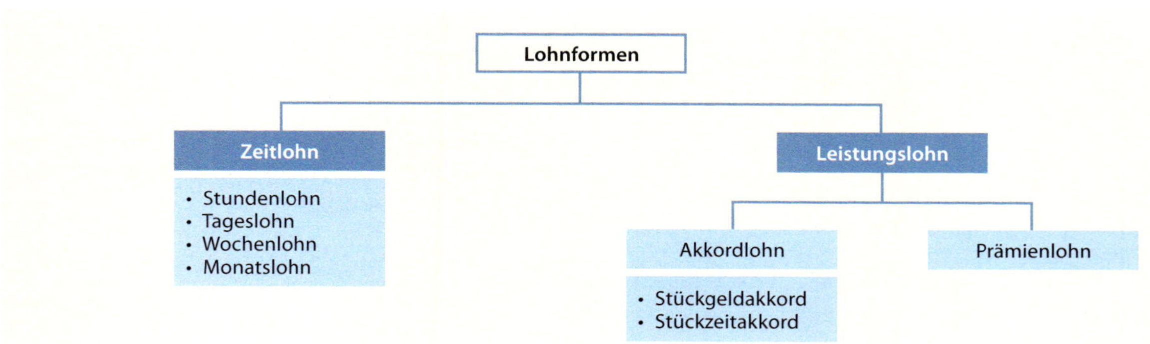

Daneben lassen sich noch **Provisionen** und **Erfolgsbeteiligungen** als Sonderformen der Entlohnung unterscheiden.

Provisionen sind prozentuale Beteiligungen am Umsatz, den der Mitarbeiter durch den Absatz der Produkte des Unternehmens erzielt hat. Die Provision wird i. d. R. zusätzlich zu einem festen, vom Umsatz unabhängigen Gehalt (Fixum) bezahlt.

Beispiel:

Ein Handlungsreisender erhält ein monatliches Fixum von 1.100,00 € und eine umsatzabhängige Provision von 2,5 %. Erzielt er einen monatlichen Umsatz von 40.000,00 €, so beträgt sein Bruttoverdienst 2.100,00 €, der sich wie folgt berechnet:

monatliches Fixum	1.100,00 €
+ Provision (2,5 % von 40.000,00 €)	1.000,00 €
= Bruttogehalt	2.100,00 €

Erfolgsbeteiligungen können sein:

- **Aktien**
  Ausgabe von Belegschaftsaktien oder stillen Beteiligungen. Die Arbeitnehmer werden damit Miteigentümer am Unternehmen.
- **Gewinnanteile**
  Gewinnanteile können ausgeschüttet werden oder als Fremdkapital im Unternehmen verbleiben.

Die Erfolgsbeteiligung kann das Beziehungsgeflecht zwischen Arbeitgeber und Arbeitnehmer verbessern. So hat die Erfolgsbeteiligung die Vorteile, dass sie zur Erhöhung des Vermögens der Mitarbeiter beiträgt, das Interesse für das Unternehmen weckt und die Motivation erhöht, sich für das Unternehmen einzusetzen.

Zeitlohn

Der Zeitlohn wird – vordergründig – unabhängig von der erbrachten Leistung gezahlt.

Die Höhe des Entgeltes richtet sich nach den tarifvertraglichen Vereinbarungen.

Beispiele für Zeitlohn sind die Gehälter der kaufmännischen Angestellten und die Löhne der gewerblichen Arbeitnehmer, die das Arbeitstempo nicht selbst beeinflussen können oder Tätigkeiten ausüben, die ohne Zeitdruck verrichtet werden müssen.

Berechnung des Zeitlohnes

- **Angestellte:**
  vertraglich vereinbartes Gehalt + geleistete Mehrarbeit
- **Arbeiter:**
  geleistete Arbeitsstunden · Stundenlohn

Der Zeitlohn eignet sich besonders bei Arbeiten, die ein hohes Maß an Konzentration erfordern, für Bürotätigkeiten oder Fließbandarbeiten (Geschwindigkeit wird nicht vom Arbeitnehmer bestimmt).

Eine Form der Zusammenarbeit in der industriellen Fertigung stellt die **Gruppenarbeit** dar. Sie wird z. B. von der Adam Opel AG und der Daimler AG bei der Fließbandfertigung im Automobilbau betrieben.

Eine Gruppe von fünf bis sechs Mitarbeitern kann z. B. für den Einbau des Motorblocks eines Pkw zuständig sein. Die Gruppe entscheidet selbstständig, wie sie den Einbau organisiert und übernimmt auch die Materialdisposition, Instandhaltung der Werkzeuge und Maschinen und die Qualitätsprüfung. Dabei kann jedes Gruppenmitglied bei der Verbesserung der Arbeitsabläufe mitwirken und neue Ideen und Vorschläge einbringen.

Jedes Gruppenmitglied ist für einen bestimmten Arbeitsvorgang verantwortlich. Die Gruppe entscheidet, wann und wie die Verantwortungsbereiche gewechselt werden.

Der **Gruppensprecher** ist Hauptansprechpartner für Vorgesetzte und sorgt für die Abstimmung innerhalb der Gruppe.

3628168

Vorteile der Gruppenarbeit für den Arbeitnehmer:	Vorteile der Gruppenarbeit für den Arbeitgeber:
• Die Arbeit kann interessanter und anspruchsvoller gestaltet werden, • die Arbeit wird abwechslungsreicher, • die Mitarbeiter bekommen mehr Verantwortung, • einseitige Belastungen werden vermindert, • erhöht die Zufriedenheit und Motivation der Mitarbeiter.	• Vermeidung überflüssiger Arbeiten • verminderter Prüf- und Nacharbeitungsaufwand • bessere Nutzung der Produktionsanlagen • Verminderung der Produktionskosten • besseres Betriebsklima

Gruppenarbeit in der industriellen Fertigung

Beurteilung des Zeitlohnes

	für den Betrieb	für den Mitarbeiter
Vorteile	• einfache Lohn- und Gehaltsabrechnung • geringe Ausschussquote • pflegsame Behandlung von Material und Maschinen	• Arbeiten ohne Zeitdruck • konstantes, planbares Einkommen
Nachteile	• geringer Anreiz zur quantitativen Mehrleistung • Leistungswillige sind wegen fehlender finanzieller Anreize nicht zur Mehrleistung bereit.	• geringe Möglichkeit, das Einkommen zu steigern • Unzufriedenheit, wenn Kollegen, die weniger leisten, das gleiche Entgelt bekommen.

Leistungslohn

Beim Leistungslohn hängt der Verdienst des Mitarbeiters von seiner eigenen Leistung ab. Es wird das mengenmäßig erzielte Arbeitsergebnis gemessen.

Stückgeldakkord

Das Arbeitsentgelt ergibt sich aus der Multiplikation der Leistungsmenge mit dem Stückgeldakkordsatz.

$$\text{Arbeitsentgelt} = \text{Leistungsmenge} \cdot \text{Stückgeldakkordsatz}$$

$$\text{Stückgeldakkordsatz} = \frac{\text{Akkordrichtsatz}}{\text{Normalleistung pro Stunde}}$$

Bei der Berechnung des Stückgeldakkordsatzes geht man zunächst vom tarifvertraglich garantierten **Mindestlohn** aus, der auch bei geringerer Leistung zu zahlen ist. Dem Mindestlohn wird ein im Tarifvertrag vereinbarter **Akkordzuschlag** von 5 %–25 % hinzugefügt. Daraus ergibt sich der Akkordstundenlohn, der auch als **Akkordrichtsatz** bezeichnet wird.

Teilt man den Akkordrichtsatz durch die **Normalleistung** je Stunde, erhält man den Stückgeldakkordsatz.

> Die Normalleistung ist die Produktionsmenge, die ein durchschnittlicher Arbeiter problemlos in einer Stunde herstellen kann.

Beispiel:

garantierter Mindestlohn	10,20 €
+ Akkordzuschlag 20 %	2,04 €
= Akkordrichtsatz	12,24 €
Normalleistung pro Stunde	12 Stück
Stückgeldakkordsatz	$\frac{12{,}24\ €}{12\ \text{Stück}} = 1{,}02$ €/Stück

Bei einer vertraglich vereinbarten Arbeitszeit von 8 Stunden ergibt sich eine Normalleistung von 96 Stück pro Tag.

Tageslohn: 96 Stück · 1,02 €/Stück = 97,92 €

Liegt die Tagesproduktion beispielsweise bei 110 Stück, also über der Normalleistung, verdient der Arbeitnehmer entsprechend mehr.

Tageslohn: 110 Stück · 1,02 €/Stück = 112,20 €

Liegt die Tagesproduktion nur bei 75 Stück, also unter der Normalleistung, wird der Mindestlohn gezahlt = 81,60 €.

75 Stück · 1,02 €/Stück = 76,50 € < 8 Stunden · 10,20 € = 81,60 €

Stückzeitakkord

Beim Stückzeitakkord ergibt sich das Arbeitsentgelt aus der Multiplikation der Leistungsmenge mit dem **Stückzeitakkordsatz** und dem **Minutenfaktor**.

$$\text{Arbeitsentgelt} = \text{Leistungsmenge} \cdot \text{Stückzeitakkordsatz} \cdot \text{Minutenfaktor}$$

Bei der Lohnberechnung nach dem Stückzeitakkord wird für jede Leistungseinheit eine Vorgabezeit (= Stückzeitakkordsatz) vergütet und mit einem Geldsatz pro Minute (= Minutenfaktor) multipliziert.

$$\text{Stückzeitakkordsatz} = \frac{60\ \text{Minuten}}{\text{Normalleistung je Stunde}}$$

$$\text{Minutenfaktor} = \frac{\text{Akkordrichtsatz}}{60\ \text{Minuten}}$$

Legt man Dezimalminuten zugrunde:

$$\text{Stückzeitakkordsatz} = \frac{\text{100 Dezimalminuten}}{\text{Normalleistung je Stunde}}$$

$$\text{Minutenfaktor} = \frac{\text{Akkordrichtsatz}}{\text{100 Dezimalminuten}}$$

Beispiel:

garantierter Mindestlohn	=	10,20 €		
Akkordrichtsatz	=	12,24 €		
Normalleistung pro Stunde	=	12 Stück		
Stückzeitakkordsatz	=	$\frac{\text{60 Minuten}}{\text{12 Stück}}$	=	5 Minuten/Stück
Minutenfaktor	=	$\frac{\text{12,24 €}}{\text{60 Minuten}}$	=	0,204 €/Minute

Normalleistung von 96 Stück: 96 Stück · 5 Minuten · 0,204 €/Minute = <u>97,92 €</u>

Produktion von 110 Stück: 110 Stück · 5 Minuten · 0,204 €/Minute = <u>112,20 €</u>

Produktion von 75 Stück: 75 Stück · 5 Minuten · 0,204 €/Minute = <u>76,50 €</u>
(Es wird aber auch in diesem Fall der Mindeststundenlohn von 81,60 € gezahlt.)

Berechnung des Tageslohnes bei Normalleistung mit Dezimalminuten:

Stückzeitakkordsatz	=	$\frac{\text{100 Dezimalminuten}}{\text{12 Stück}}$	=	$8{,}\overline{33}$ Minuten/Stück
Minutenfaktor	=	$\frac{\text{12,24 €}}{\text{100 Dezimalminuten}}$	=	0,1224 €/Minute

Tageslohn: 96 Stück · $8{,}\overline{33}$ Minuten · 0,1224 €/Minute = <u>97,92 €</u>

Eine Sonderform des Akkordlohnes stellt der **Gruppenakkord** dar.

Hier gelten die Vorgaben nicht für eine einzelne Person, sondern für eine Gruppe von Mitarbeitern, die einen Arbeitsauftrag gemeinsam erledigt. Der Mehrverdienst der Gruppe wird auf die Mitglieder nach einem festgelegten Schlüssel aufgeteilt, wobei z. B. das Alter oder besondere Verantwortungen innerhalb der Gruppe berücksichtigt werden können. Im Interesse eines gesunden Betriebsklimas ist bei der Zusammenstellung der Gruppen darauf zu achten, dass die Leistungsfähigkeit und -bereitschaft der Gruppenmitglieder annähernd gleich ist.

Beispiele für den Gruppenakkord finden wir in der Automobilindustrie.

Prämienlohn
Der Prämienlohn setzt sich aus dem Grundlohn und der Prämie für bestimmte Leistungen zusammen. Wichtige Prämienarten können sein:

- **Mengenprämien** stehen im Zusammenhang mit der gefertigten Menge und ersetzen den

Akkordzuschlag, wenn die Vorgabezeit nicht exakt zu ermitteln ist.
- **Qualitätsprämien** sind an das Erreichen bestimmter Qualitätsansprüche gebunden.
- **Terminprämien** werden gezahlt, wenn die Leistung bis zu einem bestimmten Zeitpunkt erbracht wird.
- **Ersparnisprämien** werden für das Einsparen von Roh-, Hilfs- und Betriebsstoffen gewährt.

Beispielhaft soll das Prämiensystem nach F. A. Halsey erwähnt werden.

Nach Halsey erhält ein Arbeitnehmer zusätzlich eine Prämie in Höhe von 30 % – 60 % des Stundenlohnes für die eingesparte Zeit.

Beträgt der Stundenlohn 9,20 €, die Vorgabezeit 8 Stunden, die Prämie 40 % und ist die vom Arbeitnehmer tatsächlich benötigte Arbeitszeit 6 Stunden, so ergibt sich folgende Rechnung:

eingesparte Zeit: 2 Stunden		
Ermittlung der Prämie:		
40 % von 2 Stunden	=	7,36 €
Gesamtentlohnung: 6 Stunden · 9,20 €	=	55,20 €
+ Prämie	=	7,36 €
=		62,56 €

Das bedeutet einen Stundenlohn von 10,43 €.

Beurteilung des Leistungslohnes

	für den Betrieb	für den Mitarbeiter
Vorteile	• Die mengenmäßige Arbeitsleistung steigt. • bessere Auslastung der Betriebsmittel	• Arbeitnehmer bestimmt Arbeitstempo und damit die Lohnhöhe. • bei guter Leistung hohes Einkommen möglich • zufriedene Mitarbeiter
Nachteile	• aufwendige und teuere Lohnberechnung • höherer Krankenstand • Die Qualität der Produkte sinkt; die Ausschussquote steigt.	• Zeitdruck bei Arbeitsausführung • Arbeitsbedingte Gesundheitsschäden steigen. • Arbeitnehmer überfordern sich.

5.7.3 Sozialleistungen

Zu den verschiedenen in Abschnitt 5.7.2 dargestellten Arbeitsentgelten werden vielfach noch Zuschläge hinzugerechnet, die als **Sozialleistungen** bezeichnet werden. Betriebswirtschaftlich ausgedrückt spricht man auch von den **Lohnnebenkosten.**

> Sozialleistungen sind finanzielle Zuwendungen, Sachgüter und Dienstleistungen, die das Unternehmen seinen ehemaligen und aktuellen Mitarbeitern und deren Familienangehörigen neben den fest vereinbarten Vergütungen gewährt.

Gesetzliche, tarifliche Sozialleistungen

- Arbeitgeberbeiträge zur Sozialversicherung
- Unfallversicherungsbeiträge
- Urlaubsgeld
- Entgeltfortzahlung im Krankheitsfall, Entgeltzahlungen an Kranke
- Aufwendungen nach dem Mutterschutzgesetz

Dass gesetzliche bzw. tarifliche Sozialleistungen nicht immer gewährt werden müssen, zeigt die folgende Zeitungsmeldung.

Kranker geht leer aus

KASSEL (ap). Ein Arbeitnehmer, der das ganze Jahr über krank ist, hat nach einem Urteil des Bundesarbeitsgerichts keinen Anspruch auf ein 13. Monatsgehalt oder andere Gratifikationen. Das gelte auch dann, wenn das Arbeitsverhältnis weiter bestehe, hieß es in dem am Freitag veröffentlichten Urteil der Kasseler Richter. Sie wiesen damit die Klage eines Arbeiters aus Mannheim ab, der jahrelang krank war und seit 1994 keinen Lohn mehr bekommen hatte. Das Gericht erlegte dem Mann die gesamten Prozesskosten auf.
(Az: 10 AZR 597/96)

aus: Darmstädter Echo vom 7. Juni 1997

Ein Arbeitgeber in der westdeutschen Industrie musste im Jahr 2010 für eine Vollzeitkraft durchschnittlich 56.700 Euro aufwenden. In Ostdeutschland war der Betrag mit 37.740 Euro deutlich günstiger. Je 100 Euro Lohn bzw. Gehalt beliefen sich die Kosten in Westdeutschland auf 128,80 Euro, in Ostdeutschland auf 126,40 Euro. Gründe für die günstigeren Kosten im Osten sind nach Angaben des Instituts der deutschen Wirtschaft Köln zum einen das niedrigere Lohnniveau, die niedrigeren Sonderzahlungen und die weniger stark ausgebaute betriebliche Altersvorsorge. Für Letztere zahlten Arbeitgeber in der ostdeutschen Industrie im vergangenen Jahr 2,30 Euro je 100 Euro Lohn bzw. Gehalt, Arbeitgeber in Westen dagegen mit 5,60 Euro mehr als das Doppelte.

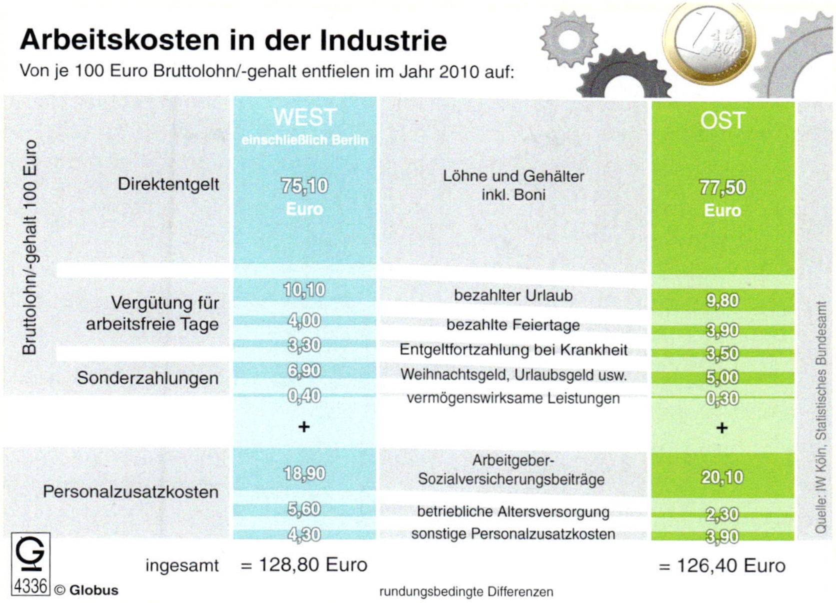

Quelle: Globus

Freiwillige Sozialleistungen

- Betriebsrente
- Fahrtkostenzuschuss
- Gratifikationen
- Dienstwagen, Dienstwohnung
- Sport- und Freizeiteinrichtungen
- Arbeitgeberdarlehen
- Kinderbetreuung
- Personaleinkauf

Förderung der Vermögensbildung

Die meisten Arbeitnehmer in der Bundesrepublik Deutschland sparen regelmäßig einen bestimmten Betrag ihres Einkommens an, um einen Grundstock für ein späteres Vermögen zu bilden.

Vermögenswirksame Leistungen sind tarifvertraglich vereinbarte oder in Betriebsvereinbarungen ausgehandelte Geldleistungen des Arbeitgebers. Viele Arbeitnehmer erhalten vermögenswirksame Leistungen – bis zu 40,00 € monatlich = 480,00 € im Jahr – zusätzlich zu ihrem normalen Arbeitsentgelt. Diese Zuwendungen müssen allerdings voll versteuert werden.

Der Arbeitgeber behält den Sparbetrag des Arbeitnehmers vom Nettolohn ein und überweist ihn an das Kreditinstitut, bei dem der Arbeitnehmer seinen Vertrag abgeschlossen hat.

Der Staat zahlt zusätzlich eine **Arbeitnehmersparzulage,** wenn die vermögenswirksamen Leistungen in Bausparverträgen oder Verträgen über Vermögensbeteiligungen angelegt sind. Die Sparzulage beträgt 9 % (Bausparvertrag) bzw. 20 % (Investmentfonds) des vermögenswirksamen Sparbetrags, solange dieser insgesamt 470,00 € bzw. 400,00 € im Jahr nicht überschreitet. Anspruchsberechtigt sind jedoch nur Personen, deren zu versteuerndes Jahreseinkommen max. 20.000,00 € (Alleinstehende) bzw. 40.000,00 € (Verheiratete) beträgt. Die Arbeitnehmersparzulage wird auf Antrag vom Finanzamt nach dem Ende der jeweiligen Sperrfrist, meist 6–7 Jahre nach Vertragsabschluss, ausbezahlt.

Tipp:

Wenn Sie nicht wissen, ob sich die Vermögensbildung für Sie lohnt, empfiehlt sich die folgende Vorgehensweise:

1. Erkundigen Sie sich in der Personalabteilung, welche vermögenswirksamen Leistungen Ihr Arbeitgeber gewährt. Selbst wenn er nur 20,00 € zahlt, lohnt sich die Vermögensbildung für Sie. Als Auszubildende haben Sie auf jeden Fall Anspruch auf die Arbeitnehmersparzulage.
2. Erkundigen Sie sich bei Ihrer Bank, einer Verbraucherzentrale oder einer Verbraucherberatungsstelle, welche Anlageform für Sie infrage kommt.
3. Bedenken Sie, dass bei allen Anlageformen eine bestimmte Sperrfrist beachtet werden muss. Diese **Sperrfrist** beträgt z. B. bei Beteiligungen sechs bis sieben Jahre und bei Bausparverträgen sieben Jahre. Erst danach können Sie über Ihr Kapital verfügen.

5.7.4 Vom Brutto- zum Nettolohn

Eine wichtige Aufgabe der Personalabteilung ist die Berechnung der Löhne und Gehälter der Mitarbeiter.

Ausgangspunkt für die Berechnung des Nettogehalts der Angestellten ist das vertraglich vereinbarte Bruttogehalt, das sich nur ändert, wenn Überstunden ausbezahlt werden.

Die Berechnung des Bruttolohnes der Arbeiter ist schwieriger, da zunächst die genaue Arbeitszeit und dann der Bruttostundenlohn, häufig unter Berücksichtigung von Akkordzuschlägen, zu ermitteln sind.

Stehen die Bruttolöhne und -gehälter (im Folgenden als „Arbeitsentgelte" bezeichnet) fest, ist es noch ein langer Weg, der zu den Beträgen führt, die den Mitarbeitern i. d. R. am Monatsende auf ihre Girokonten überwiesen werden. Dieser Weg soll jetzt beschrieben werden.

Lohnsteuer

Alle inländischen natürlichen Personen sind nach dem Einkommensteuergesetz zur Einkommensteuerzahlung verpflichtet, wenn sie eine oder mehrere der folgenden Einkunftsarten erzielen:

Einkünfte aus Land- und Forstwirtschaft
Einkünfte aus Gewerbebetrieb
Einkünfte aus selbstständiger Arbeit
Einkünfte aus nichtselbstständiger Arbeit
Einkünfte aus Kapitalvermögen
Einkünfte aus Vermietungen und Verpachtungen
sonstige Einkünfte

= Summe der Einkünfte

Die Entgelte der Mitarbeiter eines Unternehmens stellen Einkünfte aus nichtselbstständiger Arbeit dar und unterliegen der Lohnsteuer, die in Lohnsteuertabellen (Seite178) unter Berücksichtigung der Lohnsteuerklassen zu ermitteln ist.

Lohnsteuerklasse I

erfasst Arbeitnehmer, die ledig, geschieden, verwitwet oder verheiratet sind, aber von ihren Ehegatten dauernd getrennt leben oder wenn der Ehegatte nicht im Inland wohnt.

Lohnsteuerklasse II

erfasst Arbeitnehmer, die in Lohnsteuerklasse I aufgeführt sind, in deren Wohnung jedoch mindestens ein Kind gemeldet ist, für das sie einen Kinderfreibetrag erhalten.

Lohnsteuerklasse III

erfasst verheiratete Arbeitnehmer, die nicht dauernd getrennt leben, von denen nur ein Ehegatte Einkünfte bezieht oder von denen beide arbeiten, wobei der eine Ehegatte aber in Lohnsteuerklasse V eingestuft ist.

Lohnsteuerklasse IV

erfasst verheiratete Arbeitnehmer, die nicht dauernd getrennt leben und beide Einkünfte erzielen. Verdienen die Ehegatten annähernd gleich viel, ist es steuerlich günstig, wenn sich beide in Lohnsteuerklasse IV einstufen lassen.

Lohnsteuerklasse V

erfasst verheiratete Arbeitnehmer, die beide Einkünfte erzielen und der Ehegatte in Lohnsteuerklasse III eingestuft ist. Diese Kombination der Steuerklassen empfiehlt sich, wenn die Verdienste der Ehegatten stark differieren. Der Besserverdienende wird dann in der günstigeren Lohnsteuerklasse III geführt.

Lohnsteuerklasse VI

erfasst Arbeitnehmer, die mehreren Beschäftigungsverhältnissen nachgehen.

Die Lohnsteuerklassen der Arbeitnehmer sowie die sonstigen Informationen für die Berechnung der Lohnsteuer (**E**lektronische **L**ohn**St**euer**A**b-zugs**M**erkmale – **ELStAM**) sind ab dem Jahr 2013 in einer Datenbank der Finanzverwaltung hinterlegt und dem Arbeitgeber in elektronischer Form zum Abruf bereitgestellt.

Zu Beginn einer neuen Beschäftigung muss der Arbeitnehmer dem Arbeitgeber nur sein Geburtsdatum und seine steuerliche Identifikationsnummer angeben und ihm mitteilen, ob es sich um eine Haupt- oder Nebentätigkeit handelt. Der Arbeitgeber kann mit diesen Angaben dann die benötigten ELStAM für den Lohnsteuerabzug abrufen.

Bestand das Arbeitsverhältnis schon vor dem Jahre 2013, liegen dem Arbeitgeber diese Informationen bereits vor.

Die bis Ende 2012 verwendeten Lohnsteuerkarten verlieren damit ihre Gültigkeit. Nähere Informationen geben die Seite www.elster.de sowie die Broschüre „Die **elektronische Lohnsteuerkarte**" des Bundesministeriums der Finanzen (nur als Download auf den Seiten von www.bundesfinanzministerium.de).

Die **Lohnsteuerdaten** enthalten neben der Steuerklasse auch die Zahl der gemeldeten Kinder, für die Anspruch auf einen Kinderfreibetrag besteht. Ein Arbeitnehmer mit der Steuerklasse III/1 hat ein Kind und ist verheiratet, wobei der Ehegatte auch berufstätig sein kann und in Lohnsteuerklasse V eingestuft ist.

Außerdem werden in den Lohnsteuerdaten die Religionszugehörigkeit und ein zu beantragender Freibetrag eingetragen.

Für die Pflege der Lohnsteuerabzugsmerkmale – Berücksichtigung der Kinderfreibeträge, Steuerklassenwechsel und andere Freibeträge – ist ausschließlich das Finanzamt zuständig.

Für melderechtliche Daten wie Geburt, Heirat, Kirchenein- oder Kirchenaustritt bleiben die Gemeinden zuständig und übermitteln diese direkt an die Finanzverwaltung.

Die Lohnsteuertabelle ist nach Steuerklassen und Anzahl der Kinderfreibeträge gegliedert. Zusätzlich enthält sie noch Angaben über Kirchensteuerbeträge und Solidaritätszuschläge. Angaben über Kranken-, Pflege-, Renten- und Arbeitslosenversicherung finden sich in den Tabellen der jeweiligen Krankenkassen.

In der Spalte mit den Lohn- und Gehaltsbeträgen ist jeweils angegeben, bis zu welchem Lohn oder Gehalt die nebenstehenden Steuerbeträge bzw. Sozialversicherungsbeiträge zu entrichten sind.

Hat ein Arbeitnehmer beispielsweise ein zu versteuerndes Einkommen von 1.950,00 €, so sind die Abzugsbeträge in der Zeile mit dem Lohn und Gehalt von 1.952,99 € zu finden. (siehe Lohnsteuertabelle Seite 178).

Einkommensteuertarif

Für das über den Grundfreibetrag (d. h. den steuerfreien Teil) hinaus verdiente Einkommen ist die Einkommensteuer abzuführen.

Wie hoch der veranschlagte Steuersatz dabei ist, hängt von der Höhe des Einkommens und der Steuerklasse ab.

- Der **Grundfreibetrag** liegt seit dem 1. Januar 2010 bei 8.004,00 € pro Person.
- Der **Eingangssteuersatz** liegt seit dem 1. Januar 2009 bei 14 %.
- Der **Höchststeuersatz** liegt seit dem 1. Januar 2007 bei 42 %.
- Im Jahr 2007 wurde die sog. „Reichensteuer" eingeführt. Für Alleinverdiener wurde der Spitzensteuersatz ab einem Einkommen von 250.731,00 € und bei Verheirateten ab einem Einkommen von 501.462,00 € jährlich von 42 % auf 45 % angehoben.

Entwicklung der Einkommensteuertarife von 2000 bis 2012

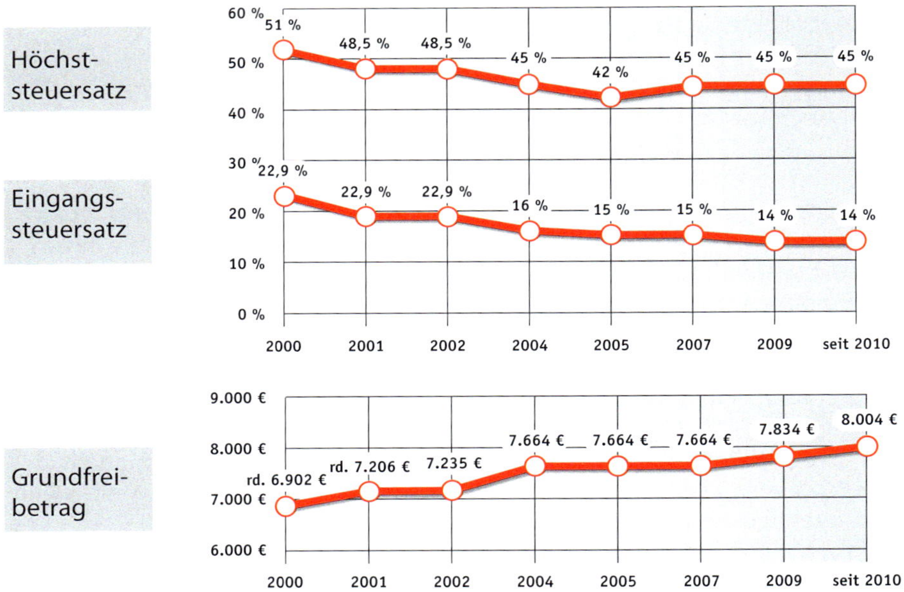

Kirchensteuer

Ist ein Arbeitnehmer Mitglied einer kirchensteuerberechtigten Religionsgemeinschaft (z. B. evangelisch oder römisch-katholisch), muss der Arbeitgeber für ihn Kirchensteuer abführen. Dabei handelt es sich um einen festen Prozentsatz bezogen auf den Lohnsteuerbetrag. Dieser Prozentsatz ist nicht bundeseinheitlich und liegt in einigen Bundesländern bei 8 %, in anderen bei 9 % des Lohnsteuerbetrags.

Bei einem zu versteuernden Einkommen von wiederum 1.950,00 € und der Lohnsteuerklasse II/1 beträgt die Kirchensteuer entweder 7,77 € oder 8,74 €.

Die Lohn- und Kirchensteuer sowie der Solidaritätszuschlag müssen bis zum 10. Tag des auf den Abrechnungsmonat folgenden Monats vom Arbeitgeber an das zuständige Finanzamt überwiesen werden.

Solidaritätszuschlag

Seit dem 1. Jan. 1998 ist von jedem Arbeitnehmer ein Solidaritätszuschlag in Höhe von 5,5 % des Lohnsteuerbetrags zu entrichten. Die Beträge, die über den Solidaritätszuschlag abgeführt werden, sind zur wirtschaftlichen Unterstützung und Förderung der neuen Bundesländer vorgesehen.

Der Solidaritätszuschlag stellt keine dauerhafte Belastung der Arbeitnehmer dar, sondern ist von der Bundesregierung für eine gewisse Zeit vorgesehen. Es ist noch nicht genau festgelegt worden, wann der Solidaritätszuschlag wieder wegfällt.

Ein Solidaritätszuschlag wird nur erhoben, wenn in den Lohnsteuerklassen I, II, IV, V und VI monatlich mehr als 81,00 € Lohnsteuer gezahlt werden. In der Lohnsteuerklasse III wird der Solidaritätszuschlag erst erhoben, wenn die Lohnsteuer monatlich 161,00 € übersteigt.

Freibeträge

Freibeträge, die in den Lohnsteuerdaten eingetragen sind, reduzieren das zu versteuernde Einkommen. Der Freibetrag wird auf Antrag des Arbeitnehmers vom Finanzamt in die Lohnsteuerabzugsmerkmale eingetragen. Arbeitnehmer, die z. B. lange Fahrtstrecken zu ihrem Arbeitsplatz zurücklegen müssen und somit gegenüber Arbeitnehmern, die nur einen kurzen Arbeitsweg haben, im Nachteil sind, können sich einen

Freibetrag eintragen lassen und zahlen dann weniger Steuern.

Sozialversicherungsbeiträge

Die Sozialversicherungsbeiträge werden auf das sozialversicherungspflichtige Entgelt erhoben (s. Kap. 5.2.4).

Gemäß Stand vom **1. Jan. 2012** gelten folgende Beitragssätze, die zur Hälfte vom Arbeitgeber und vom Arbeitnehmer übernommen werden.

Krankenversicherung:	14,6 %
zusätzlicher Anteil AN:	0,9 %
Pflegeversicherung:	1,95 %
Rentenversicherung:	19,6 %
Arbeitslosenversicherung:	3,0 %

Seit der Gesundheitsreform 2009 gilt ein bundeseinheitlicher Krankenkassenbeitrag für alle gesetzlichen Krankenkassen. Arbeitnehmer bezahlen davon 0,9 % mehr als Arbeitgeber. Seit dem 1. Januar 2011 müssen Arbeitnehmer 8,2 % Beitrag zahlen, der Arbeitgeberanteil liegt bei 7,3 %. Somit ist der Gesamtbeitrag auf 15,5 % gestiegen. Zusätzlich können Krankenkassen seit Einführung des Gesundheitsfonds im Jahr 2009 Zusatzbeiträge erheben, um ihre Finanzierung zu sichern.

Seit 1. Jan. 2005 hat sich der Beitragssatz der Pflegeversicherung für Kinderlose, die älter als 23 Jahre sind, um 0,25 % erhöht. Ihr Anteil zur Pflegeversicherung beträgt also künftig 1,225 %, während der Anteil der Arbeitgeber unverändert bei 0,975 % bleibt. Die Unfallversicherung trägt allein der Arbeitgeber; deshalb spielt sie bei der Nettolohnberechnung keine Rolle.

Die Sozialversicherungsbeiträge sind auf Tabellen ablesbar, die von den verschiedenen Krankenkassen herausgegeben werden.

Dabei bedeuten die Abkürzungen:

- KV: Krankenversicherung,
- RV: Rentenversicherung,
- ALV: Arbeitslosenversicherung,
- PV: Pflegeversicherung.

Beispiel:
Bei einem zu versteuernden und sozialversicherungspflichtigen Einkommen von 1.950,00 € ergeben sich die folgenden Sozialversicherungsbeiträge:

Krankenversicherung	142,50 €
zusätzlich 0,9 %	17,55 €
Rentenversicherung	191,10 €
Arbeitslosenversicherung	29,25 €
Pflegeversicherung (0,975 %/1,225 %)	19,01 €/23,89 €

Die gesamten Sozialversicherungsbeiträge werden per Bankeinzug beim Arbeitgeber am drittletzten Bankarbeitstag des Abrechnungsmonats von der jeweiligen Krankenkasse abgebucht. Die Renten- und Arbeitslosenversicherung werden an die entsprechenden Träger weitergeleitet. Als Träger der Kranken- und Pflegeversicherung werden diese Beträge von den Krankenkassen selbst einbehalten.

Zuschläge

Bei der Berechnung des Nettoentgeltes muss beachtet werden, dass einige Zulagen des Arbeitgebers steuerfrei sind, während andere versteuert werden müssen.

Zu versteuern sind u. a. folgende Zulagen:

- Urlaubs- und Weihnachtsgeld
- vermögenswirksame Leistungen des Arbeitgebers
- Zuwendungen für Betriebsjubiläen
- Beihilfen bei Krankheit, Unglücksfällen oder Tod, wenn sie einen Betrag von 600,00 € überschreiten

Steuerfrei sind u. a. folgende Zulagen:

- Zuschüsse zu Fahrten zur Arbeitsstätte mit öffentlichen Verkehrsmitteln
- Zuschüsse zur Kindergartenunterbringung

Bevor das Nettoentgelt an den Arbeitnehmer überwiesen werden kann, darf nicht vergessen werden, den vermögenswirksamen Sparbetrag des Arbeitnehmers an das betreffende Kreditinstitut zu transferieren. Hat der Mitarbeiter einen Vorschuss oder vielleicht vom Arbeitgeber ein Darlehen erhalten, müssen entsprechende Beträge einbehalten werden.

Abzüge an Lohnsteuer, Solidaritätszuschlag (SolZ) und Kirchensteuer (8%, 9%) in den Steuerklassen

Lohn/ Gehalt bis €*	I – VI		ohne Kinderfreibeträge			I, II, III, IV		mit Zahl der Kinderfreibeträge . . . 0,5			1			1,5			2			2,5			3**		
		LSt	SolZ	8%	9%		LSt	SolZ	8%	9%	SolZ	8%	9%	SolZ	8%	9%	SolZ	8%	9%	SolZ	8%	9%	SolZ	8%	9%
1 928,99	I,IV	202,08	11,11	16,16	18,18	I	202,08	6,98	10,16	11,43	—	4,64	5,22	—	0,42	0,47	—	—	—	—	—	—	—	—	—
	II	173,50	9,54	13,88	15,61	II	173,50	3,85	8,02	9,02	—	2,89	3,25	—	—	—	—	—	—	—	—	—	—	—	—
	III	27,83	—	2,22	2,50	III	27,83	—	—	—	—	—	—	—	—	—	—	—	—	—	—	—	—	—	—
	V	418,66	23,02	33,49	37,67	IV	202,08	9,02	13,12	14,76	6,98	10,16	11,43	2,06	7,30	8,21	—	4,64	5,22	—	2,34	2,63	—	0,42	0,47
	VI	449,50	24,72	35,96	40,45																				
1 931,99	I,IV	202,75	11,15	16,22	18,24	I	202,75	7,02	10,21	11,48	—	4,68	5,26	—	0,46	0,51	—	—	—	—	—	—	—	—	—
	II	174,16	9,57	13,93	15,67	II	174,16	3,98	8,07	9,08	—	2,93	3,29	—	—	—	—	—	—	—	—	—	—	—	—
	III	28,33	—	2,26	2,54	III	28,33	—	—	—	—	—	—	—	—	—	—	—	—	—	—	—	—	—	—
	V	419,50	23,07	33,56	37,75	IV	202,75	9,05	13,16	14,81	7,02	10,21	11,48	2,18	7,35	8,27	—	4,68	5,26	—	2,38	2,68	—	0,46	0,51
	VI	450,33	24,76	36,02	40,52																				
1 934,99	I,IV	203,41	11,18	16,27	18,30	I	203,41	7,05	10,26	11,54	—	4,72	5,31	—	0,49	0,55	—	—	—	—	—	—	—	—	—
	II	174,83	9,61	13,98	15,73	II	174,83	4,10	8,12	9,13	—	2,97	3,34	—	—	—	—	—	—	—	—	—	—	—	—
	III	28,66	—	2,29	2,57	III	28,66	—	—	—	—	—	—	—	—	—	—	—	—	—	—	—	—	—	—
	V	420,50	23,12	33,64	37,84	IV	203,41	9,08	13,22	14,87	7,05	10,26	11,54	2,31	7,40	8,33	—	4,72	5,31	—	2,42	2,72	—	0,49	0,55
	VI	451,16	24,81	36,09	40,60																				
1 937,99	I,IV	204,08	11,22	16,32	18,36	I	204,08	7,09	10,32	11,61	—	4,77	5,36	—	0,52	0,59	—	—	—	—	—	—	—	—	—
	II	175,50	9,65	14,04	15,79	II	175,50	4,23	8,17	9,19	—	3,01	3,38	—	—	—	—	—	—	—	—	—	—	—	—
	III	29,16	—	2,33	2,62	III	29,16	—	—	—	—	—	—	—	—	—	—	—	—	—	—	—	—	—	—
	V	421,50	23,18	33,72	37,93	IV	204,08	9,13	13,28	14,94	7,09	10,32	11,61	2,43	7,45	8,38	—	4,77	5,36	—	2,46	2,76	—	0,52	0,59
	VI	452,16	24,86	36,17	40,69																				
1 940,99	I,IV	204,83	11,26	16,38	18,43	I	204,83	7,13	10,37	11,66	—	4,82	5,42	—	0,55	0,62	—	—	—	—	—	—	—	—	—
	II	176,16	9,68	14,09	15,85	II	176,16	4,35	8,22	9,24	—	3,05	3,43	—	—	—	—	—	—	—	—	—	—	—	—
	III	29,50	—	2,36	2,65	III	29,50	—	—	—	—	—	—	—	—	—	—	—	—	—	—	—	—	—	—
	V	422,33	23,22	33,78	38,—	IV	204,83	9,16	13,33	14,99	7,13	10,37	11,66	2,56	7,50	8,44	—	4,82	5,42	—	2,50	2,81	—	0,55	0,62
	VI	453,—	24,91	36,24	40,77																				
1 943,99	I,IV	205,50	11,30	16,44	18,49	I	205,50	7,16	10,42	11,72	—	4,86	5,46	—	0,58	0,65	—	—	—	—	—	—	—	—	—
	II	176,83	9,72	14,14	15,91	II	176,83	4,48	8,27	9,30	—	3,09	3,47	—	—	—	—	—	—	—	—	—	—	—	—
	III	30,—	—	2,40	2,70	III	30,—	—	—	—	—	—	—	—	—	—	—	—	—	—	—	—	—	—	—
	V	423,16	23,27	33,85	38,08	IV	205,50	9,20	13,38	15,05	7,16	10,42	11,72	2,68	7,55	8,49	—	4,86	5,46	—	2,54	2,85	—	0,58	0,65
	VI	454,16	24,97	36,33	40,87																				
1 946,99	I,IV	206,16	11,33	16,49	18,55	I	206,16	7,20	10,47	11,78	—	4,90	5,51	—	0,62	0,69	—	—	—	—	—	—	—	—	—
	II	177,50	9,76	14,20	15,97	II	177,50	4,61	8,32	9,36	—	3,13	3,52	—	—	—	—	—	—	—	—	—	—	—	—
	III	30,33	—	2,42	2,72	III	30,33	—	—	—	—	—	—	—	—	—	—	—	—	—	—	—	—	—	—
	V	424,16	23,32	33,93	38,17	IV	206,16	9,24	13,44	15,12	7,20	10,47	11,78	2,81	7,60	8,55	—	4,90	5,51	—	2,57	2,89	—	0,62	0,69
	VI	455,—	25,02	36,40	40,95																				
1 949,99	I,IV	206,83	11,37	16,54	18,61	I	206,83	7,23	10,52	11,84	—	4,95	5,57	—	0,64	0,72	—	—	—	—	—	—	—	—	—
	II	178,25	9,80	14,26	16,04	II	178,25	4,73	8,37	9,41	—	3,16	3,56	—	—	—	—	—	—	—	—	—	—	—	—
	III	30,66	—	2,45	2,75	III	30,66	—	—	—	—	—	—	—	—	—	—	—	—	—	—	—	—	—	—
	V	425,—	23,37	34,—	38,25	IV	206,83	9,27	13,49	15,17	7,23	10,52	11,84	2,93	7,65	8,60	—	4,95	5,57	—	2,61	2,93	—	0,64	0,72
	VI	456,—	25,08	36,48	41,04																				
1 952,99	I,IV	207,58	11,41	16,60	18,68	I	207,58	7,27	10,58	11,90	—	4,99	5,61	—	0,68	0,76	—	—	—	—	—	—	—	—	—
	II	178,91	9,84	14,31	16,10	II	178,91	4,86	8,42	9,47	—	3,20	3,60	—	—	—	—	—	—	—	—	—	—	—	—
	III	31,16	—	2,49	2,80	III	31,16	—	—	—	—	—	—	—	—	—	—	—	—	—	—	—	—	—	—
	V	425,83	23,42	34,06	38,32	IV	207,58	9,31	13,54	15,23	7,27	10,58	11,90	3,06	7,70	8,66	—	4,99	5,61	—	2,65	2,98	—	0,68	0,76
	VI	456,83	25,12	36,54	41,11																				
1 955,99	I,IV	208,25	11,45	16,66	18,74	I	208,25	7,30	10,62	11,95	—	5,04	5,67	—	0,71	0,80	—	—	—	—	—	—	—	—	—
	II	179,58	9,87	14,36	16,16	II	179,58	4,98	8,47	9,53	—	3,24	3,65	—	—	—	—	—	—	—	—	—	—	—	—
	III	31,50	—	2,52	2,83	III	31,50	—	—	—	—	—	—	—	—	—	—	—	—	—	—	—	—	—	—
	V	426,83	23,47	34,14	38,41	IV	208,25	9,35	13,60	15,30	7,30	10,62	11,95	3,18	7,75	8,72	—	5,04	5,67	—	2,68	3,02	—	0,71	0,80
	VI	457,83	25,18	36,62	41,20																				
1 958,99	I,IV	208,91	11,49	16,71	18,80	I	208,91	7,34	10,68	12,01	—	5,08	5,72	—	0,74	0,83	—	—	—	—	—	—	—	—	—
	II	180,25	9,91	14,42	16,22	II	180,25	5,11	8,52	9,59	—	3,28	3,69	—	—	—	—	—	—	—	—	—	—	—	—
	III	32,—	—	2,56	2,88	III	32,—	—	—	—	—	—	—	—	—	—	—	—	—	—	—	—	—	—	—
	V	427,83	23,53	34,22	38,50	IV	208,91	9,38	13,65	15,35	7,34	10,68	12,01	3,31	7,80	8,78	—	5,08	5,72	—	2,72	3,06	—	0,74	0,83
	VI	458,83	25,23	36,70	41,29																				
1 961,99	I,IV	209,58	11,52	16,76	18,86	I	209,58	7,37	10,73	12,07	—	5,13	5,77	—	0,77	0,86	—	—	—	—	—	—	—	—	—
	II	180,91	9,95	14,47	16,28	II	180,91	5,23	8,57	9,64	—	3,32	3,74	—	—	—	—	—	—	—	—	—	—	—	—
	III	32,33	—	2,58	2,90	III	32,33	—	—	—	—	—	—	—	—	—	—	—	—	—	—	—	—	—	—
	V	428,66	23,57	34,29	38,57	IV	209,58	9,42	13,70	15,41	7,37	10,73	12,07	3,43	7,85	8,83	—	5,13	5,77	—	2,76	3,11	—	0,77	0,86
	VI	459,66	25,28	36,77	41,36																				
1 964,99	I,IV	210,33	11,56	16,82	18,92	I	210,33	7,41	10,78	12,13	—	5,18	5,82	—	0,80	0,90	—	—	—	—	—	—	—	—	—
	II	181,58	9,98	14,52	16,34	II	181,58	5,36	8,62	9,70	—	3,37	3,79	—	—	—	—	—	—	—	—	—	—	—	—
	III	32,83	—	2,62	2,95	III	32,83	—	—	—	—	—	—	—	—	—	—	—	—	—	—	—	—	—	—
	V	429,66	23,63	34,37	38,66	IV	210,33	9,46	13,76	15,48	7,41	10,78	12,13	3,56	7,90	8,89	—	5,18	5,82	—	2,80	3,15	—	0,80	0,90
	VI	460,66	25,33	36,85	41,45																				
1 967,99	I,IV	211,—	11,60	16,88	18,99	I	211,—	7,45	10,84	12,19	—	5,22	5,87	—	0,84	0,94	—	—	—	—	—	—	—	—	—
	II	182,25	10,02	14,58	16,40	II	182,25	5,50	8,68	9,76	—	3,41	3,83	—	—	—	—	—	—	—	—	—	—	—	—
	III	33,16	—	2,65	2,98	III	33,16	—	—	—	—	—	—	—	—	—	—	—	—	—	—	—	—	—	—
	V	430,50	23,67	34,44	38,74	IV	211,—	9,49	13,81	15,53	7,45	10,84	12,19	3,70	7,96	8,95	—	5,22	5,87	—	2,84	3,20	—	0,84	0,94
	VI	461,50	25,38	36,92	41,53																				
1 970,99	I,IV	211,66	11,64	16,93	19,04	I	211,66	7,48	10,88	12,24	—	5,26	5,92	—	0,87	0,98	—	—	—	—	—	—	—	—	—
	II	182,91	10,06	14,63	16,46	II	182,91	5,61	8,72	9,81	—	3,45	3,88	—	—	—	—	—	—	—	—	—	—	—	—
	III	33,66	—	2,69	3,02	III	33,66	—	—	—	—	—	—	—	—	—	—	—	—	—	—	—	—	—	—
	V	431,50	23,73	34,52	38,83	IV	211,66	9,53	13,86	15,59	7,48	10,88	12,24	3,81	8,—	9,—	—	5,26	5,92	—	2,88	3,24	—	0,87	0,98
	VI	462,66	25,44	37,01	41,63																				
1 973,99	I,IV	212,41	11,68	16,99	19,11	I	212,41	7,52	10,94	12,30	—	5,31	5,97	—	0,90	1,01	—	—	—	—	—	—	—	—	—
	II	183,58	10,09	14,68	16,52	II	183,58	5,75	8,78	9,87	—	3,49	3,92	—	—	—	—	—	—	—	—	—	—	—	—
	III	34,—	—	2,72	3,06	III	34,—	—	—	—	—	—	—	—	—	—	—	—	—	—	—	—	—	—	—
	V	432,33	23,77	34,58	38,90	IV	212,41	9,57	13,92	15,66	7,52	10,94	12,30	3,95	8,06	9,06	—	5,31	5,97	—	2,92	3,28	—	0,90	1,01
	VI	463,50	25,49	37,08	41,71																				

* Die ausgewiesenen Tabellenwerte sind amtlich. Siehe Erläuterungen auf der Umschlaginnenseite (U2).
** Bei mehr als 3 Kinderfreibeträgen ist die „Ergänzungs-Tabelle 3,5 bis 6 Kinderfreibeträge" anzuwenden.

T 29

Beispiel einer Nettoentgeltberechnung mithilfe der Tabelle auf Seite 178

Frau Hartmann, 22 Jahre, ledig, kein Kind, Kirchenmitglied (Kirchensteuer 9 %) verdient brutto 2.170,00 €. Sie ist bei der AOK krankenversichert (Beitragssatz 15,5 %). Frau Hartmann hat bei einer Bausparkasse einen Bausparvertrag in Höhe von 40,00 € monatlich abgeschlossen. Ihr Arbeitgeber zahlt vermögenswirksame Leistungen in Höhe von 20,00 € monatlich.

Frau Hartmann hat sich einen Freibetrag von 230,00 € eintragen lassen.

Wie hoch ist der Nettoverdienst von Frau Hartmann (sie wird in Lohnsteuerklasse I geführt)?

Lösung

Bruttoentgelt:	2.190,00 €
steuerpflichtiges Entgelt:	1.960,00 €
sozialversicherungspflichtiges Entgelt:	2.190,00 €
Steuern	
– Lohnsteuer:	209,58 €
– Kirchensteuer:	18,86 €
Solidaritätszuschlag:	11,52 €
Sozialversicherungsbeiträge	
– Krankenversicherung:	179,58 €
– Rentenversicherung:	214,62 €
– Arbeitslosenversicherung:	32,85 €
– Pflegeversicherung:	26,83 €
Nettoentgelt	1.496,16 €
Bausparbetrag	40,00 €
= Nettoverdienst	1.459,16 €

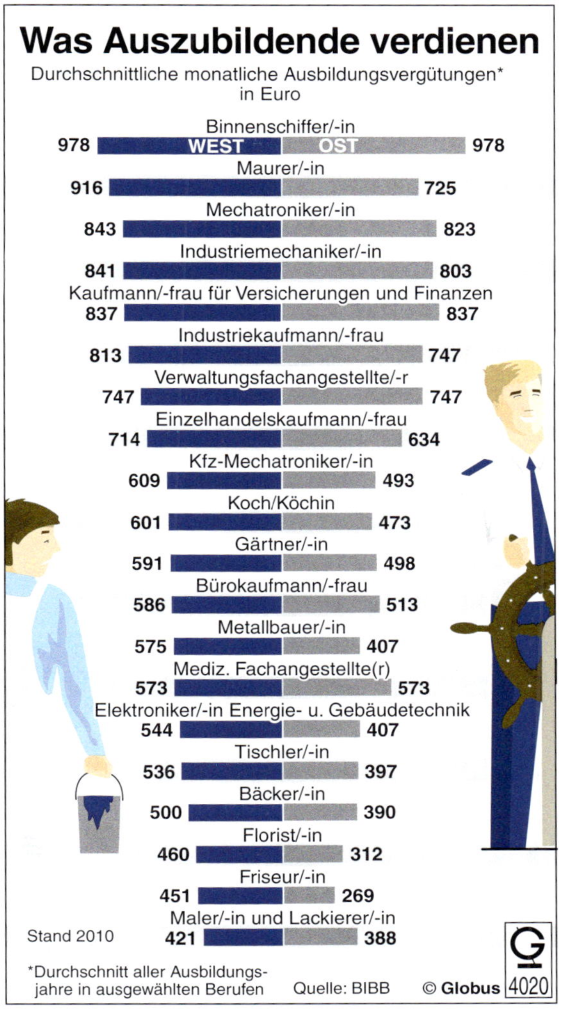

Lohn- und Gehaltslisten

Der Arbeitgeber ist verpflichtet, Lohn- und Gehaltslisten zu führen, die alle für die Entgeltberechnung eines jeden Arbeitnehmers notwendigen Daten enthalten.

Am Jahresende muss der Arbeitgeber die Lohn- bzw. Gehaltssumme, die gezahlten Steuern, Sozialversicherungsbeiträge usw. auf der Lohnsteuerbescheinigung des Arbeitnehmers ausweisen.

Merke

1. Die verschiedenen Methoden der Arbeitsbewertung sollen zu einer gerechten Entlohnung der Mitarbeiter beitragen.
2. Das Rangfolge- und das Lohngruppenverfahren sind Methoden der summarischen Arbeitsbewertung.
3. Das Rangreihen- und das Stufenwertzahlverfahren sind Methoden der analytischen Arbeitsbewertung.
4. Der Zeitlohn wird unabhängig von der erbrachten Leistung gezahlt und eignet sich für Büro- und Fließbandarbeiten und Tätigkeiten, die ein hohes Maß an Konzentration erfordern.
5. Beim Leistungslohn hat der Mitarbeiter die Möglichkeit, durch schnelles Arbeiten ein höheres Entgelt zu erreichen.
6. Provisionen beteiligen die Mitarbeiter an den (von ihnen) erzielten Umsätzen.
7. Der Leistungslohn kann nach dem Stückgeld- und Stückzeitakkord oder nach einem Prämiensystem berechnet werden.
8. Beim Gruppenakkord beziehen sich die Vorgaben auf eine Gruppe von Mitarbeitern, die einen Arbeitsauftrag gemeinsam erledigen und sich den Mehrverdienst teilen.
9. Lohnnebenkosten werden zusätzlich zum „Direktentgelt“ für die geleistete Arbeit vom Arbeitgeber gezahlt. Dazu gehören z. B. die Sozialabgaben, Weihnachts- und Urlaubsgeld.
10. Alle Arbeitnehmer werden aufgrund ihrer familiären und beruflichen Situation in eine der sechs Lohnsteuerklassen eingeordnet.
11. In der Lohnsteuertabelle sind die Lohn- und Kirchensteuer sowie Solidaritätszuschläge, die bei den jeweiligen Bruttoentgelten abgezogen werden, ablesbar – die Sozialversicherungsbeiträge in den Tabellen der jeweiligen Krankenkassen.
12. Freibeträge, die als Lohnsteuerabzugsmerkmal eingetragen sind, reduzieren das zu versteuernde, nicht aber das sozialversicherungspflichtige Einkommen.
13. Vermögenswirksame Leistungen des Arbeitgebers und Arbeitnehmersparzulagen des Staates tragen zur Vermögensbildung der Arbeitnehmer bei.
14. Nach dem „Vermögensbildungsgesetz“ können monatlich 40,00 € vermögenswirksam angelegt werden.

Projektthema

„Sparen nach dem Vermögensbildungsgesetz“

Arbeitshinweise:
Informieren Sie sich in Ihrem Ausbildungsbetrieb, bei Kreditinstituten, Verbraucherzentralen, Freunden und Bekannten, welche Formen der staatlich geförderten Vermögensbildung möglich sind. Erstellen Sie eine Übersicht, die folgende Angaben enthält:

- Anlageformen,
- staatliche Förderung,
- betriebliche Zuschüsse,
- Sperrfristen,
- Verwendungsmöglichkeiten.

Aufgaben

1. Welche Aufgaben hat die Arbeitsbewertung?

2. Wodurch unterscheiden sich die Verfahren der summarischen und der analytischen Arbeitsbewertung?

3. Welche Anforderungsarten unterscheiden das Genfer Schema und der Verband für Arbeitsgestaltung, Betriebsorganisation und Unternehmensentwicklung (REFA)?

4. Beschreiben Sie das Rangreihenverfahren.

5. Ein Vertreter erhält ein monatliches Grundgehalt von 1.280,20 €. Zusätzlich steht ihm eine Umsatzprovision von 1,5 % zu.
   Wie hoch ist sein Bruttoverdienst, wenn sein Umsatz im letzten Monat bei 76.000,00 € lag?

6. Welche Vorteile ergeben sich für die Mitarbeiter und das Unternehmen, wenn Erfolgsbeteiligungen gewährt werden?

7. Was ist unter der Gruppenarbeit zu verstehen?

8. Wie würden Sie die folgenden Tätigkeiten/Berufe entlohnen?
   a) Sachbearbeiter im Einkauf
   b) Fließbandarbeiter in einem Automobilwerk
   c) Fliesenleger
   d) Zusammensetzen von Präzisionsobjektiven für Fotoapparate
   e) Ausstanzen von Metallringen für Auspuffrohre
   f) Chefsekretärin

9. Was versteht man unter der Normalleistung?

10. Berechnen Sie den Bruttolohn für einen 8-Stunden-Arbeitstag nach dem Stückgeldakkord und dem Stückzeitakkord:
    - Normalleistung pro Stunde 20 Stück
    - garantierter Mindestlohn 8,20 €
    - Akkordzuschlag 15 %

    a) bei Normalleistung
    b) bei einer Produktionsmenge von 180 Stück
    c) bei einer Produktionsmenge von 130 Stück

11. Beschreiben Sie den Prämienlohn und erläutern Sie, welche Prämienarten möglich sind.

12. Berechnen Sie den Prämienlohn nach F. A. Halsey:

• Stundenlohn	8,20 €
• Vorgabezeit	8 Stunden
• Prämie	60 %
• benötigte Arbeitszeit	5 Stunden

13. Was sind Sozialleistungen?

(Fortsetzung folgende Seite)

14. Der Bilanzbuchhalter Lange, verheiratet, keine Kinder, Kirchenmitglied (9 %), Alleinverdiener, bezieht ein Bruttogehalt von 2.190,00 €. Herr Lange hat sich einen Freibetrag von 290,00 € eintragen lassen. Herr Lange hat einen Bausparvertrag über 150,00 € monatlich abgeschlossen. Sein Arbeitgeber gewährt ihm vermögenswirksame Leistungen in Höhe von 40,00 € monatlich. Wie hoch ist das Nettoeinkommen von Herrn Lange?

15. Wie hoch sind die Sozialversicherungsbeiträge bei den folgenden sozialversicherungspflichtigen Einkommen?
   a) 2.000,00 €
   b) 2.215,00 €
   c) 2.295,00 €

6 Ablauforganisation

Die Aufwendungen für Löhne und Gehälter sind in vielen Unternehmen der größte Kostenfaktor. Kein Wunder also, dass Unternehmen bemüht sind den Faktor Arbeit möglichst wirtschaftlich einzusetzen.

Für viele Arbeiten gilt deshalb der Grundsatz: Je genauer der Mitarbeiter weiß, was er wie zu tun hat, desto produktiver ist seine Arbeit für das Unternehmen.

Diese Aussage führt dazu, dass Arbeitsabläufe bis ins Detail durchgeplant werden. Alle Arbeitsschritte sind durchorganisiert; Improvisationen sind nur in Ausnahmefällen denkbar.

Da in jedem Unternehmen immer wieder neue Aufgaben anfallen, Rahmen-bedingungen verändert oder neue Techniken zur Lösung der betrieblichen Aufgaben eingesetzt werden, muss die Organisation von Arbeitsabläufen laufend überprüft werden. Ablauforganisation ist damit als ein dynamischer Prozess zu betrachten, weit mehr als dies bei der Aufbauorganisation der Fall ist. Der Einsatz der EDV ist heute selbstverständlich und unverzichtbar.

Das Unternehmen, das seine Arbeitsabläufe besser organisiert als die Konkurrenz, hat letztlich auch im Wettbewerb bessere Chancen. Der Blick auf den Marktführer verleitet Unternehmen dazu, eigene Organisationsstrukturen so zu verändern, dass sie denen des Branchenbesten nahekommen. Benchmarking und Reengineering sind moderne Konzepte, um Organisationen weiterzuentwickeln.

In diesem Kapitel werden wir uns einen Überblick über die Ablauforganisation verschaffen und auch den neuen Konzepten zuwenden.

6.1 Aufgaben und Ziele der Ablauforganisation

Die Ablauforganisation soll Arbeitsaufgaben und Arbeitsvorgänge so gestalten, dass die Durchlaufzeiten möglichst gering ausfallen. Der jeweilige Arbeitsauftrag soll ohne Verzögerung möglichst schnell erledigt werden. Um dies zu erreichen, sind folgende Punkte zu beachten:

- Die vorhandenen Arbeitskräfte und Arbeitsmittel sollen optimal ausgelastet werden. Leer- und Wartezeiten sollen vermieden werden.
- Arbeitsphysiologische und -psychologische Erkenntnisse müssen beachtet werden.
- Der Mitarbeiter muss als Persönlichkeit geachtet und darf weder körperlich noch geistig überfordert werden.
- Es muss ein Arbeitsklima geschaffen werden, in dem sich der Mitarbeiter wohlfühlt.
- Es müssen neben ergonomischen Gesichtspunkten auch soziale und zwischenmenschliche Beziehungen (Betriebsklima) beachtet werden. Zufriedene Mitarbeiter sind motivierter und auch eher bereit, Leistungen zu erbringen, die über das normale Anforderungsmaß hinausgehen.

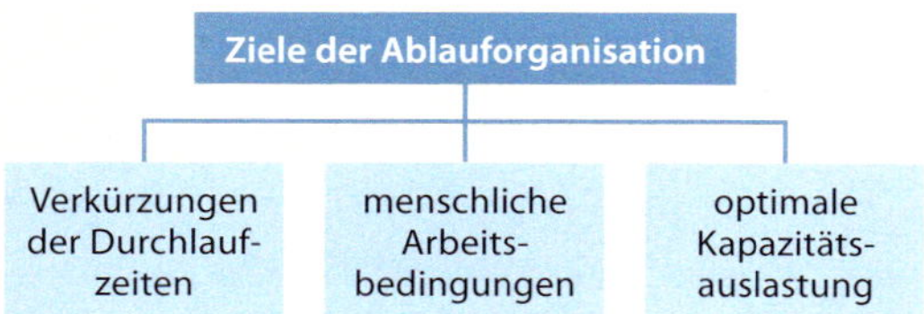

6.1.1 Organisation ist notwendig

Sollen die Ziele der Ablauforganisation erreicht werden, müssen alle betrieblichen Tätigkeiten genaustens geplant und organisiert werden. Dies ist jedoch nur dann möglich, wenn sich Situationen und Arbeitsabläufe ereignen, die schon bekannt und somit organisiert sind. Neu auftretende Ereignisse müssen organisatorisch erfasst und arbeitstechnisch bewältigt werden. Hat z. B. ein Bauunternehmen sehr häufig Einfamilienhäuser gebaut, wird es für die Erstellung der verschiedenen Typen (Bungalow, Reihenhaus, Einzelhaus mit Satteldach oder Walmdach usw.) eine detaillierte Ablaufplanung erstellt haben und Arbeitskräfte und Arbeitsmaterialien möglichst effektiv einsetzen.

Soll dagegen ein mehrgeschossiges Bürogebäude erstellt werden, müssen Arbeitsverrichtungen und Materialien geplant werden, die bei den Einfamilienhäusern bisher nicht zu berücksichtigen waren.

> Neben den generellen Regelungen erfasst die Ablauforganisation auch fallweise Regelungen.

Da sich Fertigungsabläufe infolge neuer Maschinen, Fertigungstechniken, Materialien usw. verändern, unterliegt die Ablauforganisation einer ständigen Kontrolle und Weiterentwicklung. Diese **Reorganisation** darf sich im Übrigen nicht nur auf den Produktionsprozess beschränken. Auch im Bereich der Verwaltung gibt es nach Ansicht vieler Organisationsfachleute einen enormen Handlungsbedarf.

Denken wir nur einmal daran, wie viele Arbeitsvorgänge durch Verzögerungen in der Verwaltung blockiert werden (z. B. Krankheit des zuständigen Sachbearbeiters).

Lösungsmöglichkeiten bieten **Workflow-Konzepte,** die Geschäftsvorgänge per Computer steuern und überwachen. Fällt jetzt ein Sachbearbeiter aus, kann ein Kollege einspringen und die Arbeit fortführen, denn es sind alle bisherigen Arbeitsschritte im Computer gespeichert, von jedem Mitarbeiter abrufbar und auch zu vollenden. Dies setzt allerdings qualifiziertes und flexibles Personal voraus, das in der Lage ist, die möglichen Aufgaben zu bewältigen.

Damit die betriebliche Leistungserstellung möglichst reibungslos verlaufen kann, ist es notwendig, die täglich anfallenden Arbeitsabläufe so zu organisieren, dass jeder Mitarbeiter genau weiß, was er in welcher Situation zu tun hat.

> Die Ablauforganisation beschäftigt sich mit der Frage, auf welche Art und Weise bestimmte Teilaufgaben von den einzelnen Mitarbeitern zu erledigen sind.

Dabei sind folgende Fragen zu beantworten:

- **Wo soll die Aufgabe durchgeführt werden?**
  Es ist die Frage zu klären, ob die räumlichen Voraussetzungen zur Erledigung der Aufgabe angemessen sind.
- **In welcher Reihenfolge soll gearbeitet werden, um die Aufgabe zu lösen?**
  Ist die zeitliche Reihenfolge der Arbeitsgänge optimal festgelegt? Werden Stau- und Wartezeiten vermieden?
- **Womit soll die Aufgabe durchgeführt werden?**
  Wird mit den geeigneten Arbeitsmitteln gearbeitet und werden die Arbeitsmittel optimal eingesetzt?
- **Wann soll die Aufgabe durchgeführt werden?**
  Die Erledigung der Arbeitsaufgabe ist so zu planen, dass nachfolgende Abteilungen oder Mitarbeiter keine Wartezeiten erdulden müssen.

Postausgang:

① Sammeln der Tagespost in den verschiedenen Abteilungen

② Transport der Post zur Poststelle

③ sachliche Prüfung (Adresse, Postleitzahl usw.)

④ Falzen und Kuvertieren der Schriftstücke

⑤ Sortieren der Post nach Umschlaggröße

⑥ Frankieren der Schriftstücke mithilfe der Frankiermaschine

⑦ Verpacken der Post in Versandbehälter

⑧ Einlieferung in der Postfiliale oder Abholung durch Kurierdienst

Dieser Ablauf stellt sicher, dass die Post noch am selben Tag abgeschickt werden kann. Abweichungen von der vorgegebenen Organisation sind möglich. So können eilige und wichtige Schriftstücke z. B. durch einen Boten dem Empfänger direkt zugestellt werden.

Warenannahme:

① Annahme der Ware durch den Wareneingang

② Vergleich der Lieferpapiere mit den Bestellpapieren

③ Durchführung der Wareneingangskontrolle, wenn dies sofort möglich ist. Erlaubt die Verpackung oder die Menge der angelieferten Ware keine sofortige Kontrolle, beschränkt sie sich auf Stichproben oder wird später vom Lager oder der verbrauchenden Stelle vorgenommen.

④ Der Wareneingang wird dem Lieferanten, Kurierdienst oder der Post quittiert. „Unter Vorbehalt“ wird quittiert, wenn man sich noch nicht vom ordnungsgemäßen Zustand der Ware überzeugen konnte.

⑤ Information an das Lager oder die verbrauchende Stelle, dass die Warenlieferung eingetroffen ist

⑥ Information, dass die Ware angeliefert wurde, und Zusendung einer Lieferscheinkopie an den Einkauf, die Terminüberwachung und das betriebliche Rechnungswesen

⑦ Zwischenlagerung der Ware

⑧ Die Ware wird mit dem Lieferschein dem innerbetrieblichen Transportwesen zum Transport in das Lager oder an die verbrauchende Stelle übergeben.

6.1.2 Reorganisation

Reorganisation bedeutet Neuordnung bzw. Neuorganisation.

Die Neuorganisation kann sich auf einzelne Produktionsprozesse und Arbeitsvorgänge beziehen. Neuorganisation kann aber auch die Schaffung neuer Produkte oder die Veränderung bereits vorhandener Produkte bedeuten.

Eine Neuorganisation kann dann geplant werden, wenn die folgenden Situationen vorliegen:

Gründe für die Reorganisation

Umsatzrückgänge
Wenn ein Unternehmen in die roten Zahlen gerät, kann dies mehrere Ursachen haben:

- Managementfehler (Markt- und Produktveränderungen wurden nicht rechtzeitig erkannt.)
- hohe Produktions- und Personalkosten (Umstellung auf rationelle Produktionsverfahren wurde versäumt.)
- Veränderung des Nachfrageverhaltens der Kunden (Die Bedürfnisse der Kunden sind befriedigt, der Markt ist gesättigt, die Kunden wenden sich anderen Produkten = **Substitutionsgütern** zu.)
- Mode- und Trendänderungen (Veränderungen in der Mode, im Geschmack wurden nicht rechtzeitig erkannt.)

Viele Unternehmen reagieren in solchen Fällen meist mit Personalentlassungen, um die Kosten zu senken. Diese Maßnahme scheint in Anbetracht der aktuellen Arbeitsmarktsituation mit rund 3,08 Mio. Arbeitslosen (Stand: Januar 2012) gesellschafts- und sozialpolitisch nicht verantwortbar zu sein.

Einen anderen Weg hat ein Hersteller von Angorawäsche beschritten:

> Als die Umsatzzahlen stark rückläufig waren, haben die Geschäftsführer des Unternehmens nach Wegen gesucht, die (neuen) Kundenwünsche zu befriedigen **(Kundenorientierung).** Es wurde eine Wäschegeneration aus zartem Seiden-Angora-Gemisch entwickelt, um so die herkömmlichen Gesundheitsprodukte zu ergänzen. Außerdem wurde sportliche Freizeitkleidung in das Produktionsprogramm aufgenommen. Diese **Produktdifferenzierung** hat wieder zu Umsatzsteigerungen geführt. Entlassungen von Mitarbeitern konnten so weitgehend vermieden werden.

Das folgende Schaubild zeigt auf, welche Schwerpunkte deutsche Unternehmen bei der Reorganisation setzen wollen.

König Kunde

Welche Schwerpunkte deutsche Unternehmen bei der Reorganisation setzen wollen
(Angaben in %; Mehrfachnennungen möglich).

71	stärkere Kundenorientierung
46	stärkere Produktorientierung
34	Auflösung von Zentralbereichen
23	stärkere Regionalorientierung
17	stärkere Funktionsorientierung

Quelle: Droege & Comp., Wirtschaftswoche

Kostensteigerungen
Wenn Roh-, Hilfs- und Betriebsstoffe, Fertigteile teurer werden und Löhne und Gehälter, Mieten, Zinsen usw. steigen, kann dies zum Anlass genommen werden, über eine Reorganisation nachzudenken. Sollen Entlassungen und Preissteigerungen weitgehend vermieden werden, sind folgende Maßnahmen denkbar:

- optimale Ausnutzung der Materialien,
- Senkung der Durchlaufzeiten,
- Vermeidung unnötiger Produktionsverzögerungen (Transport-, Warte- und Liegezeiten),
- Schaffung guter Arbeitsbedingungen, damit sich die Mitarbeiter wohlfühlen. Zufriedene Mitarbeiter sind motiviert und leisten mehr.

Wirtschaftliche Krisen
Eine Verschlechterung der Konjunktur und damit verbundene Auftragsrückgänge haben zumeist zur Folge, dass Arbeitsplätze und Produktionskapazitäten abgebaut werden. Dieser „Schrumpfungsprozess“ kann dazu führen, dass es bei einer Verbesserung der Auftragslage zu Produktionsengpässen kommen kann, die den möglichen Absatz gefährden.

Will man diese Gefahr vermeiden, könnte man die vorhandenen Arbeitskräfte und Arbeitsmittel für andere Projekte und Aufgaben nutzen. Diese Umorganisation hat z. B. bei einer großen deutschen Werft dazu geführt, dass die eigenen Arbeitskräfte ein über 250 m langes Schwimmdock mit einem Auftragswert von über 40 Millionen Euro gebaut haben. Als neue andere Aufträge eingeholt wurden, konnte das Unternehmen ohne Verzögerung produzieren, da noch genügend Arbeitskräfte und -Arbeitsmittel vorhanden waren.

Starkes Wachstum
Befindet sich die Konjunktur im Aufschwung, werden die Produkte stark nachgefragt, müssen Mittel und Wege gefunden werden, der veränderten Situation gerecht zu werden.

Reorganisation kann jetzt bedeuten, Arbeitsabläufe **rationeller** zu gestalten (**Ratio** kommt aus dem Lateinischen und bedeutet Vernunft.).

Arbeitsabläufe „vernünftiger" zu gestalten, bedeutet nicht zwangsläufig die Substitution (= Ersatz) der menschlichen durch die maschinelle Arbeitskraft. Vielmehr kann auch versucht werden, Materialien optimal zu nutzen, Durchlaufzeiten zu reduzieren und Produktionsverzögerungen zu vermeiden.

Gesetzesänderungen
Werden im Bereich des **Umwelt**- und **Arbeits**- und **Konsumentenschutzes** neue Gesetze verabschiedet, sind Reorganisationen notwendig.

- Werden die Umweltauflagen z. B. so verschärft, dass nur noch ein Bruchteil des bisherigen CO_2-Ausstoßes zulässig ist, kann es sein, dass ganze Fertigungsverfahren und -anlagen verändert werden müssen. Außerdem kann der Bau einer aufwendigen Filteranlage unumgänglich werden.
- Neue Verordnungen im Bereich des Arbeits- und Konsumentenschutzes können auch weitreichende organisatorische Veränderungen nach sich ziehen.
  Als bekannt wurde, dass Asbestfasern krebserregend sind, mussten Arbeitsabläufe und Produkte so geändert und neu organisiert werden, dass die Arbeitskräfte und Verbraucher nicht mehr gefährdet werden konnten.
  So musste bei der Herstellung von Eternitplatten und Nachtspeicheröfen das krebserregende Asbest durch ungefährliche Stoffe ersetzt werden. Kommen Arbeitskräfte dennoch mit Asbestfasern in Berührung (z. B. Dachdecker, wenn sie ein Dach mit Asbestziegeln abdecken), müssen sie entsprechende Schutzkleidung tragen.

Tarifvertragliche Regelungen
Arbeitszeitverkürzungen und Veränderungen der Arbeitszeiten ziehen Reorganisationen nach sich. Je nach Branche und Tarifvertrag unterliegt die Wochenarbeitszeit gewissen Schwankungen.

In vielen Branchen wurde in den 1990er-Jahren die 35-Stunden-Woche eingeführt. Dies ist durch die schrittweise Herabsetzung der 40-Stunden-Woche erreicht worden und hat Veränderungen der Arbeitsorganisation erforderlich gemacht. Um die Produktion zu sichern, mussten zusätzliche Arbeitskräfte eingestellt und in den Produktionsprozess integriert, zusätzliche Maschinen angeschafft, Wechselschichten eingeführt werden usw.

Ähnliche Reorganisationen sind in Betrieben nötig geworden, die die Viertagewoche eingeführt haben.

In vielen Unternehmen wird derzeit eine Rückkehr zur 40-Stunden-Woche angestrebt, was wiederum erneut zu Umverteilungsprozessen und Erweiterungen der Arbeitsaufgaben der Mitarbeiter führt.

Reorganisationsmaßnahmen

Die Entscheidung, welche Maßnahme zur Reorganisation ergriffen werden soll, ist nicht immer einfach. Fest steht, dass eine Ausdehnung des betrieblichen EDV-Einsatzes wesentlich zur Zielerreichung beiträgt.

Schon Anfang der Achtzigerjahre haben Experten die computergesteuerte Fertigung gefordert (**CIM** = **C**omputer **I**ntegrated **M**anufacturing).

> **CIM** soll alle Unternehmensfunktionen vom Auftragseingang über die Produktion bis hin zur Qualitätskontrolle und zum Versand computergesteuert durchführen.

Voraussetzung der computergesteuerten Fabrik ist die unternehmensweite EDV-Vernetzung (vgl. Kapitel 11).

Wenn ein Unternehmen den Eindruck hat, dass in irgendeiner Weise eine Reorganisation zu einem besseren Betriebsergebnis führen könnte, nimmt es häufig die Dienste **externer Unternehmensberater** in Anspruch.

Unternehmensberater erkennen häufig besser, welche Arbeitsabläufe einer Neuorganisation bedürfen. Diese kostspielige und teilweise zeitaufwendige Analyse des Unternehmens hat schon in vielen Fällen zu umfangreichen organisatorischen Änderungen geführt. Unvoreingenommene Berater, die keine Rücksichten auf bestimmte Abteilungen oder Mitarbeiter nehmen müssen, können sehr präzise aufzeigen, welche Veränderungen in welchen Bereichen zu Kosteneinsparungen führen können.

Beispiel:

Ein großes Versicherungsunternehmen hat eine Unternehmensberatung beauftragt. Die Berater stellen fest, dass einfach zu viele Mitarbeiter an der Erledigung eines Vorgangs beteiligt waren. Akten wanderten tage- und wochenlang kreuz und quer durchs Haus, ehe sie von allen Sachbearbeitern abgezeichnet wurden. (Ein eigener Mitarbeiter hätte dies nie so wahrgenommen, sondern angenommen, dass dieser Ablauf ganz normal sei.) Der Versicherung wurde empfohlen die Zahl der Sachbearbeiter, die einen Vorgang gemeinsam betreuen, zu reduzieren. Außerdem sollte genau festgelegt werden, in welcher Reihenfolge die einzelnen Mitarbeiter die Vorgänge zu bearbeiten haben. Nachdem die Vorschläge der Unternehmensberater aufgegriffen wurden, konnten in vergleichbaren Zeiträumen weitaus mehr Versicherungsfälle bearbeitet werden.

Interne Unternehmensberater können vielfach die eigenen Mitarbeiter sein.

Durch das betriebliche Vorschlagswesen sind schon viele Arbeitsabläufe vernünftiger und kostengünstiger gestaltet worden.

Merke

1. Mithilfe der Ablauforganisation sollen die Durchlaufzeiten verkürzt, die Kapazitäten optimal ausgelastet und menschliche Arbeitsbedingungen geschaffen werden.
2. Die Ablauforganisation legt fest, wo, in welcher Reihenfolge, womit und wann eine Aufgabe durchgeführt werden soll.
3. Neben der Möglichkeit, Arbeitsabläufe nach einem vorgegebenen Schema zu bearbeiten, muss die Betriebsorganisation Raum für fallweise Problemlösungen bieten.
4. Reorganisation bedeutet „Neuordnung“ und beinhaltet die Anpassung der Ablauforganisation an sich ändernde Rahmenbedingungen und Fertigungstechniken.
5. Reorganisation kann geplant werden, wenn Umsatzrückgänge, Kostensteigerungen, wirtschaftliche Krisen, starkes Wachstum, Gesetzesänderungen oder tarifvertragliche Neuregelungen zu beachten sind.
6. Externe Unternehmensberater können dem Unternehmen unvoreingenommen aufzeigen, in welchen Unternehmensbereichen eine Reorganisation erforderlich scheint.

Aufgaben

1. Beschreiben Sie die Ziele der Ablauforganisation.
2. Weshalb ist es wichtig, dass die Ablauforganisation neben den generellen auch fallweise Regelungen enthält?
3. Stellen Sie die zeitliche Abfolge der Arbeitsabläufe
   - bei Personaleinstellungen und
   - beim Posteingang dar.
4. Erläutern Sie die möglichen Gründe, die eine Reorganisation erforderlich machen.
5. Erklären Sie die folgenden Begriffe:
   - Substitutionsgüter,
   - Produktdifferenzierung,
   - CIM (Computer Integrated Manufacturing).

6.2 Methoden der Ist-Aufnahme

Hat sich ein Unternehmen entschlossen, in einem oder mehreren Unternehmensbereichen eine Neuorganisation vorzunehmen, muss zunächst festgestellt werden, wie der derzeitige Produktions- und Arbeitsablauf organisiert ist.

Diese Arbeit kann von Unternehmensberatern oder einem Planungsstab, der sich aus eigenen Mitarbeitern zusammensetzt, durchgeführt werden.

Die Aufnahme des **Ist-Zustandes** soll Probleme aufdecken, um sie später analysieren und verbessern zu können. Es soll festgestellt werden, wie die Arbeitsabläufe organisiert und geregelt sind.

Dabei ist es auch wichtig, zu erfahren, wie die betroffenen Mitarbeiter die vorhandenen Regelungen, Arbeitsabläufe und auch Arbeitsbedingungen beurteilen. Verbesserungsvorschläge der Mitarbeiter, die Probleme hautnah erleben, sollen auf jeden Fall analysiert und beachtet werden.

Die Gruppe, die die Reorganisation erarbeiten soll, darf nicht unter Zeitdruck stehen. Ständige Diskussionen und konstruktive Auseinandersetzungen innerhalb der Gruppe sind Garanten für einen vernünftigen Lösungsvorschlag.

Erst wenn eine lückenlose Ist-Aufnahme erfolgt ist, können Alternativen dazu erarbeitet werden. Der anzustrebende **Soll-Zustand** soll dazu beitragen, ein **optimales Unternehmensergebnis** zu erzielen.

Dies kann u. a. bedeuten, dass

- die Umsatzzahlen wieder steigen,
- Marktanteile vergrößert,
- Kosten gesenkt,
- Produktionskapazitäten optimal genutzt,
- Rationalisierungsmaßnahmen erfolgreich durchgeführt werden.

Wird ein vorgeschlagenes Konzept von der Geschäftsleitung übernommen, müssen die betroffenen Mitarbeiter rechtzeitig und ausführlich über die organisatorischen Änderungen informiert werden. Wenn den Mitarbeitern plausibel erklärt werden kann, dass die Reorganisation zur Existenzsicherung des Unternehmens und somit auch zur Sicherung des eigenen Arbeitsplatzes beiträgt, werden sie die arbeitstechnischen Veränderungen, die auch einen Lern- und Umdenkprozess bedeuten können, akzeptieren.

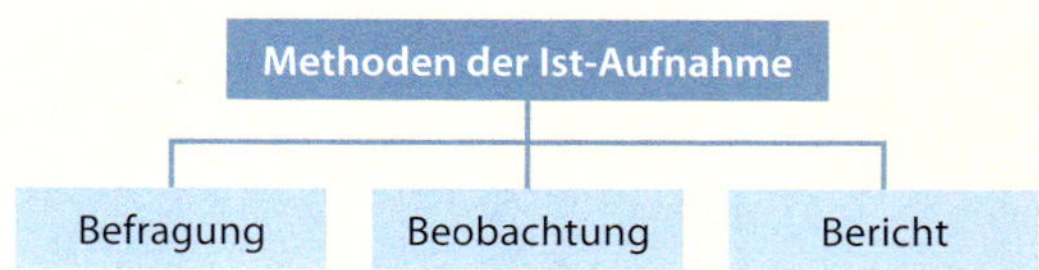

6.2.1 Befragung

Wenn es darum geht, eine gegebene Situation (Arbeitsablauf) zu erfassen und zu beurteilen, um später Verbesserungsvorschläge zu unterbreiten, müssen die betroffenen Mitarbeiter gehört werden.

Soll es z. B. darum gehen, den Arbeitsablauf bei Kundenreklamationen neu zu organisieren, ist es wichtig zu wissen, wie die Mitarbeiter die Arbeitsabläufe beurteilen.

Die Befragung ist ein geeignetes Mittel, die erforderlichen Informationen zu erhalten.

> Mithilfe von Befragungen versucht man, Auskünfte über Meinungen, Verhaltensweisen, Arbeitsabläufe, Arbeitsbedingungen und Einstellungen der Mitarbeiter zu erhalten.

Die Fragen können so gestellt werden, dass

- offene Antworten (der Befragte antwortet beliebig) oder
- geschlossene Antworten (der Befragte sucht sich eine von mehreren vorgegebenen Antworten aus) möglich sind.

Methoden der Befragung

Mündliche Befragung
Die mündliche Befragung wird auch als Interview bezeichnet. Der Interviewer stellt Fragen und zeichnet die Antworten auf.

Vorteile	Nachteile
• direkter Kontakt zwischen Interviewer und Befragten • Unklarheiten und Verständnisprobleme können leicht geklärt werden. • Die Meinung aller betroffenen Mitarbeiter wird erfasst. Niemand kann sich der Befragung entziehen.	• zeitaufwendiges Verfahren • hohe Kosten • Interviewer kann die Befragten beeinflussen. Das kann zu Verzerrungen und zu falschen Ergebnissen führen.

Schriftliche Befragung
Die schriftliche Befragung erfolgt durch die Versendung oder Verteilung eines Fragebogens, der vom betroffenen Mitarbeiter ausgefüllt wird.

Vorteile	Nachteile
• kostengünstig • Interviewer kann keinen Einfluss auf den Befragten ausüben.	• geringe Rücklaufquote • Beeinflussung der Befragten durch Dritte möglich • zeitaufwendig • Missverständlich formulierte Fragen können nicht erläutert werden und zu falschen Antworten führen.

Telefonische Befragung
Die telefonische Befragung ähnelt der mündlichen Befragung. Der Interviewer stellt Fragen, die vom Befragten beantwortet werden.

Vorteile	Nachteile
• liefert schnell die gewünschten Informationen • niedrige Kosten • Rückfragen der Befragten können falsche Antworten vermeiden.	• Nicht alle zu Befragenden können telefonisch erreicht werden. • Einfluss des Interviewers kann zu Verzerrungen führen. • mangelnde Konzentration der Angerufenen, weil der Anruf als Störung empfunden wird

Eine Befragung, ob mündlich, schriftlich oder telefonisch durchgeführt, liefert dann verlässliche Daten, wenn folgende „Spielregeln" beachtet werden:

- Die Fragen müssen verständlich, eindeutig und genau formuliert sein.
- Es dürfen keine Suggestivfragen gestellt werden („Sind Sie nicht auch der Meinung, dass ...").
- Der Interviewer muss ein guter Zuhörer sein und nur dann sprechen, wenn er weitere Informationen bekommen will („Wie meinen Sie das? ...", „Warum? ...").
- Es darf immer nur eine Frage gestellt werden. Erst wenn eine Frage beantwortet ist, darf die nächste Frage gestellt werden.
- Der Interviewer muss freundlich und angenehm sein und darf den Befragten nicht bedrängen und beleidigen.

Das Hauptproblem einer Befragung stellt der Wahrheitsgehalt der gegebenen Antworten der Befragten dar.

- Es ist nicht auszuschließen, dass die Mitarbeiter nur so antworten, dass ihnen durch die Antwort keine Nachteile entstehen.

  Auf die Frage, ob ihm das Betriebsklima gefalle, wird ein Mitarbeiter eher mit „Ja" als mit „Nein" antworten, auch wenn ihm das Betriebsklima in Wahrheit nicht gefällt.

- Es ist nicht auszuschließen, dass die Mitarbeiter bei ihren Antworten bestimmte Wunschvorstellungen berücksichtigen und ihr tatsächliches Verhalten nicht preisgeben.

  Auf die Frage, ob er mit dem vorgegebenen Arbeitstempo gut mithalten kann, wird ein Mitarbeiter i. d. R. mit „Ja" antworten, auch wenn er häufig Probleme hat, die von ihm geforderte Aufgabe fristgerecht zu erledigen.

Aus diesen Gründen werden neben der Befragung häufig auch Beobachtungen der Arbeitsabläufe vorgenommen.

Das Ergebnis der Befragung im Falle der Bearbeitung von Kundenreklamationen hätte wie folgt aussehen können:

Viele Mitarbeiter können die Reklamationen der Kunden zwar verstehen und nachvollziehen, aber doch nicht im Sinne der Kunden reagieren. Dies kann z. B. dann der Fall sein, wenn eine Gewährleistungsfrist gerade verstrichen ist und das Produkt defekt wird.

Der Interessenkonflikt ist in diesem Fall klar erkennbar: Einerseits sollen Kosten gesenkt werden, was zur Ablehnung von Reklamationen führt, andererseits werden zufriedene Kunden das Unternehmen weiterempfehlen und ihm selbst treu bleiben, wenn auch einmal nach Ablauf der Gewährleistungspflicht kostenlos nachgebessert und repariert wurde.

6.2.2 Beobachtung

Mithilfe von Beobachtungen können Arbeitsabläufe von unvoreingenommenen Personen beurteilt werden. Beobachtungen geben Aufschluss über das tatsächliche Verhalten von Mitarbeitern in bestimmten Situationen.

Beobachtungen lassen jedoch keine Rückschlüsse auf Einstellungen und Motivationen der Mitarbeiter zu. Ob sie sich wohlfühlen, ihrer Arbeit gern nachgehen oder sie als notwendiges Übel ansehen, kann durch Beobachtungen nicht herausgefunden werden.

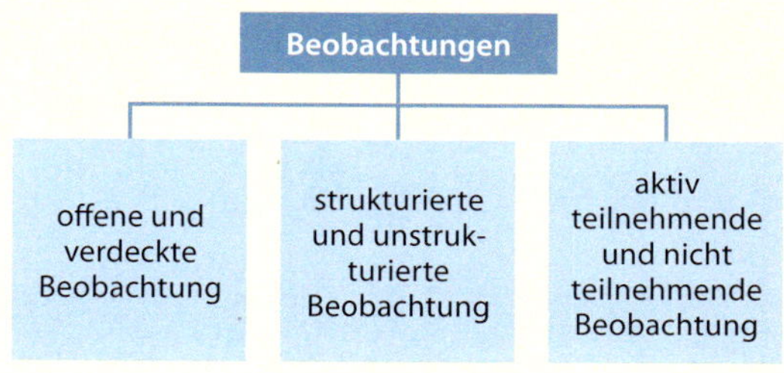

Methoden der Beobachtung

Offene und verdeckte Beobachtung
Bei der offenen Beobachtung weiß der Mitarbeiter, dass er beobachtet wird.

Bei der verdeckten Beobachtung (z. B. mechanische Beobachtung mit einer Videokamera) gibt sich der Beobachter nicht zu erkennen. Allerdings muss der Betriebsrat über die geplante Beobachtung informiert werden.

Strukturierte und unstrukturierte Beobachtung
Bei der strukturierten Beobachtung ist genau festgelegt, welche Verhaltensweisen, Arbeitsabläufe und Arbeitsschritte beobachtet werden sollen.

Im Fall der Bearbeitung der Kundenreklamation kann beobachtet werden, wie der Mitarbeiter auf die vorgebrachten Beanstandungen reagiert. Ist er freundlich, signalisiert er die Bereitschaft, die Reklamation anzuerkennen, oder versucht er den Kunden abzuwimmeln?

Die unstrukturierte Beobachtung ist geeignet, wenn sich der Beobachtende einen ersten Überblick über die Geschehnisse verschaffen will. Es werden lediglich Eindrücke gesammelt.

Aktiv teilnehmende und nicht teilnehmende Beobachtung
Bei der aktiv teilnehmenden Beobachtung wirkt der Beobachtende für einen gewissen Zeitraum bei der Erfüllung der zu beurteilenden Aufgabe mit. So kann er selbst feststellen, welche Probleme bei der Bewältigung der Aufgabe entstehen.

Dies kann im Fall der Bearbeitung einer Kundenreklamation bedeuten, dass der Beobachtende als neuer Mitarbeiter in die Abteilung „eingeschleust“ oder ganz bewusst als Beobachtender vorgestellt wird.

Bei der nicht teilnehmenden Beobachtung begnügt sich der Beobachtende mit einer passiven Rolle.

Vor- und Nachteile der Beobachtung

Vorteile	Nachteile
• Die Beobachtung ist nicht auf die Auskunftsbereitschaft der Mitarbeiter angewiesen. • Beobachtungen können geheim durchgeführt werden. • Es besteht nicht die Gefahr, dass die Untersuchungsergebnisse gefälscht sind. • Es können Sachverhalte ermittelt werden, die den Mitarbeitern selbst nicht bewusst sind.	• Die Mitarbeiter verhalten sich anders, wenn sie wissen, dass sie beobachtet werden. • hohe Kosten • Psychische und physische Zustände der Mitarbeiter lassen sich nur schwer beobachten.

Aufgrund der Beobachtung kann im Fall der Bearbeitung der Kundenreklamation festgestellt werden, dass vielfach Verschlechterungen der Produkteigenschaften bemängelt werden (z. B. Abblättern der Farbbeschichtung an einem Campingstuhl bereits nach gut zwei Jahren). Da sich die Gewährleistungsfrist nur auf zwei Jahre beschränkt, wurden die Reklamationen stets zurückgewiesen.

6.2.3 Bericht

Der Bericht wird auch als Selbstaufschreibung bezeichnet.

Es ist darunter das Aufschreiben der Tätigkeitsart und der Tätigkeitsdauer durch die Mitarbeiter zu verstehen.

Der Bericht bezieht die betroffenen Mitarbeiter sehr stark in den Prozess der Ist-Aufnahme ein. Die Mitarbeiter sollen über ihre ausgeführten Tätigkeiten einen Bericht anfertigen, damit nachvollzogen werden kann, welche Tätigkeiten wichtig sind und welche vernachlässigt oder von Maschinen oder anderen Mitarbeitern ausgeführt werden können.

Die Hauptverantwortung liegt allerdings beim zuständigen Organisator, da er festlegt, welche Tätigkeiten innerhalb welcher Zeiträume beschrieben werden sollen. Außerdem muss er die betroffenen Mitarbeiter rechtzeitig über die geplanten Maßnahmen informieren.

Berichte lassen sich in **Tagesberichte** und **Tätigkeitsberichte** unterteilen.

Bei der Erstellung von Tagesberichten werden die Mitarbeiter gebeten, alle Arbeiten, die sie im Beobachtungszeitraum ausüben, in einem Formblatt einzutragen. (Die Tagesberichte sind mit dem Führen eines Tagebuches vergleichbar.) So erhält man Aufschluss darüber, ob nur aufgabenbezogene Tätigkeiten ausgeführt werden oder auch Tätigkeiten, die nicht in einem direkten Zusammenhang mit der Aufgabenerfüllung stehen.

Vorteile	Nachteile
• kostengünstig, da die Berichte von den eigenen Mitarbeitern geschrieben werden • einfache Auswertung, wenn einheitliche Formblätter verwendet werden	• Widerstände der Mitarbeiter, weil sie neben ihrer eigentlichen Tätigkeit auch noch Berichte schreiben müssen • Es werden falsche Angaben gemacht.

Tätigkeitsberichte

Bei der Erstellung von **Tätigkeitsberichten** handelt es sich um **einmalige Aufzeichnungen** der Mitarbeiter. Die Mitarbeiter sollen aufgrund von Erfahrungswerten der Vergangenheit Angaben über die Art und Dauer ihrer Tätigkeit machen. Außerdem sollen sie angeben, welche Tätigkeiten sie besonders gefordert haben und welche Tätigkeiten als „Routinearbeiten“ bezeichnet werden können.

3628192

Vorteile	Nachteile
• geringer Zeitaufwand • Saisonale Schwankungen in der Arbeitsintensität können berücksichtigt werden.	• Gefahr, dass Tätigkeiten vergessen und nicht aufgeschrieben werden • Gefahr, dass der Zeitbedarf von Routinetätigkeiten unterschätzt wird

Aufgrund der Berichte der Mitarbeiter kann im Fall der Bearbeitung von Kundenreklamationen herausgefunden werden, dass die betroffenen Mitarbeiter viele Routinearbeiten ausführen müssen, die sie von der wesentlichen Aufgabe abhalten (z. B. Botengänge, Heraussuchen der erforderlichen Unterlagen in der Ablage).

Merke

1. Zur Ermittlung des Ist-Zustandes eines Unternehmens eignen sich Befragungen, Beobachtungen und Berichte der Mitarbeiter.
2. Befragungen können mündlich, telefonisch oder schriftlich erfolgen.
3. Befragungen sind dann erfolgreich, wenn eindeutige, einfache Fragen und keine Suggestivfragen gestellt werden.
4. Bei der Durchführung von Befragungen besteht die Gefahr, dass bewusst falsche oder unwahre Antworten gegeben werden.
5. Beobachtungen geben Aufschlüsse über das tatsächliche Verhalten von Mitarbeitern.
6. Beobachtungen sind offen und verdeckt, strukturiert und unstrukturiert sowie aktiv teilnehmend und nicht teilnehmend möglich.
7. Unter Berichten, die auch als Selbstaufschreibung bezeichnet werden, ist das Aufschreiben der verschiedenen Tätigkeiten und der Tätigkeitsdauer durch die Mitarbeiter zu verstehen.
8. Tagesberichte werden am Ende eines Arbeitstages geschrieben und ähneln dem Führen eines Tagebuches.
9. Tätigkeitsberichte werden einmalig für einen längeren zurückliegenden Zeitraum angefertigt.

Aufgaben

1. Befragungen, Beobachtungen und Berichte sind Methoden der Ist-Aufnahme. Wodurch unterscheiden sich die einzelnen Methoden?
2. Stellen Sie die Vor- und Nachteile der mündlichen, schriftlichen und telefonischen Befragung in einem Schaubild gegenüber.
3. Wie kann bei einer Befragung verhindert werden, dass die Befragten falsche und unwahre Antworten geben?
4. Welche Arten von Beobachtungen gibt es?
5. Welches sind die Vor- und Nachteile von Beobachtungen?
6. Erstellen Sie einen Tagesbericht über die Tätigkeiten an einem Ihrer Arbeitstage.

6.3 Planungstechniken

In allen Bereichen der Planung einer Reorganisation ist es erforderlich, die herausgearbeiteten Ergebnisse und Vorschläge in geeigneter Art und Weise darzustellen.

Darstellungsformen organisatorischer Sachverhalte:
- verbale Beschreibungen
- Arbeitsablaufdiagramme (funktionsorientierte Arbeitsabläufe)
- Balkendiagramme (zeitorientierte Arbeitsabläufe)
- Netzplantechnik

Eine Gegenüberstellung des ermittelten Ist-Zustandes mit dem anzustrebenden Soll-Zustand kann die erforderlichen Veränderungen deutlich machen.

6.3.1 Verbale Beschreibungen

Mithilfe verbaler Beschreibungen können wichtige organisatorische Sachverhalte in Form eines Vortrags oder einer Niederschrift deutlich gemacht werden.

Das Ergebnis der Ist-Aufnahme der Arbeit der Abteilung „Rechnungsprüfung" kann wie folgt dargestellt werden:

> „Eingegangene Rechnungen werden von der Poststelle dem Sachbearbeiter A übergeben, der sie mit einem Kontierungsstempel und einer fortlaufenden Nummer versieht und sie an den Abteilungsleiter B weiterleitet.
>
> Abteilungsleiter B heftet an jede Rechnung einen Rechnungsbegleitzettel, der die Aufforderung enthält, die Rechnungen sachlich und rechnerisch zu prüfen und abzuzeichnen. Abteilungsleiter B verteilt die Rechnungen an die Sachbearbeiter A, C und D, die die Rechnungskontrolle durchführen (Jeder Sachbearbeiter hat einen bestimmten Teil des Alphabets zu bearbeiten.). Die Sachbearbeiter suchen zu jeder Rechnung die Wareneingangsmeldung und die Bestellung heraus, nehmen die sachliche und rechnerische Rechnungskontrolle vor und füllen den Kontierungszettel aus. Fehlerhafte Rechnungen werden zur Überprüfung an die bestellenden Abteilungen geschickt. Überprüfte Rechnungen werden abgezeichnet und an den Abteilungsleiter B zurückgegeben, der noch einmal jede Rechnung durchsieht und überprüft, ob auch alle Rechnungen bearbeitet wurden. Abteilungsleiter B leitet die geprüften Rechnungen an die Buchhaltung weiter."

Aufgrund der Ist-Aufnahme kann der Organisator Vorschläge zur Reorganisation unterbreiten und den anzustrebenden Soll-Zustand vorschlagen.

> So könnte der Vorschlag gemacht werden, dass Sachbearbeiter A auch die Verteilung der Rechnungen an die anderen Sachbearbeiter vornehmen soll. Der Rechnungsbegleitzettel könnte wegfallen. Dafür wird der Kontierungsstempel erweitert, sodass die Erledigungsvermerke der Sachbearbeiter dort eingetragen werden können.

Der Nachteil der verbalen Beschreibung ist die fehlende Anschaulichkeit und Klarheit. Wichtige Sachverhalte können besser erfasst werden, wenn sie kurz und übersichtlich dargestellt werden. Will man Arbeitsabläufe überprüfen und optimieren, sind grafische Darstellungen besser geeignet.

Produktionsplanung in groben Zügen

1. Kunde tritt an den Verkäufer mit Auftrag.
2. Verkäufer bzw. Kunde gibt Auftrag zur Logistik.
3. Logistik verteilt Aufträge in die Produktionsplanung (zur Prüfung, wann das Produkt produziert werden kann).
4. Produktionsplanung vergibt Produktionstermine mit entsprechender Vorlaufzeit und leitet diese Termine an das Logistikzentrum zurück.

5. Logistikzentrum generiert Aufträge in das SAP-System.
6. Produktionsplanung gibt Aufträge im System frei (mit Produktions- und Lieferterminen – tagesgenau).
7. Nach der Produktion wird das fertige Produkt an das Logistikzentrum geliefert.
8. Logistikzentrum bucht und lagert das Produkt ein.
9. Logistikzentrum schneidet das Produkt evtl. in gewünschte Liefergröße.
10. Produkt verlässt den Konzern zum Kunden.

Verbale Beschreibung der Produktionsplanung eines Chemiekonzerns

6.3.2 Funktionsorientierte Planung

Funktionsorientierte Arbeitsabläufe werden in Form von Arbeitsablaufdiagrammen dargestellt. In einem Arbeitsablaufdiagramm werden alle Funktionen (Teilaufgaben) aufgeschrieben und dann zeitlich geordnet. Für die übersichtliche Darstellung werden die folgenden Symbole verwendet:

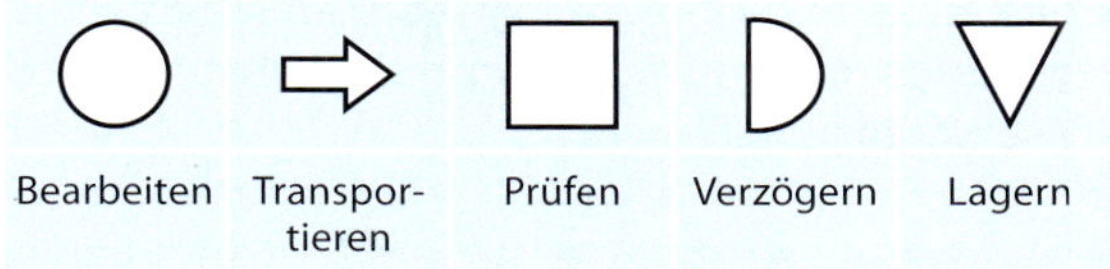

Mithilfe von Arbeitsablaufdiagrammen werden die folgenden Ziele erreicht:

- Störungen im Arbeitsablauf werden sichtbar,
- Verkürzung der Durchlaufzeiten durch Vermeidung langer Transportwege,
- Doppelbearbeitungen können ausgeschaltet werden,
- Aufzeigen von Rationalisierungsmöglichkeiten.

Die Ist-Aufnahme des Arbeitsablaufs des Postausgangs kann im Arbeitsablaufdiagramm wie folgt dargestellt werden:

Arbeitsablaufdiagramm Postausgang Ist-Zustand			
Teilaufgaben	**Symbole**	**Weg in m**	**Zeit in Minuten**
Einsammeln der Tagespost in den verschiedenen Abteilungen		500	40
Körbe zur Poststelle		20	5
Prüfen			20
Falzen und kuvertieren			30
Sortiren der Umschläge			5
zur Frankiermaschine		10	1
Frankieren			5
Einpacken in Behälter		7	3
Einlieferung auf Postamt		5 000	30
Gesamtablauf		5 537	139

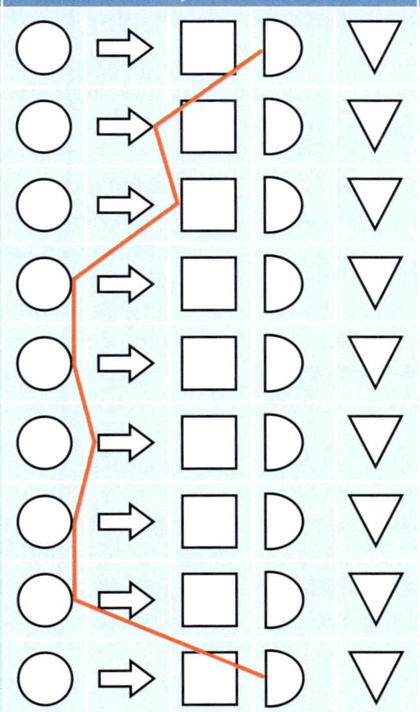

Aufgrund der Aufnahme des Ist-Zustandes macht der Organisator folgende Vorschläge, den Postausgang zu reorganisieren:

- Die einzelnen Abteilungen müssen die Post bis zu einem bestimmten Zeitpunkt selbst in der Poststelle abliefern.
- Beauftragung eines Kurierdienstes, die versandfertige Post abzuholen und auszuliefern.

Das Arbeitsablaufdiagramm, das den Soll-Zustand aufzeigt, sieht wie folgt aus:

Arbeitsablaufdiagramm Postausgang Ist-Zustand			
Teilaufgaben	**Symbole**	**Weg in m**	**Zeit in Minuten**
Annahme der Post	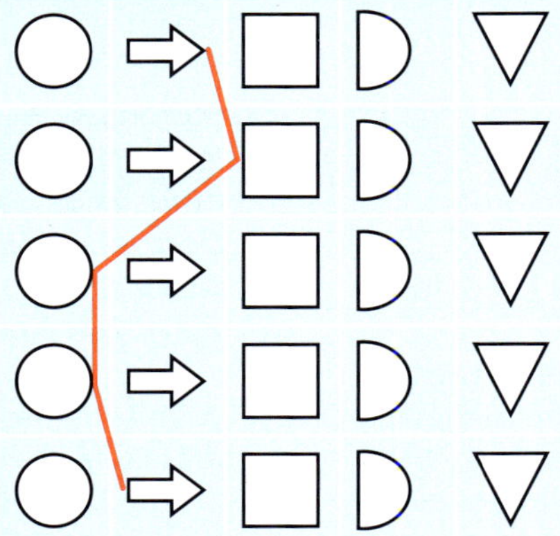	5	10
Prüfen		3	20
Falzen und kuvertieren			30
Einpacken in Behälter		7	3
Behälter für Kurierdienst bereitstellen		4	1
Gesamtablauf		19	64

Durch die vorgeschlagene Reorganisation des Arbeitsablaufs des Postausgangs kann der Gesamtablauf von 139 Minuten auf 64 Minuten verkürzt werden, sodass sich die Poststelle zusätzlich noch anderen Aufgaben zuwenden kann.

6.3.3 Zeitorientierte Planung

Zeitorientierte Arbeitsabläufe werden oft in Form von **Balkendiagrammen** dargestellt. Am bekanntesten ist das **Gantt-Diagramm,** das nach dem Amerikaner H. L. Gantt benannt wurde.

Mithilfe des Gantt-Diagramms können Arbeitsabläufe zeitlich genau geplant werden.

Jedes Unternehmen ist an Termine gebunden, denken wir nur an Liefer- und Zahlungstermine oder die zeitliche Planung von Produkteinführungen auf dem Absatzmarkt und an Werbekampagnen.

Das Balkendiagramm enthält

- eine Vorgangsliste,
- einen Balken, der die Dauer eines Vorgangs angibt,
- eine Zeitachse,
- die Angabe der Vorgänger eines Vorgangs. (Welche Tätigkeiten müssen bearbeitet sein, damit die nächste Tätigkeit begonnen werden kann?).

Die Aufstellung eines Balkendiagramms soll am Beispiel der Bearbeitung einer Anfrage nach einem Esstisch deutlich gemacht werden.

Vorgangsliste Anfragebearbeitung „Esstisch"

Vorgangs-Nr.	Vorgang	Dauer in Tagen	Vorgänger
1	Kundenanfrage erfassen	1	–
2	Anfertigen der notwendigen Arbeitsunterlagen	2	1
3	Auftragseinplanung	2	1
4	Produktion	3	2, 3
5	Warenbereitstellung/Versand	2	4
6	Rechnungsstellung	1	5

Aus der Vorgangsliste ergibt sich das folgende **Balkendiagramm:**

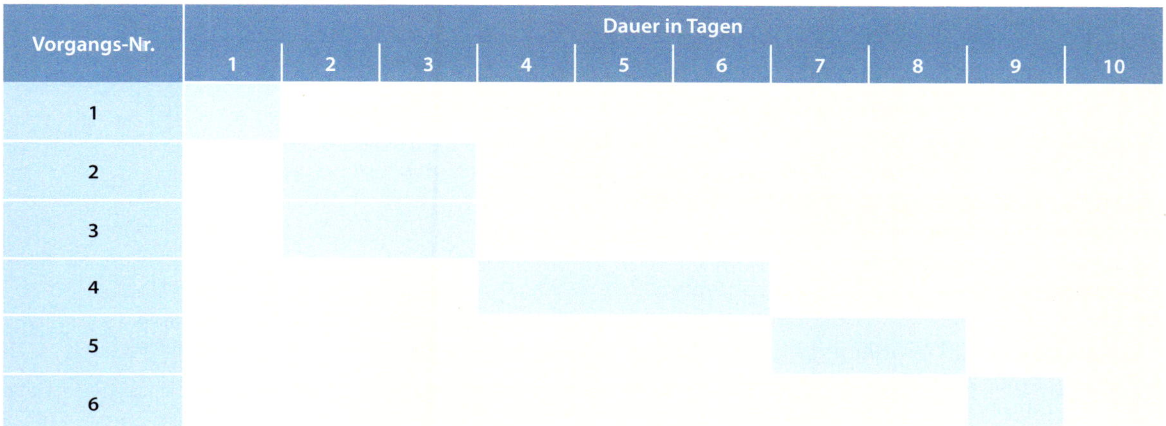

Aufgrund des Balkendiagramms kann dem möglichen Kunden eine Lieferfrist von acht Tagen genannt werden (Die Rechnungsstellung braucht nicht berücksichtigt zu werden.).

Mithilfe des Balkendiagramms kann eine Soll-Planung vorgenommen werden.

Inwieweit der Ist-Zustand mit den Planungen übereinstimmt, kann jeden Tag ermittelt werden, wenn der Arbeitsfortschritt mit den Planungen verglichen wird.

Wenn der Kunde den Tisch bestellt, kann der Arbeitsablauf mithilfe des Balkendiagramms überwacht werden.

Wird z. B. am dritten Tag festgestellt, dass die notwendigen Arbeitsunterlagen noch nicht erstellt sind, könnte man versuchen, die Produktion zu beschleunigen (Überstunden, Sonderschicht usw.), um die Verzögerungen wieder auszugleichen und den Liefertermin nicht zu gefährden.

Balkendiagramm

Informiert über:	Einsatzgebiete:
• Gesamtdauer eines Auftrags, Projekts oder Arbeitsablaufs • Anfangs- und Endzeitpunkte aller Vorgänge • Vorgänge, die parallel verlaufen	• Auftragspläne • Maschinenbelegungspläne • Urlaubspläne • Terminübersichten

6.3.4 Netzplantechnik

Für die Darstellung komplexer Arbeitsabläufe sind das Arbeitsablaufdiagramm und das Balkendiagramm nicht geeignet, da die gegenseitigen Abhängigkeiten der Vorgänge nicht dargestellt werden können. Die Darstellung im Arbeitsablaufdiagramm erfolgt funktionsorientiert, im Balkendiagramm zeitorientiert.

Die Netzplantechnik ist eine Form der Darstellung, die beide Aspekte vereinigt.

> Der Netzplan ist die grafische Darstellung der logischen und zeitlichen Reihenfolge von Arbeitsschritten (Vorgängen) eines bestimmten Arbeitsablaufs (z. B. Produktionsprozess).

Die Netzplantechnik ist besonders geeignet bei folgenden Projekten:

- Planung von Bauprojekten und Großreparaturen,
- Installation von EDV-Anlagen,
- Planung einer Werbekampagne,
- Planung der Fusion zweier Unternehmen,
- Planung eines bestimmten Fertigungsablaufs in der Produktion.

Eines der bekanntesten Verfahren zur Erstellung eines Netzplanes ist das **CPM-Verfahren** („**C**ritical **P**ath **M**ethod", zu Deutsch: „Methode des kritischen Weges").

- Beim CPM-Verfahren hat jeder Arbeitsvorgang einen festgelegten Anfang und ein festgelegtes Ende.
- Anfang und Ende werden als Kreise dargestellt.
- Die Kreise werden durch Pfeile miteinander verbunden, die die jeweilige Tätigkeit und Tätigkeitsdauer angeben.
- Innerhalb der Kreise wird angegeben, wann der Vorgang frühestens und wann er spätestens beendet sein muss. So können **Pufferzeiten** ermittelt werden.
- Wenn zwischen einzelnen oder mehreren Arbeitsvorgängen keine Pufferzeiten ermittelt werden können, geben sie den **kritischen Weg** an. Verzögerungen im Arbeitsfortschritt gefährden den berechneten Endtermin.

Beispiel 1

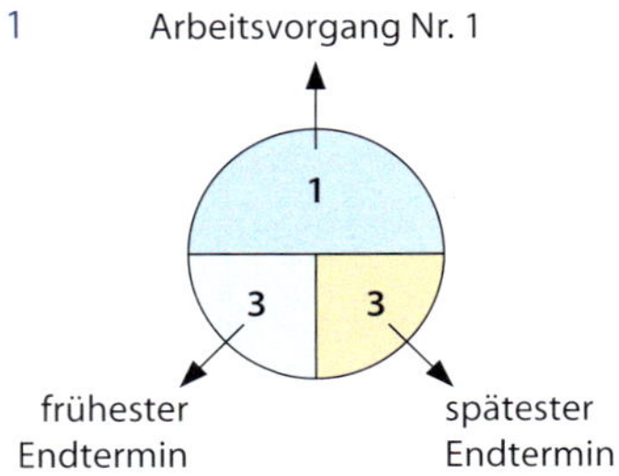

Erklärung:
Arbeitsvorgang Nr. 1 ist frühestens nach 3 Tagen beendet und muss auch nach 3 Tagen beendet sein.
→ **Es gibt keinen Zeitpuffer.**

Beispiel 2

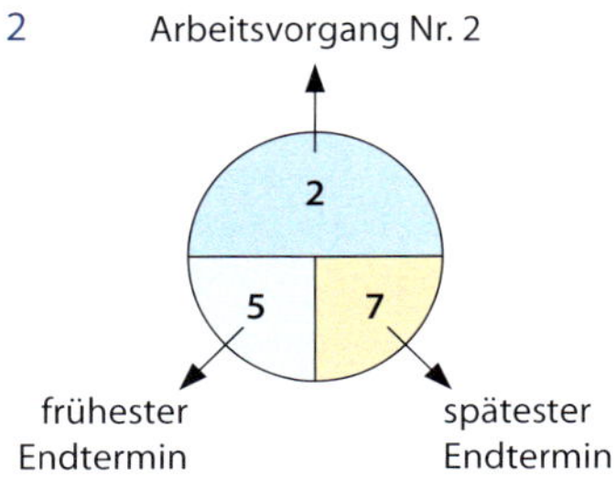

Erklärung:
Arbeitsvorgang Nr. 2 ist frühestens nach 5 Tagen beendet, muss aber erst nach 7 Tagen beendet sein.
→ **Es gibt einen Zeitpuffer von 2 Tagen.**

Die Erstellung eines Netzplanes erfolgt in vier Schritten:

- Erstellen eines **Projektstrukturplanes,** in dem alle anfallenden Tätigkeiten erfasst werden,
- Erstellen einer **Vorgangsliste,** in der die gegenseitigen Abhängigkeiten und die Dauer der einzelnen Vorgänge dargestellt werden,
- Netzplan zeichnen,
- Ermittlung der **Gesamtdauer** des Projektes und des **kritischen Weges.**

Am Beispiel der Herstellung **eines Bürosessels** sollen die einzelnen Schritte dargestellt werden:

3628198

Projektstrukturplan
Der Projektstrukturplan erfasst alle Arbeitsvorgänge und unterteilt sie in vorbereitende, durchführende und Kontrolltätigkeiten. Für das Projekt **„Herstellung eines Bürosessels"** ergibt sich der folgende Strukturplan:

vorbereitende Tätigkeiten	Konstruktionszeichnung und Stückliste lesen
durchführende Tätigkeiten	Polster auf Sitzfläche montieren Polster auf Rückenlehne montieren Sitzfläche und Rückenlehne zusammenfügen Armlehnen montieren Rollen auf Füße montieren Füße mit höhenverstellbarem Stahlrohr verbinden höhenverstellbares Stahlrohr mit Sitzfläche verbinden
Kontrolltätigkeit	Funktionstest

Vorgangsliste
Die Vorgangsliste bestimmt die technischen und logischen Abhängigkeiten der einzelnen Vorgänge.

- Ermittlung der unmittelbar vorhergehenden Arbeitsvorgänge **(Vorgänger).** Dies können einzelne oder mehrere Vorgänge sein.
- Welcher Arbeitsvorgang folgt als Nächstes **(Nachfolger)**? Dies können einzelne oder mehrere Vorgänge sein.

Vorgangsliste für das Projekt **„Herstellung eines Bürosessels"**

Vorgangs-Nr.	Vorgangsbezeichnung	Vorgänger	Nachfolger
1	Konstruktionszeichnung und Stückliste lesen	–	2, 3, 6
2	Polster auf Sitzfläche montieren	1	4
3	Polster auf Rückenlehne montieren	1	4
4	Sitzfläche und Rückenlehne zusammenfügen	2, 3	5
5	Armlehnen montieren	4	8
6	Rollen an Füße montieren	1	7
7	Füße mit höhenverstellbarem Stahlrohr verbinden	6	8
8	höhenverstellbares Stahlrohr mit Sitzfläche verbinden	5, 7	9
9	Funktionskontrolle	8	–

Netzplan erstellen
Nach den Vorgaben der Vorgangsliste kann der Netzplan gezeichnet werden.

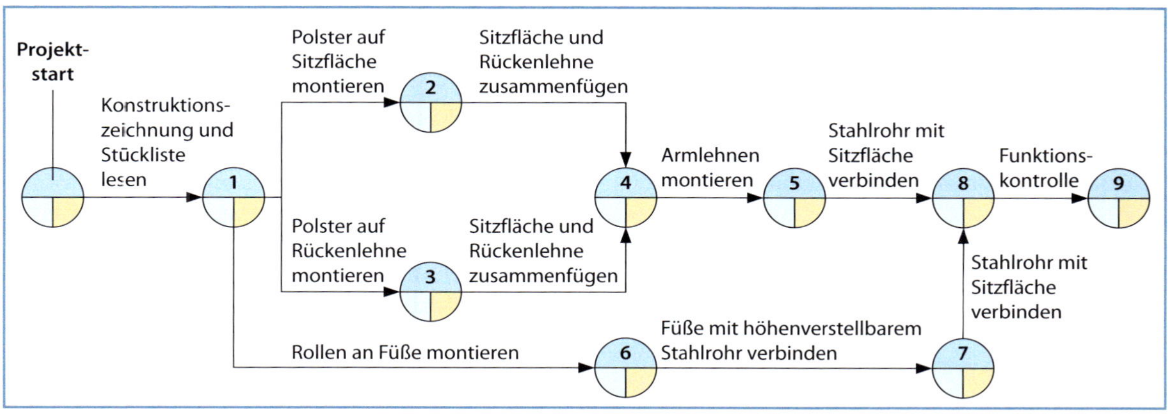

Ermittlung der Gesamtdauer des Projektes und des kritischen Weges
Um die Vorgangsgesamtdauer und den kritischen Weg ermitteln zu können, müssen in den Netzplan die frühesten und spätesten Endtermine eingetragen werden. Dazu muss die Vorgangsliste mit Zeitangaben versehen werden.

Für das Projekt „Herstellung eines Bürosessels" ergeben sich in der Vorgangsliste die folgenden Zeitwerte (Angaben in Minuten):

Vorgangs-Nr.	Vorgangsbezeichnung	Vorgänger	Nachfolger	Dauer
1	Konstruktionszeichnung und Stückliste lesen	–	2, 3, 6	9
2	Polster auf Sitzfläche montieren	1	4	7
3	Polster auf Rückenlehne montieren	1	4	5
4	Sitzfläche und Rückenlehne zusammenfügen	2, 3	5	5
5	Armlehnen montieren	4	8	3
6	Rollen an Füße montieren	1	7	4
7	Füße mit höhenverstellbarem Stahlrohr verbinden	6	8	6
8	höhenverstellbares Stahlrohr mit Sitzfläche verbinden	5, 7	9	4
9	Funktionskontrolle	8	–	5

Jetzt kann der Netzplan um die Zeitwerte erweitert werden und hat nun folgendes Aussehen:

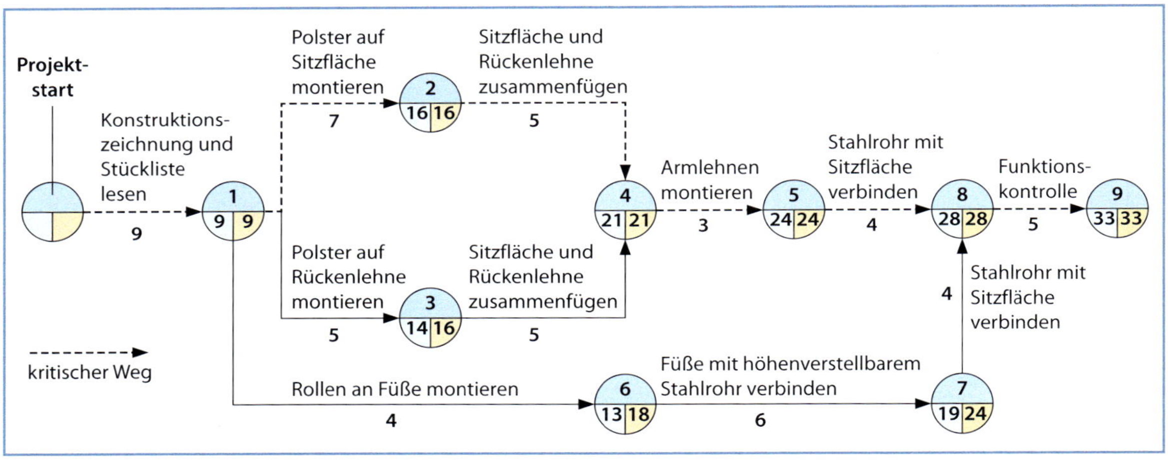

6.3.5 Betriebliche Ausbildungsplanung

Die berufliche Bildung in der Bundesrepublik Deutschland findet an zwei Lernorten statt (= **Duales System der Berufsausbildung).**

Im **Lernort Berufsschule** wird die fachtheoretische Ausbildung vermittelt und die Allgemeinbildung vertieft. Im **Lernort Betrieb** wird die fachpraktische Ausbildung vermittelt und der Einstieg in die berufliche Arbeitswelt vollzogen. Das gemeinsame Ziel der beiden Lernorte ist die Vermittlung der Lerninhalte, die in der **Ausbildungsordnung** festgelegt sind.

Das **Berufsbildungsgesetz** (BBiG) von 1969 in der Neufassung vom 23. März 2005 legt die rechtlichen Rahmenbedingungen der gesamten Berufsausbildung der Bundesrepublik fest. Als Grundlage für eine geordnete und einheitliche Berufsausbildung gelten die staatlich anerkannten Ausbildungsberufe.

§ 5 des BBiG schreibt vor, dass für jeden dieser Ausbildungsberufe eine **Ausbildungsordnung** erlassen wird. Die Ausbildungsordnung hat festzulegen:

1. die Bezeichnung des Ausbildungsberufs,
2. die Ausbildungsdauer; sie soll nicht länger als drei und nicht weniger als zwei Jahre betragen,
3. die beruflichen Fertigkeiten, Kenntnisse und Fähigkeiten die mindestens Gegenstand der Berufsausbildung sind (= **Ausbildungsberufsbild**),
4. eine Anleitung zur sachlichen und zeitlichen Gliederung der Vermittlung der beruflichen Fertigkeiten, Kenntnisse und Fähigkeiten (= **Ausbildungsrahmenplan**),
5. die Prüfungsanforderungen.

Ausgehend vom jeweiligen Ausbildungsberufsbild und insbesondere dem Ausbildungsrahmenplan muss jeder Ausbildungsbetrieb einen **Ausbildungsplan** erstellen und den Auszubildenden aushändigen.

Der Ausbildungsplan zeigt den Auszubildenden auf, in welchen Abteilungen sie in den nächsten Wochen und Monaten ausgebildet werden und wann sie in die nächsten Abteilungen zu wechseln haben. In der Praxis ist es üblich, dass die Ausbildungspläne für jeweils ein Jahr erstellt werden. Die Planung für den gesamten Abteilungsdurchlauf wird i. d. R. zu Beginn eines Ausbildungsjahrgangs erstellt. Auf Plantafeln kann beispielsweise in übersichtlicher Form dargestellt werden, welche Auszubildenden sich zu welchem Zeitpunkt in den verschiedenen Ausbildungsabteilungen befinden.

Das Schaubild unten zeigt, wie vier Auszubildende während ihrer dreijährigen Ausbildung auf insgesamt 13 Abteilungen verteilt werden.

Wenn sich in einzelnen Abteilungen Schwierigkeiten ergeben und der Abteilungsdurchlauf geändert werden muss, kann zunächst die Plantafel umgestellt werden. Anschließend wird der Ausbildungsplan korrigiert oder neu erstellt, sodass die Auszubildenden ebenfalls informiert sind.

	2012				2013												2014												2015						
Abteilung/Zeit	9	10	11	12	1	2	3	4	5	6	7	8	9	10	11	12	1	2	3	4	5	6	7	8	9	10	11	12	1	2	3	4	5	6	7
Betriebsbüro																																			
Aus-/Weiterbildung																																			
Personalwesen																																			
Arbeitssicherheit																																			
Umweltschutz																																			
Laborbüro																																			
Betriebsrat																																			
Verkauf																																			
Finanz-ReWe																																			
Lohn-/Gehaltsabr.																																			
Einkauf																																			
Reisestelle																																			
Werbung																																			
Bemerkungen:	Im September '12 werden die Auszubildenden im Unternehmen eingeführt; der Monat August ist für Jahresurlaub vorgesehen.																																		

Merke

1. Verbale Beschreibungen können betriebliche Abläufe in Form eines Vortrags oder einer Niederschrift darstellen.
2. Arbeitsablaufdiagramme stellen alle Funktionen eines Arbeitsablaufs grafisch dar. Die anfallenden Tätigkeiten werden den Bereichen „Bearbeiten", „Transportieren", „Prüfen", „Verzögern" und „Lagern" zugeordnet.
3. Balkendiagramme können Arbeitsabläufe zeitlich exakt planen.
4. Netzpläne eignen sich für die Darstellung komplexer Arbeitsabläufe, da gegenseitige Abhängigkeiten der einzelnen Vorgänge deutlich werden.

(Fortsetzung folgende Seite)

5. Beim Erstellen der Vorgangsliste bei Netzplänen sind die „Vorgänger" und „Nachfolger" zu ermitteln, d. h. alle Tätigkeiten, die einer Tätigkeit vorausgehen oder nachfolgen.
6. Der kritische Weg gibt an, zwischen welchen Vorgängen keine Zeitpuffer bestehen.
7. Das Duale System der Berufsausbildung besteht aus den Lernorten Berufsschule und Betrieb.
8. Das Berufsbildungsgesetz legt die rechtlichen Rahmenbedingungen der gesamten Berufsausbildung der Bundesrepublik Deutschland fest.
9. Ausbildungspläne zeigen den Auszubildenden auf, welche Abteilungen sie in den nächsten Wochen und Monaten durchlaufen werden.

Aufgaben

1. Beschreiben Sie die Arbeiten, die in Ihrer momentanen Ausbildungsabteilung durchgeführt werden.
   Machen Sie Vorschläge, welche Arbeiten im Rahmen einer Reorganisation verändert werden können.
2. Welche Ziele werden mithilfe von Arbeitsablaufdiagrammen erreicht?
3. Erstellen Sie ein Arbeitsablaufdiagramm für die verschiedenen Tätigkeiten der Warenannahme.
4. Welche Bestandteile hat ein Balkendiagramm?
5. Fertigen Sie eine Vorgangsliste zum Thema „Herstellung eines Wohnzimmertisches".
   Zeichnen Sie das dazugehörige Balkendiagramm.
6. Was ist unter einem Netzplan zu verstehen?
7. Welche Schritte sind zur Erstellung eines Netzplanes erforderlich?
8. Erstellen Sie den Netzplan für das Projekt „Bau eines Gartenhauses" anhand der folgenden Vorgangsliste:

Vorgangs-Nr.	Vorgangsbezeichnung	Vorgänger	Nachfolger	Dauer
1	Grube für Fundament	–	2	2
2	Fundament gießen	1	4	1
3	Laube bestellen (Lieferzeit: 20 Tage)	–	4	22
4	Laube montieren	2, 3	5, 6	3
5	Innenausbau	4	7	4
6	Schutzanstrich außen	4	7	2
7	Garten anlegen	5, 6	–	13

   Bestimmen Sie den kritischen Weg.
9. Welche Informationen liefern Ausbildungsberufsbild und Ausbildungsrahmenplan?
10. Welche Prüfungsanforderungen sieht der Ausbildungsberuf Bürokaufmann/Bürokauffrau vor?

6.4 Neue Konzepte der Organisationsentwicklung

Experten behaupten, dass durch die Weiterentwicklung der Computer ein Großteil der Büroarbeitsplätze irgendwann überflüssig sein wird. Wann diese Situation eintritt, kann nicht genau vorhergesagt werden, fest steht aber, dass es dann den Begriff „Büro", wie wir ihn jetzt kennen, nicht mehr geben wird.

Eine amerikanische Forschergruppe kann sich z. B. vorstellen, dass Computer irgendwann sehen, hören und verstehen können. Bis dahin muss jedoch noch ein langer Weg beschritten werden.

Welche Folgen die Realisierung dieser Visionen für das menschliche Zusammenleben und Miteinander haben werden, kann heute nicht beurteilt werden.

Dass in vielen Unternehmen Arbeits- und Produktionsabläufe verändert und neu organisiert werden müssen, ist unbestreitbar. Zum einen machen dies die Bemühungen, Kosten einzusparen und andererseits die neuen EDV-Entwicklungen nötig.

> Benchmarking und Reengineering sind moderne Konzepte, um betriebliche Organisationen weiterzuentwickeln.

6.4.1 Benchmarking

Benchmarking gilt als Instrument, verkrustete und eingefahrene Unternehmensstrukturen aufzulösen.

Die Unternehmen sollen sich an den Leistungen der Marktführer, des Branchenbesten, orientieren und darauf hinarbeiten, ebenso gut zu sein.

- Erst wenn alle Mitarbeiter über längere Zeiträume an der Erreichung dieses Zieles mitarbeiten, kann sich der gewünschte Erfolg einstellen.
- Wenn sich auf diesem Weg schon Teilerfolge erzielen lassen, motiviert dies die Mitarbeiter, weiterzumachen.

Ein Beispiel aus dem Sport soll dies verdeutlichen:

> Wenn in einem Fußballspiel der krasse Außenseiter den Topfavoriten, das allgemein anerkannte beste Team, besiegt, hat man die Besten für einen Moment überflügelt. So haben im Jahr 1994 die Amateurfußballer des TSV Vestenbergsgreuth die Profis des Deutschen Meisters Bayern München aus dem DFB-Pokal geworfen. Die Vestenbergsgreuther sind deshalb noch lange kein Spitzenteam, haben aber auf dem Weg dorthin an Selbstvertrauen und Motivation gewonnen.

Welche Ziele die Unternehmen mit Benchmarking verfolgen, wird in dem folgenden Schaubild deutlich.

Unternehmensberater empfehlen beim Benchmarking systematisch vorzugehen. Die folgenden fünf Schritte sollten beachtet werden:

1. Die Unternehmensspitze erarbeitet das Projekt gemeinsam.
Nur wenn alle Führungskräfte geschlossen hinter dem Projekt stehen, lassen sich auch die übrigen Mitarbeiter überzeugen.

2. Feststellen und Aufdecken der eigenen Schwächen
Kosten-, Qualitäts-, Service- und Zeitfaktoren werden mit denen des Marktführers verglichen. Man orientiert sich an den Daten des Besten und kann so ermitteln, welche Ziele im eigenen Unternehmen erreicht werden sollen.

3. Es werden anspruchsvolle Ziele festgelegt.
Nur wenn das Erreichen eines hochgesteckten Ziels angestrebt wird, kann man im Wettbewerb ganz vorn mit dabei sein. Stellt z. B. der Branchenbeste in der Automobilindustrie einen Pkw in 14 Stunden her, kann das Ziel sein, einen Wagen in zwölf Stunden fertigzustellen, um „Klassenbester" zu werden. Dies könnte das Engagement der Belegschaft zusätzlich anstacheln.

4. Es müssen Benchmarkingteams gebildet werden.
Um geeignete Maßnahmen planen zu können, ist es erforderlich, spezielle Benchmarkingteams zu bilden, die sich aus Fachleuten der verschiedensten Abteilungen zusammensetzen können. Diese Teams sollen Vorschläge erarbeiten, wie das gemeinsame Ziel erreicht werden kann. Im Fall der Pkw-Montage könnte man z. B. versuchen, die innerbetrieblichen Transportwege bei der Materialbereitstellung zu verkürzen oder den Einsatz von zusätzlichen Schweißautomaten zu planen.

5. Alle Unternehmensbereiche müssen an den Reorganisationsmaßnahmen beteiligt werden.
Wenn bestimmte Vorschläge der Benchmarkingteams umgesetzt werden sollen, müssen alle Unternehmensbereiche an der Zielumsetzung mitwirken. Einzelaktionen einiger weniger Abteilungen oder Bereiche erzeugen nur Verwirrung und tragen nicht zum gewünschten Erfolg bei.

Reorganisation
Um verkrustete Unternehmensstrukturen aufzubrechen, versuchen Unternehmen mittels Benchmarking eigene Arbeitsprozesse im Unternehmen an den Bestleistungen der Konkurrenz zu messen.

Das Benchmarking selbst erfolgt dann in den vier Phasen:

1. Vorbereitungsphase:
- Festlegung des Benchmarking-Objekts (z. B. Produktqualität oder Lieferpünktlichkeit)
- interne Analyse der Ist-Situation
- Benennung des Benchmarking-Teams
- Auswahl und Suche nach dem Vergleichspartner

2. Vergleichsphase:
- Festlegung von Messdaten und Kriterien zur Leistungsermittlung
- Ermittlung der Leistungsunterschiede
- Analyse der Leistungslücke

3. Umsetzungsphase:
- Definition von Zielen und Strategien zur Lückenschließung
- Festlegung von Aktionsplänen zur Umsetzung

4. Kontrollphase:
- Ergebnis- und Fortschrittskontrolle

6.4.2 Reengineering

Reengineering ist ein Unternehmenskonzept, das wie Benchmarking versucht, verkrustete Unternehmensstrukturen aufzubrechen.

Dabei wird der Blick aber hauptsächlich auf das eigene Unternehmen gerichtet; die Orientierung an den Konkurrenten ist nicht das Hauptanliegen.

Reengineering fordert von den Führungskräften, die Unternehmensziele, die Unternehmensorganisation und das Betriebsklima neu zu überdenken.

Das Ergebnis dieses Denkprozesses muss nicht die Forderung sein, das gesamte Unternehmen von Kopf bis Fuß neu zu organisieren. Es kann durchaus sein, dass Teilbereiche des Unternehmens schon sehr gut organisiert sind.

Amerikanische Unternehmensberater behaupten, dass nur ehrgeizige, hochgesteckte Ziele den nötigen Erfolg bringen (z. B. Einsparung der Produktionskosten um 50 %).

3628204

Außerdem muss sich die Unternehmensleitung voll auf diese Ziele konzentrieren und ein Vertrauensverhältnis zu den Mitarbeitern aufbauen. Wenn diese Voraussetzungen vorliegen, können die folgenden Ziele erreicht werden:

- Kosteneinsparungen,
- Verkürzung der Durchlaufzeiten,
- Verbesserung der Kundenzufriedenheit,
- Steigerung der Umsatzerlöse,
- Ausweitung der Marktanteile.

Das abgebildete Schaubild zeigt, wie sich Reengineering auf die Unternehmensziele auswirken kann.

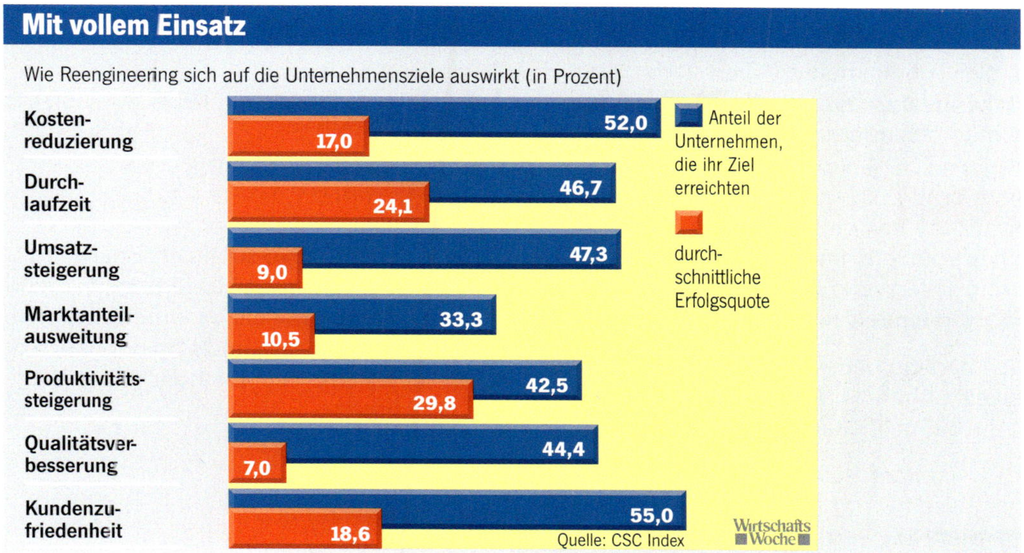

Beispiel für erfolgreiches Reengineering ist ein Hersteller für Präzisionswaagen.

Die Unternehmensleitung klagte über zu lange Durchlaufzeiten, geringe Kundennähe und sinkende Umsätze.

Ein Unternehmensberater baute das Unternehmen um:

- Der Personalbestand wurde von 330 auf 220 Mitarbeiter reduziert,
- Abteilungen wurden aufgelöst und durch Gruppen ersetzt, die ganze Produktionsbereiche selbstständig bearbeiteten.

Das Ergebnis war erstaunlich:

- Es gibt kein umfangreiches Fertigwarenlager mehr, Bestellungen, die früher 40 Tage benötigten, werden heute in fünf Tagen ausgeliefert.
- Die Kosten sanken um 20 %.
- Der Umsatz stieg um 120 %.

Wenn Reengineering erfolgreich angewendet werden soll, müssen die folgenden Erfolgsrezepte beachtet werden:

Es müssen anspruchsvolle Ziele gesetzt werden.
Wer erfolgreich sein will, muss sich anspruchsvolle Ziele setzen, denn nur ehrgeizige Projekte stacheln die Mitarbeiter an, sich voll zu engagieren.
Das Erreichen einer Umsatzsteigerung von 50 % ist eine Herausforderung, eine Steigerung von 10 % hingegen wird die Mitarbeiter nicht sehr beeindrucken, da sie im Unterbewusstsein vielleicht davon ausgehen, diese Steigerung mit links schaffen zu können.

Information der Mitarbeiter
Die Mitarbeiter dürfen nicht verängstigt werden und das Gefühl haben, sich für ein Projekt engagieren zu müssen, über dessen Zielsetzung sie nicht informiert worden sind. Von großer Wichtigkeit ist die lückenlose Information der Mitarbeiter über die geplanten Vorhaben.

Vertrauensverhältnis zwischen Management und Mitarbeitern
Kann zwischen dem Management und den Mitarbeitern ein Klima gegenseitigen Vertrauens geschaffen werden, können die Ziele leichter erreicht werden.
Dazu gehört auch, dass wichtige Informationen weitergegeben und nicht zurückgehalten werden.

Es darf immer nur ein Projekt durchgeführt werden.
Werden gleichzeitig mehrere Ziele verfolgt, besteht die Gefahr, dass sich die verschiedenen Maßnahmen behindern.

Das Management muss hinter den Zielen stehen.
Die Sinnhaftigkeit des Projektes darf in keiner Phase infrage gestellt werden.
Wenn die Führungskräfte nicht (mehr) hinter den Zielen stehen, verstärken sich die Widerstände der Mitarbeiter. Das Scheitern des Projektes ist wahrscheinlich.

Merke

1. Mithilfe von Benchmarking und Reengineering sollen verkrustete Unternehmensstrukturen aufgelöst werden.
2. Benchmarking bedeutet, sich an den Erfolgen und Leistungen des Marktführers zu orientieren, um einmal genauso gut oder besser zu sein.
3. Reengineering versucht, im Innern des Unternehmens Umstrukturierungen vorzunehmen. So könnten die Unternehmensziele, die Unternehmensorganisation oder auch das Betriebsklima neu durchdacht werden.

Projektthema

„Benchmarking und Reengineering im Ausbildungsbetrieb"

Arbeitshinweise:
Durch Benchmarking und Reengineering sollen verkrustete Unternehmensstrukturen aufgelöst werden. Ihre Aufgabe besteht darin – wie es Unternehmensberater auch tun –, Vorschläge zu erarbeiten, wie eine oder mehrere Abteilungen, die Sie im Rahmen Ihrer Ausbildung kennengelernt haben, neu organisiert werden können. Sie sollen die Abteilung nicht „von Kopf bis Fuß" umkrempeln, sondern einzelne Arbeitsabläufe, die Sie optimieren würden, mit Verbesserungsvorschlägen versehen.

Aufgaben

1. Welche Ziele können mit Benchmarking verfolgt werden?
2. Welche Ziele können mit Reengineering erreicht werden?
3. Welche Schritte müssen eingehalten werden, wenn Benchmarking erfolgreich sein soll?
4. Welche Erfolgsrezepte müssen beim Reengineering beachtet werden?

3628206

7 Anfrage- und Auftragsbearbeitung

Das Hauptziel der in der freien Marktwirtschaft tätigen Unternehmen ist die Gewinnerzielung. Dies kann nur erreicht werden, wenn genügend Waren, Güter und Dienstleistungen verkauft werden.

Durch die Schaffung des europäischen Binnenmarktes und dem damit verbundenen freien Verkehr von Personen, Waren, Gütern, Dienstleistungen und Kapital haben sich einerseits die Absatzmärkte vergrößert, andererseits ist aber auch die Zahl der Mitkonkurrenten größer geworden.

Aus diesen Gründen ist es für ein Unternehmen von großer Bedeutung, eingehende Anfragen nach Produkten, Waren oder Dienstleistungen sehr ernst zu nehmen, um ein konkurrenzfähiges Angebot erstellen zu können. Führt ein Angebot zu einem Auftrag, muss die Produktion und die ordnungsgemäße, pünktliche Auslieferung der Ware gewährleistet werden. Bei diesen Arbeitsvorgängen übernimmt die EDV immer mehr Aufgaben und ist aus einem erfolgreichen und konkurrenzfähigen Unternehmen nicht mehr wegzudenken (vgl. Kapitel 11).

Mithilfe der EDV wird versucht, eine optimale Materialversorgung, Maschinenbelegung, Produktionsplanung und Lieferterminberechnung vorzunehmen. Außerdem werden Zahlungseingänge automatisch überwacht; Kunden, die in Zahlungsverzug geraten, werden automatisch angemahnt.

Im folgenden Kapitel werden wir uns damit beschäftigen, wie Anfragen und Aufträge bearbeitet werden, und aufzeigen, welche Unterschiede dabei in den einzelnen Wirtschaftszweigen zu beachten sind.

7.1 Die Bearbeitung einer Anfrage

Bei eingehenden Anfragen steht jeder Betrieb immer wieder vor der Entscheidung, den in Aussicht stehenden Auftrag anzunehmen oder abzulehnen. Es führt jedoch nicht jede Anfrage auch zu einem Auftrag. Da gewöhnlich mehrere Betriebe angefragt werden, wird der Kunde das für ihn günstigste Angebot auswählen.

Einer aufmerksamen und intensiven Bearbeitung einer Anfrage wird, gerade unter Berücksichtigung der Konkurrenzverhältnisse, eine große Bedeutung beigemessen.

- Mit einer Anfrage soll festgestellt werden, welche Güter, Waren und Dienstleistungen ein Lieferer zu welchen Preisen und zu welchen Terminen liefern kann.
- Durch Anfragen werden neue Geschäftsbeziehungen aufgebaut oder bereits bestehende Geschäftsverbindungen erneuert.

Nach einer kurzen Erörterung der rechtlichen Aspekte einer Anfrage sollen die Kriterien besprochen werden, die bei der Bearbeitung einer Anfrage beachtet werden müssen.

7.1.1 Die rechtliche Bedeutung einer Anfrage

Wenn es um die Vorbereitung eines Kaufvertrags geht, haben Anfragen die Aufgabe, Informationen über Preise, Lieferzeiten, Zahlungsbedingungen usw. von Waren und Gütern zu bekommen.

- Die Anfrage ist an keine bestimmte Form gebunden **(Formfreiheit)** und kann schriftlich, mündlich, telefonisch, per Fax oder E-Mail abgegeben werden.
- Die Anfrage begründet keine rechtliche Bindung des Kunden und des Lieferanten.
- Ein Käufer kann bei mehreren Lieferanten anfragen und das für ihn günstigste Angebot auswählen.
- Hinsichtlich des Inhalts lassen sich zwei Arten von Anfragen unterscheiden:

Allgemeine Anfrage	Bestimmte Anfrage
Bei der allgemeinen Anfrage handelt es sich z. B. um die Zusendung einer Preisliste des gesamten Lieferprogramms oder den Wunsch nach einem Vertreterbesuch.	Bei der bestimmten Anfrage handelt es sich um den Wunsch nach Informationen über ein ganz bestimmtes Produkt.

7.1.2 Kriterien zur Bearbeitung einer Anfrage

Sollte sich aufgrund einer Anfrage ein Auftrag für das Unternehmen ergeben, kann dieser Auftrag entweder angenommen oder abgelehnt werden. Entscheidungskriterien dabei sind:

- wirtschaftliche Macht des Kunden,
- bisherige Geschäftsbeziehungen,
- Zusatzaufträge.

Handelt es sich bei dem zukünftigen Kunden um ein marktbeherrschendes Unternehmen, kann es möglich sein, dass weitere Aufträge folgen und somit den Fortbestand des Unternehmens sichern. Es besteht allerdings die Gefahr, dass der übermächtige Kunde die Preise diktiert.

Wenn es sich um einen langjährigen Kunden handelt, wird das Unternehmen den Auftrag annehmen, um die bisherigen Geschäftsbeziehungen zu pflegen und zu festigen.

Lassen sich mit dem Auftrag neue Märkte erschließen, weil z. B. in ein Land geliefert wird, in das bisher noch nie geliefert wurde, kann der Auftrag zu Folgeaufträgen weiterer Kunden führen.

Neben diesen grundsätzlichen Überlegungen sind die folgenden betriebswirtschaftlichen Bearbeitungskriterien wichtig:

- Kreditwürdigkeit des Kunden,
- betriebliche Realisierbarkeit des Auftrags,
- Preis- und Kostenvergleich.

Kreditwürdigkeit des Kunden

Je höher der Auftragswert einer Anfrage ist, desto mehr ist der Lieferer daran interessiert, die Kreditwürdigkeit **(Bonität)** des Kunden zu kennen. Ist die Bonität gut, kann mit einem pünktlichen und vollständigen Rechnungsausgleich gerechnet werden. Handelt es sich um bekannte Kunden, kann die Kreditwürdigkeit aus Erfahrungswerten der Vergangenheit abgeschätzt werden.

Handelt es sich dagegen um neue Kunden, müssen Informationen über die Kreditwürdigkeit eingeholt werden.

Information zur Prüfung der Kreditwürdigkeit

Auskünfte
- Geschäftsfreunde, die den Kunden kennen
- Kreditinstitute
- Auskunfteien
- IHK

öffentliche Register
- Handelsregister
- Grundbuch
- Vereinsregister
- Genossenschaftsregister

Sonstiges
- Zeitungsberichte
- Bilanzveröffentlichungen
- Geschäftsberichte

Wenn die Auskünfte aussagekräftig sein sollen, müssen sie folgende Informationen enthalten:

- Unternehmensform und Gründungsjahr des Unternehmens,
- Größe der Belegschaft,
- Haftungsverhältnisse der Inhaber und Gesellschafter,
- Vermögenslage des Unternehmens mit Angaben über Eigen- und Fremdkapital sowie die Höhe der Schulden,
- Umsatzzahlen der letzten Jahre,
- ausgewiesene Gewinne der letzten Jahre.

Betriebliche Realisierbarkeit der Anfrage

Großhandelsbetrieb
Bevor ein Angebot erstellt werden kann, muss geprüft werden, ob die gewünschte Ware im Lager vorrätig ist. Ist sie vorrätig, kann der Liefertermin unter Berücksichtigung der von dem Kunden gewünschten Lieferbedingungen festgelegt werden. Teilweise liefern die Großhandelsbetriebe nach einem fest vorgegebenen Lieferrhythmus (z. B. werden bestimmte Regionen einmal wöchentlich angefahren). Ist die Ware nicht vorrätig, muss die Beschaffungszeit berücksichtigt werden. Der Liefertermin wird sich dann entsprechend verzögern.

Industriebetrieb
Zunächst ist zu überprüfen, ob die angefragten Produkte im Absatzlager vorrätig sind. Wenn dies der Fall ist, kann der frühestmögliche Liefertermin relativ einfach bestimmt werden. Zu berücksichtigen wären jetzt nur noch die Lieferwünsche des Kunden bzw. die vorgegebenen Lieferbedingungen des Industriebetriebs.

Müssen die angefragten Produkte erst gefertigt werden (z. B. Einzelaufträge im Schiffbau), sind u. a. folgende Überlegungen anzustellen:

- Welche Konstruktionsarbeiten sind erforderlich? (Zeichnungen, Pläne, Modelle usw.)
- Welche Materialien und Fertigteile müssen beschafft werden?
- Wann werden die Materialien und Fertigteile frühestens eintreffen?
- Welche Maschinen, Produktionsanlagen, Arbeitskräfte usw. werden benötigt? Müssen evtl. Neuanschaffungen getätigt werden?
- Wann stehen die benötigten Maschinen für den Auftrag zur Verfügung?
- Welche finanziellen Mittel sind zur Realisierung der Produktion nötig?
- Welcher frühestmögliche Liefertermin kann unter Berücksichtigung aller erforderlichen Konstruktionsarbeiten und Fertigungsabläufe genannt werden?

Preis- und Kostenvergleich

Für die bereits im Absatzlager vorhandenen Waren und Güter stehen die **Verkaufspreise** fest und können dem Kunden im Angebot genannt werden.

Die Preise sind aufgrund der **Nachkalkulation,** die nach der Leistungserstellung durchgeführt wurde, ermittelt worden. Deckt sich der Angebotspreis nicht mit den Preisvorstellungen des Kunden, muss überlegt werden, welche Veränderungen hinsichtlich des Preises, der Zahlungs- oder Lieferbedingungen usw. vorgenommen werden können. Je nach Auftragsgröße und Wichtigkeit des Auftrags kann dem Kunden entgegengekommen werden.

Handelt es sich um Waren, die erst beschafft, oder um Güter, die erst angefertigt werden müssen, muss der Angebotspreis mithilfe der **Vorkalkulation** ermittelt werden. Die Kalkulationsschemata der Großhandels- und Industriebetriebe sollen im Folgenden dargestellt werden.

Kalkulationsschema eines Großhandelsbetriebs:	**Kalkulationsschema eines Industriebetriebs:**
Einkaufspreis (Listenpreis)	Fertigungsmaterial
– Lieferantenrabatt	+ Materialgemeinkosten
= Zieleinkaufspreis	+ Fertigungslöhne
– Liefererskonto	+ Fertigungsgemeinkosten
= Bareinkaufspreis (Nettoeinkaufspreis)	+ Sondereinzelkosten der Fertigung
+ Bezugskosten	= Herstellkosten
= Einstandspreis (Bezugspreis)	+ Verwaltungsgemeinkosten
+ Handlungskostenzuschlag	+ Vertriebsgemeinkosten
= Selbstkostenpreis	+ Sondereinzelkosten des Vertriebs
+ Gewinnzuschlag	= Selbstkosten
= Bareinkaufspreis (Nettoeinkaufspreis)	+ Gewinnzuschlag
+ Kundenskonto	= Barverkaufspreis
+ Vertreterprovision	+ Vertreterprovision
= Zielverkaufspreis	+ Skonto
+ Kundenrabatt	= Zielverkaufspreis
= Listenverkaufs- oder Auszeichnungspreis	+ Rabatt
	= Listenverkaufspreis

Die Werte der Vertreterprovisionen und Skonti sind prozentual vom verminderten Grundwert zu ermitteln und beziehen sich jeweils auf den Zielverkaufspreis. Die Rabatte sind ebenfalls vom verminderten Grundwert zu ermitteln, beziehen sich aber auf die Verkaufspreise.

Die Vorkalkulation eines Industriebetriebs soll anhand der Kalkulation einer einfachen Drehbank verdeutlicht werden.

Beispiel:

Für die Ermittlung des Listenverkaufspreises einer Drehbank, Typ DR 1215, sollen folgende Daten zugrunde gelegt werden:

Materialverbrauch: 30.000,00
Fertigungslöhne: 20.000,00
Materialgemeinkosten: 12 %
Fertigungsgemeinkosten: 120 %
Sondereinzelkosten der Fertigung: 3.500,00
Verwaltungsgemeinkosten: 9 %
Vertriebsgemeinkosten: 7 %
Sondereinzelkosten des Vertriebs: 2.500,00
Gewinnzuschlag: 14 %
Skonto: 2 %
Rabatt: 10 %

Mit welchem Listenverkaufspreis ist die Drehbank anzubieten?

Lösung:

Fertigungsmaterial	=	30.000,00 €
+ Materialgemeinkosten (12 %)	=	3.600,00 €
+ Fertigungslöhne	=	20.000,00 €
+ Fertigungsgemeinkosten (120 %)	=	24.000,00 €
+ Sondereinzelkosten der Fertigung	=	3.500,00 €
= Herstellkosten	=	81.100,00 €
+ Verwaltungsgemeinkosten (9 %)	=	7.299,00 €
+ Vertriebsgemeinkosten (7 %)	=	5.677,00 €
+ Sondereinzelkosten des Vertriebs	=	2.500,00 €
= Selbstkosten	=	96.576,00 €
+ Gewinnzuschlag (14 %)	=	13.520,64 €
= Barverkaufspreis	=	110.096,64 €
+ Skonto (2 %)	=	2.246,87 €
= Zielverkaufspreis	=	112.343,51 €
+ Rabatt (10 %)	=	12.482,61 €
= Listenverkaufspreis	=	124.826,12 €

Die Drehbank wird zu einem Preis von 124.826,12 € zuzüglich Umsatzsteuer angeboten.

7.2 Die Auftragsbearbeitung in den verschiedenen Wirtschaftszweigen

Hat ein abgegebenes Angebot zu einem Auftragseingang geführt, ist also eine konkrete Lieferung einer Ware, eines Erzeugnisses oder einer Dienstleistung einzuplanen, sind in den unterschiedlichen Wirtschaftszweigen ganz unterschiedliche Arbeitsvorgänge nötig, die geforderte Leistung zu erbringen.

Der folgende Abschnitt befasst sich mit der Auftragsbearbeitung eines Großhandels-, Industrie- und Handwerksbetriebs.

7.2.1 Großhandelsbetrieb

Ein eingehender Auftrag wird zunächst mit dem abgegebenen Angebot verglichen, um eventuelle Abweichungen festzustellen. Stimmen Auftrag und Angebot überein, wird dem Kunden i. d. R. eine Auftragsbestätigung zugesandt.

Ein Kaufvertrag kommt nur zustande, wenn der Auftrag mit dem Angebot übereinstimmt.

Weicht die Bestellung vom Angebot ab, kommt der Auftrag erst zustande, wenn der Großhandelsbetrieb die veränderten Daten durch eine Auftragsbestätigung anerkennt. Sind die Abweichungen nicht zu akzeptieren, weil z. B. ein zu niedriger Preis gefordert wird, kann der Auftrag nicht angenommen werden.

Je nach Betriebsgröße, Sortiment oder Branche kann die Auftragsbearbeitung sehr unterschiedlich sein.

Die Auftragsbearbeitung eines Großhandelsbetriebs kann grundsätzlich sechs Schritte umfassen. (Abweichungen von diesem Schema sind natürlich möglich.)

1. **Eingang des Kundenauftrags**

2. Die **Vertriebsabteilung** vergleicht die Bestellung mit dem Angebot, erfasst den Auftrag und versieht ihn mit einer Auftrags- und Kundennummer. Auftrags- und Kundennummer werden bei jedem Schriftverkehr stets angegeben.
   Ist die Ware vorrätig, stellt der Vertrieb einen Lieferschein aus, der in einer Kopie jeweils an das **Lager,** den **Versand** und das **betriebliche Rechnungswesen** weitergeleitet wird.
   Ist die Ware nicht vorrätig, wird eine Auftragskopie an den **Einkauf** weitergeleitet, der die Beschaffung der Ware zu veranlassen hat.

3. Die **Einkaufsabteilung** bestellt die Ware, die nicht vorrätig ist. Der **Wareneingang** informiert den Vertrieb, sobald die Ware eingetroffen und verfügbar ist, sodass jetzt auch ein Lieferschein ausgestellt werden kann.

4. Das **Lager** wird die Ware aufgrund des Lieferscheins zusammenstellen und den Lagerabgang festhalten und verbuchen. Wird der **Meldebestand** erreicht oder gar unterschritten, muss die neue Bestellung veranlasst werden.

5. Die **Versandabteilung** muss die Ware aufgrund des Lieferscheins versandbereit machen und zur Abholung bereitstellen, selbst versenden oder die Versendung veranlassen.
   Holt der Kunde die Ware selbst ab, muss die Ware sicher und transportfähig verpackt sein. Der Kunde wird den Erhalt der Ware auf dem Lieferschein quittieren.
   Wird die Ware dem Kunden zugesandt, wird sie entweder mit eigenen Fahrzeugen oder durch einen Frachtführer per Lkw, die Deutsche Bahn AG, Flugzeug, Binnen- oder Seeschiff mit den entsprechenden Versandpapieren ausgeliefert.

6. **Aufgaben des betrieblichen Rechnungswesens:**
   - Erstellung der Ausgangsrechnung
   - Belastung des jeweiligen Kundenkontos mit der Rechnungssumme **(Debitorenbuchhaltung)**
   - Überwachung des Zahlungseingangs, gegebenenfalls Einleitung eines Mahnverfahrens

7.2.2 Industriebetrieb

Ein eingehender Auftrag wird, ähnlich wie beim Großhandelsbetrieb, mit dem abgegebenen Angebot verglichen. Weicht die Bestellung vom Angebot ab, kommt der Kaufvertrag erst zustande, wenn der Industriebetrieb

- die veränderten Daten durch eine Auftragsbestätigung akzeptiert oder
- aufgrund der Veränderungen ein neues Angebot erstellt, das vom Kunden akzeptiert wird.

> Eine Auftragsbestätigung ist, rechtlich gesehen, für das Zustandekommen eines Kaufvertrags nicht notwendig. Nur wenn der Kunde abweichend vom Angebot bestellt, bewirkt die Auftragsbestätigung die Annahme dieser neuen Bedingung.

Die Auftragsbearbeitung in einem Industriebetrieb umfasst sieben Schritte, die im Einzelnen näher behandelt werden.

- Kundenauftrag erfassen
- Anfertigen der notwendigen Arbeitsunterlagen
- Auftragseinplanung
- Leistungserstellung
- Terminüberwachung
- Warenbereitstellung/Versand
- betriebliches Rechnungswesen

Kundenauftrag erfassen

Der eingehende Kundenauftrag wird mit einer Kunden- und Auftragsnummer versehen, um ihn unverwechselbar kenntlich zu machen. Die Kunden- und Auftragsnummer sind bei jedem Schriftverkehr (innerbetriebliche Mitteilungen, Nachrichten an den Kunden) anzugeben.

Obwohl der Liefertermin im Angebot schon genannt wurde, ist zu prüfen, ob er eingehalten werden kann.

Anfertigen der notwendigen Arbeitsunterlagen

Grundlage aller weiteren Überlegungen ist die **Konstruktionszeichnung.** Sie ist bei Standardprodukten bereits vorhanden oder wird bei individuellen Kundenaufträgen aktuell erstellt. Die Konstruktionszeichnung gibt u. a. Auskunft über

Form, Maße, Funktionen, Einzelteile, Materialien des Erzeugnisses und wird im Konstruktionsbüro erstellt.

Für ein Erzeugnis können mehrere Konstruktionszeichnungen, die jeweils verschiedene Komponenten und Ansichten darstellen, erstellt werden.

Aufgrund der Konstruktionszeichnung wird die **Stückliste** erstellt, die alle zur Produktion erforderlichen Materialien und Einzelteile nach Art und Menge aufzählt. Die einzelnen Materialien und Teile sind gewöhnlich mit Materialnummern versehen, aus denen Art und Qualität der benötigten Stoffe ersichtlich sind.

Der **Arbeitsplan** gibt an, wie die Konstruktionsvorhaben in die Praxis umgesetzt werden sollen. Dabei ist vor allem wichtig:

Was soll gefertigt werden?	➡	Kundenauftrag
Von wem soll gefertigt werden?	➡	Personalplanung
Womit soll gefertigt werden?	➡	Maschinen- und Werkzeugplanung
Wie soll gefertigt werden?	➡	Fertigungsverfahren
Wann soll gefertigt werden?	➡	Terminplanung

Auftragseinplanung

Der Kundenauftrag ist so einzuplanen, dass die Ware zum festgelegten Liefertermin beim Kunden sein kann. Dazu müssen folgende Voraussetzungen gegeben sein:

- rechtzeitige Bereitstellung der notwendigen Materialien und Teile,
- qualifizierte Arbeitskräfte müssen verfügbar und nicht durch z. B. Urlaub verhindert sein,
- Ermittlung der Durchlaufzeit des Auftrags. Zur **Durchlaufzeit** eines Auftrags rechnet man:
  - Auftragsbearbeitung,
  - Bestellvorgang, wenn fehlende Teile oder Materialien beschafft werden müssen (inklusive Lieferzeit und Wareneingangsprüfung),
  - Materialbereitstellung,
  - Leistungserstellung,
  - Qualitätskontrolle,
  - Verpackung, Versandbereitschaft.
- Verfügbarkeit der notwendigen Werkzeuge und Maschinen **(Maschinenbelegungspläne).**

Beispiel eines Maschinenbelegungsplans:
Nehmen wir an, dass für die Aufträge A und B jeweils die Maschinen 1, 2 und 3 benötigt werden.

Das folgende Schaubild gibt an, wie viele Tage die einzelnen Maschinen von den beiden Aufträgen beansprucht werden.

	Maschine 1	Maschine 2	Maschine 3
Auftrag A	3 Tage	3 Tage	4 Tage
Auftrag B	4 Tage	2 Tage	3 Tage

Wenn die Aufträge nacheinander die Maschinen 1, 2 und 3 durchlaufen, ergibt sich der folgende Maschinenbelegungsplan:

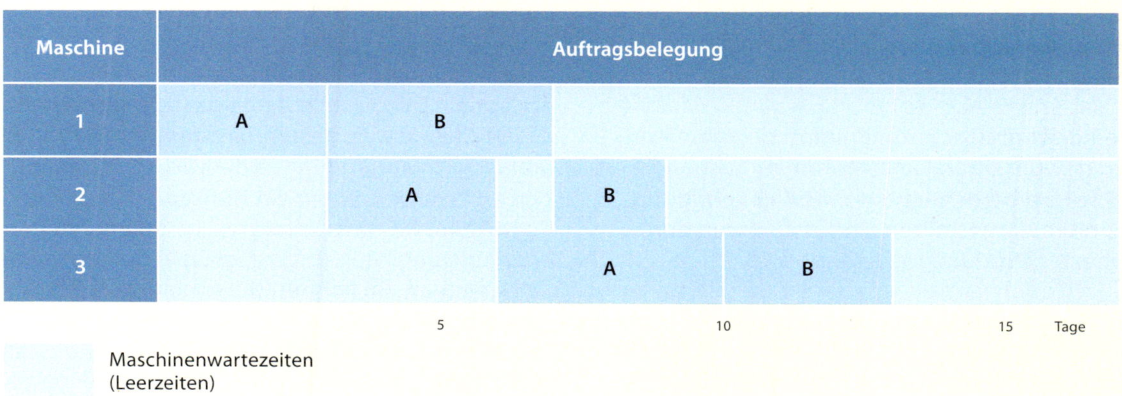

Das Balkendiagramm zeigt, dass z. B. nach dem siebten Tag auf Maschine 1 ein neuer Auftrag produziert werden kann, auf Maschine 2 nach dem neunten Tag.

Leistungserstellung

Wenn mit der Produktion begonnen wird, werden die folgenden Arbeitsbegleitpapiere benötigt:

Laufkarte
Die Laufkarte zeigt alle am Produkt vorzunehmenden Arbeitsschritte auf und begleitet den Arbeitsgegenstand von Arbeitsplatz zu Arbeitsplatz.

Terminkarte
Im Bereich der Werkstättenfertigung zeigt die Terminkarte auf, welche Arbeitsvorgänge an jeder einzelnen Maschine durchgeführt werden.

Lohnscheine
Werden betriebliche Tätigkeiten nach dem Akkordlohn berechnet (vgl. Kap. 5.7), geben die Lohnscheine die Vorgabezeiten für die jeweiligen Arbeitsverrichtungen der verschiedenen Aufträge vor. Die Arbeitskräfte tragen die tatsächlich benötigte Arbeitszeit in die Lohnscheine ein. Vorgesetzte kontrollieren dies und ermitteln, wenn es nötig ist, welche Arbeitsergebnisse brauchbar waren und welche nicht **(Ausschussquote).**

Die Lohnscheine dienen sowohl der Nachkalkulation als auch der Lohnabrechnung.

Terminüberwachung

Die Terminüberwachung hat die Aufgabe, Arbeitsbeginn und Arbeitsende festzulegen.

Die **Rückwärtsrechnung** nimmt den vom Kunden gewünschten Liefertermin als Ausgangsgröße und berechnet unter Berücksichtigung der oben dargestellten Einflussfaktoren den frühesten Produktionsbeginn.

Die **Vorwärtsrechnung** geht von dem frühesten Produktionsbeginn aus und berechnet unter Berücksichtigung der Durchlaufzeit den frühesten Liefertermin.

Die Terminüberwachung hat weiterhin die Aufgabe, den termingerechten Produktionsfortschritt zu überwachen.

Warenbereitstellung/Versand

Mithilfe der **Versandanzeige** wird der Kunde informiert, dass die Ware abhol- bzw. versandbereit ist. So kann sich der Kunde auf den Empfang der Sendung einstellen.

Die Ware wird ordnungsgemäß verpackt und mit den erforderlichen **Versandpapieren** versehen. Je nach Lieferbedingungen holt der Kunde die Ware ab oder lässt sie sich zustellen.

Betriebliches Rechnungswesen

Das betriebliche Rechnungswesen hat die folgenden Aufgaben zu erfüllen:

- Erstellung der Ausgangsrechnung,
- Buchung der Rechnungssumme auf den Sachkonten und in der Kundenbuchhaltung (Debitorenbuchhaltung),
- Kontrolle und Überwachung der Zahlungseingänge.
- Falls erforderlich, werden außergerichtliche und gerichtliche Mahnverfahren eingeleitet.

Der Einsatz der EDV ist gerade im betrieblichen Rechnungswesen unabdingbar, denn es können alle Geschäftsprozesse durchgehend vom Computer gesteuert und überwacht werden (**Workflow-Konzept,** vgl. Kap. 6.3).

Neue Konzepte zur Produktionsplanung und Produktionssteuerung liefern **PPS-Systeme** (Produktionsplanung und Produktionssteuerung).

Mithilfe von PPS können schon im Verkaufsgespräch Durchlaufzeiten, Konstruktionsdaten, Teilelisten usw. für einen bestimmten Auftrag per Bildschirm abgerufen werden. So kann genau gesagt werden, wann ein Auftrag erledigt werden kann. Bei einer erfolgten Bestellung werden die Auftragsdaten unverzüglich in den Computer eingegeben. So können die Arbeitsvorbereiter umgehend die Maschinen einrichten und die Einkäufer können rechtzeitig Material und Rohstoffe beschaffen.

7.2.3 Handwerksbetrieb

Wie schwierig es ist, einen Handwerker zu bekommen, weiß man, wenn in der Wohnung schon einmal ein Abfluss verstopft war, die Heizung streikte oder ein Wasserhahn tropfte.

In der Regel sind die Handwerksbetriebe über längere Zeiträume mit Aufträgen ausgelastet und der Ausspruch, dass das Handwerk einen „goldenen Boden" habe, besteht sicherlich nicht zu Unrecht.

Die meisten Handwerksbetriebe werden heutzutage die Auftragsbearbeitung mit Unterstützung eines PC und einer auf den Handwerksbetrieb zugeschnittenen Software erledigen.

> Mithilfe einer **computergestützten Auftragsbearbeitung** kann zuverlässig geplant werden, welche Arbeiter zu welchem Zeitpunkt an welcher Baustelle eingesetzt werden sollen und welche Maschinen, Werkzeuge und Materialien zu welchem Zeitpunkt bestellt und bereitgestellt werden müssen.

Die computergestützte Auftragsbearbeitung kann in einem Handwerksbetrieb die folgenden acht Schritte umfassen:

- Der Auftrag wird mit dem **Angebot** verglichen. Bei Übereinstimmung wird der Auftrag angenommen. Wird ein Handwerker aufgrund eines Schadens zu einer Reparatur bestellt, wird kein Angebot erstellt.
- Der Auftrag wird mit einer **Kunden- und Auftragsnummer** versehen, um ihn unverwechselbar zu machen. Die Kunden- und Auftragsnummer wird bei jedem Schriftverkehr angegeben.
- Der **Materialbedarf** wird für den Auftrag ermittelt. Nicht vorrätiges Material muss bestellt werden.
- Der **Bedarf an Maschinen und Werkzeugen** wird für den Auftrag festgelegt.
- Die **Personalplanung** legt fest, welche Mitarbeiter mit der Durchführung des Auftrags betraut werden.
- **Betreuung der Baustelle** durch den Unternehmer oder einen Geschäftsführer
- Nach Fertigstellung wird der durchgeführte Auftrag einer **Endkontrolle** unterzogen. Unternehmer bzw. Geschäftsführer veranlassen in Absprache mit dem Auftraggeber evtl. Nachbesserungen.
- **Rechnungsstellung und Mahnwesen**

Der dargestellte Ablauf zeigt grundsätzliche Möglichkeiten der Auftragsbearbeitung auf, je nach Betriebsgröße und Branche kann davon abgewichen werden.

Die Handwerksbetriebe klagen zunehmend über die mangelnde Zahlungsmoral der Kunden oder Bauherren. Immer häufiger werden Preisnachlässe verlangt, weil die Auftragsbearbeitung nach Ansicht der Auftraggeber nicht einwandfrei war. Diese Entwicklung führt dazu, dass die Handwerksbetriebe diese Preisnachlässe in ihren Angebotspreis einkalkulieren.

Merke

1. Eine Anfrage kann schriftlich, mündlich, telefonisch, per Fax oder E-Mail abgegeben werden und begründet keine rechtliche Bindung des Kunden an den Lieferanten.
2. Während es sich bei der allgemeinen Anfrage i. d. R. um die Zusendung einer Preisliste handelt, werden bei der bestimmten Anfrage gezielte Informationen über ein bestimmtes Produkt abgefragt.
3. Bei der Bearbeitung einer Anfrage wird die Kreditwürdigkeit des Kunden und die betriebliche Realisierbarkeit des Auftrags geprüft. Außerdem werden ein Preis- und Kostenvergleich vorgenommen.
4. Hinweise auf die Kreditwürdigkeit eines Kunden können z. B. Geschäftsfreunde, Kreditinstitute, Auskunfteien, IHK, Handelsregister, Zeitungsberichte und Bilanzveröffentlichungen geben.
5. Mithilfe der Kalkulation wird ermittelt, mit welchen Auszeichnungs- bzw. Listenverkaufspreisen die Waren und Güter den Kunden angeboten werden können.

(Fortsetzung folgende Seite)

6. Ein Kaufvertrag kommt nur dann rechtskräftig zustande, wenn der eingehende Auftrag mit dem abgegebenen Angebot übereinstimmt.
7. Eine Auftragsbestätigung ist nur dann zwingend notwendig, wenn dadurch Bedingungen angenommen werden, die nicht Bestandteil des Angebots waren, aber vom Kunden gefordert wurden.
8. Zur Existenzsicherung eines Unternehmens ist eine gewissenhafte Auftragsbearbeitung unabdingbar.

Projektthema

„Auftragsbearbeitung"

Arbeitshinweise:
Stellen Sie die Auftragsbearbeitung Ihres Ausbildungsbetriebs anhand eines selbst gewählten Beispieles dar. Dokumentieren Sie die Ergebnisse mithilfe folgender betrieblicher Unterlagen:

- Stückliste,
- Arbeitsplan,
- Maschinenbelegungsplan,
- Materialentnahmeschein,
- Lohnschein,
- Laufkarte.

Aufgaben

1. Erläutern Sie die rechtliche Bedeutung einer Anfrage.
2. Welche Auskünfte und Informationen über neue Kunden sind für ein Unternehmen wichtig?
3. Erstellen Sie die Vorkalkulation eines Industriebetriebs anhand der folgenden Daten: Materialkosten: 10.000,00 €, Lohnkosten: 7.500,00 €, Materialgemeinkosten: 13 %, Fertigungsgemeinkosten: 115 %, Sondereinzelkosten der Fertigung (Spezialwerkzeug): 250,00 €, Verwaltungsgemeinkosten: 9 %, Vertriebsgemeinkosten: 7 %, Sondereinzelkosten des Vertriebs (Verpackung in einer Holzkiste): 500,00 €, Gewinnzuschlag: 20 %, Skonto: 3 %.

   Wie hoch ist der Listenverkaufspreis?
4. Prüfen und begründen Sie, ob in den folgenden Fällen ein Kaufvertrag zustande gekommen ist:
   a) Ein Kunde bestellt abweichend vom Angebot.
   b) Ein Betrieb versendet keine Auftragsbestätigung. Der Kunde bestellt.
   c) Ein Kunde bestellt abweichend vom Angebot, hat aber über die veränderten Daten eine Auftragsbestätigung erhalten.
5. Erklären Sie die folgenden Begriffe:
   Stückliste; Arbeitsplan; Durchlaufzeit; Maschinenbelegungsplan.
6. Erstellen Sie den Maschinenbelegungsplan, wenn die Aufträge A, B und C jeweils nacheinander die Maschinen 1, 2 und 3 durchlaufen.

   Maschinenzeiten pro Auftrag:

	Maschine 1	**Maschine 2**	**Maschine 3**
Auftrag A	3 Tage	2 Tage	4 Tage
Auftrag B	3 Tage	4 Tage	2 Tage
Auftrag C	4 Tage	2 Tage	2 Tage

7. Was ist unter PPS zu verstehen?

8 Organisation der Lagerhaltung

Sicher ist es Ihnen auch schon einmal passiert, dass Sie in einem Kaufhaus eine Ware kaufen wollten, die nicht vorrätig war. Wenn Sie Glück hatten, war die Ware noch am Lager und konnte für Sie geholt werden. War auch das Lager nicht gefüllt, wurden Sie mit dem Hinweis vertröstet, dass die Ware schon bestellt sei und in wenigen Tagen eintreffen werde.

Dieser und ähnliche Fälle ereignen sich sehr häufig und machen uns deutlich, dass ein gut bestücktes und gut funktionierendes Lager gerade für den Einzelhandel sehr wichtig ist. Kann der Kunde nämlich nicht auf die Lieferung warten, wird er woanders versuchen, die Ware zu kaufen.

Aber auch in der industriellen Produktion ist eine reibungslos funktionierende Lagerwirtschaft Voraussetzung für einen störungsfrei verlaufenden Betrieb. Es müssen immer genügend Roh-, Hilfs- und Betriebsstoffe sowie halbfertige Erzeugnisse am Lager sein, um die gewünschte Produktionsmenge herstellen zu können. Wenn es zu einer erhöhten Güternachfrage kommt, sollten die Lagervorräte ausreichen, um den Produktionsanstieg zu realisieren.

Können die produzierten Güter nicht wie gewohnt abgesetzt werden, sollte das Lager genügend Kapazitäten besitzen, die Fertigerzeugnisse so lange aufzunehmen, bis die Nachfrage wieder ansteigt.

Damit hat das Lager sowohl die Funktion, Materialien und Waren bereitzustellen (Bereitstellungsfunktion), als auch die Aufgabe, auf Veränderungen des Käuferverhaltens reagieren zu können (Nachfrageausgleichsfunktion).

8.1 Ziele der Lagerhaltung

Die Lagerhaltung hat die Aufgabe, Materialien und Güter für die Produktion und den Verkauf bereitzustellen.

Die Lagerhaltung ist so zu organisieren, dass ein reibungsloser Arbeitsablauf gewährleistet ist. Ob die Lagerbestände reduziert und damit Kosten minimiert werden können, ist für jeden Betrieb individuell zu untersuchen.

Für einige Betriebe ist ein umfangreicher Lagerbestand unverzichtbar, das gilt insbesondere für Groß- und Einzelhandelsbetriebe und für Industriebetriebe, die Materialien aus dem Ausland beschaffen.

Andere Betriebe versuchen das Problem der Lagerhaltung auf die Zulieferer abzuwälzen, was in den letzten Jahren von den großen Automobilherstellern in einigen Bereichen praktiziert wird.

8.1.1 Sachziele der Lagerhaltung

Zu den Sachzielen der Lagerwirtschaft gehört die Bereitstellung von Materialien und Gütern

- in der gewünschten Güte,
- in der gewünschten Menge,
- am richtigen Ort,
- zur richtigen Zeit.

Bereitstellung von Materialien und Gütern in der gewünschten Güte

Um qualitativ hochwertige Produkte herstellen bzw. verkaufen zu können, ist häufig eine sorgfältige Lagerung der Materialien und Güter erforderlich.

Materialien/Güter	Schutz vor:
• Hölzer, Papier	• Feuchtigkeit, direkter Sonneneinstrahlung
• Metalle	• Korrosion, Oxidation
• Lebensmittel	• Schädlingen, Kälte, Wärme
• Elektrogeräte	• Feuchtigkeit, Staub
• Stoffe	• direkter Sonneneinstrahlung, Motten
• Lederwaren	• Austrocknung

Die Schutzmaßnahmen sind teilweise sehr aufwendig und kostenintensiv und erfordern speziell ausgebildetes Lagerpersonal. Bei vielen Lebensmitteln darf z. B. die Kühlkette nicht unterbrochen werden, weshalb der Bau von Kühlhäusern notwendig wird.

Bereitstellung von Materialien und Gütern in der gewünschten Menge

Die Lagerbestände sollten so hoch sein, dass die Produktion und Versorgung der Kunden gewährleistet ist. Zu hohe und zu niedrige Lagerbestände sollten vermieden werden, da in beiden Fällen nicht wirtschaftlich gearbeitet wird.

zu hohe Lagerbestände	zu niedrige Lagerbestände
• hohe Kapitalbindung, d. h. höhere Lagerkosten • Gefahr, dass das Lagergut verdirbt oder veraltet	• Produktionsstillstand • Ersatzeinkäufe • Liefertermine können nicht eingehalten werden.

Bereitstellung von Materialien und Gütern am richtigen Ort

Es muss gewährleistet sein, dass das Lagergut dem Kunden oder der Fertigung dort zur Verfügung gestellt wird, wo es benötigt wird. Dazu bedarf es eines internen und externen Transportwesens, das jeden beliebigen Standort erreichen kann.

Grundsätzlich kann die Lagerhaltung der Materialien, Waren und Fertigprodukte **zentral** oder **dezentral** erfolgen.

Unterhält ein Unternehmen nur ein (entsprechend großes) Lager und versorgt damit alle Werke, Niederlassungen, Filialen usw., spricht man von der zentralen Lagerhaltung.

Sind dagegen die verschiedenen Werke, Niederlassungen und Filialen mit eigenen Beschaffungs- und Absatzlägern ausgerüstet, liegt die dezentrale Lagerhaltung vor.

	Vorteile	Nachteile
zentrale Lagerhaltung	• niedrige Bestellkosten • niedrige Verwaltungskosten	• hohe Transportkosten • lange Transportzeiten • langsamer Materialzugriff
dezentrale Lagerhaltung	• schnelle Versorgung der Fertigung oder der Kunden • niedrige Transportkosten	• hohe Bestellkosten • hohe Verwaltungskosten

Bereitstellung von Materialien und Gütern zur richtigen Zeit

Um Liefer- und Produktionsfristen einhalten zu können, ist es notwendig, das Lagergut fristgemäß anzuliefern. Trifft z. B. eine Materiallieferung aus dem Zentrallager verspätet ein, kann dies zu einem Produktionsstillstand bzw. zu einer Produktionsverzögerung führen. Kann der Kunde deshalb nicht pünktlich beliefert werden, sind für die Verzögerungen i. d. R. Strafen zu zahlen **(Vertragsstrafen).**

Werden Kunden nicht rechtzeitig mit bestellten Waren beliefert und können sie deshalb Termine bei den eigenen Kunden nicht einhalten, können sie **Schadensersatz** wegen verspäteter Lieferung verlangen.

8.1.2 Formalziele der Lagerhaltung

Die Lagerhaltung ist angewiesen, die Sachziele so kostengünstig wie möglich zu erreichen.

Mithilfe der Formalziele sollen die Lagerhaltungskosten minimiert werden.

Es handelt sich um folgende Kostenfaktoren:

Lagerhaltungskosten	
Lagerraumkosten	**Risikokosten**
• Abschreibungen auf Gebäude, Transporteinrichtungen und Werkzeuge • Mieten, Versicherungen • Instandhaltungen, Reinigung • Heizung, Beleuchtung	• Mengenverluste – Warenschwund oder -verderb – Diebstahl, Zerstörung • Wertverluste – Preisverfall – Wasser- oder Feuerschäden – technisches Veralten – Beschädigungen
Verwaltungskosten	**Kapitalbindungskosten**
• Löhne, Gehälter, Lohnnebenkosten für Lagerpersonal • allgemeine Verwaltungskosten (Büromaterial, Telefon, Heizung usw.) • Kosten für EDV (Hard- und Software)	• Verzinsung des für die Lagerräume, -grundstücke, -einrichtungen und -anlagen gebundenen Kapitals • Verzinsung des für die Lagerbestände gebundenen Kapitals

8.2 Funktionen der Lagerhaltung

Die Lagerhaltung ist für Industrie- und Handelsbetriebe ohne Zweifel von großer Bedeutung. Da niemand vorhersagen kann, wann welche Güter in welchen Mengen nachgefragt werden, müssen Industrie und Handel in der Lage sein, auf Kundenwünsche flexibel zu reagieren.

Grundsätzlich unterscheiden sich die Lagerfunktionen von Industrie und Handel nicht: Die optimale Versorgung der Produktion mit Material und der Kunden mit Fertigerzeugnissen ist das anzustrebende Ziel.

Betrachtet man jedoch die Anzahl bzw. Verschiedenartigkeit der Läger, können wir feststellen, dass die Industrie i. d. R. **Beschaffungs-, Produktions- und Absatzläger** unterhält, während sich die Vorratshaltung beim Handel hauptsächlich auf ein Lager beschränkt, das man als kombiniertes **Einkaufs- und Verkaufslager** bezeichnen kann.

Während Industriebetriebe sowohl den Produktions- wie den Absatzbereich lagermäßig absichern müssen, wird für Handelsbetriebe die Gewährleistung der Lieferbereitschaft zur zentralen Aufgabe.

Industrie		
↓	↓	↓
Beschaffungslager	**Produktionslager**	**Absatzlager**

8.2.1 Absicherung der Produktion

Um die laufende Produktion abzusichern und möglich zu machen, sind gut gefüllte Läger, die das nötige Material zur Verfügung stellen, unabdingbar. Ein Industriebetrieb unterhält viele verschiedene Läger, die unterschiedliche Funktionen haben.

Für den Bereich der Produktion sind die Beschaffungs- und Produktionsläger bedeutsam.

Funktionen der Beschaffungsläger

- Zeitüberbrückung zwischen Materialbeschaffung und Produktion **(Überbrückungsfunktion).** Da nicht immer prompt geliefert, sondern mit Lieferfristen zu rechnen sein wird, muss bis zum Eintreffen der Lieferung genügend Material am Lager sein, damit ein Produktionsstillstand vermieden wird.
- Bieten sich günstige Einkaufsmöglichkeiten an, weil Mengenrabatte oder günstige Einkaufspreise genutzt werden können, sollte das Lager größere Bestellmengen aufnehmen können **(Spekulationsfunktion).**
- Sind beispielsweise auf dem Rohstoffmarkt Preissteigerungen zu erwarten, sollte die Lagerkapazität ausreichen, „Hamsterkäufe" aufzunehmen **(Überbrückungsfunktion).**
- Bei Lieferungsverzögerungen, mangelhafter Lieferung, Materialknappheit, unvorhergesehenen Preissteigerungen usw. sollte die Produktion durch einen ausreichenden Lagerbestand gesichert sein **(Sicherungsfunktion).**

Funktionen der Produktionsläger

- Sicherung des Produktionsablaufs durch die korrekte Bereitstellung der Materialien an den jeweiligen Arbeitsplätzen **(Sicherungsfunktion).**
- Aufnahme von unfertigen Erzeugnissen, bis der Produktionsprozess fortgeführt werden kann **(Überbrückungsfunktion).** So können z. B. Maschinenschäden in einer nachgelagerten Produktionsstufe das Zwischenlagern von Erzeugnissen der vorgelagerten Produktionsstufe notwendig machen.
- Lagerung von Gütern, um eine qualitative Veränderung der eingelagerten Güter zu bewirken **(Umformungsfunktion).** Typisch für solche Umformungen sind beispielsweise Gär- und Reifeläger in Brauereien und Kellereien sowie Trockenprozesse bei Hölzern.

Beschaffungs- und Produktionsläger in der Industrie:

Beschaffung	Produktion
• Rohstoffläger • Hilfsstoffläger • Betriebsstoffläger • Fertigteileläger	• Zwischenläger für: – unfertige Erzeugnisse – Halbfabrikate • Handläger zur Bereitstellung von Kleinmaterialien am Arbeitsplatz

8.2.2 Funktionen des Absatzlagers

Wird im Kundenauftrag produziert, entsteht nicht zwingend die Notwendigkeit, Fertigerzeugnisse lagern zu müssen. Der Kunde wird i. d. R. schon auf „seine Ware" warten und sie nach Fertigstellung übernehmen.

Wird dagegen für den allgemeinen Markt produziert, kann eine kurz- oder langfristige Lagerhaltung erforderlich werden.

Aufgaben des Absatzlagers

- Kann die Produktion bei Absatzrückgängen nicht sofort umgestellt oder eingestellt werden, muss ein Teil der Produktion auf Lager genommen werden **(Überbrückungsfunktion).** Bewirkt z. B. ein verregneter Sommer einen Nachfragerückgang bei Softdrinks, werden die Getränkehersteller ihre Überproduktionen zunächst auf Lager nehmen müssen, bis ein Zurückschrauben der Produktion für einen Abbau der Lagervorräte sorgen kann.
- Erhöhung der Lieferbereitschaft, weil die Waren in großer Auswahl am Lager vorrätig sind und jederzeit ausgeliefert werden können **(Wettbewerbsfunktion).**
- Steigt die Nachfrage aufgrund saisonaler oder konjunktureller Veränderungen, ermöglicht ein hoher Lagerbestand eine ungehinderte Versorgung der Kunden **(Überbrückungsfunktion).**
- Erhöhen Konkurrenten die Preise, garantiert ein hoher Lagerbestand, zu unveränderten Preisen liefern zu können, was eine Vergrößerung des Kundenstammes bedeuten kann **(Wettbewerbsfunktion).**

> In den Absatzlägern der industriellen Produktion werden Fertigerzeugnisse und Handelswaren gelagert.

8.2.3 Lagerfunktionen der Handelsbetriebe

Moderne, große Läger vieler **Großhandelsbetriebe** bestehen heutzutage aus riesigen Lagerhallen, die, ähnlich dem Hochregallager, die verschiedensten Waren auf Paletten gestapelt bevorraten.

Eingehende Kundenbestellungen werden am Tag der Auslieferung zusammengestellt und ohne weitere Einlagerungen ausgeliefert. Somit ist die Unterteilung in Einkaufs- und Verkaufsläger in den meisten Großhandelsbetrieben nicht mehr anzutreffen.

Waren, die angeliefert wurden, werden unverzüglich am richtigen Platz eingelagert und können sofort wieder ausgegeben werden.

In **Einzelhandelsbetrieben** wird der Verkaufsraum als Lagerfläche genutzt. Die dort präsentierten Waren sind oft in mehrfachen Exemplaren vorhanden und für den Kunden sichtbar. Der Kunde bekommt so einen guten Überblick über die angebotenen Produkte und kann die Waren selbst entnehmen.

Die Aufgabe des Einzelhändlers ist, dafür zu sorgen, dass die Verkaufsflächen stets gefüllt sind. Für umsatzstarke Waren unterhalten die Einzelhändler i. d. R. **Reserveläger,** um die Nachfrage jederzeit befriedigen zu können.

8.3 Lagergestaltung

Die Lagerung der unterschiedlichen Materialien und Waren erfolgt vor allem unter dem Aspekt der rechtzeitigen Materialbereitstellung bzw. optimalen Kundenversorgung. Deshalb sollte die Gestaltung der Läger eng am Materialfluss und Warenabgang orientiert sein. Da sich Industriebetriebe hinsichtlich der Produktionsweise, des Produktprogramms, der Unternehmensgröße usw. unterscheiden, findet man in der betrieblichen Praxis viele unterschiedliche **Lagertypen.**

Im Wesentlichen werden die folgenden Lagerarten unterschieden:

- Eingeschossläger
- Mehrgeschossläger
- Spezialläger

Eingeschossläger

Am häufigsten ist in der Industrie das Eingeschosslager anzutreffen.

Da die industrielle Fertigung häufig in eingeschossigen Hallen stattfindet, bietet sich die organisatorische Gestaltung der Läger als Eingeschosslager an.

Eingeschossläger		
↓	↓	↓
offene Läger	**halboffene Läger**	**geschlossene Läger**
Hier werden Materialien gelagert, die von Witterungseinflüssen nicht beeinträchtigt werden. Dazu gehören Erze, Kies, Kohle usw.	Halboffene Läger sind überdachte Lagerflächen, die sich gut zum Lagern von Fertigerzeugnissen oder Materialien, die vor den gröbsten Witterungseinflüssen geschützt werden müssen, eignen. Dazu gehören Baustoffe, Hölzer, in Folie verschweißte Paletten mit Fertigerzeugnissen usw.	Hier werden Materialien in eingeschossigen Hallen oder Gebäuden gelagert, die vor Witterungseinflüssen und Diebstahl geschützt werden müssen. Dazu gehören Elektronikbauteile, Lebensmittel, Edelmetalle, hochwertige Fertigprodukte usw.

Mehrgeschossläger

Im Gegensatz zum Eingeschosslager werden beim Mehrgeschosslager die einzulagernden Materialien auf mehreren Ebenen eingelagert. Somit erhöht sich die Lagerkapazität beträchtlich. Um einen ungehinderten Zugang zu den jeweiligen Materialien möglich zu machen, müssen die verschiedenen Ebenen entweder durch Lastenaufzüge oder Gabelstapler zugängig gemacht werden.

Abbildung einer Pool-Flachpalette

Die Materialien werden i. d. R. auf **Pool-Flachpaletten** verpackt und eingelagert. Die Pool-Flachpaletten haben eine genormte Größe und können so auch bequem auf Lkws oder Eisenbahnwaggons verladen werden.

Mehrgeschossläger mit einer Hallenhöhe von mehr als 12 m werden als **Hochregalläger** bezeichnet. Die Abmessungen der Hochregalläger richten sich nach den verwendeten Paletten und einzulagernden Materialien. Auch hier hat sich die Pool-Flachpalette als Lagerhilfe bewährt.

Automatisierte Hochregalläger sind i. d. R. mit zahlreichen speziellen Hebe- und Fördereinrichtungen ausgerüstet. Lagerautomation bedeutet in diesem Zusammenhang auch den Einsatz leistungsfähiger EDV-Systeme. Eine EDV-Anlage wird die Bestandsführung übernehmen, die Materialeinlagerung und Materialentnahme koordinieren und Informationen über die eingelagerten Materialien speichern.

In der Praxis bedeutet dies, dass die einzulagernden Materialien elektronisch erfasst und automatisch eingelagert werden. Der Rechner „merkt“ sich, wo das jeweilige Material abgelegt ist, um es, wenn es wieder ausgegeben werden soll, auch wieder zu finden.

Lagerarbeiter sorgen für zuverlässiges und sicheres Ein- und Auslagern der Ware.

Abbildung eines modernen Hochregallagers

Spezialläger

Lassen sich die zu lagernden Materialien nicht in Eingeschosslägern oder Mehrgeschosslägern einlagern, müssen sie in Speziallägern aufbewahrt werden.

Gründe für den Einsatz von Speziallägern:

Lagergut könnte verderben.	**Lagergut könnte sich verflüchtigen oder zu einer Gefahr werden.**
• Silos für Getreide, Bier, Tierfutter usw. • Kühl- und Gefrierhäuser für Lebensmittel	• Tanks für Gase, Flüssigbrennstoffe • Spezialcontainer für Chemikalien und radioaktive Materialien

8.4 Prinzipien der Lagerorganisation

Grundsätzlich gibt es zwei Möglichkeiten, die Materialbereitstellung zu organisieren:

- Bedarfsdeckung mit Vorratshaltung,
- Bedarfsdeckung ohne Vorratshaltung.

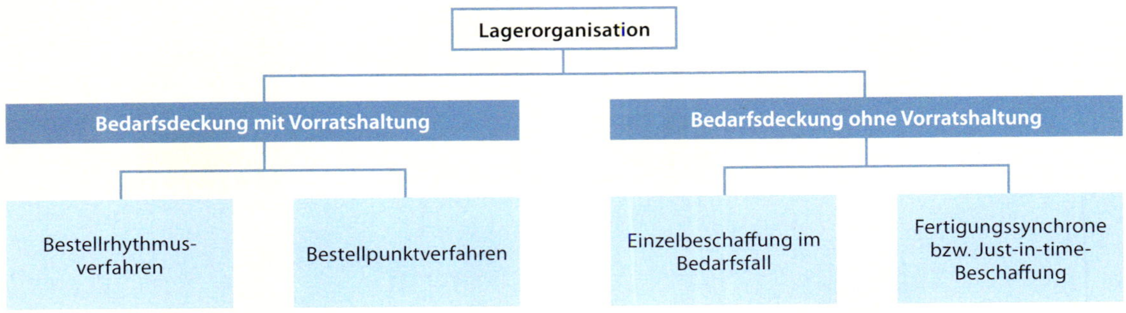

8.4.1 Bedarfsdeckung mit Vorratshaltung

Bei der Bedarfsdeckung mit Vorratshaltung ist es entscheidend, wann der Bestellvorgang ausgelöst wird. Es muss immer so viel Material am Lager sein, dass die Produktion gesichert ist und dass Lieferschwierigkeiten ausgeglichen werden können. In der betrieblichen Praxis haben sich das **Bestellpunktverfahren** und das **Bestellrhythmusverfahren** durchgesetzt.

Bei der Beschaffung auf Vorrat und der damit verbundenen Lagerhaltung werden die Materialien im eigenen Betrieb zur Verfügung gehalten. Bei Bedarf können sie sofort vom Lager abgerufen und bereitgestellt werden.

Vorteile der Vorratsbeschaffung	Nachteile der Vorratsbeschaffung
• Ausnutzen von Preisvorteilen, da größere Mengen bestellt werden können • Sicherung der Fertigung bei Lieferschwierigkeiten • Preiserhöhungen der Lieferer erhöhen zunächst nicht die Produktionskosten.	• hohe Lager- und Zinskosten • hohe Kapitalbindung • Risiko des Verderbs und Veraltens der Lagerware • langsamer Lagerabbau, wenn Produktion gedrosselt wird

Wenn die Produktion gesichert sein soll, muss immer genügend Material am Lager sein.

Für die Lagerverwaltung und die Einkaufsabteilung bedeutet dies, dass das Material so rechtzeitig bestellt werden muss, dass die Läger die Produktion versorgen können.

Lagerverwaltung und Einkauf müssen durch rechtzeitige Materialbestellungen dafür sorgen, dass immer so viel Material am Lager ist, um einen reibungslosen Produktionsablauf zu gewährleisten.

8.4.1.1 Bestellpunktverfahren

Beim Bestellpunktverfahren wird der Lagerbestand nach jeder Entnahme mithilfe einer Lagerkarte oder der EDV überprüft. Erreicht er einen festgelegten **Meldebestand,** erfolgt eine Information an den Einkauf **(Bedarfsmeldung),** die eine neue Bestellung auslöst.

Da vom Zeitpunkt der Bestellung bis zum Eintreffen der Lieferung eine gewisse Frist vergehen wird, muss noch genügend Material am Lager sein, um die Produktion zu versorgen. Selbst wenn die neue Lieferung eintrifft und wieder der **Höchstbestand** erreicht wird, muss noch ein **Mindestbestand** an Ware als eiserne Reserve vorrätig sein. Der Mindestbestand soll die Produktion aufrechterhalten, wenn Lieferschwierigkeiten oder andere unvorhersehbare Ereignisse eine pünktliche Lieferung verhindern.

Der **Mindestbestand** ist die Warenmenge, die grundsätzlich immer vorrätig sein muss, um bei unpünktlichen Lieferungen produktionsfähig zu bleiben.

Der **Meldebestand** ist die Warenmenge, bei der die Lagerverwaltung der Einkaufsabteilung mitteilt, dass neue Ware bestellt werden muss.

Der **Meldebestand** lässt sich nach folgender Formel berechnen:

Meldebestand = Mindestbestand + (Tagesverbrauch · Lieferzeit)

Beispiel zur Berechnung der Bestellmenge

Die Friedrich Stumpf Maschinenfabrik benötigt zur Produktion u. a. Rohrschellen, Typ RS 12.

- Der Tagesbedarf beträgt 50 Stück.
- Die Lieferzeit beträgt 4 Tage.
- Der Mindestbestand wird auf 100 Stück festgelegt.
- Der Höchstbestand beträgt 600 Stück.

Wie hoch sind der Meldebestand und die Bestellmenge?

Lösung:

Meldebestand	= Mindestbestand	+	(Tagesverbrauch	·	Lieferzeit)	
	= 100 Stück	+	(50 Stück	·	4)	= 300 Stück

Bestellmenge	= Höchstbestand	600 Stück
	– Mindestbestand	100 Stück
	= Bestellmenge	500 Stück

Grafische Darstellung der Bestandsentwicklung:

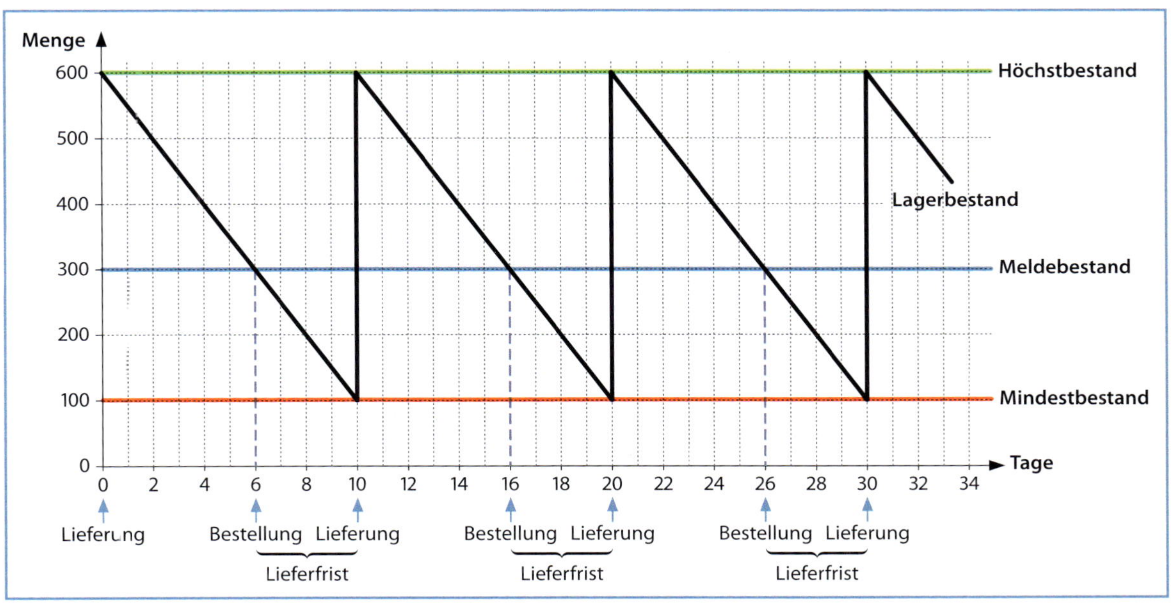

8.4.1.2 Bestellrhythmusverfahren

Beim Bestellrhythmusverfahren werden die Lagerbestände nicht nach jeder Lagerentnahme überprüft.

Vielmehr wird z. B. wöchentlich oder monatlich kontrolliert, ob der Lagerbestand den Meldebestand unterschritten hat. Ist dies der Fall, wird der Bestellvorgang ausgelöst, ist dies nicht der Fall, wird keine Bestellung veranlasst.

Der Meldebestand muss beim Bestellrhythmusverfahren höher angesetzt werden als beim Bestellpunktverfahren, was durch folgendes Beispiel verdeutlicht wird:

Die Friedrich Stumpf Maschinenfabrik beschafft Metallflansche, Typ FM 17, nach dem Bestellrhythmusverfahren.

- Der Tagesbedarf beträgt 50 Stück.
- Die Lieferzeit beträgt 10 Tage.
- Der Mindestbestand wird auf 600 Stück festgelegt.
- Der Höchstbestand beträgt 4 000 Stück.
- Die Überprüfung des Lagerbestandes wird monatlich durchgeführt.

Der normale Meldebestand beträgt 1 100 Stück. (Mindestbestand + [Tagesverbrauch · Lieferzeit] = 600 + 500 = 1 100 Stück)

Unterstellen wir einmal, dass bei der monatlichen Überprüfung ein Bestand von 1 150 Stück festgestellt wird: Es wird keine Bestellung ausgelöst, da der Meldebestand von 1 100 Stück noch nicht erreicht ist.

Wird der Lagerbestand nach einem Monat erneut überprüft, wird ein Bestand von 150 Stück ermittelt werden (Bei monatlich 20 Werktagen sind 1 000 Stück verbraucht worden.). Wird jetzt der Bestellvorgang ausgelöst, trifft die Lieferung nach 10 Tagen ein. Da aber nur noch Material für 3 Werktage vorhanden ist (Tagesverbrauch von 50 Stück), wird die Produktion für 7 Werktage ruhen, was zu erheblichen finanziellen Verlusten führen kann.

Die Friedrich Stumpf Maschinenfabrik wird den Meldebestand höher festsetzen müssen. Empfehlenswert wäre ein Meldebestand von 2 000 Stück.

Das Bestellrhythmusverfahren ist dann anzuwenden, wenn mehrere Lagerartikel gemeinsam vom gleichen Lieferanten bestellt werden (Verringerung der Bestellkosten), der Lieferant einen festen Lieferrhythmus hat oder der eigene Produktionsrhythmus eine Nachbestellung nur zu bestimmten Zeitpunkten möglich macht.

Das Bestellrhythmusverfahren erfordert allerdings hohe Lagerbestände.

8.4.2 Bedarfsdeckung ohne Vorratshaltung

Bei der Bedarfsdeckung ohne Vorratshaltung muss unterschieden werden, ob die Beschaffung von Materialien erst dann erfolgt, wenn ein einzelner Auftrag bearbeitet werden muss **(Einzelbeschaffung im Bedarfsfall),** oder ob das Material parallel zur Produktion beschafft und unverzüglich nach Anlieferung verarbeitet wird **(fertigungssynchrone bzw. Just-in-time-Beschaffung).**

Einzelbeschaffung im Bedarfsfall liegt beispielsweise vor, wenn ein Schiffbauunternehmen erst dann Materialien beschafft, wenn eine Reederei ein Schiff in Auftrag gegeben hat.

Von fertigungssynchroner bzw. Just-in-time-Beschaffung kann gesprochen werden, wenn ein Automobilhersteller bestimmte Materialien so bestellt, dass sie sofort nach Anlieferung verarbeitet werden können und gar nicht erst gelagert werden müssen.

8.4.2.1 Einzelbeschaffung im Bedarfsfall

Die Einzelbeschaffung im Bedarfsfall ist dann sinnvoll, wenn nicht genau vorhergesagt werden kann, welche Materialien für die Produktion benötigt werden.

Erst wenn ein spezieller Kundenauftrag vorliegt, kann das benötigte Material beschafft und i. d. R. gleich verarbeitet werden. Wenn eine Lagerung erforderlich sein sollte, dann nur für kurze Zeit.

3628226

Vorteile der Einzelbeschaffung	Nachteile der Einzelbeschaffung
• Es besteht kein Lagerrisiko. • geringe Kapitalbindung • geringe Zins- und Lagerkosten	• Produktionsverzögerungen, wenn das Material verspätet, gar nicht oder qualitativ oder quantitativ minderwertig geliefert wird • hohe Beschaffungskosten, da im Regelfall nur geringe Mengen bestellt werden

8.4.2.2 Fertigungssynchrone bzw. Just-in-time-Beschaffung

Bei der fertigungssynchronen bzw. Just-in-time-Beschaffung erfolgt die Materialanlieferung unmittelbar vor der Verarbeitung im Produktionsprozess, sodass die Lagerung entfällt oder sich auf einen geringen Sicherheitsbestand reduziert.

Zwischen dem Unternehmen und dem Lieferanten werden langfristige Rahmenvereinbarungen und Lieferverträge abgeschlossen.

Nach Bedarf werden die Materialien abgerufen, innerhalb weniger Stunden angeliefert und verarbeitet. Kann der vereinbarte Lieferplan nicht eingehalten werden, wird dies dem Kunden sofort gemeldet, damit dieser sich nach anderen Bezugsquellen umsehen kann.

Voraussetzungen der Just-in-time-Beschaffung:

- relative Standortnähe zwischen Lieferer und Produzenten
- absolute Zuverlässigkeit des Lieferers

Vorteile der Just-in-time-Beschaffung	Nachteile der Just-in-time-Beschaffung
• geringe Lagerkosten • geringe Transportkosten • geringe Kapitalbindung • niedrige Lagerbestände	• Werden Materialien nicht in der gewünschten Qualität und Menge geliefert, kann dies zu Produktionsverzögerungen oder -stillständen führen. • hohe Bestellkosten, da häufiger kleine Materialmengen bezogen werden

Bewährt hat sich die Just-in-time-Beschaffung in der Automobilindustrie.

Bei der Anlieferung von Teilen, die direkt in die Fahrzeugproduktion einfließen können, wie z. B. Lenkräder, Airbags, Sitze, auf Felgen montierte Reifen, ist eine fertigungssynchrone Anlieferung sinnvoll.

Die Just-in-time-Beschaffung minimiert die Kapitalbindung.
Um das Risiko eines Produktionsstopps zu verringern, können Sicherheitsbestände der im Just-in-time-Verfahren gelieferten Materialien gelagert werden, um auf unvorhersehbare Ereignisse, wie Streiks oder höhere Gewalt, reagieren zu können.

8.5 Einflussfaktoren der Materialbeschaffung

Die Versorgung der Produktion mit den benötigten Materialien ist abhängig von einer ausreichenden Lagerhaltung oder einer rechtzeitigen Anlieferung der jeweiligen Materialien.

Die Materialbereitstellung wird aber auch von **internen und externen Faktoren** beeinflusst.

- Die **internen Einflussgrößen** werden durch das Erzeugnisprogramm, die Kapazitätsauslastung und die Finanzlage bestimmt.
- Die **externen Einflussgrößen** werden durch die Beschaffungsmarktverhältnisse und Absatzmarktverhältnisse bestimmt.

8.5.1 Interne Einflussgrößen

Erzeugnisprogramm

Wie viel Material bereitgestellt werden muss, hängt davon ab, wie viele Produkte hergestellt werden. Dabei sind die **Programmbreite** und **Programmtiefe** ausschlaggebend.

Programmbreite	Programmtiefe
Die Programmbreite gibt an, wie viele verschiedene Produkte in wie vielen verschiedenen Ausführungen hergestellt werden. *Stellt ein Jeanshersteller rote, schwarze, blaue und grüne Jeans für Damen, Herren und Kinder in allen nur erdenklichen Größen und Formen her, hat er ein sehr breites Produktionsprogramm.* *Stellt er dagegen nur Kinderjeans her, hat er nur eine geringe Programmbreite.*	Die Programmtiefe gibt an, wie viele Teile und Halberzeugnisse, die zur Produktion nötig sind, selbst gefertigt werden. *Ein Möbelhersteller kann beispielsweise eine eigene Forstwirtschaft betreiben, Sägewerke und Holzbearbeitungswerke unterhalten, um seine verschiedenen Möbel herzustellen. In diesem Fall spricht man von einer großen Programmtiefe. Lässt er sich die zur Verarbeitung nötigen Hölzer anliefern, um daraus die Möbel herzustellen, liegt keine große Programmtiefe vor.*

Je größer die Programmbreite und Programmtiefe, desto mehr Materialien müssen gelagert werden.

Kapazitätsauslastung

> Unter der Kapazität versteht man die Ausbringungsmenge, die in einem bestimmten Zeitraum maximal gefertigt werden kann.

- Die **technische Kapazität** gibt das Leistungsvermögen einer Produktionsanlage bei Höchstbelastung an. (Die technische Kapazität einer automatischen Metallstanze kann z. B. 10 000 Stück am Tag betragen.)
- Die **optimale Kapazität** gibt die Leistungsmenge mit den niedrigsten Kosten pro Stück an und wird auch als wirtschaftliche Kapazität bezeichnet. (Die optimale Kapazität der Metallstanze beträgt dagegen nur 8 000 Stück am Tag.)
- Die **genutzte Kapazität** gibt die tatsächliche Leistungsmenge an. (Die genutzte Kapazität der Metallstanze beträgt momentan nur 6 000 Stück am Tag.)

Je höher die genutzte Kapazität ist, desto mehr Materialien müssen gelagert werden.

Finanzlage

Inwieweit die Programmbreite oder -tiefe oder Kapazität erweitert werden können, hängt von der Finanzlage des Betriebs ab.

Stehen genügend liquide Mittel zur Verfügung und sind positive Absatz- und Konjunkturentwicklungen zu erwarten, können die Planungen realisiert werden.

Reichen die liquiden Mittel nicht aus und kann auch kein zusätzliches Fremdkapital beschafft werden, so müssen die Planungen verworfen oder auf einen späteren Zeitpunkt verschoben werden.

8.5.2 Externe Einflussgrößen

Beschaffungsmarktverhältnisse

Bei der Beschaffung der für die Produktion nötigen Materialien tritt das Unternehmen als Nachfrager auf den verschiedenen **Beschaffungsmärkten** auf. Die Beschaffungsmärkte können die Materialbeschaffung beeinflussen:

- Preisverfall bzw. Preissteigerungen bei Roh-, Hilfs- und Betriebsstoffen können zu unvorhergesehenen Lagerhaltungen oder zu einem Lagerabbau führen.
- Werden Zuliefererbetriebe bestreikt, können die Produktionsbetriebe lahmgelegt werden, wenn die Vorräte aufgebraucht sind.
- Im Zusammenhang mit ausländischen Beschaffungsmärkten können Wechselkursänderungen, politische oder wirtschaftliche Unsicherheiten usw. dazu führen, dass Materialbeschaffungen begünstigt oder erschwert werden.
  Steigt beispielsweise der Kurs des Euro in Bezug auf den US-Dollar von 1,55 US-$ auf 1,70 US-$, können Materialien, die auf Dollarbasis abgerechnet werden, günstiger beschafft werden, weil nun weniger Euro-Beträge für einen bestimmten Dollarbetrag bezahlt werden müssen. Dies ist besonders ein Vorteil für die Importeure.
  Ein starker Euro führt allerdings auch zu Absatzschwierigkeiten bei exportorientierten Unternehmen (z. B. Automobilindustrie).

Absatzmarktverhältnisse

Aussprüche wie „der Kunde ist König" und „Konkurrenz belebt das Geschäft" machen deutlich, worum es geht.

Können Produkte aufgrund eines veränderten Nachfrageverhaltens seitens der Kunden nicht wie gewohnt abgesetzt werden, wirkt sich das auf die Produktion und somit auch auf die Lagerhaltung aus. Ehemals erfolgreiche Produkte können z. B. aufgrund von Mode- und Geschmacksveränderungen oder Marktsättigungen vom Markt verdrängt werden. Ursachen für solche Vorgänge können auch neue und qualitativ hochwertigere Konkurrenzprodukte sein.

Gelingt es dem Unternehmen nicht, durch Produktveränderungen oder ebenfalls neue Produkte die Nachfrage zu erhalten, kann der Verdrängungsprozess nicht aufgehalten werden. Die Folge wäre ein Abbau von Produktions- und Lagerkapazitäten.

Nur eine an den Wünschen der Kunden orientierte Produktpolitik sichert den Fortbestand eines Unternehmens.

Merke

1. Die Lagerhaltung ist so zu organisieren, dass immer genügend Materialien und Güter für die Produktion und den Verkauf bereitstehen.
2. Speziell ausgebildetes Lagerpersonal sorgt für eine optimale Lagerung der teilweise hochwertigen und empfindlichen Güter und Materialien.
3. Zu niedrige Lagerbestände können zu Produktionsstillstand, Ersatzlieferungen oder Lieferschwierigkeiten führen.
4. Zu hohe Lagerbestände bedeuten hohe Lagerkosten und können zum Verderben und Veralten des Lagergutes führen.
5. Zentrale Lagerhaltung liegt vor, wenn ein Unternehmen nur ein, entsprechend großes, Lager unterhält, das alle Niederlassungen, Filialen usw. versorgt.
6. Dezentrale Lagerung liegt vor, wenn Niederlassungen, Filialen usw. mit eigenen Lägern ausgestattet sind.
7. Je nach Beschaffenheit, Menge und Güte des Lagergutes kann die Lagerung in Eingeschoss-, Mehrgeschoss- oder Speziallägern erfolgen.
8. In modernen Hochregallägern können Materialeinlagerungen und Materialentnahmen mithilfe von EDV-Systemen Platz sparend, schnell und sicher vorgenommen werden.
9. Die rechtzeitige Materialbereitstellung sichert einen reibungslosen Produktionsablauf.
10. Just-in-time-Beschaffung bedeutet, dass das Material kurz nach Anlieferung direkt dem Produktionsprozess zugeführt werden kann.

Projektthema

„Lagerhaltung"

Arbeitshinweise:
Fertigen Sie eine Übersicht an, die die Lagerhaltung Ihres Ausbildungsbetriebs darstellt. Insbesondere sollten Sie dabei die Fragen beantworten, welche Läger unterhalten werden und welche Aufgaben diese Läger erfüllen.

Aufgaben

1. Nennen Sie die Ziele und Aufgaben der Lagerhaltung.
2. Was ist unter den Sach- und Formalzielen der Lagerhaltung zu verstehen?
3. Erklären Sie die folgenden Begriffe:

   Wettbewerbsfunktion,
   Überbrückungsfunktion,
   Sicherungsfunktion,
   Spekulationsfunktion,
   Umformungsfunktion.
4. Welche Aufgaben hat das Absatzlager?
5. Nennen Sie Beispiele für Materialien, die in Eingeschoss-, Mehrgeschoss- und Spezialägern eingelagert werden.
6. Worin besteht der Unterschied zwischen der Bedarfsdeckung mit Vorratshaltung und der Bedarfsdeckung ohne Vorratshaltung?
7. Wodurch unterscheiden sich das Bestellpunkt- und das Bestellrhythmusverfahren?
8. Für die Beschaffung von Rohrschellen, Typ RS 5, muss ein Sanitärfachgeschäft die folgenden Daten berücksichtigen:
   Tagesbedarf: 30 Stück,
   Lieferzeit: 5 Tage,
   Mindestbestand: 130 Stück,
   Höchstbestand: 700 Stück.
   a) Wie hoch ist der Meldebestand?
   b) Wie hoch ist die Bestellmenge?
9. Worin liegen die Vor- und Nachteile des Bestellpunkt- und Bestellrhythmusverfahrens?
   Nach welchem Verfahren werden Bestellungen in Ihrem Ausbildungsbetrieb ausgelöst?
10. Wann ist eine Einzelbeschaffung im Bedarfsfall sinnvoll?
11. Was ist unter der Just-in-time-Beschaffung zu verstehen?
    Nennen Sie Vor- und Nachteile der Just-in-time-Beschaffung.
12. Erläutern Sie, was unter der Programmbreite und -tiefe zu verstehen ist. Fertigen Sie eine Aufstellung der Produktpalette Ihres Ausbildungsbetriebes an.
    Was lässt sich hinsichtlich der Programmtiefe aussagen?
13. Erklären Sie anhand eines Zahlenbeispieles die Unterschiede zwischen technischer, optimaler und genutzter Kapazität.
14. Wie können die Beschaffungs- und Absatzmarktverhältnisse die Materialbeschaffung beeinflussen?
    Stellen Sie die einzelnen Punkte in einer vergleichenden Übersicht zusammen.

Für die Vordruckgestaltung sind folgende Normen von Bedeutung (Auswahl):

DIN	Titel
5008	Geschäftsbrief, Einzelvordrucke und Endlosvordrucke
4991	Geschäftsvordrucke – Rahmenmuster für Handelspapiere – Anfrage, Angebot, Bestellung/Bestelländerung, Bestellantwort, Lieferschein und Rechnung
4998	Entwurfsblätter für Vordrucke
16552	Lineaturen für Handschrift

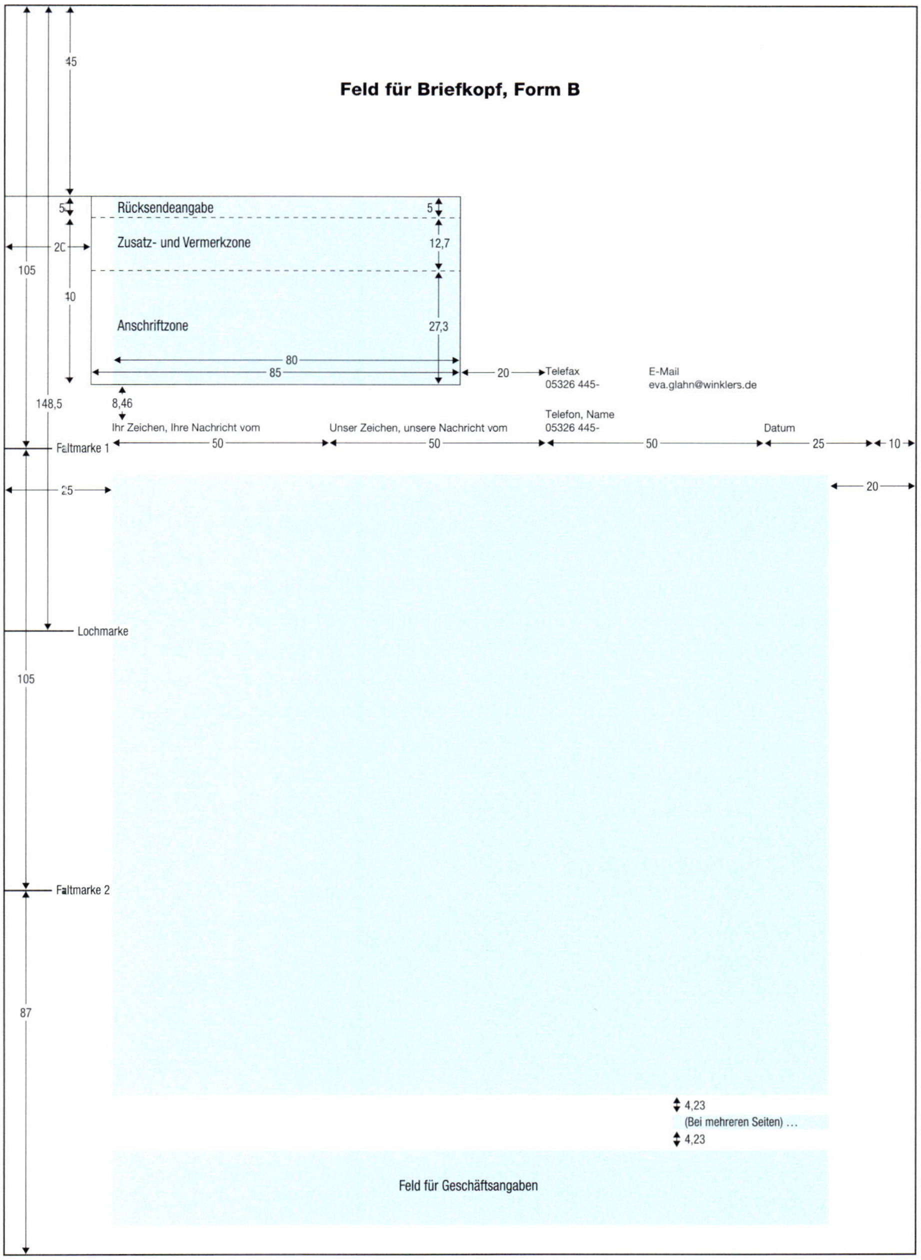

Geschäftsbrief – Vordruck A4 (DIN 5008)

Feld für Kopf der Kurzmitteilung

Ihr Zeichen, Ihre Nachricht vom | *Unser Zeichen, unsere Nachricht vom* | *Telefon, Name* | *Datum*

Kurzmitteilung

Feld für Postanschrift des Absenders

Feld für Anschrift des Empfängers

Beigefügte Unterlagen erhalten Sie

☐ mit Dank zurück. ☐ zum Verbleib.

Mit der Bitte um:

☐ Anruf ☐ Entscheidung ☐ Erledigung

☐ Kenntnisnahme ☐ Prüfung ☐ Rückgabe

☐ Rücksprache ☐ Stellungnahme ☐ Zustimmung

Unterschrift

Kurzmitteilung (DIN 5012)

Der Pendelbrief entspricht dem Geschäftsbrief, Vordruck A4. Zusätzlich ist das Feld für den Brieftext liniert. Der Pendelbrief hat neben dem Anschriftfeld den Zusatz: „Pendelbrief – Tragen Sie bitte Ihre Antwort im Anschluss an den Fragetext ein und senden das Original – mit Datum und Unterschrift versehen – zurück. Die Durchschrift ist für Sie bestimmt." Die vorgedruckte Anschrift auf der Rückseite vereinfacht das Zurücksenden.

Neben den genormten Vordrucken gibt es Vordrucke für unterschiedliche Einsatzgebiete im Büro: z. B. Buchungsbelege, Quittungen, Urlaubsanträge, Telefonnotizen, Expressgutkarten.

Vorteile der Vordrucke

- DIN-Formate erleichtern das Weiterverarbeiten.
- Wichtige Angaben können nicht vergessen werden.
- Gleiche Reihenfolge der Angaben garantiert schnelles Bearbeiten.
- Vordrucksätze – mit Kohlepapier oder selbstdurchschreibend – ermöglichen das gleichzeitige Anfertigen von Durchschriften.

9.1.2 Technische Informationsträger

Neben dem Papier als traditionellem Informationsträger kommen in den Unternehmen immer häufiger elektronische Speichermedien zum Einsatz. Nach Disketten in den unterschiedlichsten Formaten wurde zwischenzeitlich auch mit externen Festplatten umfangreiche Datensicherung organisiert. Die technische Entwicklung wird in diesem Bereich unaufhaltsam weitergehen – die heute noch gängigen Speichermedien werden kurz erläutert.

USB-Drive (Memorystick)

Das heute weit verbreitete Speichermedium für Daten ist der Memorystick. Über die USB-Schnittstelle des PC wird dieses Speichermedium angeschlossen und ohne den Einsatz von Batterien oder anderen Stromquellen betrieben. Dazu ist keine spezielle Software nötig; Passwort- und Schreibschutz können aktiviert werden. Die große Speicherkapazität (2011: bis 256 GB) erlaubt den problemlosen Transport größerer Datenmengen und/oder dient auch der Datensicherung.

Auf „USB-Sticks" lassen sich schnell und einfach größere Datenmengen speichern.

Festplatten

Auf Festplatten können größere Datenmengen gespeichert werden, als dies auf Disketten möglich war.

Festplatten werden heute in unterschiedlichen Formen eingesetzt:

- als fest im PC installiertes Speichermedium (seit vielen Jahren Standard bei der Auslieferung von PCs).
- als Wechselplatten für den mobilen Einsatz. (Die Festplatte wird in einen Wechselrahmen eingebaut und ist so herausnehmbar, transportierbar.)
- als portable Festplatte, die als Ergänzung für PCs und Laptops/Notebooks eingesetzt wird, wenn deren Speicherkapazität auf der eingebauten Festplatte erschöpft ist.

CD/DVD

Die weithin als Tonträger bekannte **CD** kann auch als Speichermedium für größere Datenmengen genutzt werden. Mithilfe eines CD-Brenners können preiswerte CD-Rohlinge bis zu 1 000 Mal wiederbeschrieben werden. Die CD eignet sich dadurch wie der USB-Stick zur Sicherung größerer Datenmengen.

Auch heute werden noch viele Softwareprogramme auf CD ausgeliefert, da das CD-ROM-Laufwerk nach wie vor zur Standardausstattung eines PC gehört und auf diesem Weg Software problemlos installiert werden kann.

Die **DVD** (**D**igital **V**ersatile **D**isk) unterscheidet sich äußerlich kaum von der CD, verfügt jedoch über eine rund 20-fache Speicherkapazität gegenüber der CD. Insbesondere bei Multimedia-Anwendungen mit Videoclips, Filmsequenzen und Animationen fallen große Datenmengen an, die über dieses Medium gespeichert werden können. Zur Nutzung der DVD ist ein DVD-Player zusätzlich zum CD-Laufwerk bzw. ein Multiformatlaufwerk im PC einzubauen. Auch DVDs sind beschreibbar und als Medium zur Datensicherung einsetzbar.

Datenspeicherung im Netz

Neue technische Entwicklungen ermöglichen es EDV-Nutzern Daten über das Internet auf externen Medien zu speichern. Dazu gibt es bereits heute zahlreiche Angebote zum „Cloud Computing“ von verschiedenen Anbietern, z. B. Google, Deutsche Telekom und GMX. Die Fragen nach Datensicherheit und Datenschutz sind dabei von besonderer Bedeutung.

9.2 Texterstellung

9.2.1 Texterstellung am PC

Gegenüber der Texterstellung mit der Schreibmaschine hat der Computereinsatz sowohl als Textsystem wie auch als PC einige entscheidende Vorteile:

- Fehlerkorrektur ist sofort möglich,
- einzelne Textpassagen können neu formuliert werden, ohne dass der ganze Text nochmals geschrieben werden muss,
- Texte können wort- oder abschnittsweise verschoben werden,
- individuelle Textgestaltung mit Einbindung von Grafiken und Tabellen ist bei modernen Textprogrammen möglich,
- Serienbriefe sind leicht zu erstellen,
- Textbausteine zu wiederkehrenden Formulierungen oder ganzen Textpassagen erleichtern die Arbeit.

Beispiel für das Arbeiten mit Textbausteinen

Im Rahmen der Personalwirtschaft müssen immer wieder Stellen ausgeschrieben, Bewerber zum Test oder zum Vorstellungsgespräch eingeladen oder es müssen zusätzliche Unterlagen angefordert werden. Auch die Absageschreiben an die abgelehnten Bewerber sind schließlich zu versenden, die Bewerbungsunterlagen zurückzuschicken.

Textbausteine zum Sachgebiet „Schriftwechsel mit Bewerbern"

Volltext	**Sel.-Nr.**	**Stichwort**
Ihre Bewerbung	101	Betreff
Ihre Bewerbung als	102	Betreff ...
Ihre telefonische Bewerbung vom	103	Betreff tel.
Sehr geehrte	104	Anrede
Für Ihre Bewerbung danken wir Ihnen sehr.	105	Dank
Für Ihre Zuschrift danken wir Ihnen.	106	Dank für Zuschrift
Vielen Dank für Ihren ausführlichen Brief.	107	Dank für Brief
Für Ihre Bewerbung und für das Interesse an unserem Unternehmen danken wir Ihnen.	108	Dank, Unternehmen
Für Ihre ausführliche und umfassende Bewerbung danken wir Ihnen.	109	Dank für umfass. Bewerbung
Uns hat eine Vielzahl von Bewerbungen erreicht. Bitte haben Sie noch etwas Geduld, bis wir Ihnen antworten. Besten Dank.	110	Zwischenbescheid
Sie werden verstehen, dass die sorgfältige Durchsicht aller Bewerbungsunterlagen eine längere Zeit beanspruchen wird. Sobald wir die Lebensläufe und Zeugnisse aller Bewerber geprüft haben, erhalten Sie eine weitere Nachricht.	111	Prüfung der Unterlagen
Ihre Unterlagen haben wir geprüft. Sie gehören zu dem Kreis von Bewerbern, die wir gerne persönlich kennenlernen möchten. Bitte rufen Sie uns zu einer Terminabsprache an.	112	Terminabsprache
Ihre Unterlagen haben wir geprüft. Sie gehören zu dem Kreis von Bewerbern, die wir gerne persönlich kennenlernen möchten. Bitte kommen Sie am … d. J. um … Uhr in Zimmer … zu einem Vorstellungsgespräch.	113	Gesprächstermin
Wir freuen uns, dass Sie sich auf unsere Anzeige hin beworben haben.	114	Bewerbung auf Anzeige
Ihre Anzeige veranlasst uns, Ihnen darauf zu antworten.	115	Antwort auf Anzeige
Ihre Anzeige könnte uns zusammenführen. Bitte betrachten Sie unsere Zuschrift jedoch als unverbindlich.	116	Antwort könnte uns zusammenführen
Als Bewerbungsunterlagen benötigen wir einen tabellarischen Lebenslauf, Fotokopien der letzten beiden Schulzeugnisse und ein Lichtbild. Sollten Sie uns noch nicht alle Unterlagen übersandt haben, bitten wir Sie, dies umgehend nachzuholen.	117	Anforderung fehlender Unterlagen
Wir möchten Sie kennenlernen.	118	Kennenlernen
Wir möchten gern Näheres mit Ihnen besprechen.	119	Näheres besprechen
Damit ein Vorstellungsgespräch vereinbart werden kann, rufen Sie uns bitte in den nächsten Tagen an.	120	Vorstellungstermin tel. vereinbaren
Besuchen Sie uns bitte am … um … Uhr. Sofern Sie diesen Termin nicht einhalten können, rufen Sie uns bitte an; wir vereinbaren dann einen anderen Tag.	121	am, um Uhr besuchen oder anrufen

Je nach Situation kann der Personalsachbearbeiter nun aus dem Katalog der Textbausteine einen Schreibauftrag erteilen und so den Text z. B. des Einladungsschreibens zum Vorstellungsgespräch erstellen.

SCHREIBAUFTRAG

Anschrift:
Herrn
Friedrich Schuster
Alsheimer Str. 19
64286 Darmstadt

Sachbearbeiter:

Dringlichkeit:

Ihr Zeichen, Ihre Nachricht vom:	Unser Zeichen, unsere Nachricht vom:	Durchwahl, Name:	Datum:
	Ub	1802-49	..-04-03

Sel.-Nr.	Einfügungen
101	
104	
108	
113	18. April /11
Gruß	

Vorteile der programmierten Textverarbeitung:

- Zeitersparnis durch Wegfall des Korrekturlesens;
- es entwickelt sich ein einheitlicher Briefstil im Unternehmen;
- kostengünstige Texterstellung, da Textbausteine nur noch aufgerufen werden.

Als **Nachteil** dieser Form der Texterstellung wird immer wieder die fehlende Individualität bei der Abfassung der Geschäftskorrespondenz angeführt.

Merkmale von Programmen zur Textverarbeitung

- Bedienerführung über Menü (Auswahlangaben im Bildschirm),
- schnelle Cursorsteuerung (Schreibmarke),
- Löschen, Transportieren und Kopieren von Wörtern oder Text,
- Suchen und Ersetzen von Zeichen oder Wörtern,
- vielfältige Formatierungsmöglichkeiten einschließlich Dezimaltabulator,
- Druckerauswahl und -ansteuerung über die Tastatur,

- Textbausteine (wiederkehrende Texte),
- Makros (Zusammenfassung häufiger Befehlsfolgen),
- komfortable Dateiverwaltung (Löschen, Umbenennen, Zusammenführen),
- Sonderfunktionen (z. B. Rechtschreibhilfe, automatische Silbentrennung, Rechnen im Text).

Serienbrief

Sollen an mehrere Empfänger gleichlautende Schreiben verschickt werden, kann die Serienbrieffunktion der Textverarbeitungssoftware genutzt werden. Um ein Seriendokument zu erstellen, werden im Prinzip zwei Dateien zusammengeführt:

- das Hauptdokument (der eigentliche Brieftext) und
- das Datendokument (die unterschiedlichen Eintragungen).

Dabei wird beim Hauptdokument im Adressfeld, der Anrede und ggf. auch im Text mit Platzhaltern gearbeitet, an deren Stelle beim fertigen Schreiben die Daten aus den einzelnen Datensätzen des Datendokuments eingefügt werden.

9.2.2 Konventionelle Texterstellung – das Diktat

Das Ziel des Diktierens ist es, Sprache in Text umzuwandeln. Dafür stehen verschiedene Möglichkeiten zur Wahl:

Ein Textsystem erleichtert das Schreiben nach Diktat.

- **Maschinendiktat.** Der Sachbearbeiter diktiert den Text, der gleichzeitig von einer Maschinenschreiberin geschrieben wird.
- **Stenodiktat.** Während des Diktierens schreibt eine Stenotypistin den Text in Kurzschrift auf. Danach wird das Stenogramm maschinenschriftlich übertragen.
- **Fonodiktat.** Über ein Mikrofon wird der gesprochene Text in einem Diktiergerät auf einen Tonträger gespeichert. Eine Fonotypistin hört den Text ab und überträgt ihn maschinenschriftlich.
- **Spracherkennung.** Mithilfe moderner Software ist es möglich, das Diktat direkt in Text umzusetzen. Diese Arbeit setzt eine gewisse Übung voraus, Korrekturlesen der so erstellten Texte ist notwendig.

Gerätearten

Diktiergeräte arbeiten ähnlich wie Tonbandgeräte oder Kassettenrekorder.

Sie sollten folgende Merkmale aufweisen:

- gute Silbenverständlichkeit bei der Tonwiedergabe,
- Handmikrofon mit Fernbedienung,
- griffgünstige Anordnungen der Bedienteile,
- leicht auswechselbare und verschleißarme Tonträger,
- Warnanzeige für Tonträgerende,
- geringe Zugriffszeit zum Wiederauffinden einer bestimmten Diktatstelle,
- Lautstärkeausgleich zum Unterdrücken der Nebengeräusche bei der Aufnahme,
- genormte Funktionssymbole (DIN 9766).

Tonträger

Der erste „Tonträger" in der Geschichte des Diktiergerätes war eine wiederverwendbare Wachswalze, die T. A. Edison in seinem Fonografen im Jahre 1877 verwendete. Damit war es zum ersten Male möglich, die menschliche Stimme aufzuzeichnen.

Im Laufe der Zeit diktierte man auf Tonträger mit magnetisierbaren Oberflächen. Es gab das Tonband, die Platte, Folie und Manschette.

Diktatsprache

Die Diktatsprache erleichtert die Verständigung zwischen Diktierenden und Schreibenden. Erst durch die Anweisungen des Diktierenden kann ein Text formgerecht gestaltet werden. Die Grundlagen einer einheitlichen Sprache beim Diktieren sind der Duden (Bd. 1, Rechtschreibung), die Schreib- und Gestaltungsregeln für die Textverarbeitung (DIN 5008) und die **Diktierregeln** (DIN 5009) mit der postalischen Buchstabiertafel (Inland). Deutliche Aussprache und richtige Betonung sind Grundvoraussetzungen für eine fehlerfreie Diktatübertragung.

Buchstabiertafel

Inland						**Ausland**					
A	=	Anton	O	=	Otto	A	=	Amsterdam	N	=	New York
Ä	=	Ärger	Ö	=	Ökonom	B	=	Baltimore	O	=	Oslo
B	=	Berta	P	=	Paula	C	=	Casablanca	P	=	Paris
C	=	Cäsar	Q	=	Quelle	D	=	Danemark	Q	=	Quebec
Ch	=	Charlotte	R	=	Richard	E	=	Edison	R	=	Roma
D	=	Dora	S	=	Samuel	F	=	Florida	S	=	Santiago
E	=	Emil	Sch	=	Schule	G	=	Gallipoli	T	=	Tripoli
F	=	Friedrich	ß	=	Eszett	H	=	Havana	U	=	Upsala
G	=	Gustav	T	=	Theodor	I	=	Italia	V	=	Valencia
H	=	Heinrich	U	=	Ulrich	J	=	Jerusalem	W	=	Washington
I	=	Ida	Ü	=	Übermut	K	=	Kilogramme	X	=	Xanthippe
J	=	Julius	V	=	Viktor	L	=	Liverpool	Y	=	Yokohama
K	=	Kaufmann	W	=	Wilhelm	M	=	Madagaskar	Z	=	Zürich
L	=	Ludwig	X	=	Xanthippe						
M	=	Martha	Y	=	Ypsilon						
N	=	Nordpol	Z	=	Zacharias						

Eine „Konstante" ist beim Fonodiktat eine feststehende Benennung, die dem Schreibenden bekannt ist. Konstanten werden immer angesagt.

Konstanten

alle Satz- und Sonderzeichen[1]
groß
klein
hoch
tief
römisch
Schrägstrich
Summenstrich
neue Zeile
Absatz
nächstens (bei Aufzählungen)
Versendungsform
Anschrift
Postleitzahl
Informationsblock
Kommunikationszeile
Bezugszeichen
Betreff
Ende dieses Schriftstücks
Diktatende

1 Das Komma wird im Text in der Regel nicht angesagt; nur bei Dezimalstellen muss das Komma immer angesagt werden. In der Ausbildung sollte auf die Ansage des Kommas zunächst nicht verzichtet werden.

„Anweisungen" beim Diktieren auf Ton- und Datenträger sind Hinweise, die durch Konstanten nicht auszudrücken sind. Jeder Hinweis wird am Anfang mit „Stopp" und am Ende mit „Text" gekennzeichnet.

Anweisungen

fett kursiv unterstreichen Schrift zentrieren einrücken	Fluchtlinie buchstabieren Tabelle Aufstellung Grafik Format

Fonodiktate sind schreibgerecht, wenn der Diktierende

- die Arbeitsabläufe der Textverarbeitung berücksichtigt,
- für die nötigen Hinweise die in der Norm 5009 festgelegten Anweisungen und Konstanten anwendet,
- klar und deutlich spricht.

Folgende Arbeitsabläufe sind beim Übertragen des Fonodiktats in Maschinenschrift zu berücksichtigen:

Arbeitsablauf

1. Name des Diktierenden
2. Abteilungs- oder Bereichsbezeichnung
3. Gebäude, Zimmer-Nr., Hausruf usw.
4. Zu verwendender Vordruck
5. Beigefügte Unterlagen
6. Verarbeitungsart
7. Versendungsform
8. Anschrift
9. Bezugszeichen
10. Betreff
11. Anrede
12. Text
13. Gruß
14. Anlagenvermerk
15. Verteilvermerk
16. Ende dieses Schriftstücks
17. Anzahl der Kopien
18. Diktatende

9.2.3 Sonstige Möglichkeiten der Texterstellung

Ergänzend zu den verschiedenen Formen des Diktats und der Texterstellung mithilfe des Computers (s. Abschnitt 9.2.1) haben sich in der Büropraxis einige weitere Möglichkeiten der Texterstellung eingebürgert.

Anmerkungen auf dem Originaldokument

Der Sachbearbeiter notiert dabei stichwortartig die wesentlichen Inhalte des Antwortschreibens direkt auf dem Originalbrief des Geschäftspartners. Die Mitarbeiterin, die das Schreiben zu erstellen hat, muss aufgrund der Stichworte den Gesamttext flüssig formulieren. Dies setzt voraus, dass eine entsprechende Sachkenntnis vorhanden ist und die Formulierung des Antwortschreibens keine Probleme bereitet.

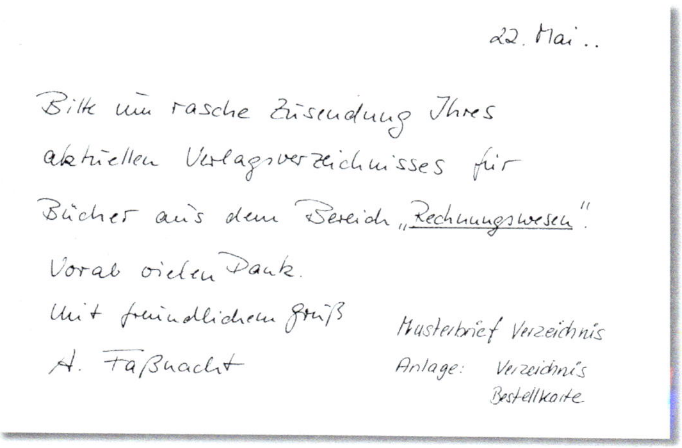
22. Mai ..

Bitte um rasche Zusendung Ihres aktuellen Verlagsverzeichnisses für Bücher aus dem Bereich „Rechnungswesen".

Vorab vielen Dank.

Mit freundlichem Gruß

A. Faßnacht

Musterbrief Verzeichnis

Anlage: Verzeichnis Bestellkarte

Vor allem bei Standardsituationen, z. B. bei regelmäßig wiederkehrenden Anfragen, schriftlichen Terminvereinbarungen usw., ist diese Möglichkeit sicher problemlos anzuwenden und als schnelle und kostensparende Arbeitsweise gegenüber dem Diktat anzusehen.

Antwort auf eingegangene Faxe

Eingehende Faxe befassen sich häufig mit Anfragen zu Produkten, Preisen, Lieferfristen oder sonstigen Terminvereinbarungen – Informationen also, die kurz gehalten werden können.

Der Sachbearbeiter kann in diesen Fällen das eingegangene Fax dafür benutzen, die gewünschten Informationen darauf zu notieren und dem Absender des Fax auf gleichem Weg zurückzusenden. Damit ist nur ein Mitarbeiter mit der Beantwortung, z. B. der Anfrage, betraut – Kosten können so eingespart werden und der Anfragende hat zudem schnell die gewünschte Auskunft.

Gesprächsnotizen

Sowohl um interne Vorgänge zu dokumentieren wie auch um wesentliche Inhalte der Telefonate mit Geschäftspartnern festzuhalten, wird im Büro häufig die **Gesprächs- oder Aktennotiz** eingesetzt.

Der Gesprächsteilnehmer schafft sich so eine Gedächtnisstütze für den Fall, dass zu einem späteren Zeitpunkt Fragen zu diesem Vorgang auftreten sollten. Ebenso kann diese Notiz zur Information von Mitarbeitern verwendet werden, die an der Besprechung nicht teilnehmen oder das Telefonat nicht selbst führen konnten.

3628242

9.3 Textreproduktion

Verfahren

Um Geschäftskorrespondenz zu vervielfältigen, stehen Mitarbeitern im Büro verschiedene Verfahren zur Verfügung:

- Drucker,
- Kopierer,
- Büro-Offsetdruck.

Die Entscheidung für ein bestimmtes Verfahren zur Reprografie wird in erster Linie davon abhängen, welche Kosten jeweils für die Vervielfältigung anfallen.

Gesundheitsgefahren

Für die Mitarbeiter, die die Arbeit des Reproduzierens von Schriftstücken durchführen, ist weniger der Kostengesichtspunkt von Bedeutung als vielmehr die Frage, welche gesundheitlichen Risiken mit dieser Arbeit verbunden sind.

Eine Anfrage beim damals noch bestehenden Bundesgesundheitsamt in Berlin brachte mit dem Antwortschreiben deutliche Hinweise auf die Gefahren, die diese Arbeiten mit sich bringen:

„Dass karzinogene[1] Substanzen, wie z. B. Benzpyren, in Ruß bzw. Kohlenstaub, einem wesentlichen Bestandteil der Toner, enthalten sein können, ist unbestritten. Die Hersteller von Tonern sind jedoch offensichtlich bemüht, den Anteil karzinogener Substanzen so gering wie möglich zu halten.

Obwohl Kohle diese Substanzen gut zu absorbieren[2] vermag, ist nicht auszuschließen, dass im menschlichen Körper eventuell im Toner enthaltene karzinogene Substanzen freigesetzt werden. Abgesehen davon, dass auch durch Laserstrahlen Ozon entsteht, sind besondere Gefahren bei einem intakten und ordnungsgemäß verschlossenen CD-Player bzw. Laserdrucker u. E.[3] nicht zu erwarten."

Die Bundesanstalt für Arbeitsschutz spricht für die Gestaltung von Kopierarbeitsplätzen folgende grundlegenden Empfehlungen aus, die sinngemäß auch für den Einsatz von Laserdruckern Gültigkeit haben:

- Beim Kopieren ist ein Blick in die Strahlungsquelle zu vermeiden (ultraviolette und infrarote Strahlung).
- Bei Dauerbetrieb des Kopiergerätes ist für eine ausreichende Luftumwälzung zu sorgen (Ozonentwicklung).
- Bei der Auswahl von Kopiergeräten sollten Systeme bevorzugt werden, die sich mit nachweislich nicht mutagenen (erbgutverändernden) Tonern betreiben lassen.
- Es empfiehlt sich die Verwendung von Geräten, bei denen durch die technische Bauart ein Tonerwechsel ohne Haut- oder Schleimhautkontakt möglich ist.
- Das Kopiergerät muss in vorgeschriebenen Intervallen vom Fachpersonal gewartet werden.
- Die Verwendung von Einmalhandschuhen beim Tonerwechsel kann sinnvoll sein. Beschmutzte Haut sollte unter Vermeidung von Lösemitteln mit Wasser und Seife gereinigt werden.

Das Umweltbundesamt empfiehlt, möglichst ein Verstauben des Toners zu verhindern und Toner als gewerblichen Abfall der Müllverbrennung zuzuführen.

1 karzinogen = krebserregend
2 absorbieren = aufsaugen

3 u. E. = unseres Erachtens

9.3.1 Drucker

Briefe, Tabellen, Grafiken werden heute mithilfe der EDV angefertigt und ausgedruckt. Die im Büro eingesetzten Drucker sind der Nadeldrucker, der Tintenstrahl- und der Laserdrucker.

Der **Nadeldrucker** erzeugt die Zeichen in Form einer Matrix. Dünne Nadeln drucken über ein Farbband auf das Papier. Je mehr Nadeln der Drucker hat, desto klarer wird das Schriftbild. Die Schriftart kann über Schriftkassetten oder die entsprechende Software des Textprogramms verändert werden.

Der Nadeldrucker kann wahlweise mit einem Schacht für Einzelblatteinzug oder einem Traktor für Endlospapier ausgerüstet werden. Dabei können bei einem Druckvorgang neben dem Original bis zu fünf Kopien als Durchschläge erstellt werden. Für diesen Zweck finden sich heute noch viele Nadeldrucker in Betrieben.

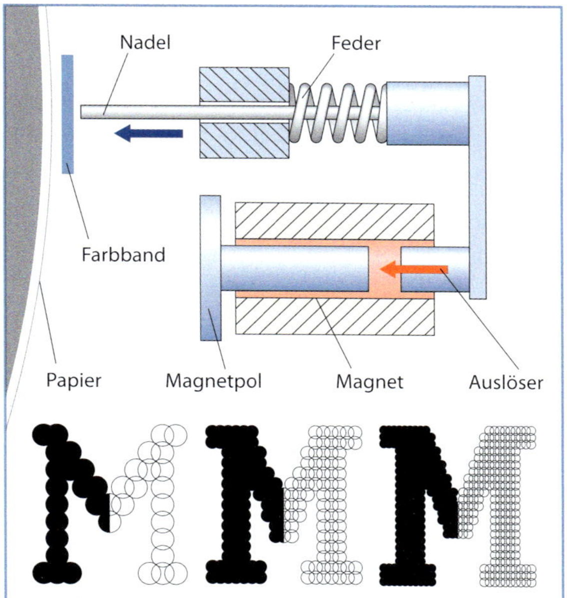

Druckbild: 9-, 12- und 24-Nadel-Drucker

Der **Tintenstrahldrucker** erzeugt die einzelnen Schriftzeichen ebenfalls in Form einer Matrix, indem Tinte auf das Papier „gespritzt" wird. Die Angabe „dpi" (dots per inch = Punkte pro Zoll) bezieht sich auf die Auflösung eines Druckers, d. h. auf die Häufigkeit, mit der Matrixpunkte auf das Papier gedruckt werden.

Tintenstrahldrucker erstellen Texte und Grafiken und arbeiten deutlich leiser als mechanische Drucker. Die erstellten Ausdrucke sind urkundenecht, jedoch können bei diesem Verfahren keine Durchschläge angefertigt werden. Schriftarten werden über die Software oder über Schriftkassetten gewechselt.

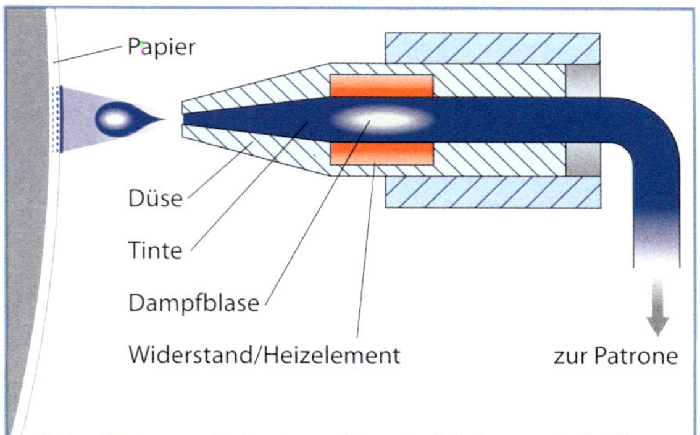

Beim Tintenstrahldrucker erhitzt der Widerstand die Tinte, die sich ausdehnt und durch Düsen auf das Papier spritzt.

Fast alle bekannten Druckerhersteller bieten heute **Farbdrucker** als Tintenstrahldrucker an. Dabei werden die Farben meist durch Überlagerungen der Grundfarben Cyan (Blau), Magenta (Rot) und Gelb erzeugt.

Laserdrucker eignen sich zum universellen Einsatz für Text und Grafik mit ausgezeichneter Druckqualität. Der (Farb-) Laserdrucker eignet sich als Arbeitsplatzdrucker, da er sehr geräuscharm arbeitet. Bei Vorlage eines Prüfgutachtens kann man davon ausgehen, dass der Druck urkundenecht ist.

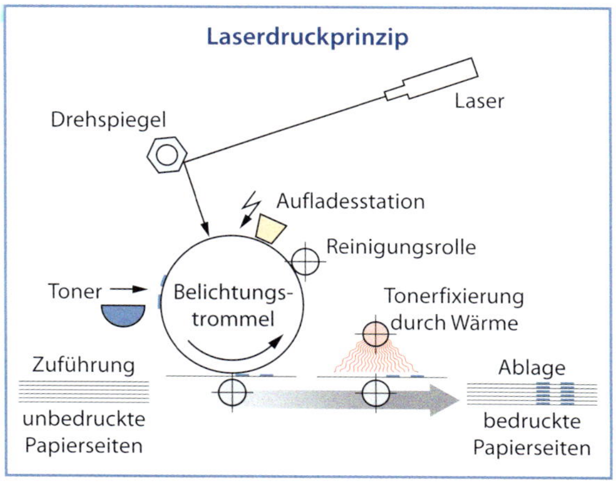

Querschnitt durch einen Laserdrucker

In zahlreichen Untersuchungen der letzten Jahre wurde immer wieder der Verdacht geäußert, dass mit der Nutzung von Laserdruckern (und Kopierern) eine Gefahr für die Gesundheit einhergeht. Viele Unternehmen sind dazu übergegangen, diese Geräte in gesonderten Räumen aufzustellen, damit die Nutzer nur kurzzeitig diesen Belastungen ausgesetzt sind.

Unter www.bfr.bund.de/cm/252/pilotstudie_toner_erste_ergebnisse.pdf wird das Ergebnis einer größeren Studie vorgestellt.

LED-Drucker arbeiten ähnlich wie Laserdrucker. Anstatt der Laserbelichtung erfolgt die Belichtung über eine Leuchtdiodenzeile (LED = Light Emitting Diode). Auf dieser Zeile befindet sich eine Vielzahl matrixförmig angeordneter Leuchtdioden. Jede Lichtzelle kann einzeln angesteuert werden. Die Lichtzellen belichten über eine Optik die Trommel. Der weitere Vorgang läuft wie beim Laserdrucker ab.

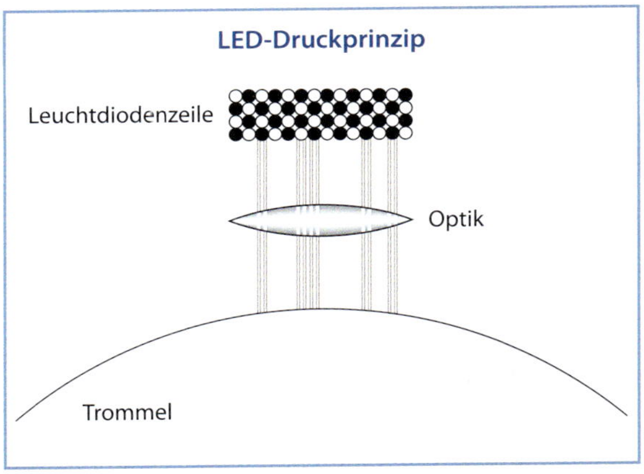

LCS-Drucker belichten die Trommel mit einer Quarzlampe, unter der sich eine Lichtschaltzeile (LCS = Liquid Crystal Shutter) mit matrixförmigen Flüssigkristallen befindet. Jede Zeile kann einzeln geöffnet werden, sodass über einer Optik die Trommel belichtet wird.

Der weitere Vorgang entspricht dem Laserdrucker. Die LCS-Belichtung ist rund 200 Mal schneller als die LED-Belichtung.

Die Merkmale sowie der Einsatzbereich von LCS- und LED-Druckern entsprechen denen eines Laserdruckers.

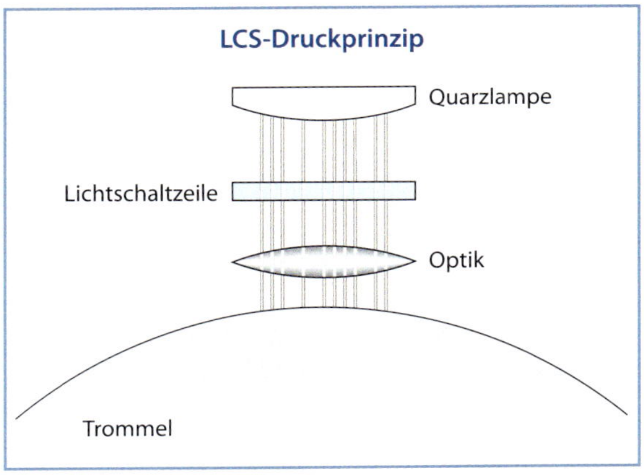

9.3.2 Kopierer

Beim Kopierer wird, ähnlich wie beim Fotografieren, zunächst das Original aufgenommen (belichtet) und anschließend sichtbar gemacht (entwickelt). In der Büropraxis hat sich heute das indirekte elektrostatische Kopierverfahren durchgesetzt. Damit kann auf einfaches Normalpapier kopiert werden.

Verfahren

Die Elektrostatik – „ruhende Elektrizität“ – zeigt z. B. ihre Wirkung beim kräftigen Kämmen der Haare oder beim Gehen über einen Kunststoffboden und anschließendem Anfassen eines Metallteiles. Diese Elektrostatik wird beim elektrostatischen Kopierverfahren wirtschaftlich nutzbar gemacht. Der Querschnitt durch einen Kopierautomaten (s. S. 246) zeigt die Entstehung einer Kopie:

Zunächst wird eine Trommel, die als „Zwischenbildträger“ dient, elektrostatisch aufgeladen (1). Licht strahlt die Vorlage an und belichtet die Trommel (2). Dadurch entsteht ein „elektrisches“, seitenverkehrtes Bild der Vorlage. Dieses Bild wird entwickelt, indem Toner an den noch aufgeladenen Stellen der Trommel haften bleibt (3). Nun erfolgt das Übertragen des Tonerbildes auf einfaches Papier (4). Wärme und Druck „bügeln“ das Tonerbild auf das Papier (5). Für einen neuen Kopiervorgang wird die Trommel von dem restlichen Toner gereinigt. Je nach Modell kann ein „Fotoleiterband“ die Funktion der Trommel übernehmen.

Geräte

Die Weiterentwicklung der Kopiertechnik hat uns bis heute eine Vielzahl von Kopiergeräten mit zahlreichen Funktionen gebracht. So können bereits einfache Tischkopierer Originale vergrößern oder verkleinern (Zoomfunktion) oder auf Folien kopieren. Die Leistungspalette großer Kopiergeräte geht über das Zoomen, Sortieren und Bildüberlagerungen bis hin zur Wendeautomatik.

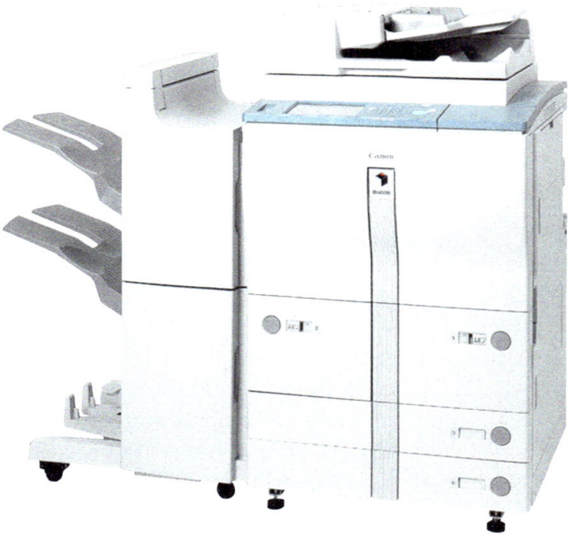

Moderne Kopiergeräte bieten zahlreiche Zusatzfunktionen wie Originaleinzug, Sortier- und Scanfunktion

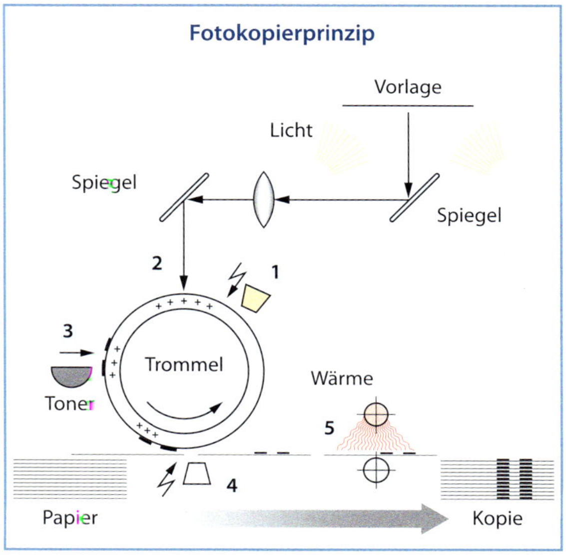

Querschnitt durch ein Kopiergerät

Merkmale

Begriff	Bedeutung
Originaleinzug	automatisches Einziehen der Vorlage
Wendeautomatik	automatisches Wenden der Vorlage von der Vorder- auf die Rückseite
Vergrößern/Verkleinern (Zoomen)	Vergrößern oder Verkleinern der Vorlage auf Tastendruck
Randlöschung	Entfernen dunkler Ränder oder Schatten, z. B. beim Kopieren von Büchern
Randversatz	Verschieben der Ränder für Notizen oder zum Einbinden
Duplex-Funktion	automatisches doppelseitiges Kopieren (z. B. Buchseiten)
Bildüberlagerung	Zusammenfassung von zwei Originalen auf einer Kopie
Editieren	Festlegung des zu kopierenden Ausschnittes bei einer Vorlage
Sorter	Sortiereinrichtung für Kopien
Sortieren	Sortieren der Kopien in richtiger Reihenfolge, Seite 1, 2, 3 …
Tonerfarben	Grundfarbe Schwarz, andere Farben durch Wechsel der Tonereinheit
Selbstdiagnose	Anzeige der Störungsursache im Bedienungsfeld
Chipkartenabrechnung	Zugang zum Kopierer nur über eine Chipkarte

Digitaler Farbkopierer
Ein Farbkopierer mit einem Mikroprozessor ermöglicht eine Farbkopie auf normales Papier, die an die Qualität eines Büro-Offsetdrucks heranreicht. Dabei wird die Vorlage von elektronischen Bildsensoren „gelesen" und in Ja-Nein-Signale umgewandelt (digitalisiert).

Die Wiedergabe des Farbbildes erfolgt über ein Wärmedruckwerk mit einem vierfarbigen Thermofarbband. Da die Farben transparent sind, können beliebige Farbtöne dargestellt werden.

Der Haupteinsatzbereich von – sehr teuren – Farbkopierern liegt z. B. bei Werbeagenturen, in der Grafikabteilung von Verlagen oder Kopierzentren, sie sind jedoch auch zunehmend in anderen Unternehmen zu finden.

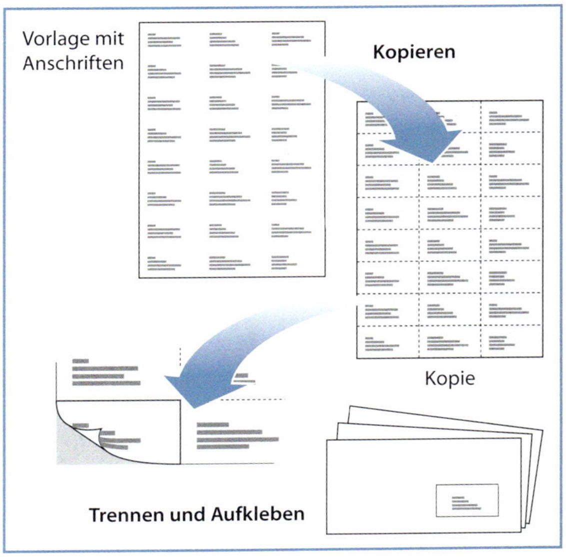

Mithilfe von Etikettenkopien lassen sich schnell und preiswert Adressetiketten anfertigen.

Standort

Ideal ist ein Arbeitsplatz im Büro, wenn alle Geräte in unmittelbarer Nähe erreichbar sind. Diese Dezentralisierung hat dazu geführt, dass leistungsfähige Tischkopierer am Arbeitsplatz zur Verfügung stehen. In größeren Betrieben gibt es zusätzlich auch zentral aufgestellte große Kopierautomaten.

Ob sich nun ein Betrieb für einen zentralen, dezentralen oder gemischten Einsatz entscheidet, hängt von unterschiedlichen Gegebenheiten ab:

- Wie ist die räumliche Aufteilung des Betriebs?
- Wie hoch ist das monatliche Kopiervolumen einzelner Abteilungen?
- Welche Vorlagen und Formate sind zu kopieren?
- Wie dringend werden Kopien benötigt?

Sinnvoll ist eine innerbetriebliche Regelung des Kopierens. Hierbei kann festgestellt werden, welche Mitarbeiter zentral oder dezentral kopieren sollen, ab welcher Auflagenhöhe gedruckt bzw. kopiert werden soll und welches Kopiervolumen nicht überschritten werden darf.

Merkmale	zentral	dezentral
Auslastung	hoch	gering
Kostenkontrolle	gut	gering
Wartezeiten	möglich	selten
Wegezeiten	hoch	gering
Zusatzfunktionen	viele	wenige
Vertraulichkeit	mangelhaft	gut

9.3.3 Büro-Offsetdruck

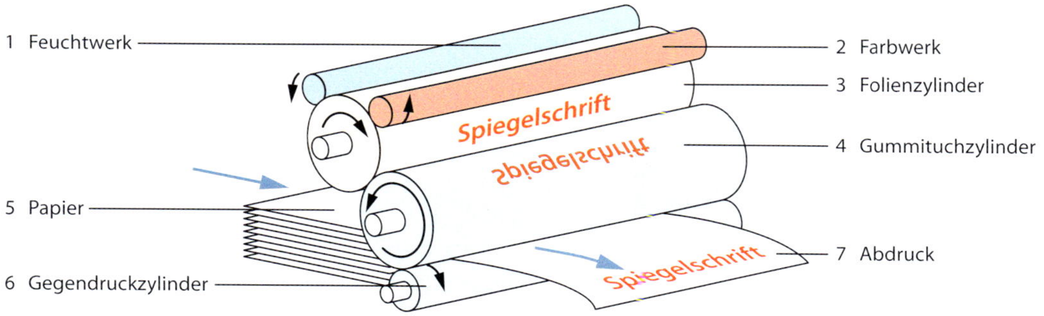

Offsetdruckmaschine – Funktionsweise

Büro-Offsetdrucker arbeiten in der Regel vollautomatisch, sodass sie verhältnismäßig einfach zu bedienen sind. Da die Druckqualität hervorragend ist, bietet sich der Offsetdruck zur Herstellung von Briefbogen, Formularen oder mehrfarbigen Prospekten an.

Zum Bedrucken eignen sich dünne Papiere ebenso wie Karton in Karteikartenstärke. Das Wiederverwenden von Metallfolien, z. B. bei Infopost, ist möglich.

Trotz sinkender Kosten für das Kopieren ist das Herstellen von Vervielfältigungen mit dem Büro-Offsetdruckverfahren bei einer höheren Auflage kostengünstiger. Dabei ist jedoch zu beachten, dass jeder Mitarbeiter ein Kopiergerät bedienen kann; für das Drucken sind jedoch gewisse Kenntnisse erforderlich, die eine Einweisung in die Bedienung sinnvoll machen.

Vergleich: Drucken – Kopieren

Merkmale	Drucken	Kopieren
Druckform notwendig	ja	nein
Farbdruck möglich	ja, umständlich	ja, teuer
Qualität	sehr gut	gut
Bedienung ohne Kenntnisse	nein	ja
Herstellen von Einzelkopien	nein	ja
Herstellen von „Drucksachen"	preiswert	teuer

Druckaufträge an Externe

Das Fertigen von Kopien, umfangreicheren Schriftstücken, Flyern, Drucksachen usw. ist prinzipiell mithilfe der modernen EDV jedem geschulten Nutzer möglich. Dennoch sind diese Arbeiten zeitaufwändig und werden zunehmend von spezialisierten Unternehmen durchgeführt. Eine lange Tradition hat die Auftragsvergabe an Copyshops, die Kopien schnell und preiswert zu verschiedensten Anlässen herstellen.

Fertige Druckvorlagen für Flyer, Broschüren u. ä. werden heute oftmals über das Internet an Druckereien geschickt, die sich auf die Fertigung von großen Stückzahlen spezialisiert haben und vielfach im Ausland drucken. Die Anlieferung der Druckerzeugnisse erfolgt dann z. B. per Nachnahme über einen privaten Paketdienst. Bei den dort angebotenen Preisen ist – sofern überhaupt möglich – die eigene Herstellung nicht kostengünstiger.

Urheberschutz

Das Urheberrechtsgesetz schützt die persönliche geistige Schöpfung seines Urhebers. So ist z. B. ein Schulbuch urheberrechtlich geschützt. An dem Zeichen © (Copyrightvermerk) kann jeder erkennen, dass es sich um ein rechtlich geschütztes Werk handelt. Dies gilt nicht nur für gedruckten Text, sondern auch z. B. für CDs, DVDs oder Computerprogramme.

3628248

§

Urheberrechtsgesetz (Auszüge)

§ 1 Allgemeines

Die Urheber von Werken der Literatur, Wissenschaft und Kunst genießen für ihre Werke Schutz nach Maßgabe dieses Gesetzes.

§ 2 Geschützte Werke

(1) Zu den geschützten Werken der Literatur, Wissenschaft und Kunst gehören insbesondere:

1. Sprachwerke, wie Schriftwerke, Reden und Computerprogramme;
2. Werke der Musik;
3. pantomimische Werke einschließlich der Werke der Tanzkunst;
4. Werke der bildenden Künste einschließlich der Werke der Baukunst und der angewandten Kunst und Entwürfe solcher Werke;
5. Lichtbildwerke einschließlich der Werke, die ähnlich wie Lichtbildwerke geschaffen werden;
6. Filmwerke einschließlich der Werke, die ähnlich wie Filmwerke geschaffen werden;
7. Darstellungen wissenschaftlicher oder technischer Art, wie Zeichnungen, Pläne, Karten, Skizzen, Tabellen und plastische Darstellungen.

(2) Werke im Sinne des Gesetzes sind nur persönliche geistige Schöpfungen.

[...]

§ 7 Urheber

Urheber ist der Schöpfer des Werkes.

[...]

§ 11 Allgemeines

Das Urheberrecht schützt den Urheber in seinen geistigen und persönlichen Beziehungen zum Werk und in der Nutzung des Werkes.

Es dient zugleich der Sicherung einer angemessenen Vergütung für die Nutzung des Werkes.

Merke

1. Kommunikationsmedien (Telefon, Brief, EDV-Geräte) dienen dem Austausch von Informationen.
2. Der Verwendungszweck bestimmt jeweils das Format und das Gewicht des benutzten Schreibpapiers.
3. Der Einsatz von Vordrucken lässt Mitarbeiter Routineaufgaben schneller erledigen, ebenso das Arbeiten mit Textbausteinen.
4. Obwohl die unterschiedlichsten technischen Informationsträger in den Büros weiter auf dem Vormarsch sind, ist das „papierlose Büro" dennoch in weiter Ferne.
5. Die gängigen Textproduktionsverfahren im Büro sind
   - Drucken,
   - Kopieren,
   - Offsetdruck.
6. Beim Kopieren ist darauf zu achten, dass der Blick in die Strahlungsquelle durch Schließen des Deckels vermieden wird (UV- und Infrarotstrahlung) und der Kopierraum wegen der Ozonentwicklung gut belüftet ist.
7. Bei der Wiedergabe von Texten wie bei der Nutzung von Computerprogrammen ist der Schutz des Urhebers zu beachten. Die Verwendung von sogenannten Raubkopien kann strafrechtlich verfolgt werden.

Aufgaben

1. Warum gibt es bei den DIN-Formaten die B- und C-Reihe?
2. Erstellen Sie mithilfe der EDV einen Vordruck nach dem Muster der Checkliste auf Seite 234.
3. Welche Vordrucke werden in Ihrem Ausbildungsbetrieb eingesetzt? Welche werden davon selbst erstellt?
4. Skizzieren Sie die Organisation der Textverarbeitung in Ihrem Ausbildungsbetrieb.
5. Formulieren und erstellen Sie Textbausteine für das Einholen von Angeboten.
6. Welche Formen der Textreproduktion gibt es in Ihrem Ausbildungsbetrieb? Welche Aufgaben werden damit jeweils erledigt?

10 Kommunikationssysteme

Vom kleinen Handwerksbetrieb bis hin zum großen Industriekonzern, überall werden immer mehr Kommunikationssysteme eingesetzt. Der Handwerksmeister will z. B. seine Mitarbeiter auf den verschiedenen Baustellen erreichen können, um über den Fortgang der Arbeiten informiert zu sein und so den weiteren Einsatz der Mitarbeiter planen oder um Störungen im Arbeitsablauf schnell beheben zu können, ohne jedes Mal die verschiedenen Baustellen anfahren zu müssen.

In größeren Unternehmen müssen z. B. Verkäufer immer über die aktuellen Bestände der verschiedenen Produkte informiert sein, um zuverlässige Lieferzusagen machen zu können. Eine Konzernführung ist auf funktionierende Kommunikationssysteme angewiesen, um z. B. mit den verschiedenen Filialen einen Informationsaustausch zu geplanten Sonderaktionen abzustimmen, Zwischenergebnisse zu vergleichen oder kurzfristig weitere Maßnahmen zu ergreifen.

Die heute von der Industrie angebotenen Kommunikationssysteme sind vielfältig. Für den einzelnen Betrieb ist zwischen den innerbetrieblichen Kommunikationsmöglichkeiten und Systemen zu unterscheiden, die der Kommunikation zwischen den Unternehmen dienen.

Dieses Kapitel befasst sich deshalb mit folgenden Einzelthemen:

10.1 Grundlagen der Kommunikation

Der Leistungsprozess und die damit verbundenen Aufgabenlösungen können nur dann optimal umgesetzt werden, wenn alle Stelleninhaber störungsfrei und effizient miteinander „im Gespräch" sind oder besser gesagt, kommunizieren.

Unter Kommunikation versteht man den wechselseitigen Austausch von Wissen, Gedanken, Erfahrungen und Meinungen bzw. Einstellungen sowie die Übertragung von Informationen von einem Sender zu einem Empfänger.

Im folgenden Schaubild wird die Beziehung zwischen dem Sender und dem Empfänger dargestellt.

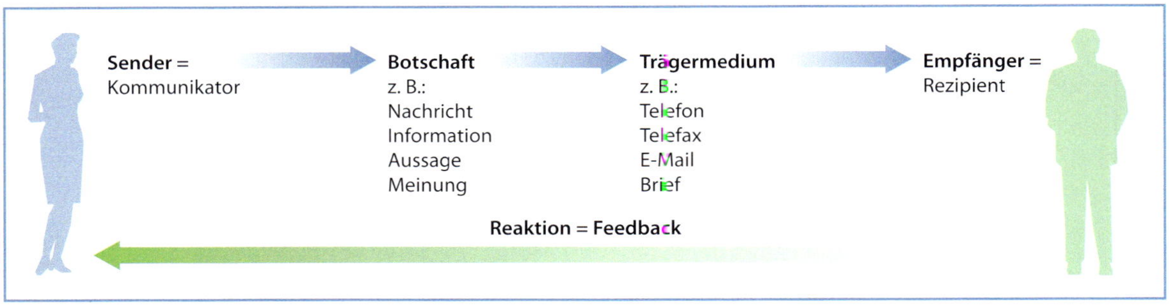

Kommunikationswege

Hinsichtlich der Kommunikationswege wird die interne, externe, vertikale, horizontale und die diagonale Kommunikation unterschieden.

Interne Kommunikation
Die interne Kommunikation vollzieht sich innerhalb des Unternehmens. Die Kommunikationswege werden durch die Betriebsorganisation und die Hierarchieebenen bestimmt (vgl. Kapitel 3 und 4).

Externe Kommunikation
Die externe Kommunikation bezieht sich auf Kontakte des Unternehmens zu seiner Umwelt. Dazu gehören hauptsächlich:

- Kunden,
- Lieferanten,
- Behörden,
- Gesetzgeber,
- Verbände.

Vertikale Kommunikation
Die vertikale Kommunikation bezieht sich auf Kontakte zwischen Stelleninhabern, die sich aufgrund des Leitungssystems (vgl. Kapitel 4) in einem Verhältnis der Über- oder Unterordnung befinden. So kann z. B. der Leiter der Verkaufsabteilung einen Mitarbeiter anweisen, die Angebotskalkulation für ein bestimmtes Produkt zu erstellen.

Horizontale Kommunikation
Die horizontale Kommunikation bezieht sich auf Kontakte von Stelleninhabern, die sich auf der gleichen Hierarchieebene befinden (vgl. Kapitel 4).

Dies ist z. B. der Fall, wenn ein Sachbearbeiter aus der Buchhaltung von einem Sachbearbeiter aus dem Einkauf eine Bestellkopie anfordert, um sie mit der entsprechenden Rechnung zu vergleichen.

Diagonale Kommunikation
Die diagonale Kommunikation verbindet die vertikale mit der horizontalen Kommunikation. So gestattet sie die Kommunikation zwischen Stelleninhabern, die verschiedenen Abteilungen und/oder Hierarchieebenen angehören.

So könnte z. B. der Marketingchef einen Verkaufssachbearbeiter um eine Kundenliste eines bestimmten Absatzgebietes bitten.

10.2 Kommunikationsformen

10.2.1 Mündliche Kommunikation

Die mündliche Kommunikation ist ein wichtiges Instrument zum Übertragen von Nachrichten. Mithilfe der Sprache werden die Nachrichten vom Sender zum Empfänger übertragen. Der Empfänger hat die Aufgabe, die Nachricht zu entschlüsseln. Durch die Rückmeldung, wie er die Nachricht entschlüsselt hat, wie sie bei ihm angekommen ist (Feedback), kann der Sender überprüfen, ob seine Sendeabsicht den Empfänger erreicht hat. So kann die Intention des Senders eine ganz andere gewesen sein, als sie vom Empfänger zurückgemeldet wurde. Im Folgenden werden wir uns mit den verschiedenen Möglichkeiten beschäftigen, eine Nachricht zu senden und eine Nachricht zu empfangen.

Kommunikationsebenen (Sender)

Beispiel:

Wenn der Leiter der Einkaufsabteilung zu einer Sachbearbeiterin sagt, dass er die Bestellkopie für die neuen Farbmonitore nicht finden kann, so betrifft diese Nachricht vier Kommunikationsebenen:

Sachebene
Welche sachliche Aussage macht der Einkaufsleiter? Worum geht es ihm? Worüber informiert er die Sachbearbeiterin?

Der Einkaufsleiter stellt fest, dass die Bestellkopie nicht vorhanden ist, und bringt noch zusätzliche Botschaften rüber.

Beziehungsebene
In welcher Beziehung steht der Einkaufsleiter zur Sachbearbeiterin? Welche Rolle gesteht er ihr zu, welche Gefühle werden angesprochen?

Der Einkaufsleiter macht deutlich, dass er die Sachbearbeiterin dafür verantworlich macht, dass er die Bestellkopie nicht finden kann. Schließlich ist es ihre Aufgabe, Bestellkopien so abzulegen, dass sie jederzeit auffindbar sind.

Selbstoffenbarungsebene
Was sagt der Einkaufsleiter über sich selbst aus? Wie möchte er gesehen werden?

Der Einkaufsleiter macht deutlich, dass **er** die Bestellkopie nicht suchen wird. Selbstverständlich erwartet er, dass sich die Sachbearbeiterin um solche Angelegenheiten zu kümmern hat, denn solche Aufgaben gehören nun wirklich nicht in seine Verantwortlichkeit.

Appellebene
Was bezweckt der Einkaufsleiter mit seiner Nachricht? Welche Aufforderungen enthält seine Nachricht? Wozu soll die Sachbearbeiterin veranlasst werden?

Der Einkaufsleiter erwartet oder verlangt, dass die Sachbearbeiterin die Bestellkopie sucht und sie ihm unaufgefordert aushändigt.

Reaktionsebenen (Empfänger)

Der Kommunikationsforscher Friedemann Schulz von Thun sagt, dass jeder Mensch eigentlich vier statt der vorhandenen Ohren benötigt, um Nachrichten zu empfangen: Für jede Ebene einer Nachricht eins.

Der „vierohrige Empfänger"

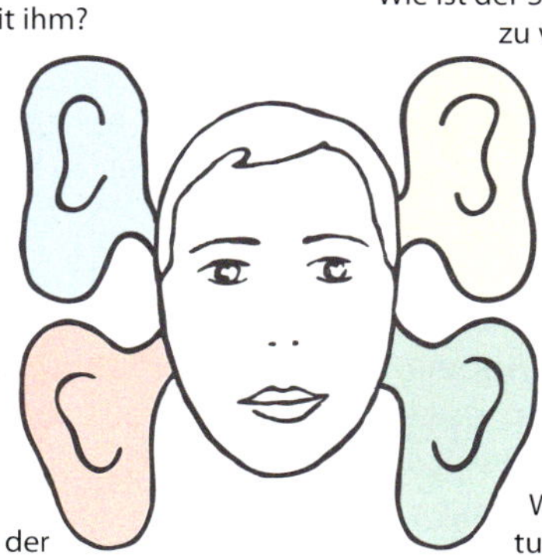

Quelle: Schulz von Thun, Friedemann, „Miteinander reden 1", Rowohlt Taschenbuch Verlag, Reinbek bei Hamburg 1997, S. 45.

Der Verlauf eines Gesprächs ist davon abhängig, welches der vier Ohren gerade auf Empfang geschaltet ist.

Erinnern wir uns an das vorherige Beispiel. Wie kann die Nachricht des Einkaufsleiters bezüglich der vermissten Bestellkopie auf die Sachbearbeiterin wirken? Mit welchem Ohr kann sie die Nachricht empfangen?

Das Sachohr
Empfängt die Sachbearbeiterin die Nachricht mit ihrem Sachohr, so registriert sie lediglich, dass der Einkaufsleiter die Bestellkopie nicht finden kann, und stellt keinen Zusammenhang zu ihrer Person oder ihren Aufgaben her. Entweder reagiert sie gar nicht oder sie entgegnet: „Die wird schon wieder auftauchen".

Das Beziehungsohr
Empfängt die Sachbearbeiterin die Nachricht mit ihrem Beziehungsohr, wird sie die Information sofort auf sich beziehen und die Verantwortung dafür übernehmen, dass die Bestellkopie nicht zu finden ist. Sie fühlt sich leicht angegriffen und beleidigt. Da der Einkaufsleiter ihr Chef ist, wird sie ihren Ärger so gut es geht unterdrücken und anfangen, die Bestellkopie zu suchen.

Das Selbstoffenbarungsohr
Empfängt die Sachbearbeiterin die Nachricht mit ihrem Selbstoffenbarungsohr, wird sie akzeptieren, dass der Einkaufsleiter die Suche nach der Bestellkopie nicht selbst durchführen wird, da er viel wichtigere Aufgaben zu erledigen hat. Damit bewegt sie sich in den vorgegebenen Hierarchie- und Weisungsstrukturen und wird die Bestellkopie ganz selbstverständlich suchen. Ein Gefühl des Ärgers oder Frustration wird sich bei ihr nicht einstellen.

Das Appellohr
Empfängt die Sachbearbeiterin die Nachricht mit ihrem Appellohr, wird sie von dem Wunsch beseelt sein, es allen recht machen zu wollen und den unausgesprochenen Erwartungen des Einkaufsleiters zu entsprechen. Ohne eine weitere Aufforderung wird sie sich darum kümmern, die nötige Unterlage zu finden, um sie ihrem Chef zu bringen.

Die folgenden betrieblichen Tätigkeiten können als Beispiele für die mündliche Kommunikation angesehen werden:

- Mitarbeiterbesprechungen,
- Erteilen von Auskünften,
- Gesprächsnotizen,
- Entgegennahme und Weiterleiten von Informationen,
- Akteneinsicht und sich daraus ergebende Auskünfte, z. B. bei Anfragen von Mitarbeitern zur Personalakte oder im Umgang mit Kunden und Behörden.

10.2.2 Schriftliche Kommunikation

Auch wenn es Ihnen vielleicht altmodisch vorkommen mag: Die schriftliche Kommunikation ist immer noch eine wichtige Form der betrieblichen Nachrichtenübermittlung.

Die schriftliche Nachricht treffen wir bei folgenden betrieblichen Anlässen und aus folgenden Gründen an:

Anlässe für schriftliche Kommunikation
• Übermittlung vertraulicher, persönlicher Nachrichten • genaue Dokumentation der jeweiligen Gesprächsinhalte • Darstellung komplexer und schwieriger Zusammenhänge • Aufstellen allgemeingültiger Regeln oder Verhaltensweisen • Informationen der Geschäftsleitung oder des Betriebsrates an die Mitarbeiter • Rundschreiben in einzelnen Abteilungen
Gründe für schriftliche Kommunikation
• Nachprüfbarkeit der Inhalte • Schutz vor Hinzufügen oder Verfälschen einer Nachricht • Der Verfasser ist für den Inhalt verantwortlich und kann jederzeit Auskünfte geben. • Beweismittel bei Auseinandersetzungen mit Kunden, Behörden und Berichten • Antworten oder Erwiderungen können gewissenhaft überlegt oder formuliert werden.

Konkrete Beispiele für die schriftliche Kommunikation können sein:

- Brief- und Urschriftverkehr,
- Akten- und Telefonnotizen,
- Vordrucke, Formulare,
- vervielfältigte oder gedruckte Schriftstücke.

10.2.3 Nonverbale Kommunikation

Die zwischenmenschliche Kommunikation wird nicht nur über die Sprache und über Zeichen, wie z. B. Buchstaben und Ziffern, vollzogen. Viele Informationen werden nonverbal mithilfe der Körpersprache vermittelt.

So können ein Stirnrunzeln, der erhobene Zeigefinger oder vor dem Oberkörper verschränkte Arme mehr ausdrücken als viele Worte.

Das Kennen der körpersprachlichen Informationen kann einerseits im beruflichen und privaten Bereich hilfreich sein, um Konfliktsituationen zu bewältigen oder abzuschwächen. Andererseits kann das Wissen um die vom Körper ausgehenden Botschaften dazu beitragen, Konfliktsituationen gar nicht erst entstehen zu lassen.

Die wichtigsten Arten der nonverbalen Kommunikation sind:

- Mimik,
- Gestik,
- äußeres Auftreten,
- allgemeine Umgangsformen.

Mimik

Kein Zeichensystem kann gefühlsmäßige Informationen besser ausdrücken als die Mimik. Eine Veränderung im Gesichtsausdruck (z. B. Augenbrauen hochziehen, Lippen zusammenpressen) kann in Sekundenbruchteilen mehr Informationen vermitteln als ein langer sprachlicher Vortrag.

Einem Gesprächspartner mit freundlichem Gesichtsausdruck hört man viel lieber und aufmerksamer zu als einem mit griesgrämiger, saurer Miene.

> Mimische Informationen bestehen aus vielen Komponenten: Stirn, Auge, Augenbrauen, Nase und Mund. Deshalb heißt Mimik, mit dem ganzen Gesicht sprechen.

Empfehlungen zur Mimik

- Versuchen Sie das Gleichgewicht zwischen spontanem und kontrolliertem Verhalten zu halten.
- Anlass, Gesichtsausdruck und Sprache müssen der Situation entsprechen. Zeigen Sie Trauer, wenn Sie über etwas Trauriges sprechen. Wenn Sie enttäuscht sind, zeigen Sie dies auch.
- Zeigen Sie kein Pokerface. Ihre Zuhörer erwarten von Ihnen eine persönliche Aussage und keine Rätsel.
- Vermeiden Sie auch andere mimische „Dauerhaltungen", wie z. B. ein unpersönliches Dauerlächeln.
- Zeigen Sie Ihren Zuhörern mit einem freundlichen Gesichtsausdruck, dass sie sich in Ihrer Mitte wohlfühlen.

Aufstellung entnommen aus: Ruschel, Adalbert, „Besprechungen und Konferenzen", Wirtschaftsverlag Langen Müller/Herbig, München 1989.

Gestik

Wenn der Körper die Sprache begleitet oder sich ohne Sprache durch den Kopf, die Arme, die Hände, die Finger, die Beine oder die Füße ausdrückt, bezeichnet man dies als Gestik.

> Gesten sind immer bewusst eingesetzte Bewegungen, die die Anteilnahme und die Dynamik des Sprechers unterstützen.

Aus unserer täglichen Kommunikation sind Gesten nicht wegzudenken. Denken Sie beispielsweise an die Geste, die den Gesprächspartner auffordert, sich zu setzen, die Gesten, mit denen wir Getränke oder ein Stück Torte ablehnen, oder die Geste, dass man telefonieren möchte.

Wenn Sie sich darüber im Klaren sind, dass die Gestik Sie in die Lage versetzen kann, über das gesprochene Wort hinaus Informationen abzugeben, sollten Sie die folgenden Regeln beachten.

Regeln zur Gestik

- Achten Sie auf eine natürliche Dosierung Ihrer Gesten. Seien Sie weder statisch noch übermotorisch.
- Alle Gesten sollten von der Grundhaltung aus vorgenommen werden und auch darin wieder enden. Gleiten Sie nicht von einer Geste in die nächste.
- Vermeiden Sie enge Gesten, bei denen sich die Ellenbogen angewinkelt am Körper befinden und nur die Unterarme bewegt werden.
- Je größer der räumliche Abstand zum Publikum ist, desto ausdrucksstärker muss die Gestik sein.
- Gesten müssen dem gesprochenen Wort vorausgehen, nachfolgend werden sie sinnlos, es sei denn, sie sollen das Gesagte nachträglich widerlegen.
- Bilden Sie eine sinnvolle Kombination zwischen Gestik, Mimik und Sprechausdruck.

Quelle: Ruschel, Adalbert, siehe Tabelle oben.

Äußeres Auftreten

Das äußere Auftreten einer Person, das gesamte Erscheinungsbild, hängt sehr stark mit der Körperhaltung und der Kleidung zusammen.

- Unterstreichen Sie mit Ihrer **Körperhaltung,** dass Sie sich an Ihrem Arbeitsplatz wohlfühlen und gern dort arbeiten.
- Stehen Sie aufrecht und in einer offenen Haltung und bedecken Sie nicht mit Armen oder Händen den Hals- oder Brustbereich.
- Wirken Sie nicht überheblich, indem Sie Ihre Gesprächspartner eingehend (von oben nach unten) mustern oder Ihre Hände hinter dem Rücken geschlossen halten.
- Begegnen Sie Ihrem Gesprächspartner mit einem freundlichen Gesichtsausdruck. So können Sie am leichtesten den Eindruck vermitteln, dass Sie ihn respektieren und sich gern mit ihm unterhalten möchten.
- Vermeiden Sie es, die Schultern hochzuziehen oder den Kopf einzuziehen. Diese geschlossene Haltung, die durch Verschränken der Arme vor dem Brustbereich verstärkt wird, bedeutet, dass Sie sich nicht wohlfühlen, dass Sie gar Angst haben. Dies kann den Gesprächspartner irritieren und ihn veranlassen, sich von Ihnen abzuwenden.
- Wenn ein Gespräch im Sitzen stattfindet, bevorzugen Sie bitte eine aufrechte, gerade Sitzhaltung mit parallel auf den Boden gestellten Beinen, sodass beide Füße den Boden berühren. Diese Haltung stellt Sie als konzentrierten und erwartungsvollen Gesprächspartner dar.
- Sitzen Sie nicht zu locker und entspannt. So könnten Sie bei Ihrem Gegenüber einen überheblichen Eindruck hinterlassen.

Auf keinen Fall sollten Sie während des Gesprächs die Beine übereinanderschlagen und/oder die Arme vor der Brust verschränken. Diese Haltung wird wie eine Barriere zwischen Ihnen und Ihrem Gesprächspartner wirken und das Gespräch negativ beeinflussen.

Bezüglich der **Kleidung** gelten in vielen Betrieben allgemein anerkannte Konventionen. In Banken und Versicherungen wird beispielsweise auf die Businesskleidung (Geschäftskleidung) Wert gelegt.

Wie man sich kleiden sollte, hängt häufig davon ab, ob man oft mit Kunden in Kontakt treten muss oder auf welcher betrieblichen Hierarchiestufe man sich befindet. Prinzipiell entscheidet natürlich jeder selbst, welche Kleidung getragen wird. Der Ausspruch „Kleider machen Leute" trifft jedoch auch im Berufsleben zu. Auch Sie werden sich in korrekter Kleidung wohlfühlen und selbstbewusster auftreten.

- Bei den Damen gehören Rock, Hose, Blazer und Kostüm mit dazu passenden Blusen oder modischen Oberteilen zum guten Stil. Jeans und Pulli hingegen gehören in den Bereich Freizeitkleidung und sind im Umgang mit Kunden unangemessen.
- Bei den Herren gehört ein dunkler oder grauer Anzug oder eine Kombination zum guten Ton. Eine passende Krawatte ist selbstverständlich. Je nach Stil oder Anlass kann dazu ein Hemd, Pullover oder eine Weste getragen werden.

Für beide gilt: je feierlicher und offizieller der Anlass, desto dunkler die Kleidung.

Allgemeine Umgangsformen

Gute Umgangsformen werden uns schon früh beigebracht. Wer wurde nicht von seinen Eltern aufgefordert, sich „anständig beim Essen zu benehmen". Sätze wie „Das gehört sich nicht" oder „Dein Benehmen ist unmöglich" sind uns noch allen im Ohr.

Gerade im Berufsleben wird von Ihnen ein korrektes und höfliches Verhalten erwartet. Gute Manieren werden von Vorgesetzten und Kollegen wohlwollend registriert. Man wird Ihnen mit der gleichen Höflichkeit begegnen.

Sollten Sie noch Zweifel an dieser Aussage haben, denken Sie bitte über die folgenden Fragen nach:

- Was erwarten Sie von den anderen? Wie möchten Sie selbst behandelt werden?
- Würden Sie sich selbst als freundlich, höflich und sympathisch bezeichnen?

Abschließend werden noch einige wichtige Verhaltensregeln im Umgang mit Kollegen, Vorgesetzten und Geschäftspartnern genannt:

Distanzzonen bei Gesprächen

Intimdistanz	Persönliche Distanz
Dies ist eine Entfernung von unter 0,8 m zum Gesprächspartner. Dieser Bereich ist nur Vertrauten und guten Freunden vorbehalten und wird im Berufsleben nur sehr selten eingegangen	Sie beginnt, wo die Intimdistanz endet, und reicht bis etwas 1,2 m. Sie wird bei einer Begrüßung oder einem freundschaftlichen Treffen eingegangen.
Gesellschaftliche Distanz	**Öffentliche Distanz**
Sie reicht von 1,2 m bis etwa 3,0 m und wird bei Kollegen, die man siezt, oder Gesprächen mit Vorgesetzten eingehalten.	Sie beginnt bei 3,0 m und wird z. B. bei Reden und Ansprachen, wo mithilfe eines Mikrofons gesprochen wird, eingehalten.

Begrüßen/Verabschieden

Allgemein kann man sagen, dass derjenige zuerst grüßt, der einen Raum betritt. Ob mit oder ohne Handschlag, hängt von den jeweiligen Gepflogenheiten ab. Beim Verabschieden sollte man es vermeiden, jemanden hinauszukomplimentieren. Vielmehr ist eine höfliche Abschiedsformel zu verwenden, wie z. B. „Gute Fahrt", „Schöne Feiertage", „Schönes Wochenende" oder „Schönen Gruß an die Gattin".

Begrüßen mit Handschlag
Hier gilt die Regel, dass derjenige, der in der Hierarchie die höhere Position einnimmt, als Erster die Hand gibt.

Aufstehen zur Begrüßung
Grundsätzlich sollte man bei jeder Begrüßung aufstehen bzw. ein Aufstehen andeuten. Dies trifft im Übrigen auch auf Frauen zu. Die Regel, dass eine Dame bei der Begrüßung immer sitzen bleibt, ist veraltet.

Merke

1. Kommunikation vollzieht sich durch die Übertragung einer Botschaft von einem Sender zu einem Empfänger mithilfe eines Trägermediums.
2. Hinsichtlich der Kommunikationswege wird die interne, externe, vertikale, horizontale und diagonale Kommunikation unterschieden.
3. Hinsichtlich der Kommunikationsformen wird die mündliche, die schriftliche und die nonverbale Kommunikation unterschieden.
4. Jede von einem Sender abgeschickte mündliche Botschaft kann eine der vier Kommunikationsebenen betreffen: die Sachebene, die Beziehungsebene, die Selbstoffenbarungsebene und die Appellebene.
5. Der Empfänger kann eine mündliche Botschaft mit einem seiner „vier Ohren" empfangen: dem Sachohr, dem Beziehungsohr, dem Selbstoffenbarungsohr und dem Appellohr.
6. Die Körpersprache ist ein wichtiger Bestandteil der zwischenmenschlichen Kommunikation.

Projektthema

„Betriebliche Kommunikationswege"

Arbeitshinweise:
Überlegen Sie, welche innerbetrieblichen Kommunikationswege in Ihrem Ausbildungsbetrieb existieren und genutzt werden. Welche externen Kontakte unterhält der Betrieb? Die folgenden Punkte sollten Sie bei der Ausarbeitung berücksichtigen:
- Wie werden Informationen weitergeleitet?
- Wer erhält von wem Informationen?
- Welche Kommunikationsmittel werden benutzt?
- Welche Beziehungen bestehen zu Kunden, Lieferanten, Behörden usw.?

Fassen Sie Ihre Ergebnisse in einem Bericht zusammen.

Aufgaben

1. Beschreiben Sie die vier Kommunikationsebenen des Senders. Stellen Sie anhand eines selbst gewählten Beispieles dar, mit welchen unterschiedlichen Absichten eine Nachricht gesendet werden kann.
2. Beschreiben Sie die vier Reaktionsebenen des Empfängers. Greifen Sie das Beispiel aus Aufgabe 1 auf und stellen Sie dar, wie unterschiedlich diese Nachricht empfangen werden kann.
3. Aus welchen Anlässen und Gründen wird in Ihrem Ausbildungsbetrieb schriftlich kommuniziert?
4. Nennen Sie jeweils sechs Beispiele, wie unsere Sprache durch Mimik und Gestik unterstützt wird.
5. Nennen Sie Gründe, weshalb das äußere Auftreten einer Person im Berufsleben eine wichtige Rolle spielt.
6. „Gute Umgangsformen sind nicht so wichtig. Die Hauptsache ist, dass man berufliche Erfolge nachweisen kann." Nehmen Sie bitte zu dieser Aussage Stellung.

10.3 Telekommunikation

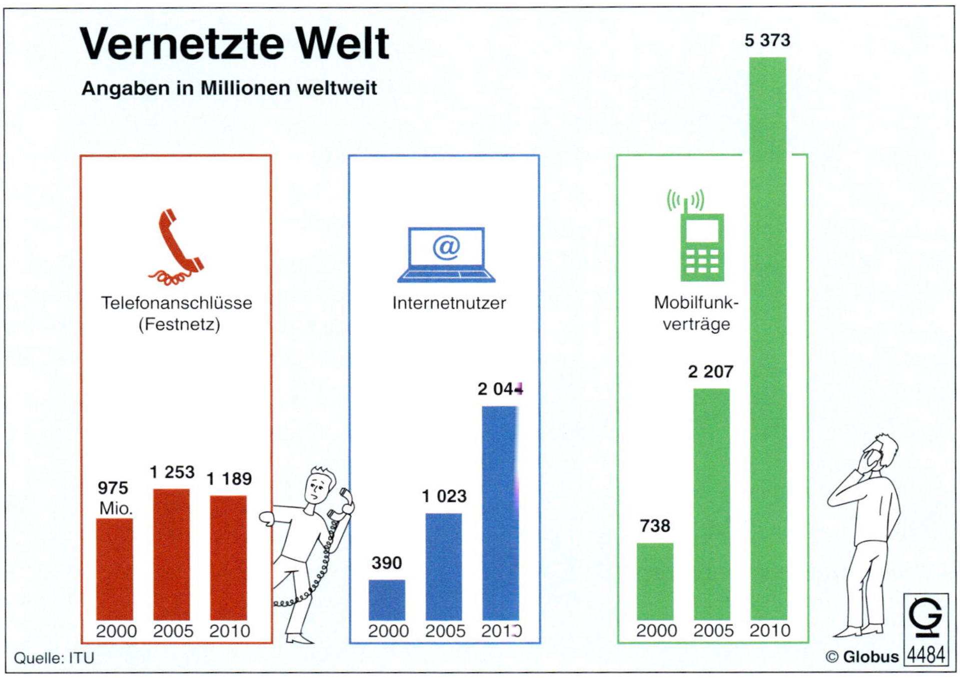

Im Jahr 1996 hat das damals verabschiedete Telekommunikationsgesetz (TKG) die Monopolstellung der Telekom beendet. In der Folge wurde der Markt liberalisiert und durch den entstandenen Wettbewerb völlig verändert (siehe Kapitel 10.3.2.2). Die Vorgaben der EU-Richtlinien zur Telekommunikation sowie der technische Fortschritt machen im Jahr 2004 eine Novellierung des Telekommunikationsrechts erforderlich. Das TKG bestimmt, mit welchen Möglichkeiten und zu welchen Bedingungen in Zukunft Kommunikation stattfindet.

10.3.1 Telefonnetze – ISDN

Die Umsetzung von Schallwellen in elektrische Schwingungen ist das Funktionsprinzip des **analogen** Telefonnetzes. Insgesamt waren in Deutschland Anfang 1990 rund 30 Millionen analoge Festnetzanschlüsse installiert, weltweit gab es mehrere hundert Millionen solcher Anschlüsse. Die technische Weiterentwicklung mit der Übertragung von Text und Daten in **digitaler** Form und das zunehmende Aufkommen der Mobilfunktechnik verdrängt seit Anfang der 90er-Jahre mehr und mehr die analoge Übertragungstechnik. Als Betreiber des Festnetzes verfügt die Deutsche Telekom mit ISDN (Integrated Services Digital Network) heute über ein flächendeckendes Universalnetz zur schnellen Übertragung von Sprache, Text, Daten und Bildern.

Im Jahr 2009 waren laut Berichterstattung der Bundesnetzagentur in der Bundesrepublik 32,1 Mio. ISDN-Anschlüsse geschaltet. Die folgenden Leistungsmerkmale können im ISDN genutzt werden:

1. Übermitteln der Rufnummern in beide Richtungen oder deren Unterdrückung auf Wunsch der Teilnehmer
2. Mehrfachnummerierung
3. Anrufweiterschaltung
4. Subadressierung
5. Teilnehmer-zu-Teilnehmer-Zeichengabe (im D-Kanal)
6. Tarifanzeige
7. Dreierkonferenz
8. Anklopfen
9. Gespräch halten bei einer weiteren Verbindung
10. Statusabfrage

Eines der wichtigsten Merkmale im ISDN ist die Mehrfachnummer. Jedem Endgerät wird eine eigene Rufnummer zugeordnet, wobei sich für einen Mehrgeräteanschluss bis zu zehn unterschiedliche Rufnummern festlegen lassen. Einem Endgerät können dabei mehrere Rufnummern zugeordnet werden. Der gezielte Anruf bei den unterschiedlichen Endgeräten ist damit möglich. Wird nun eine dieser Nummern umgeleitet, so sind alle anderen Endgeräte dieses Anschlusses weiterhin unter ihrer eigenen Mehrfachnummer erreichbar.

Im ISDN gibt es drei Varianten der Anrufweiterschaltung: sofort, beim Nichtmelden und im Besetztfall.

Bei der sofortigen Anrufweiterschaltung werden die ankommenden Anrufe sofort zu dem festgelegten Anschluss weitergeleitet, während beim Nichtmelden erst nach 15 Sekunden weitergeschaltet wird.

Schneller Datenaustausch im ISDN

Nicht die Großen fressen die Kleinen, sondern die Schnellen die Langsamen.

Diese und ähnliche Kurzformeln kennzeichnen eine neue Welle des Zeitmanagements, des „Time Based Management". Der Response-Wettbewerb, die Fähigkeit, schneller als die Konkurrenz zu reagieren und zu agieren, basiert auf einem schnellen, zuverlässigen und großzügigen Informationsaustausch. Ein um Faktoren schnellerer Zugriff zu Informationen in zentralen Datenbanken, das Blättern in Dateien aus der Ferne verbessert nachhaltig die Qualität von Entscheidungen in Unternehmen.

DSL

Zum Transfer großer Datenmengen stellen heute verschiedene Anbieter eine DSL-Breitbandanbindung ans Internet zur Verfügung. Dabei können alle ISDN-Leistungsmerkmale genutzt werden, der Datentransfer allerdings ist, abhängig vom gewählten Tarif, erheblich schneller als bei ISDN.

Die meisten Anbieter arbeiten mit gleichen Up- und Downloadzeiten, d. h., das Übermitteln von Daten ins Internet oder das Herunterladen von Daten aus dem Internet funktioniert gleich schnell. Da für viele Internetnutzer im Arbeitsalltag der Anteil an Downloads erheblich größer ist als der Datenversand, bietet die Telekom mit ihrem T-DSL-Anschluss einen Dienst an, der dieser Überlegung entspricht.

Eine weitere Anwendung ist die PC-gestützte Festbildübertragung. In Sekundenschnelle können Farbbilder mit gestochen scharfer Auflösung aus einer Bilddatenbank auf einen PC übertragen werden.

DSL-Flatrate-Angebote

Neben der Telekom mit ihren Tochterfirmen gibt es derzeit über zehn Anbieter, die ihre DSL-Flatrate-Tarife nahezu flächendeckend in Deutschland anbieten. Manche dieser DSL-Provider möchten mit ihren DSL-Angeboten und günstigen DSL-Tarifen überzeugen, andere wiederum mit technischem Vorsprung.

Da gerade dieses Marktsegment besonders schnelllebig ist, sind Leistungsvergleiche von heute unter Umständen bereits morgen wieder überholt. Deshalb können hier nur die zum Zeitpunkt der Buchbearbeitung bestehenden Anbieter aufgelistet werden – ein direkter Vergleich von Kosten und Leistungen ist im Internet nachzulesen.

Anbieter:

- Telekom
- 1&1
- Kabel BW
- Congstar
- Unitymedia
- maxi dsl
- EWE
- Alice
- Kabel Deutschland
- O2
- Vodafone
- Tele2
- tele columbus
- STAR DSL

Als Alternative zum DSL-Anschluss gibt es auch den Internetzugang per Fernsehkabel. Bei den drei großen Kabel-Anbietern Kabel Deutschland, Kabel BW und Unitymedia sind Komplettpakete mit Telefon- und DSL-Anschluss sowie Telefon- und DSL-Flatrate zum Kabelfernsehanschluss verfügbar.

Durch die aufkommende IP-Telefonie (Internet-Telefonie oder Voice over IP), d. h., das Telefonieren über Computernetzwerke aufgebaut nach Internet-Standards, bekam die herkömmliche Telefontechnologie in den letzten Jahren zunehmend Konkurrenz.

IP-Telefonie führt zu einer Kostenreduzierung, da der Aufpreis für den ISDN-Anschluss und Gebühren entfallen.

Neben den etablierten Anbietern, die ihre herkömmliche Telefontechnologie unbemerkt für den Nutzer durch IP-Telefonie ersetzen, drängen immer mehr Anbieter mit ausschließlich dieser neuen Technologie auf den Markt.

Beide Technologien bestehen derzeit nebeneinander. Über Vermittlungsrechner, sogenannte Gateways, werden Verbindungen zwischen den herkömmlichen Telefonnetzen und dem Kommunikationsnetzwerk des IP-Telefons hergestellt.

Der PC als multifunktionales Endgerät

Die Bürokommunikationslandschaft eines Unternehmens stellte sich bis vor wenigen Jahren als eine Ansammlung der verschiedensten Endgeräte dar: Telefon, Telefax, T-Online-Terminal, Telex oder Teletex sowie ein oder mehrere PCs, je nach Anwendung, die in der Regel nur Stand-alone-Aufgaben wahrnehmen.

Dabei erfordern die genannten Endgeräte jeweils eigene Eingabe- und Ausgabeeinheiten und natürlich jeweils einen eigenen Zugang zum Telekommunikationsnetz.

Es ist naheliegend, Integrationsgedanken im Bereich der Endgeräte aufzugreifen und für die verschiedenen Aufgaben ein Eingabegerät zu benutzen.

Aufgrund seines modularen Aufbaus bietet sich der PC an, um die Leistungsmerkmale der verschiedenen Kommunikationsendgeräte in einem Gehäuse zu vereinen. Da zudem die Möglichkeit besteht, die einzelnen Dienste über eine gemeinsame Bedieneroberfläche zu steuern, wird Dienste- und Endgeräteintegration durch die Anwendungsintegration ergänzt.

Die Verbindung des PCs oder eines Netzwerks mit dem Internet bedarf eines Providers und eines kundenseitig installierten Modems. Die Verbindung des Modems mit dem PC oder dem Netzwerk kann über Kabel, über das Stromnetz oder über WLAN (**W**ireless **L**ocal **A**rea **N**etwork) hergestellt werden.

Ohne Modem können PCs auch über öffentliche WLAN-Zugänge (Hotspots) oder direkt über das Mobilfunknetz mit dem Internet verbunden werden.

3628260

10.3.2 Telefon

Ein Leben ohne Telefon ist in der heutigen Zeit nur noch schwer vorstellbar – kaum ein junger Mensch, der nicht über ein Handy verfügt und rund um die Uhr erreichbar ist.

Während im privaten Bereich die Anzahl der Festnetzanschlüsse seit Jahren rückläufig ist, wird in der betrieblichen Anwendung nach wie vor der Festnetzanschluss und der damit verbundene Betrieb einer Telefonanlage benötigt.

Das Telefon verfügt heute über verschiedene Zusatzfunktionen, die entweder am Telefon selbst oder über die TK-Anlage programmiert werden können.

Anrufweiterschaltung

Damit können eingehende Anrufe dahin umgeleitet werden, wo der Empfänger gerade erreichbar ist, z. B. auch auf das Funktelefon oder eine Nummer im Ausland. Der Anrufer zahlt dabei nur die Gesprächseinheiten bis zum gewählten Telefonanschluss, die Kosten der weitergeleiteten Gespräche übernimmt der Angerufene.

Die Anrufweiterschaltung ist damit eine Alternative zum Auftragsdienst für alle Geschäftsleute, die nach Geschäftsschluss für einen Teil ihrer Kunden erreichbar sein müssen, so z. B. im Servicebereich des EDV-Notdienstes.

Die derzeit neueste Vermittlungstechnik ist auf die Erreichbarkeit des Benutzers abgestimmt. Je nach individueller Vorgabe kann das Vermittlungsgerät, Server genannt, nacheinander einzelne Endgeräte anrufen, bis sich der Teilnehmer meldet.

Makeln

Mit dieser Funktion kann während eines Telefonats ein weiterer Anruf angenommen werden, wenn das ursprüngliche Gespräch in einen sogenannten Haltezustand versetzt wird. So kann mit dem zweiten Anrufer gesprochen und anschließend wieder die erste Verbindung aktiviert werden.

Beim Makeln können maximal zwei Teilnehmer in der Leitung gehalten werden, mit denen man abwechselnd sprechen kann (siehe Kapitel 10.3.5.2, Telefonkonferenz).

Weitere Zusatzeinrichtungen moderner Telefone im Überblick

Wahlwiederholung	Das Telefon speichert automatisch die zuletzt gewählte Rufnummer. Ist der Anschluss des gewünschten Teilnehmers besetzt, kann die Wahl per Tastendruck automatisch wiederholt werden.	
Kurzwahl	Häufig benötigte Rufnummern werden eingespeichert. Je nach Telefon können bis zu 99 Rufnummern gespeichert und per Kurzwahl angerufen werden.	
Freisprechen	Ohne den Hörer abzunehmen, ermöglichen es solche Telefone, zu wählen, zu sprechen und den Teilnehmer auch zu hören. Mit dem eingebauten Lautsprecher und Mikrofon können im Raum Anwesende am Gespräch teilnehmen.	
Lauthören	Schaltet den Lautsprecher des Telefons ein und ermöglicht so das Wählen bei aufgelegtem Hörer.	
Stummschaltung	Das Mikrofon wird mittels Tastendruck abgeschaltet, der Teilnehmer hört dann nicht, was die im Raum Anwesenden besprechen.	
Direktruf	Eine vorher eingespeicherte Nummer wird automatisch angewählt, wenn eine beliebige Taste gedrückt wird.	
Signaltaste	Das Telefon kann an eine Telefonanlage angeschlossen werden. Mit der Signaltaste kann ein laufendes Gespräch kurz unterbrochen werden, um mit einer internen Nebenstelle zu sprechen. Die Verbindung bleibt dabei erhalten.	R

10.3.2.1 Telefonanlagen

Hausanlagen ohne Zugang in das öffentliche Telefonnetz
(nicht amtsberechtigte Nebenstellenapparate)

Um das Telefon auf die betriebsnotwendige Nutzung zu begrenzen, kann die Anlage so aufgebaut sein, dass ein- und ausgehende Gespräche über eine Zentrale vermittelt werden müssen.

Die Nutzung des Telefons zur innerbetrieblichen Kommunikation ist dabei nicht eingeschränkt.

Bei vielen Endgeräten lassen sich die Funktionstasten individuell belegen.

Telefonanlagen mit begrenztem Zugang zum öffentlichen Telefonnetz
(halbamtsberechtigte Nebenstellenapparate)

An verschiedenen Stellen des Unternehmens ist die Kommunikation mit externen Partnern innerhalb des Ortsnetzes sehr oft notwendig.

Die Telefonanlage wird in diesen Fällen so aufgebaut, dass Ortsgespräche von jedem Apparat aus geführt werden können, Ferngespräche dagegen über eine Zentrale vermittelt werden müssen.

Die Zentrale wird damit von vielen Vermittlungsaufträgen entlastet. Diese Organisation der Telefonanlage ist häufig bei öffentlichen Verwaltungen installiert.

Telefonanlagen mit freiem Zugang zum öffentlichen Telefonnetz
(vollamtsberechtigte Nebenstellenapparate)

Die Vermittlung von Ferngesprächen über eine Telefonzentrale mag früher aus Kostenüberlegungen gerechtfertigt gewesen sein, weil damit Privatgespräche der Mitarbeiter eher kontrolliert werden konnten. Diese Organisation ist heute jedoch nicht mehr zeitgemäß, da eine zunehmende Zahl von Telefonaten über eine Zentrale zeitaufwendiger ist als die Selbstwahlmöglichkeit der Mitarbeiter.

Außerdem gibt es heute technische Möglichkeiten zur Aufzeichnung von angewählten Gesprächspartnern. Die Mitarbeiter sind damit aufgefordert, private Gespräche, z. B. durch die Vorwahl einer bestimmten Nummer, als solche zu kennzeichnen und selbst zu bezahlen. Die betriebsinterne Telefonnutzung wird dabei allerdings nicht aufgezeichnet und unterliegt keinen Einschränkungen.

10.3.2.2 Telefongesellschaften

Seit dem 1. Januar 1998 ist das Telefon-Monopol der Deutschen Telekom endgültig aufgehoben. Weil man sich mit der Telekommunikation auch für die Zukunft ein großes Umsatzwachstum verspricht, drängen viele private Anbieter auf diesen Markt.

Diese neuen Gesellschaften haben bisher kaum eigene Kabelnetze aufgebaut. Sie bedienen sich der Telekomnetze und zahlen dafür eine einheitliche Durchleitungsgebühr an die Telekom. Da die privaten Anbieter kostengünstig arbeiten, erwarten sie selbst noch eine einträgliche Gewinnspanne.

Der Wettbewerb zwischen den privaten Anbietern kann für den Telefonbenutzer eine deutliche Gebührensenkung mit sich bringen, vorausgesetzt, es werden bei der Auswahl der Telefongesellschaft einige Faktoren berücksichtigt wie z. B.:

- anfallende Grundgebühren,
- Minutenpreis,
- Abrechnungstakt,
- Sonderbedingungen der Gesellschaft wie z. B. Mindestumsatz.

Die deutschen Telefongesellschaften – Stand: Januar 2012							
Unternehmen	V	C/P	TV	M	MI	Hotline	Website
1&1	x		x	x	x	0721 9600	www.1und1.de
Alice (O2)	x			x	x	0800 4110411	www.alice-dsl.de
Congstar	x			x	x	01805 5075	www.congstar.de
Deutsche Telekom	x	x	x	x	x	0800 33 01000	www.telekom.de
Dokom	x		x			0231 9301050	www.dokom.de
Duffy-Fon	x			x		01805 808588	www.duffyfon.de
Easybell	x	x				0180 32792355	www.easybell.de
E-Plus/Base				x	x	0163 1140	www.base.de
Freenet		x				0900 1750350	www.freenetphone.de
HFO Telecom	x			x		09281 14480	www.hfo-telecom.de
Kabel BW	x		x	x	x	01805 888150	www.kabelbw.de
Kabel Deutschland	x		x	x	x	0800 2787000	www.kabeldeutschland.de
Mobilcom-Debitel				x	x	01805 624357	www.mobilcom-debitel.de
O2	x			x	x	01805 010 908	www.o2online.de
Primacall	x	x		x	x	0180 5774620	www.primacall.de
Tele Columbus	x		x			01805 585100	www.telecolumbus.de
Tele2	x	x				0185 99889	www.tele2.de
Unitymedia	x		x			01805 663100	www.unitymedia.de
Versatel	x			x	x	01805 151818	www.versatel.de
Vodafone	x			x	x	0800 1721212	www.vodafone.de

Abkürzungen bedeuten: V (Vollanschluss Telefon und Internet), C/P (Call by Call/Preselection), TV (Digitales Fernsehen), M (Mobilfunk), MI (Mobiles Internet/UMTS-Stick)

10.3.2.3 Servicenummern

Mit einem umfangreichen Angebot an besonderen Serviceleistungen versuchen die Telefongesellschaften, allen voran die Deutsche Telekom, Kunden langfristig an sich zu binden. Die Vielzahl der Servicenummern ist kaum überschaubar, für den Benutzer aber oftmals ein teures Vergnügen.

0700
Mit dem Service 0700 als Vorwahl kann der Telefonkunde ein Leben lang unter einer einzigen Telefonnummer erreichbar bleiben. Mit der ergänzenden Buchstabenwahl – Vanity-Funktion – kann zudem der eigene Name oder der Name der Firma als Rufnummer gewählt werden.

Die Wunschrufnummer kann eine beliebige acht- bis zehnstellige Kombination sein, z. B. das Geburtsdatum. Die 0700-Servicenummer ist bei der Bundesnetzagentur (ehem. Regulierungsbehörde für Telekommunikation und Post) zu beantragen. Derzeit werden für diesen Service einmalig 62,50 € berechnet.

Die Vorteile dieses Service sind:

- Man ist immer und überall unter derselben 0700-Rufnummer erreichbar.
- Die Änderung von Geschäftspapieren wegen einer sich ändernden Telefonnummer entfällt.
- Man kann bestimmen, unter welchem Anschluss die Anrufe eingehen sollen.
- Eine Rufnummernkette mit bis zu drei Zielrufnummern, auf die eingehende Anrufe nacheinander umgeleitet werden, kann eingerichtet werden.
- Sollte keine Rufnummer der Kette erreichbar sein, werden Anrufe automatisch an einen virtuellen Anrufbeantworter (0700-Box) weitergeleitet.
- Mithilfe des 0700-Managers kann der Service per Internet eingerichtet und verwaltet werden.

Vanity
Diese Funktion erlaubt es dem Anrufer, anstelle von Ziffern eine Buchstabenfolge auf einer alphanumerischen Tastatur zu wählen. Die Buchstabenwahl gehört in einigen Ländern bereits seit Jahren zum Kommunikationsstandard, denn die praktischen Vorteile liegen auf der Hand:

- Name und Telefonnummer sind identisch.
- Ein Name ist in aller Regel besser im Gedächtnis zu behalten als eine Ziffernfolge.
- Die Gestaltung der Vanity-Nummer kann das Unternehmen unverwechselbar machen.

Der Service Vanity selbst ist kostenlos, wird aber nur in Kombination mit den Servicenummern der Deutschen Telekom, also mit freecall 0800, freecall universal, 0180call sowie Service 0700 eingerichtet. Dabei muss immer nur der Preis der jeweiligen Servicerufnummer bezahlt werden.

freecall 0800
Der Service freecall 0800 ermöglicht es Unternehmen, dass ihre Kunden deutschlandweit kostenlos anrufen können. Überall dort, wo der Kundenkontakt für Unternehmen besondere Bedeutung hat, sollen diesem keine zusätzlichen Kosten entstehen. Das gilt z.B. für Kundeninformationen oder Hotlineangebote, mit denen die Produkte besser vermarktet werden sollen.

Je nach Bedarf des Unternehmens – Anzahl der Anrufer und unterschiedliche Anliegen der Anrufer – ist freecall 0800 in drei Varianten (light, basic und premium) verfügbar. Auch hier ist die Vanity-Funktion aktivierbar. Die Kosten für freecall 0800 setzen sich zusammen aus einem monatlichen Grundpreis und den regulären Gesprächsgebühren für alle eingehenden Anrufe.

freecall international
Mit freecall international sind Unternehmen auch in anderen Staaten problemlos zu erreichen. Dabei ist die Freecall-international-Rufnummer auf das jeweilige Land zugeschnitten und nutzt die dort etablierten Service-Vorwahlen, in Schweden zum Beispiel die 020, in Spanien die 900. Der Vorteil besteht darin, dass mit diesem Service weltweit potenzielle Kunden in 40 Ländern erreicht werden können, die sofort erkennen, dass es sich bei der Rufnummer um ein kostenloses Angebot handelt.

0180call
Bietet ein Unternehmen seine Dienstleistung telefonisch an, z. B. in Form von Beratungsleistungen oder Hilfe bei PC-Pannen, kann es über diese Servicenummer den Kunden an den Kosten der Dienstleistung beteiligen. Auch hier werden bedarfsgerecht drei Varianten angeboten, die Vanity-Funktion ist ebenfalls möglich.

Premium Rate 0900
Der Premium-Rate-Service-0900 löste die 0190-Nummern ab. Er erlaubt einen Tarifwechsel innerhalb der Verbindung – je nach Servicewunsch des Anrufers.

Die Vorteile bestehen darin, dass ein Unternehmen unter einer Servicenummer unterschiedliche Leistungen anbieten kann, die dann vom Anrufer – nach vorheriger Ansage – auch mit unterschiedlichen Gebühren bezahlt werden. Damit bezahlen Anrufer auch nur den Service, den sie tatsächlich nutzen. Die Führung durch die verschiedenen Angebote erfolgt per Tastenwahl (MFV-Verfahren) oder über Spracheingabe.

10.3.3 Mobilfunk

Sinkende Preise und immer handlichere Endgeräte machen Mobilfunkapparate heute zu einem Massenprodukt, das für die nächsten Jahre einen stetig wachsenden Markt für die Anbieter solcher Kommunikationsmittel und -dienste verspricht. Die Aussichten auf große Umsätze und entsprechende Gewinne erklären den harten Wettbewerb unter den Interessenten für Funklizenzen und zum Aufbau von Funknetzen.

Nach einem Grundsatzbeschluss der europäischen Postminister wurden 1998 alle Telekommunikationsmonopole in der Europäischen Union aufgehoben. Damit konnten weitere Anbieter auf dem deutschen Markt ihre Dienste anbieten. Der erwartete Investitionsschub in dieser Wachstumsbranche ist ebenso eingetreten wie die prognostizierten weiteren Preissenkungen.

Neben den Möglichkeiten des **mobilen Telefonierens** gibt es heute eine große Zahl an **Mobilfunkdiensten,** die in vielen Unternehmen einen sinnvollen Einsatz versprechen.

10.3.3.1 Mobil telefonieren

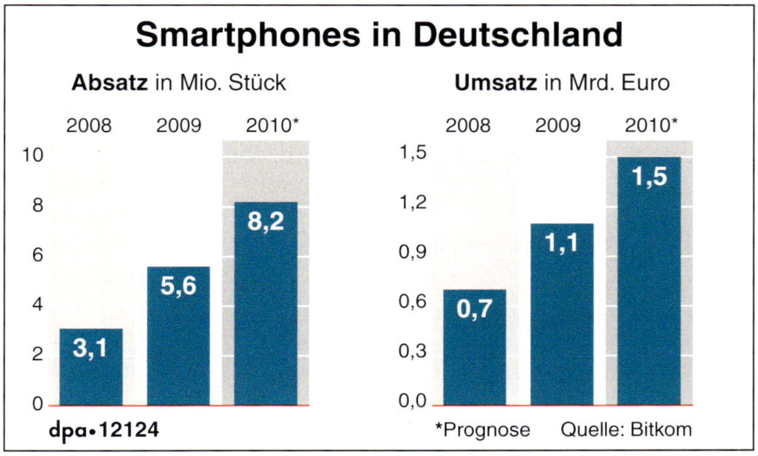

Um immer und überall erreichbar zu sein, setzt sich das Mobiltelefon auch in Betrieben immer mehr durch.

Mit der neuen Generation von Mobiltelefonen ist man nicht nur auf Geschäftsreisen immer erreichbar, das Handy wird im Betrieb auch dann mitgenommen, wenn man seinen Arbeitsplatz nur kurze Zeit verlässt und trotzdem erreichbar bleiben will.

Das derzeitige Angebot an Funktelefonnetzen in Deutschland umfasst die digitalen Netze D1 (T-Mobile), D2 (Vodafone), E1 (E-Plus/Base) und E2 (O2).

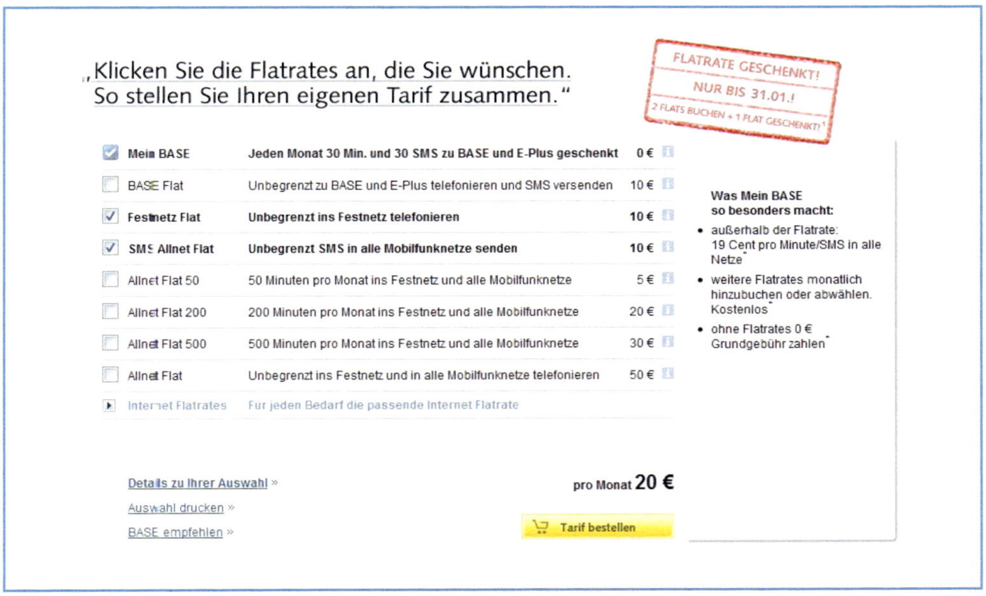

„Klicken Sie die Flatrates an, die Sie wünschen. So stellen Sie Ihren eigenen Tarif zusammen.“

FLATRATE GESCHENKT! NUR BIS 31.01.! 2 FLATS BUCHEN + 1 FLAT GESCHENKT!

☑	**Mein BASE**	**Jeden Monat 30 Min. und 30 SMS zu BASE und E-Plus geschenkt**	**0 €**
☐	BASE Flat	Unbegrenzt zu BASE und E-Plus telefonieren und SMS versenden	10 €
☑	**Festnetz Flat**	**Unbegrenzt ins Festnetz telefonieren**	**10 €**
☑	**SMS Allnet Flat**	**Unbegrenzt SMS in alle Mobilfunknetze senden**	**10 €**
☐	Allnet Flat 50	50 Minuten pro Monat ins Festnetz und alle Mobilfunknetze	5 €
☐	Allnet Flat 200	200 Minuten pro Monat ins Festnetz und alle Mobilfunknetze	20 €
☐	Allnet Flat 500	500 Minuten pro Monat ins Festnetz und alle Mobilfunknetze	30 €
☐	Allnet Flat	Unbegrenzt ins Festnetz und in alle Mobilfunknetze telefonieren	50 €
▸	Internet Flatrates	Für jeden Bedarf die passende Internet Flatrate	

Was Mein BASE so besonders macht:
- außerhalb der Flatrate: 19 Cent pro Minute/SMS in alle Netze
- weitere Flatrates monatlich hinzubuchen oder abwählen. Kostenlos
- ohne Flatrates 0 € Grundgebühr zahlen

Details zu Ihrer Auswahl »
Auswahl drucken »
BASE empfehlen »

pro Monat **20 €**

Tarif bestellen

UMTS-Handy

D1 ist das digitale Funktelefonnetz der Telekom. Die gleiche Übertragungstechnik wird mit **D2** (Betreiber: Vodafone GmbH) und **E1** (Betreiber: BASE c/o E-Plus Service GmbH & Co.KG) sowie **E2** (Betreiber: Telefónica o2 Germany GmbH & Co. OHG) angewandt. Dem neueren technischen Standard entsprechend wird mit der digitalen Übertragungstechnik eine höhere Qualität und Sicherheit in der Sprach- und Datenübertragung auf dem Funkweg gewährleistet, als das mit dem früheren C-Netz möglich war.

Weitere Service-Funktionen vieler Funktelefone sind:	
Rufnummernanzeige	Die Rufnummer des Anrufers wird angezeigt.
Anklopfen	Während eines Gesprächs ankommende Rufe werden akustisch signalisiert. Wird das Gespräch beendet, wird der Anklopfende automatisch durchgestellt.
Halten	Damit kann eine bestehende Verbindung unterbrochen werden, um z. B. zu fragen, wer „anklopft". Danach kann wieder das erste Gespräch aufgenommen werden. Es kann ebenso eine zweite Verbindung aufgebaut werden und der bisherige Gesprächspartner „geparkt" werden.
Konferenzschaltung	Für eine Telefonkonferenz können bis zu sieben Verbindungen parallel aufgebaut werden, jeder kann jeden hören und sprechen.
Automatischer Rückruf	Bei besetzter Zielrufnummer wird die Verbindung automatisch aufgebaut, sobald der Angerufene auflegt.
Rufsperre	Das Mobiltelefon wird für abgehende Gespräche, nur für Auslandsgespräche oder für ankommende Rufe gesperrt.

Telefonbenutzer in Funktelefonnetzen können als Serviceerweiterung zu ihrem Mobilfunkanschluss eine **Sprachspeicherbox (Voice-Mailbox)** schalten lassen. Dieser Service ist vergleichbar mit einem Anrufbeantworter im Funknetz des Betreibers. Die Box selbst ist ein reservierter Platz im Netzcomputer. Wird ein Mobilfunk-Teilnehmer angerufen und ist nicht erreichbar, z. B. weil er sein Telefon ausgeschaltet hat, wird der Anrufer zu dieser Mailbox umgeleitet und kann seine Nachricht hinterlegen. Die so aufgezeichnete Nachricht kann über einen Zugangscode vom Empfänger später aus der Box abgerufen werden.

Der besondere Vorteil der Mailbox ist, dass der Anschlussbenutzer über eingegangene Anrufe per Funkrufdienst wie Cityruf oder Eurosignal informiert werden kann. Der Anruf kann aber auch über die Mailbox zu einem anderen Anschluss weitergeleitet werden. So verschickte Telefaxsendungen werden von der Mailbox empfangen und weitergeleitet.

Die technische Weiterentwicklung der Mobiltelefone ermöglicht heute eine Vielzahl weiterer Anwendungen, die allesamt internetgestützt betrieben werden. So werden zum iPhone mittlerweile einige Tausend kleine Softwareprogramme (Apps) angeboten – von Tageszeitungen über den Wetterdienst bis zur Navigation ist alles Erdenkliche angeboten.

10.3.3.2 Funkrufnetze

Sowohl als Ergänzung der Funktelefone wie auch als Alternative dazu werden von den Unternehmen die unterschiedlichen Mobilfunkdienste zunehmend in Anspruch genommen. Zu der Vielzahl der heute bestehenden Dienste kommen regelmäßig neue Angebote der Netzbetreiber hinzu, die damit neue Kunden gewinnen wollen, um die vorhandenen Kapazitäten ihrer Funknetze besser zu nutzen.

e*Message

Der kontinentaleuropäische Mobilfunknetzbetreiber **e*Message Wireless Information** (e*Message) ist als Marktführer auch in Deutschland aktiv. Das Unternehmen betreibt von Berlin aus den modernisierten **e*Cityruf,** der früher unter Cityruf als regionaler Funkrufdienst für viele klein- und mittelständische Unternehmen eine kostengünstige Kommunikationsplattform dargestellt hat.

Die begrenzte Erreichbarkeit und Einsatzmöglichkeit ist heute durch den Einsatz neuer Technik aufgehoben, ohne dass dabei der Vorteil eines abgesicherten Rufsystems aufgegeben wurde.

e*Skyper

Ebenfalls von e*Message betrieben wird der Funkrufdienst e*Skyper, der gegen eine monatliche Grundgebühr regelmäßig zu einer Vielzahl von Themen informiert, wie z.B. Börsendaten, regionale Veranstaltungen, News, Sport oder Wetterberichte. Mit diesem Funkrufdienst können persönliche Informationen zusammengestellt und jederzeit verändert werden. Zusätzlich ist der Nutzer auch für persönliche Nachrichten (Friendly News) erreichbar.

Skyper-Area-Nummer	Empfangsbereich
1	Hamburg – Flensburg
2	Bremen – Emden
3	Rostock – Neubrandenburg
4	Bielefeld – Osnabrück
5	Hannover – Kassel
6	Berlin – Cottbus
7	Düsseldorf – Dortmund
8	Köln – Bonn
9	Frankfurt/Main – Gießen
10	Erfurt – Dresden
11	Mannheim – Saarbrücken
12	Nürnberg – Würzburg
13	Stuttgart – Karlsruhe
14	Freiburg – Kempten
15	München – Augsburg
16	Regensburg – Passau

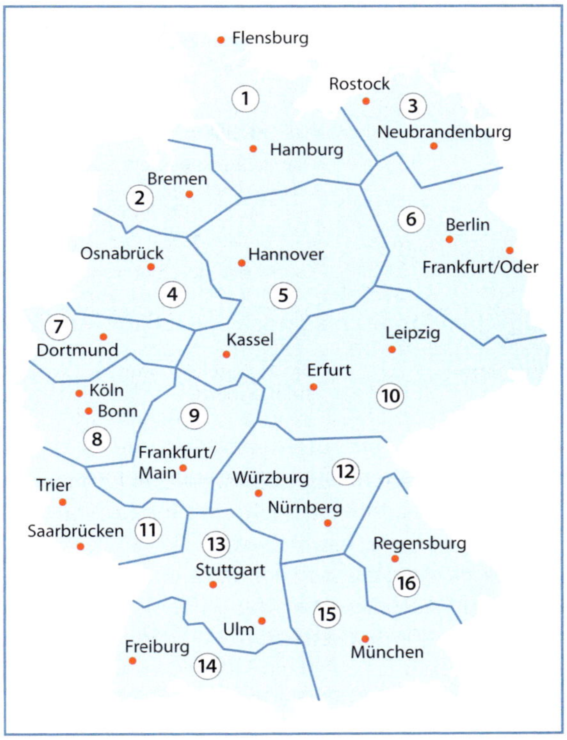

Bündelfunk

Bündelfunksysteme sind Funknetze für geschlossene Benutzergruppen. Durch seine effektive Ausnutzung des Frequenzspektrums, die Möglichkeit der Versorgung ganzer Wirtschaftsräume und viele weitere Leistungen stellt der Bündelfunk eine Weiterentwicklung des Betriebsfunks dar.

Praktische Anwendung findet der Bündelfunk z. B. bei Taxiunternehmen, die auf diesem Weg von der Zentrale aus den Einsatz ihrer Fahrzeuge optimal steuern können. Eine weitere große Anwendergruppe sind die **BOS, B**ehörden und **O**rganisationen mit **S**icherheitsaufgaben wie Polizei, Bundesgrenzschutz, Feuerwehr, Rettungswesen etc. Mit Bündelfunk sind normale Telefongespräche, aber auch Datenverbindungen möglich.

Durch den Ausbau und die sinkenden Gebühren der Mobilfunknetze blieb der Bündelfunk mit seiner Eingrenzung auf Regionen nicht lange konkurrenzfähig. So sind heute nur noch wenige Funknetze im Betrieb.

Übliche Grunddienste:
- Direktverbindungen
- kurze und erweiterte Datenmeldungen
- zellinterne oder zellübergreifende Gruppenverbindungen
- Notverbindungen
- Statusmeldungen
- Modemverbindungen
- Anzeige des rufenden Teilnehmers
- Rückrufinformation

Übliche erweiterte Dienste:
- Kommunikation zwischen Funkgerät und privater automatischer Nebenstellenanlage
- Zugang zum öffentlichen Telefonnetz
- Konferenzschaltungen
- Nachrichten- und Informationsdienste
- Gesprächsvermittlung und Anrufweiterschaltung

Die gesamte Bundesrepublik Deutschland ist für den Bundelfunk in sogenannte Wirtschaftsregionen aufgeteilt. In der Grundausstattung ist das Funkystem auf eine Wirtschaftsregion beschränkt, die Teilnahme am Funkdienst anderer Wirtschaftsregionen ist gegen Aufpreis auf die Grundgebühr möglich.

10.3.4 Internet

10.3.4.1 Grundlagen

Entstehung

Unter der Führung des US-Verteidigungsministeriums wurde Ende der 60er-Jahre ein vollkommen neues und unabhängiges Computernetz aufgebaut, das einerseits auch nach einem möglichen Atomschlag noch voll funktionsfähig sein sollte und andererseits die Zusammenarbeit verschiedener Forschungsinstitute verbessern sollte. Nach und nach wurden Computer von Universitäten, Computerherstellern und militärischen Dienststellen miteinander verbunden.

Als das Netz in den 80er-Jahren allmählich zu wachsen begann, wurde der militärische Teil aus Sicherheitsgründen abgetrennt (1984).

So entstand neben dem **MILNET** (**Mil**itary **Net**work) das **Internet,** das heute von mehreren Hundert Millionen Menschen benutzt wird und (fast) von jedem Punkt der Erde aus nutzbar ist.

Datenaustausch im Internet

Im Internet hat jeder PC einen Namen und eine eindeutige Netzadresse, die sogenannte **Internet-Protocol-Adresse** (IP-Adresse).

Um Daten zwischen zwei Computern austauschen zu können, muss man festlegen, auf welche Art und Weise das technisch geschehen soll. Diese Festlegung nennt man **Protokoll.**

Das offizielle Übertragungsprotokoll ist heute **TCP/IP.** Das TCP (**T**ransmission **C**ontrol **P**rotocol) übernimmt dabei den Transport der Daten, das IP (**I**nternet **P**rotocol) sorgt für die richtige Zustellung der Daten.

Erst mit dieser Vereinbarung wurde der reibungslose Verkehrsfluss auf der Datenautobahn möglich.

Voraussetzungen zur Nutzung des Internets

Damit man die zahlreichen Möglichkeiten des Internets nutzen kann, muss man den PC mit der entsprechenden Hard- und Software ausstatten.

Um in den weltweiten Verbund der Internetnutzer zu gelangen, benötigt man einen **Provider,** der die benötigte Software zur Verfügung stellt.

Hardware
Für den Internetzugang benötigt man einen Telefonanschluss und ein Zusatzgerät für den Computer.

Der PC selbst sollte über genügend Arbeitsspeicher verfügen, damit das Arbeiten im Internet zügig vorangeht.

Das Zusatzgerät, das den eigentlichen Internetzugang erst ermöglicht, kann ein **Modem** oder eine **ISDN-Karte** sein. Die beiden Geräte unterscheiden sich in erster Linie durch die Übertragungsgeschwindigkeit beim Datenaustausch. Mit der ISDN-Karte, die nur bei vorhandenem ISDN-Anschluss genutzt werden kann, ist die Kommunikation sehr viel schneller als mit einem Modem.

Software
Damit die Internetdienste genutzt werden können, benötigt man spezielle Software. Das **WWW** (**W**orld **W**ide **W**eb) als einer der Basisdienste (s. u.) kann nur über einen sogenannten Webbrowser aufgerufen werden. Dieser Browser übersetzt die aufgesuchten Informationsseiten und stellt sie grafisch auf dem Bildschirm des Nutzers dar.

Die wichtigsten Internetbrowser sind:

- der **Internet Explorer** von Microsoft,
- **Firefox** von Mozilla (Mozilla Foundation),
- **Safari** der Firma Apple ist seit 2003 auf dem Markt und seit 2008 auch für Windows XP/Vista verfügbar,
- **Google Chrome** steht seit September 2008 zum Download bereit.

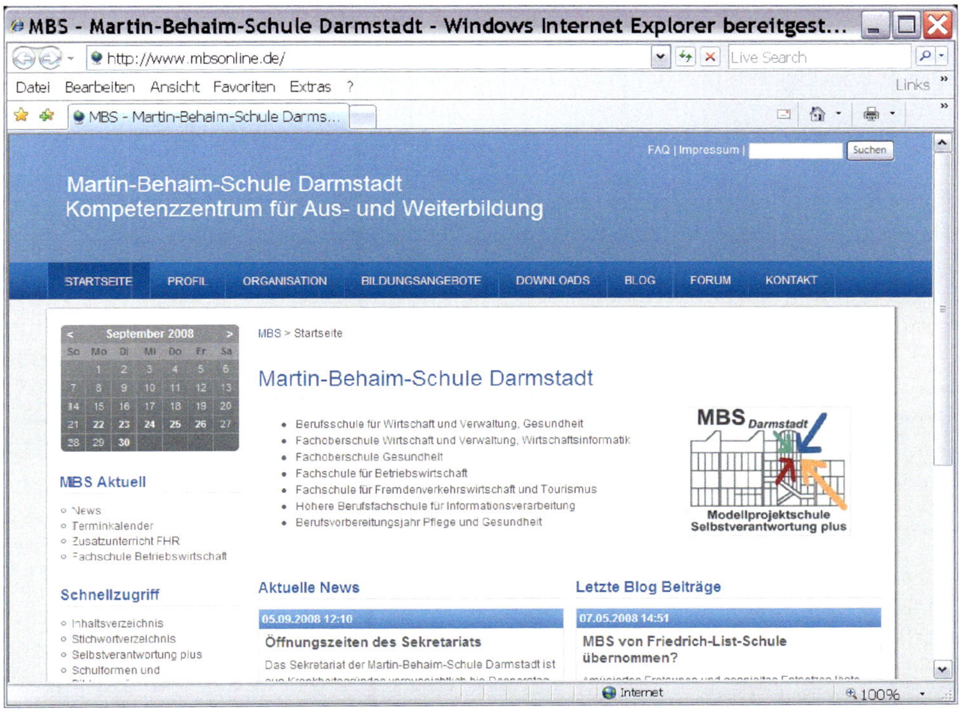

Provider
Um auf der Datenautobahn mitfahren zu können, benötigt der Internetnutzer die Dienste eines sogenannten Providers, der den Weg auf die Datenautobahn frei macht. Die wachsende Zahl der Internetnutzer hat zur Gründung zahlreicher Unternehmen geführt. Einige bekannte Provider sind:

- T-Online (Telekom),
- 1&1,
- Unitymedia,
- Alice,
- O2,
- Congstar,
- Vodafone,
- Versatel.

Diese Provider kaufen von Großprovidern (z. B. Eunet), die über internationale Telefonverbindungen verfügen, Leistungskapazitäten auf und stellen diese wiederum ihren Kunden zur Verfügung. Dafür berechnen die Provider in aller Regel eine Grundgebühr und eine zeitabhängige Nutzungsgebühr. Die meisten Provider bieten mittlerweile Internet- und/oder Telefon-Flatrates an, mit denen man zu einem Festpreis unbegrenzt surfen und/oder telefonieren kann.

10.3.4.2 Basisdienste im Internet

Neben den zahlreichen Zusatzdiensten der verschiedenen Internetprovider sollen hier die fünf Basisdienste dargestellt werden:

- **WWW.** Das World Wide Web ist der am meisten genutzte Internetdienst; oftmals wird es gleichbedeutend für das gesamte Internet angesehen. Über das weltweite Telefonnetz wurde ein Rechnerverbund aufgebaut, der vor allem Informationen aus den unterschiedlichsten Interessengebieten zur Verfügung stellt.
- **Usenet** (**User**'s **Net**work) ist das größte Diskussionsforum, bei dem mehrere tausend Newsgroups alle denkbaren Themen behandeln.
- **Internet Relay Chat** (IRC) ermöglicht den Onlinedialog über Tastatur und Bildschirm zwischen zwei oder mehreren Teilnehmern. Ist eine Soundkarte im Computer eingebaut, kann über diesen Dienst auch telefoniert werden.
- **Electronic Mail** (E-Mail). Eine E-Mail wird als elektronische Post an den Empfänger versandt. Im Gegensatz zum Fax kann eine E-Mail sofort digital weiterverarbeitet werden, da sie als Textdatei vorliegt. E-Mails werden schnell und ohne Verluste an einen oder mehrere Adressaten übermittelt.

- **Filetransfer.** Die Datenübertragung von einem beliebigen Rechner im Internet auf den eigenen PC erfolgt über das File Transfer Protocol (FTP). Ob man sich auf einem FTP-Server befindet, erkennt man an der Adresse, die mit ftp:// beginnt.
- **Telnet** (remote computing) ermöglicht den interaktiven Zugriff auf einen anderen Rechner im Netz. Abhängig von den Zugriffsmöglichkeiten auf den fremden PC entsteht dabei der Eindruck, man würde vor diesem PC sitzen.

10.3.4.3 E-Mail

Die „elektronische Post" wird immer mehr zum Kommunikationsmedium sowohl im privaten wie auch im geschäftlichen Bereich. Per E-Mail können ohne großen Aufwand Dateien mit Tabellen, Texten oder Bildern vom PC über die Telefonleitung weltweit an verschiedene Empfänger gleichzeitig verschickt werden. Diese Dateien werden als Anlagen (Attachements) der E-Mail angehängt und können vom Empfänger 1:1 gelesen und weiterverarbeitet werden.

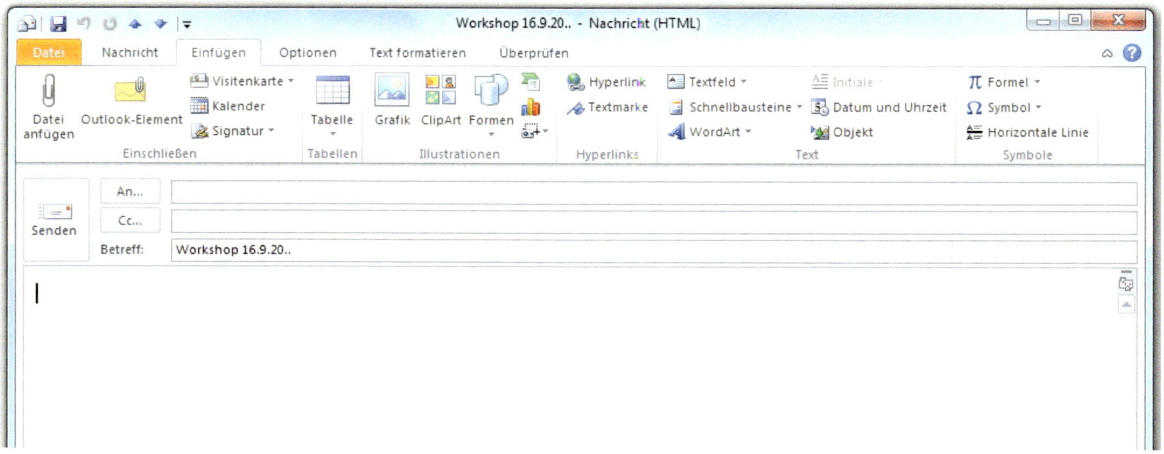

Bei der Erstellung einer E-Mail sollte darauf geachtet werden, dass der Kopf der E-Mail korrekt ausgefüllt ist.

Die Inhalte des Kopfbereichs bedeuten dabei:

- **An:** Adresse des Empfängers
- **Cc:** Carbon copy – Eintrag der Empfänger, die eine Kopie der E-Mail erhalten. Die Adressen werden durch „;" getrennt, der Empfänger erfährt mittels einer Liste, an wen eine Kopie der Nachricht gesendet wurde.
- **Bcc:** Blind carbon copy – ebenfalls Eintrag der Empfänger, die eine Kopie der Nachricht erhalten sollen. Dabei erfährt der Empfänger jedoch nicht, an wen die E-Mail noch verschickt wurde.
- **Betreff:** Um dem Empfänger einen schnellen Überblick zu geben, sollte hier ein Eintrag erfolgen. Anlagen von E-Mails, die ohne einen Eintrag unter „Betreff" versendet werden, sollten mit Vorsicht behandelt werden.
- **Einfügen:** Hier werden die Anlagen zur E-Mail aufgelistet. Die Eintragung erfolgt automatisch, wenn die entsprechenden Dateien von der Festplatte oder einem anderen Datenträger (Diskette, CD oder Memorystick) ausgewählt wurden.

Die Anbieter von E-Mail-Diensten halten für den Benutzer einen vorbestimmten Speicherplatz bereit (z. B. 5 MB), der mit eingehenden E-Mails belegt werden kann. Ist dieser Platz „voll", werden keine weiteren Nachrichten angenommen, bis der Nutzer seine E-Mails abgerufen hat.

Klage wird per Mail erhoben

Projekt in Koblenz erlaubt elektronischen Rechtsverkehr

Der Startschuss für ein Pilotprojekt zur elektronischen Datenübermittlung im Gerichtswesen ist im Oberverwaltungsgericht (OVG) Rheinland-Pfalz in Koblenz gefallen. Es soll den Beteiligten an Prozessen nach Angaben von Justizminister Herbert Mertin (FDP) ermöglichen, rechtswirksam per E-Mail Klage zu erheben, Schriftsätze einzureichen und Dokumente vom Gericht zu empfangen. Auch Akteneinsicht sei für sie über das Internet möglich.

Die unverfälschte Übermittlung von E-Mails werde mit einer Verschlüsselung und einer elektronischen Signatur der Dokumente sichergestellt. Das Projekt ist vorerst auf das OVG beschränkt. Neben den neuen elektronischen Akten ist es nach Mertins Auskunft allerdings immer noch rechtlich vorgeschrieben, parallel traditionelle Papierakten zu führen. Von 2005 an soll aber das geplante Justizkommunikationsgesetz des Bundes auch das allein elektronische Anlegen von Gerichtsakten ermöglichen. Viele tonnenschwere Berge von Papierakten und ihr aufwendiger Transport würden damit unnötig.

Der Minister wies darauf hin, dass die rheinland-pfälzische Justiz das Internet außerhalb von laufenden Gerichtsverfahren schon seit Jahren für die Kommunikation nutze. So sei hier die Einsicht in rund 200 Landesgesetze und -verordnungen, in das „Elektronische Grundbuch" und in gerichtliche Entscheidungen in Insolvenzverfahren möglich

dpa 02/04

10.3.4.4 Homepage

Eine Homepage ist eine Webseite mit Informationen, Texten, Bildern und auch Sounds und Videos.

Homepages werden nicht nur von Unternehmen – mit Unterstützung eines Providers – in das Internet gestellt; auch Privatpersonen können auf dem Server ihres Providers einen begrenzten Speicherplatz für die Gestaltung ihrer Homepage in Anspruch nehmen. Abhängig von Provider und gewähltem Tarif darf jedes Mitglied zwischen 20 MByte und 1 000 MByte kostenlos für eine eigene Homepage nutzen. Der Provider vergibt dem Mitglied eine Adresse (URL = Uniform Resource Locator), unter der diese Homepage von jedem PC im Internet aufgerufen werden kann.

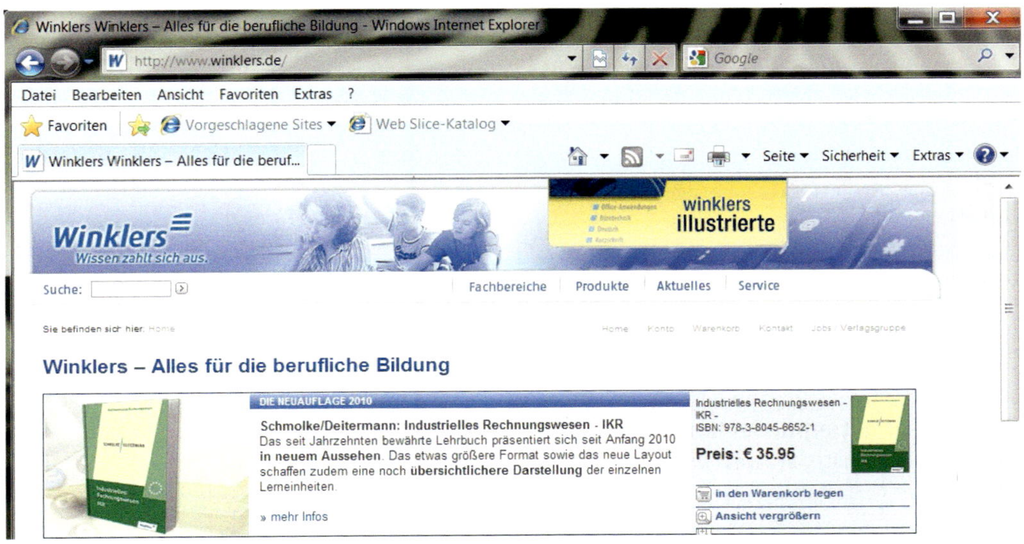

10.3.4.5 Suchhilfen

Durch die große Anzahl der Anbieter im Internet ist es immer schwieriger geworden, bestimmte Informationen zu finden. Suchhilfen, auch Suchmaschinen oder Pfadfinder genannt, sollen dem Internetnutzer helfen, die gewünschten Informationen gezielt zu finden. Neben einigen bekannten Diensten, wie z. B. Google, Yahoo, scout oder Web-Crawler, gibt es immer mehr auf Regionen oder Städte bezogene Suchdienste.

Eine kleine Übersicht von interessanten Suchdiensten und besonderen Angeboten, beispielsweise, um ein Rahmenprogramm für eine Geschäftsreise zusammenzustellen, bietet folgende Tabelle:

Auswahl interessanter Suchdienste im Internet

Adresse	Inhalt
www.google.de	allgemeine Suchmaschine
http://de.search.yahoo.com	allgemeine Suchmaschine für Deutschland
http://de.reisen.yahoo.com	Reisesuchmaschine
www.meinestadt.de	Internetangebot deutscher Städte
www.hotbot.com	Suchdienst des amerikanischen Kultmagazins Wired
www.excite.de	deutschsprachiger Such-, Portal- und Informationsdienst

Bei vielen Anbietern lohnt sich allerdings der Weg über eine Suchhilfe nicht. Die Domains (gleichbedeutend mit Adressen) der Anbieter sind häufig so gewählt, dass ein direkter Zugriff möglich ist. So kann der Interessent des Angebots im ZDF direkt über www.zdf.de die Internetseite der Fernsehanstalt aufrufen.

Andererseits gibt es inzwischen bei vielen Stichwörtern ein so großes Angebot, dass eine Eingrenzung, z. B. durch die Kombination von gesuchten Begriffen, ein schnelleres Ergebnis erwarten lässt. Zur Einengung der Suche gibt es verschiedene Optionen, hier eine kleine Auswahl:

Suchbegriffe einengen: Diese Optionen gibt es

Suchart	findet Dokumente, ...	Zeichen[1]	Suchbeispiel	Eingabe
Logisches UND	die alle gesuchten Wörter enthalten	AND, &, +	Autotests	Test AND Auto
Logisches ODER	die eins der gesuchten Wörter enthalten	OR, /, Leerzeichen	Zahnärzte	Zahnärzte OR Dentist
Logisches Negieren	die das mit NOT verknüpfte Wort nicht enthalten	NOT	Autos, aber keine Autohändler	Auto NOT Händler
In der Nähe von	in denen die gesuchten Wörter nah beieinander stehen	NEAR	Stiftung Warentest	Stiftung NEAR Warentest
Platzhalter	mit verschiedenen Schreibweisen	*	Stefan in versch. Schreibweisen	Ste*an
URL-Suche	die das gesuchte Wort in der Webadresse enthalten	url: gesuchtes Wort	Webadresse von test	url: test
Titelsuche	die das gesuchte Wort im Titel enthalten	titel: gesuchtes Wort	Seiten bzw. Artikel aus und über test	titel: test
Phrase	in denen die Phrase oder Wortkombination vorkommt	„gesuchte Phrase“	Zitat: „Ich bin ein Berliner“	„Ich bin ein Berliner“
Bildersuche	die die gewünschten Bilddateien enthalten	Image:	Bilder von Elvis	image: Elvis

[1] *Nicht alle Suchmaschinen bieten alle Möglichkeiten, mitunter können mehrere Optionen per Pull-down-Menü eingegeben werden.*

Spezialsuchmaschinen: *Schneller finden bei Spezialisten*

Apotheken	www.deutsche-apothekenauskunft.de
Ärzte	www.arzt-auskunft.de www.atat.de
Auktionen	www.auctionsearch.de www.auktionsindex.de www.asearch.de
Börse	www.boersenlinks.de
Branchenverzeichnis	www.gelbeseiten.de/branchenbuch www.yellowmap.de
Filme	www.cinema.de www.spielfilm.de
Frauen	www.powercat.de
Freizeit	www.freizeit-ratgeber.de
Gesundheit	www.dr-antonius.de www.medizin-forum.de

Musik/MP3	www.musicload.de
Nachrichten	www.paperball.de
Newsgroups	www.usenet.com
Reisen	www.reisevista.de www.gutereise.de www.derreisetipp.de
Religion	www.jesus.de www.islamreligion.com
Shopping	www.shopping.de www.wowowo.de
Software	www.download.cnet.com/windows www.shareware.com
Schnäppchen	www.sparwelt.de www.dailydeal.de

10.3.4.6. Web 2.0

Mit **Web 2.0** wird eine veränderte Wahrnehmung und Nutzung des Internets beschrieben:

Die Nutzer partizipieren an dem Erscheinungsbild der Internetseiten, sie erstellen, bearbeiten und verteilen die Inhalte selbst.

Der Prosumer, also derjenige, der nicht nur konsumiert, sondern auch gleichzeitig produziert, verbreitet seine Inhalte über das Internet und ist gleichzeitig auch noch mit zahlreichen anderen Prosumern mithilfe sozialer Software vernetzt.

Das Spektrum typischer Web2.0-Auftritte ist groß, beispielhaft werden die populärsten kurz dargestellt.

Soziale Netzwerke

Seit jeher wird in der Sozialwissenschaft mit dem Begriff der **„sozialen Netzwerke"** gearbeitet. Gemeint ist damit das Beziehungsgefüge zwischen einzelnen Individuen oder zwischen Individuen und Gruppen oder Institutionen, das von der Wissenschaft näher beleuchtet wird.

Heute wird der Begriff vor allem mit dem Internet in Verbindung gebracht und bezeichnet dort spezielle Plattformen, auf denen Personengruppen (sog. Communities) berufliche oder private Kontakte pflegen. Dazu werden in personalisierten Webseiten eigene Nutzerprofile angelegt und mit Freunden, Bekannten oder Geschäftspartnern vernetzt.

Das derzeit bekannteste soziale Netzwerk facebook mit 845 Millionen Mitgliedern (Stand Januar 2012) bezeichnet sich in seiner Werbung selbst als drittgrößtes Land der Welt. Daneben gibt es aber noch zahlreiche andere Community-Seiten, die zum Teil mit rasanten Wachstumszahlen arbeiten. Einige davon sind:

- Google+,
- Xing,
- schuelerVZ,
- studiVZ,
- wer-kennt-wen.

Nach neuesten Erhebungen sind 76 % der Internetnutzer in sozialen Netzwerken angemeldet. Allerdings machen auch 25 % der Mitglieder in ihren Profilen falsche Angaben.
Die öffentliche Diskussion um den Wert sozialer Netzwerke, die Frage, wem diese nützen, wird auf einer breiten Basis sehr kontrovers diskutiert. Eine kritische Diskussion zu diesem Themenbereich sollte anhand verschiedener Internetblogs aufgegriffen werden.

Bei der Stellenbesetzung suchen Unternehmen immer öfter auch über das Internet nach Informationen über ihre Bewerber. Das ergab eine Befragung von 500 Unternehmen im Auftrag des Bundesverbraucherministeriums. Bei jedem vierten Unternehmen kommt es vor, dass ein Bewerber deshalb erst gar nicht zum Vorstellungsgespräch eingeladen oder eingestellt wird. Vor allem abfällige Bemerkungen über die Arbeit oder das Arbeitsumfeld kommen bei potenziellen Arbeitgebern gar nicht gut an. Auch Interessen, die deutlich von der Bewerbung abweichen, oder sehr Privates wie beispielsweise Partybilder werten Personalchefs kritisch. Generell durchsuchen Großunternehmen bei der Personalauswahl eher das Internet als kleine Unternehmen. Dabei nutzen sie auch soziale Netzwerke wie Facebook oder StudiVZ. Verbraucherschützer warnen daher davor, allzu leichtfertig Persönliches ins Netz zu stellen. Allerdings kann ein Bewerber auch mit seiner Netz-Darstellung bei Arbeitgebern punkten. Für 56 Prozent wird ein Stellensuchender manchmal gerade durch die zusätzlichen Informationen aus dem Internet interessant. Positiv wirken sich auch Hobbys und soziales Engagement aus. Neutral bewerteten es 75 Prozent der Unternehmen in der dimap-Umfrage, wenn im Internet überhaupt nichts über einen Bewerber zu finden ist.

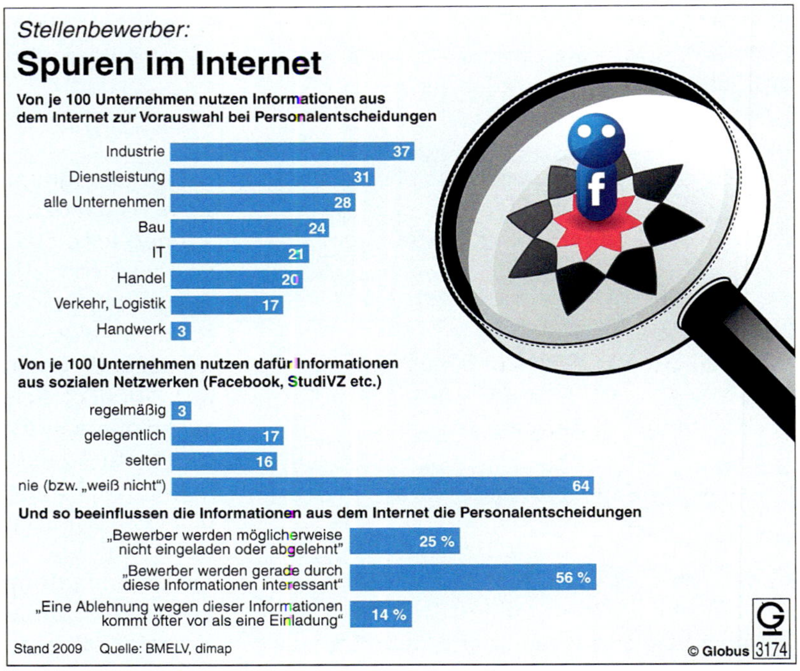

Quelle: Globus

Video- und Fotoportale wie z. B. YouTube oder Clipfish dienen dem Austausch von Videoclips und digitalen Bildern, **Wiki**-basierte Wissenssammlungen ermöglichen das gemeinsame Arbeiten an Texten um Erfahrungen und Wissen bereitzustellen, **Tauschbörsen** ermöglichen den Austausch von Waren und Informationen, Blogs sind auf Websites geführte Tagebücher.

10.3.4.7 Sicherheit im Internet

Bei der Nutzung des Internets auftretende Fragen zur Sicherheit sind nicht immer endgültig zu klären, ein vorhandenes Risiko für die Unternehmensdaten nicht vollkommen auszuschließen. Da weltweit zahlreiche Großrechenanlagen arbeiten, die nur die Aufgabe haben, sich in andere PCs einzuwählen, um interessante, verkaufbare Informationen oder Entwicklungen zu entwenden, muss jedem Internetnutzer das Risiko des Datenmissbrauchs bekannt sein. Ohne dass der PC-Nutzer selbst etwas davon erfährt, können Spionagecomputer das System ausforschen und Daten unerlaubt kopieren oder vernichten. Experten beziffern diese Wirtschaftsspionage auf einen Schaden von über 300 Mrd. US-$, schließen dabei jedoch eine weit höhere Dunkelziffer nicht aus (s. Kap. 11.4).

Digitale Signatur

Grundsätzlich soll die digitale Signatur der Ersatz für die eigenhändige Unterschrift sein. Sie wird durch den Gesetzgeber in mehreren Gesetzesvorlagen geregelt, und zwar durch:

- IuKDG Informations- und Kommunikations-Dienste-Gesetz von 1997,
- SigG Signatur-Gesetz von 1997,
- Maßnahme-Kataloge,
- EU-Richtlinie von 1999.

Entscheidend ist die Tatsache, dass die digitale Signatur gesetzlich geregelt ist. Durch diese Ersatzunterschrift ergibt sich beweisfähig:

- Der Absender einer Nachricht ist echt (= Authentisierung).
- Das zu übertragende Dokument ist unverfälscht.
- Der Empfänger ist gewollt.

Die digitale Signatur ist eine Softwarelösung, die unabhängig von anderen Programmen funktioniert und erstens die Beweisfähigkeit herstellt, zweitens aktive Angriffe abwehrt. Verschlüsselungssysteme, die zu übertragende Dokumente gegen passive Angriffe schützen, werden vom Gesetzgeber nicht geregelt. Es gibt sogar Länder, wie z. B. China, in denen die Verschlüsselung von Daten grundsätzlich unter Androhung von Strafe verboten ist.

Spam

Umfangreiche Werbe-E-Mails heißen Spams oder Junkmails. Ein installierter Spam-Filter kann dafür sorgen, dass die unverlangten Werbe-E-Mails beim Posteingang herausgefiltert werden. Heute bieten verschiedene E-Mail-Programme bereits einen eingebauten Spam-Filter.

Dialer

Softwareprogramme, die vom PC-Nutzer unbemerkt auf dem Rechner installiert werden, können selbstständig eine Wählverbindung zu kostenpflichtigen Webseiten herstellen. Diese Einwahlprogramme, Dialer genannt, werden häufig als Plug-ins oder Software-Updates getarnt. Für den normalen PC-Nutzer ist es fast nicht möglich, solche Dialer auf der Festplatte aufzuspüren und zu löschen. Da selbst Schutzprogramme von unseriösen Dialer-Entwicklern immer wieder überlistet werden, gibt es auch hier keine 100%ige Sicherheit.

10.3.4.8 Internetportale

Internetportale sind Websites, die sich als „Tore" zu Informationen und Dienstleistungen verstehen. Auf solchen Seiten können Nutzer Nachrichten und Informationen zu vielen unterschiedlichen Themen abrufen, Anbieter von Diensten und Services finden oder im Internet einkaufen.

Viele Internetportale haben einen E-Mail-Dienst, über den Nutzer ihre Nachrichten, Adressen, Termine und vieles mehr verwalten können (z. B. GMX, WEB.DE, T-Online).

Beispiel für die Startseiten von Internetportalen: neben dem E-Mail-Dienst werden zahlreiche weitere Services angeboten.

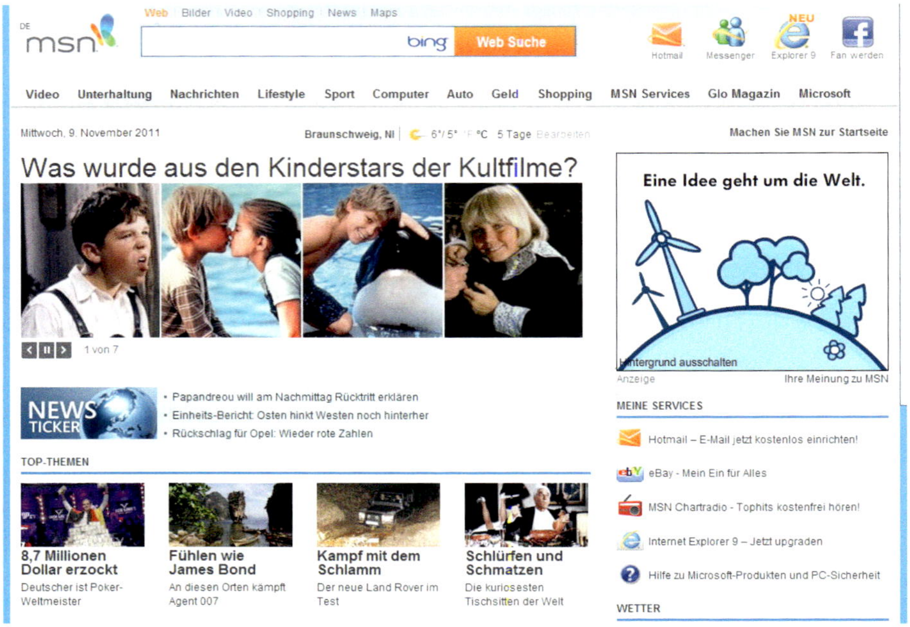

Beispiel: Startseite eines Internatportals

10.3.5 Intranet – Extranet

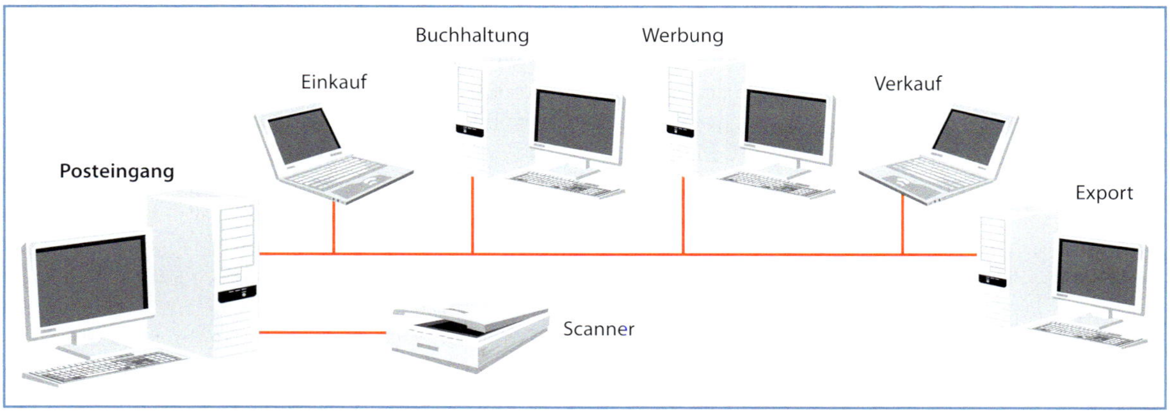

Ob Internet, Intranet oder Extranet – in allen Fällen geht es um die Verteilung von Informationen, allerdings auf verschiedenen Ebenen.

Vernetzung von PCs

Die technischen Möglichkeiten, PCs miteinander zu verbinden, hat schon in einem frühen Stadium dazu geführt, dass in Unternehmen geschlossene Netze aufgebaut wurden. So konnten nicht nur Nachrichten zwischen einzelnen Stellen verschickt werden, das Computernetz wurde darüber hinaus zur Verteilung der Eingangspost benutzt.

Voraussetzung dafür ist, dass beim Posteingang ein Scanner in das EDV-Netz eingebunden ist. Mit dem Scanner wird die eingehende Post als Bild erfasst und auf elektronischem Weg an den Empfänger weitergeleitet. Dieser kann sich die Nachricht ausdrucken lassen oder für die spätere Bearbeitung abspeichern.

Einen zusätzlichen Nutzen bietet der **elektronische Terminkalender.** Bei den herkömmlichen Verfahren der Terminabsprache bedarf es eines hohen Koordinierungsaufwands, um einen gemeinsamen freien Termin für alle Besprechungsteilnehmer zu finden und festzulegen.

Bei der elektronischen Post müssen nur die Namen der Teilnehmer und ein spätester Termin eingetragen werden, die Terminkoordination übernimmt das E-Mail-System und trägt den gemeinsamen Termin bei allen Teilnehmern in den Terminkalender ein.

Intranet

Ein Intranet ist ein unternehmensinternes, nicht öffentliches Netzwerk von Rechnern, das auf den gleichen Techniken wie das Internet aufbaut. Es dient den Mitarbeitern eines Unternehmens als Informations-, Kommunikations- und Anwendungsplattform.

Der Zugriff auf ein Intranet muss nicht räumlich auf einen Standort des Unternehmens begrenzt sein. Bei Firmen mit Standorten in verschiedenen Ländern können deshalb alle Mitarbeiter auf dasselbe Intranet zugreifen.

Durch eine entsprechende Vergabe von Nutzungsrechten ist der Zugriff meist nur aus dem unternehmenseigenen Netzwerk möglich, aus dem öffentlichen Internet sind viele Firmen-Intranets nicht zu erreichen. Mitarbeiter, die von zu Hause aus oder von unterwegs auf das Intranet zugreifen wollen, müssen bspw. einen VPN-Zugang benutzen.

Virtual Private Network (VPN – dt.: *virtuelles privates Netz*) ist ein reines Softwareprodukt (daher „virtuell") und dient der Vernetzung von entfernten Geräten durch das öffentliche Internet hindurch.

Dazu wird über ein physikalisch vorhandenes Netz ein virtuelles Teilnetz gelegt, das logisch (jedoch nicht physisch) vom Rest des Netzes abgekapselt arbeitet. Es basiert auf einer Tunneltechnik, ist weitgehend unabhängig von der physikalischen Topologie individuell konfigurierbar, kundenspezifisch und in sich geschlossen (daher „privat").

Vorteile des Intranets:
- schnellerer innerbetrieblicher Informationsfluss,
- Arbeitsvereinfachung durch möglichen Zugriff auf gemeinsame Daten,
- Möglichkeit zur Automatisierung von Arbeitsabläufen,
- bessere Nutzung des Internets,
- Kosteneinsparungen.

Das weltweit größte Intranet unterhält derzeit die Firma Boeing: An das Boeing-Intranet sind über 50 000 Beschäftigte des Konzerns angeschlossen. Die so verteilten Informationen können von allen Mitarbeitern abgerufen werden, unabhängig davon, mit welchem Rechnersystem (Windows, UNIX, Mac) sie arbeiten.

Extranet

Das Extranet ist eine Erweiterung des Intranets. Einer festgelegten Gruppe externer Nutzer, z. B. Kunden oder Lieferanten, werden firmeninterne Informationen zur Verfügung gestellt. Die externen Nutzer haben dabei meist nur einen eingeschränkten Zugriff auf Firmendaten. Das Extranet ist jedoch nicht der Öffentlichkeit zugänglich.

Das Problem besteht dabei darin, dass die Daten so sicher verwaltet werden, dass der unternehmensexterne Partner tatsächlich nur die Daten erhält, die für ihn bestimmt sind. Fatal wäre es, wenn ein Anbieter via Extranet die Konditionen eines anderen Anbieters ermitteln könnte.

Bereits heute findet die Kommunikation zwischen Firmen und ihren engsten Geschäftspartnern zu großen Teilen in den geschützten Arealen von Extranets statt.

10.3.5.1 Mietleitungen – Corporate Networks

Immer mehr Unternehmen betreiben ihre Geschäfte weltweit, bauen Filialbetriebe in anderen Ländern oder kaufen dort Unternehmen auf. Der Kommunikationsbedarf zwischen den Unternehmen wächst so seit vielen Jahren stetig an; ein Ende dieser Entwicklung ist heute nicht abzusehen.

In gleichem Maße wie die Nachfrage nach Telekommunikation, Datenverarbeitung und Datenübertragung zunimmt, wächst andererseits auch das Kostenbewusstsein in den Unternehmen.

So kann allein aus Kostengründen nicht jeder Dienst der Anbieter von Kommunikationssystemen von einem Unternehmen in Anspruch genommen werden – viele Angebote entsprechen nicht den spezifischen Bedürfnissen der Unternehmen. Um unternehmensindividuelle Lösungen zu ermöglichen, werden unter dem Begriff **„Corporate Networks"** verschiedene Übertragungswege angeboten: **Festverbindungen, internationale Mietleitungen** und **Satellitenverbindungen.**

Festverbindungen

Soll zwischen zwei oder mehreren Unternehmensstandorten regelmäßig ein Informationsaustausch in Text, Wort oder Bild erfolgen, eignet sich dafür die Einrichtung einer Standleitung **(Leased Link).** Diese Festverbindung steht dem Nutzer rund um die Uhr, sieben Tage die Woche zur Verfügung. Als weitere Vorteile für die Einrichtung einer Standleitung sind zu nennen:

- kalkulierbares Budget, da Festpreise vereinbart werden,
- kein Besetztton, keine Wartezeiten,
- kein Zeitverlust durch Wählen,
- kein Abbruch durch Überlastung des Netzes,
- keine Verzögerungen wegen überfüllter Datenpuffer,
- hohe Betriebssicherheit,
- hohe Übertragungssicherheit der Daten.

Die Kosten für die Standleitungen richten sich nach zwei Kriterien:

- der Übertragungsgeschwindigkeit,
- der Entfernung, die die Daten zurücklegen müssen.

Grundsätzlich gilt dabei: Je geringer die Geschwindigkeit und je kürzer die Strecke, desto kostengünstiger ist die Verbindung.

Internationale Mietleitungen

Internationale Mietleitungen verbinden Unternehmen in Deutschland mit Partnern auf der ganzen Welt. Sie sind mehrdienstfähig, können also für die Übertragung von Sprache, Text und Daten genutzt werden. Im Unterschied zu Wählleitungen sind die Übertragungsgeschwindigkeiten höher.

Internationale Mietleitungen können grundsätzlich mit Wählanschlüssen der öffentlichen Netze zusammengeschlossen werden. Dazu zählen

- Telefondienst,
- Telefaxdienst,
- Telexdienst und
- Datenübermittlungsdienst.

Die Kosten für die Einrichtung und Nutzung einer internationalen Mietleitung richtet sich nach den Entfernungen zwischen den verbundenen Teilnehmern und den Leistungen, die in Anspruch genommen werden. Entscheidend dabei ist, welche Vergütungen die ausländischen Netzbetreiber in Rechnung stellen.

Gemeinsam mit anderen Netzbetreibern im Ausland unterhält die Deutsche Telekom das **Infonet.** Die Benutzer dieses auf den Bereich der Datenkommunikation spezialisierten Netzwerkdienstes können weltweit über 140 Länder erreichen.

Satellitenkommunikation

Seit 1990 ist der Markt für Satellitenkommunikation in Deutschland auch für private Anbieter offen. Mittlerweile haben sich neben der Deutschen Telekom zahlreiche Anbieter auf diesem Markt etabliert; aufgrund von hohen Gewinnerwartungen ist die Tendenz steigend.

Alle Anbieter dieser Kommunikationstechnik arbeiten nach dem gleichen Prinzip:

Ein oder mehrere Satelliten werden in festgelegte Erdumlaufbahnen gebracht, über Sende- und Empfangsstationen werden Signale über Satellit in jeden Winkel der Erde gesendet.

Die Kosten für die Nutzung der Satellitenkommunikation sind unterschiedlich hoch, richten sich aber wohl in erster Linie nach der Anzahl der im Umlauf befindlichen Satelliten und dem damit für den Benutzer verbundenen Komfort.

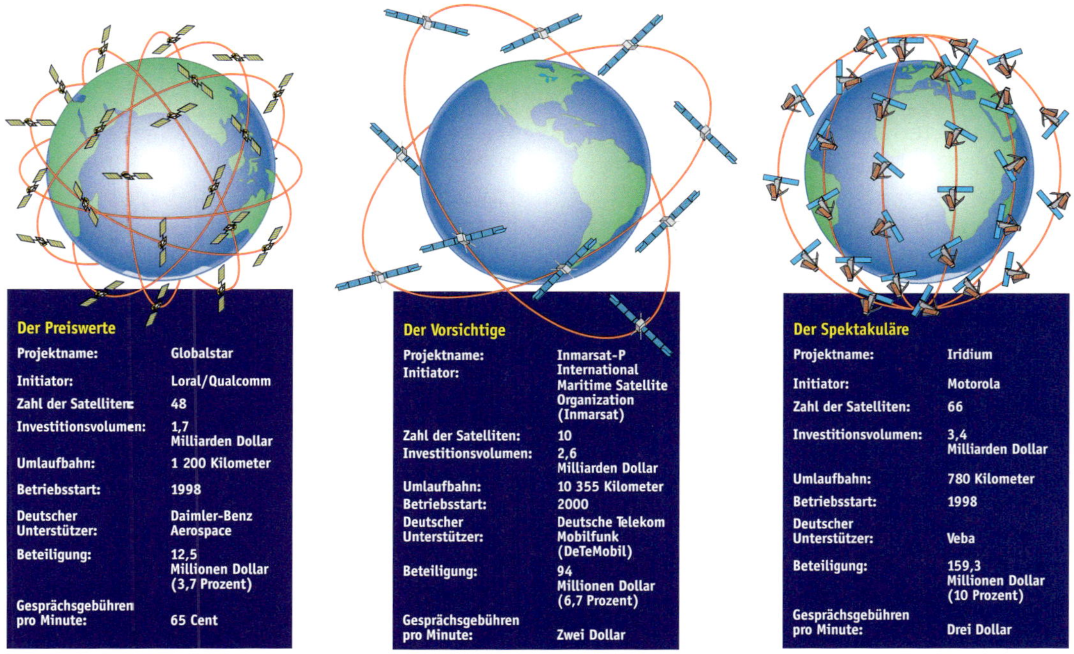

10.3.5.2 Konferenzschaltungen

Telefonkonferenz

Als Alternative zu persönlichen Zusammentreffen von Geschäftspartnern oder Führungskräften aus verschiedenen Betrieben ist die Telefonkonferenz zu sehen. Sie ist eine Zusammenschaltung von drei bis 15 Teilnehmern, die per Telefon miteinander verbunden sind. Jeder Teilnehmer kann dabei hören, was der andere sagt und kann selbst in das Gespräch eingreifen. Telefonkonferenzen können national und international mit über 200 Ländern geschaltet werden. Die Kostenvorteile gegenüber dem persönlichen Zusammentreffen der Konferenzteilnehmer liegen auf der Hand:

- An- und Abreise zum Konferenzort entfallen,
- es entstehen keine Reisespesen,
- geringer Zeitaufwand,
- keine Kosten für Anmietung von Konferenzräumen.

Die Durchführung einer Telefonkonferenz muss wie andere Konferenzen sorgfältig geplant werden. Die Teilnehmer müssen den Konferenztermin exakt einhalten und die benötigten Unterlagen vorbereiten. Zur Kontrolle und Information der Konferenzteilnehmer wird ein Protokoll angefertigt, das den Verlauf, die Konferenzergebnisse und -beschlüsse enthält.

Datenkonferenz

Will man im Rahmen einer Konferenz nicht nur mit den Teilnehmern reden (Telefonkonferenz), sondern gleichzeitig am Bildschirm Bilder, Texte oder Entwürfe präsentieren, kann das mittels der Datenkonferenz geschehen. Dabei können mehrere Teilnehmer gleichzeitig an den Texten oder Entwürfen arbeiten. Als Systemvoraussetzung genügt ein einfacher PC mit Internetzugang. Datenkonferenzen sind nur in Verbindung mit einer Telefonkonferenz durchführbar.

Während der Konferenz kann der Moderator das Geschehen steuern und den Teilnehmern bei einfacher Handhabung vielfältige Eingriffs- und Mitarbeitsgelegenheiten eröffnen, wie z. B.:

- Dokumente, Tabellen und Präsentationen gemeinsam mit anderen Teilnehmern in Echtzeit bearbeiten,
- Teilnehmer ohne Telefon per Internetchat in die Konferenz einbeziehen,
- gemeinsam mit anderen Teilnehmern im Internet surfen,

- Konferenz abschließen für abhörsichere, vertrauliche Gespräche (ohne Operator oder neue Teilnehmer),
- Rederecht der Konferenzteilnehmer per Mausklick steuern (stumm schalten),
- Notizen und Daten auf einem Whiteboard festhalten oder
- ein Whiteboard für Skizzen der Teilnehmer zur Verfügung stellen.

Videokonferenz

Über Kamera und Bildschirm werden die Konferenzteilnehmer für alle jederzeit sicht- und hörbar live zusammengeschaltet. Diese Kommunikation ist innerhalb Deutschlands, aber auch mit Konferenzteilnehmern im Ausland möglich.

Je nach individuellem Bedarf besteht für Unternehmen die Möglichkeit, sich selbst ein Videokonferenzstudio zu bauen oder ein Studio für die Dauer der Konferenz von einem Anbieter anzumieten.

TECHNISCHE UNIVERSITÄT DRESDEN

Videokonferenzen

Unter der Internetadresse vcc.zih.tu-dresden.de/vc/handbuch/ kann ein ausführliches Handbuch der Technischen Universität Dresden zum Thema „Videokonferenzen" heruntergeladen werden.

Als durchschnittliche Kosten für die Durchführung einer Videokonferenz werden heute ca. 150,00 € je Person und Tag kalkuliert. Im Vergleich dazu betragen die Kosten für die Dienstreise eines Konferenzteilnehmers täglich rund 1.000,00 €.

Selbst dann, wenn es im Einzelfall Abweichungen von diesen Durchschnittswerten geben wird, wird diese Kommunikationsmöglichkeit künftig Zuwachsraten vor allem wegen der Möglichkeit zur Kosteneinsparung haben.

Kostenvergleich: Bildschirm kontra Jet
Geschäftsreise und Videokonferenz im Vergleich

Meeting in Berlin:	
Teilnehmer:	2 Personen aus Berlin 2 Personen aus München
Tagungsort:	Steigenberger Hotel
Tagungsdauer (inklusive An- und Abreise): 8 Stunden	
Kosten:	
Raummiete	150,00 €
Catering/Business Lunch	200,00 €
Auto- und Taxitransfer	150,00 €
2 Businessclass-Flugtickets	850,00 €
Gesamtsumme	**1.350,00 €**

Videokonferenz in München und Berlin:	
Teilnehmer:	2 Personen in Berlin 2 Personen in München
Tagungsort:	Telekom, ISDN-Studios in Berlin und München
Tagungsdauer (inklusive An- und Abfahrt): 3 Stunden	
Kosten:	
Raummiete	250,00 €
Videokonferenztechnik	100,00 €
Catering (Getränke)	20,00 €
Auto- und Taxitransfer	120,00 €
Gesamtsumme	**490,00 €**
Preivorteil:	860,00 €
Zeitgewinn:	5 Stunden

10.3.6 Weitere Kommunikationsmöglichkeiten

Eine breite Angebotspalette der verschiedenen Telekommunikationsanbieter sorgt für eine Vielfalt von „Produkten". Je nach betriebsbedingtem Bedarf können Unternehmen individuelle Leistungen erwerben – eine Auswahl der gegebenen Möglichkeiten wird in den folgenden Kapiteln genauer erläutert. Mit dem Telegramm als einer „alten" Form der Kommunikation und dem Kommunikationsetz Datex-P als einer der technisch neueren Einrichtungen wird zunächst das Spektrum der heute angebotenen Kommunikationsmöglichkeiten dargestellt.

Telegramm

Für Unternehmen heute weniger von Bedeutung ist das Telegramm. Da hier der Weg über die Post eine zeitliche Verzögerung bedeutet, wird das Telegramm mehr im privaten Bereich als „Schmucktelegramm" genutzt. Um Glückwünsche oder Beileidsbekundungen zu übermitteln, gibt es bei der Post eine Auswahl von Motiven, die am Postschalter ausgewählt werden können. Die Aufgabe eines Telegramms ist auch über Telefon, Telefax, Handy oder Internet möglich.

Minitelegramm (bis zu 10 Wörter)	
Ohne Schmuckblatt	15,20 €
Mit Schmuckblatt	19,40 €
Maxitelegramm (bis zu 30 Wörter)	
Ohne Schmuckblatt	18,35 €
Mit Schmuckblatt	22,55 €
Zuschlag	
für je weitere 10 Worte	5,25 €
für Zustellung an Sonn- und Feiertagen	10,50 €

Telegramme können online, per Telefon sowie per Fax aufgegeben werden, die Bezahlung erfolgt per Lastschrift.

Die Zustellung der Telegramme erfolgt am folgenden Werktag. Eine Zustellung an Sonn- und Feiertagen ist gegen Aufpreis von 10,50 € möglich. Sollte der Zusteller niemanden antreffen, wird das Telegramm in den Briefkasten eingelegt und der Absender – falls Telefonnummer und/oder Anschrift bekannt – über die Unzustellbarkeit benachrichtigt.

Sonstige Dienste

Im Verlauf der technischen Weiterentwicklung gab es eine Reihe von Neuerungen bei der Datenkommunikation, bisherige Dienste wurden weiterentwickelt, teilweise durch neue Begriffe ersetzt.

10.3.6.1 Datex-P

Das Datex-P-Netz der Telekom ist ein öffentliches Kommunikationsnetz zur Datenübertragung.

Datex-P (**Da**ta **Ex**change, **p**aketorientiert) arbeitet nach folgendem Prinzip: Die Daten werden auf mehrere Einzelpakete verteilt, die jeweils ein festes Format und eine Länge von 128 KByte haben. Jedes Paket besteht aus einem Adressteil und einem Datenteil. Die physikalischen Leitungen werden durch Verschachtelung der Datenpakete mehrfach genutzt (Multiplexing).

Datex-P-Vermittlungsprinzip

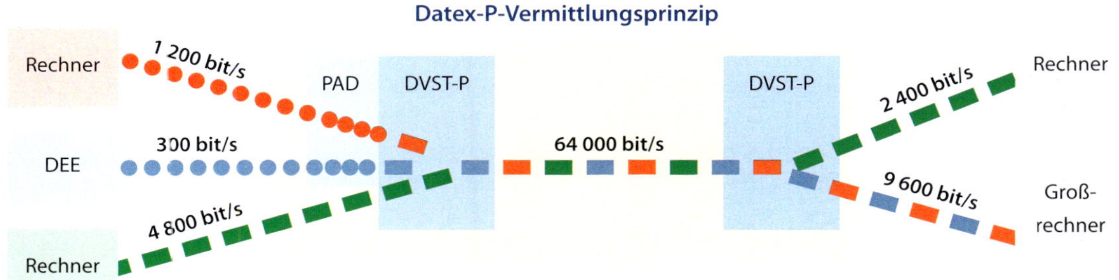

DEE Datenendeinrichtung; Sender bzw. Empfänger
PAD Paket Assembler/Disassembler; Anpassungseinrichtung
DVST-P Datenvermittlungsstelle; paketorientiert

Datex-P ermöglicht es kleinen und mittelständischen Unternehmen, ohne großen finanziellen Aufwand geringe Datenmengen schnell und sicher zu verschicken und zu empfangen, z. B.: Kunden-, Vertrags-, Lagerbestands- oder Buchungsdaten.

- Abfrage des Kontostandes umfasst ca. 128 Byte.
- Eine Bezahlung per ec-Karte umfasst ca. 256 Byte.

Damit ist Datex-P ein ideales Produkt für Tankstellen, Supermärkte, den Handel oder auch

Reisebüros, also überall dort, wo Kunden per EC- oder Kreditkarte zahlen können. Je nach zu übertragender Datenmenge wird Datex-P in unterschiedlichen Varianten angeboten.

Im Gegensatz zum Internet ist Datex-P ein geschlossenes Übertragungsnetz; die Daten können von niemandem mitgelesen werden. Zur Nutzung von Datex-P ist nur ein ISDN-Anschluss notwendig.

Datex-P eignet sich damit insbesondere:

- für die Nutzung elektronischer Transaktionssysteme (s. o.),
- die Versendung sensibler Daten dezentral organisierter Unternehmen,
- wenn häufig kleinere Datenmengen zwischen verschiedenen Standorten hin- und hergeschickt werden müssen, z. B. für die regelmäßige Abfrage bei Überwachungssystemen,
- wenn weit auseinanderliegende Datenerfassungen abzufragen sind.

Vorteile von Datex-P

- geringe Hardware-Investitionen (nur ISDN-Anschluss),
- Tarife sind unabhängig von Entfernung und Zeit; bezahlt wird nur für die übertragenen Daten,
- hoher Sicherheitsstandard,
- national und international verfügbar.

10.3.6.2 Telefax

Wie das Telefon gehört auch das Telefax in vielen Büros zur Standardausstattung. Telefax nutzt das fest installierte Telefonnetz oder die Funknetze der verschiedenen Netzbetreiber, wie z. B. T-Mobile, E-Plus oder Vodafone.

Funktionsweise

Die zu übermittelnde Vorlage, ganz gleich ob Text oder Bild, wird in das Telefaxgerät eingelegt und der Teilnehmer angewählt. Durch Betätigen der Sendetaste beginnt der Wählvorgang. Ist die Empfängernummer besetzt, wird der Wählvorgang von modernen Telefaxgeräten automatisch in bestimmten Zeitabständen wiederholt, bis der Empfänger erreicht werden konnte.

Kosten

Die Verbindungspreise für Telefax sind die gleichen wie beim Telefon. Damit ist die Übermittlungsgeschwindigkeit ausschlaggebend für die anfallenden Kosten eines Telefax. Im herkömmlichen Telefonnetz dauert die Übertragung eines Telefax rund 5 Mal so lange wie im neuen ISDN – entsprechend teurer ist das Telefax im alten Telefonnetz.

Wie beim Telex können auch Telefaxe ohne eigenen Anschluss verschickt oder empfangen werden, z. B. als **Telebrief.** Dazu hat der Postdienst in den Postämtern großer Städte Telebriefstellen eingerichtet, bei denen Fernkopien in Auftrag gegeben werden können oder die eingehende Telebriefe an die Empfänger ausliefern.

Telefax über Personal Computer

Heute gibt es bereits zahlreiche Anbieter, die verschiedene **Faxdienste** (Fax zu Fax oder Fax zu E-Mail) im Internet anbieten. Unter der Adresse www.netcologne.de wird in deutscher Sprache über das Thema Internet-Fax informiert. For-Free z. B. ist eine Internetseite, die interessante kostenfreie Serviceleistungen im Internet auf-

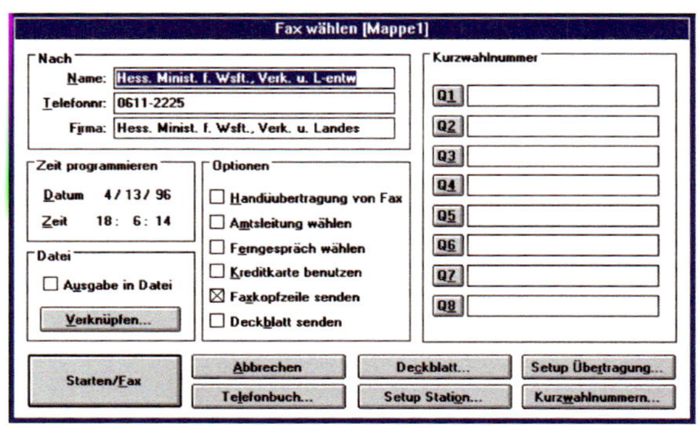

listet (www.forfree.com/computer 37.$html). Einige Internetadressen kommerzieller Faxdienste sind z. B.:

- www.faxstorm.com
- www.faxmate.com/fax2fax.html
- faxsav.com/
- faxawaz.com/

10.3.7 Multimedia

Der Begriff Multimedia ist vielseitig belegt. Er bezeichnet ganz allgemein Kombinationen unterschiedlicher Telekommunikationsformen, wie z. B. Sprach-, Ton-, Text-, Daten- oder Bewegtbildübermittlung.

Beispiele:

- Multimediaendgeräte, -anwendungen und -dienste
- Multimedia in Zusammenhang mit künftigem Pay-TV
- kombiniertes Multimediaangebot aus Telekommunikations-, Computer- und Fernsehdiensten

Multimediaprodukte und -anwendungen bieten erstmals auf äußerst preiswerter Basis die Integration von Sprach-, Ton-, Daten- und Bildkommunikation kombiniert mit Videokonferenz. Den Unternehmen eröffnen sich dadurch neue Möglichkeiten, moderne Arbeitsprozesse effizient und flexibel zu gestalten.

Mit zusätzlichen Hard- und Software-Komponenten (Videokamera, Ohrhörer usw.) lässt sich der vertraute PC zum leistungsfähigen Multimediaendgerät für Telekommunikation aufrüsten. Örtlich getrennte PC-Nutzer können so gemeinsam und zeitgleich Dateien oder Dokumente bearbeiten. Die begleitende Videokonferenz dient der schnellen und klaren Verständigung zwischen den beteiligten Partnern. Der Teilnehmer sieht die Reaktion des Konferenzpartners und kann sein Anliegen mit ganz persönlicher Überzeugungskraft zum Ausdruck bringen.

10.4 Innerbetriebliche Kommunikationssysteme

Neben den Möglichkeiten zum Informations- und Datenaustausch über Internet, Intranet und Extranet gibt es einige konventionelle Möglichkeiten, betriebsinterne Kommunikation durchzuführen.

Bei der **Wechselsprechanlage** wird durch Betätigen der Sprechtaste das Gerät zum Mikrofon, der Anrufer kann seinem Partner die Nachricht übermitteln. Das Loslassen der Sprechtaste bewirkt, dass das Gerät zum Lautsprecher wird, der Anrufer also die Antwort seines Gesprächspartners hören kann. Wechselsprechanlagen waren preisgünstig im Vergleich zum Telefon, die Anzahl der Sprechstellen war allerdings begrenzt.

Bei der **Gegensprechanlage** entfällt das Betätigen der Gesprächstaste, beide Gesprächspartner können gleichzeitig sprechen und hören. Wie beim Telefon wird über Ziffernwahltasten die Verbindung zum gewünschten Teilnehmer hergestellt, die Trenntaste hebt die Verbindung wieder auf. Die Anzahl der Sprechstellen ist im Prinzip unbegrenzt.

Bei **Rufanlagen** sind im Unternehmen an verschiedenen Stellen Lautsprecher installiert. Von einer Zentrale aus können dann Durchsagen gemacht werden, die von den betroffenen Mitarbeitern gehört werden. Durch den entsprechenden Aufbau einer Rufanlage ist es möglich, verschiedene Betriebsteile separat anzusteuern oder Durchsagen für den gesamten Betrieb vorzunehmen. Die Mitarbeiter haben bei Rufanlagen keine Möglichkeit, mit dem Ausrufer sofort in Kontakt zu treten, sondern werden oft aufgefordert einen bestimmten Teilnehmer anzurufen.

Solche Rufanlagen sind in vielen Betrieben in der Produktion installiert; bekannt ist dieses Kommunikationssystem auch aus Kaufhäusern, wo auf diesem Weg nicht nur Werbeangebote an die Kunden gerichtet, sondern auch Mitarbeiter ausgerufen werden können.

Merke

1. Zur innerbetrieblichen Kommunikation stehen neben Telefon-, Ruf- und Sprechanlagen heute vernetzte PC-Systeme zur Verfügung.
2. Die Liberalisierung der Telekommunikationsmärkte ermöglicht neuen Anbietern den freien Zugang zu diesen Wachstumsmärkten. Aufkommende Konkurrenz sollte zu einem größeren Angebot preiswerter Dienste für Wirtschaft und Verbraucher führen.
3. Der Einsatz moderner Kommunikationstechniken ist unter Kostengesichtspunkten von den Unternehmen individuell zu entscheiden.
4. ISDN ist das digitale Netz der Deutschen Telekom, bei dem über eine Rufnummer verschiedene Dienste genutzt werden können.
5. Multimedia ist die Kombination der verschiedenen Telekommunikationsformen Sprach-, Ton-, Text-, Daten- und Bildübertragung.

Wichtige Begriffe der Informations- und Kommunikationstechnik

Cybergeld (auch Cybercash, eCash oder Digi-cash): Virtuelles Bargeld, das Surfer auf ihren PCs speichern, um im Internet Waren online zu bezahlen. In den USA seit Oktober 1995 in Benutzung.

Cyberspace (virtuelle Realität): Eine virtuelle Landschaft, die nur in den vernetzten Computern existiert. Inzwischen wird der Begriff auch als Synonym für das Internet verwendet.

Datenkompression: Verfahren, das den Umfang digitaler Daten (vor allem Video- und große Textdokumente) auf einen Bruchteil ihres ursprünglichen Volumens reduziert.

Decoder (to decode = entschlüsseln): Hard- oder Softwaresystem, das zum Empfang von verschlüsselt ausgestrahlten Fernsehprogrammen (Pay-TV) notwendig ist.

Digitaltechnik: elektronische Speicherung, Übertragung und Verarbeitung.

EDI/EDIFACT (Electronic Data Interchange/EDI for Administration, Commerce and Transport): EDI ist allgemein der Datenaustausch in elektronischer Form. EDIFACT ist ein international anerkannter Standard, der firmenübergreifenden Geschäftsverkehr statt mit Papier und Post per Internet organisiert.

E-Mail (elektronische Post): In einem elektronischen Brief kann ein Absender Dokumente (Texte, Bilder, Programme usw.) an einen Adressaten per Internet verschicken.

Extranet: Verschiedene Firmen oder Verwaltungen vernetzen ihre Computer und Netze zu einem abgeschlossenen Netzwerk.

Host (auch Server): Auf Hostrechnern liegen alle Dateien, die Surfer im Internet abrufen.

HTML (HyperText Markup Language): Programmiersprache zur Erstellung von Internetseiten. Der Browser (Steuerprogramm im Internet) erkennt die Codes und setzt sie in Textformate, Bilder und Töne um.

HTTP (HyperText Transfer Protocol): Datenübertragungsverfahren, mit dem Daten von HTML-Seiten vom Host zum Rechner des Surfers transportiert werden.

Interaktives Fernsehen: Mit einer Set-Top-Box können sich Fernsehzuschauer ein individuelles Programm zusammenstellen. Sie schicken ihre Wünsche per Kabel oder Telefonleitung zum Anbieter.

Internet: Computernetzwerk, das Forschungseinrichtungen geschaffen haben, um gemeinsam Speicherkapazitäten zu nutzen. Mit der Einführung des World Wide Web erreichte das Internet große Popularität.

(Fortsetzung folgende Seite)

Intranet: Interne Vernetzung von Computern innerhalb einer Firma.

ISDN (Integrated Services Digital Network): Digitale Telefonleitung, die Daten mit bis zu 64 KBit/s übertragen kann.

Kryptografie: Verfahren zur Ver- und Entschlüsselung von Informationen. Vor dem Verschicken einer E-Mail werden Dateien in scheinbar sinnlose Zeichenfolgen umgewandelt, die der Adressat mit einem ihm bekannten „Schlüssel" wieder entziffern kann.

Multimedia: Verknüpfung der Medien Telekommunikation, Unterhaltungselektronik und Computertechnik.

Onlinedienst: Kommerzieller Anbieter von Informationen, Software und Diskussionsforen. Jeder Nutzer erhält eine E-Mail-Adresse. Die meisten Onlinedienste bieten auch einen Zugang zum Internet. Die größten Dienste in Deutschland sind T-Online und America Online (AOL).

Pay-TV: Verschlüsselte Fernsehprogramme, die zahlende Benutzer mit einem Decoder empfangen. Es gibt Pauschalabonnements von Kanälen (Pay-per-Channel) und Abrechnung nach Sendeminuten (Pay-per-View).

Provider: Anbieter, der einen Internetzugang verschafft und Inhalte auf eigenen Webseiten anbietet.

URL (Uniform Resource Locator): Die Internetadresse, mit der ein Dokument aus dem Internet aufgerufen wird.

Video-on-Demand (Film auf Abruf): Der Zuschauer sieht einen Film, den er mithilfe der Set-Top-Box oder des PC aus der „digitalen Videothek" ausgewählt hat. Der Film kann – wie beim Videorekorder – beliebig angehalten, vor- und zurückgespult werden.

World Wide Web (WWW): Grafischer Teil des Internets, dessen Informationen mit HTML hergestellt werden.

Projektthema

Kostenvergleich von Mobilfunkanbietern

Arbeitshinweise:
Beschaffen Sie sich die aktuellen Gebührentarife verschiedener Mobilfunkanbieter und entwickeln Sie eine Tabelle, in der Sie diese Informationen übersichtlich darstellen können und so einen Kostenvergleich machen können. Klären Sie vorab, welche Leistungen in dieser Tabelle berücksichtigt werden sollen, beispielsweise aufgrund der tatsächlich genutzten Dienste, Grundgebühren usw.

Aufgaben

1. Beschreiben Sie die verschiedenen Funktionen eines normalen Telefonapparates und eines Mobiltelefons.
2. Welche Dienste der Anbieter von Mobiltelefonen sind Ihnen bekannt?
3. Stellen Sie die Vor- und Nachteile des Einsatzes von Handys in einer Tabelle zusammen.
4. Wie können die T-Online-Dienste genutzt werden
   a) von Unternehmen,
   b) von Privatpersonen?

(Fortsetzung folgende Seite)

5. Erkunden Sie, wie und in welchem Umfang in Ihrem Ausbildungsbetrieb das Internet genutzt wird.
6. Was sind Mietleitungen, welche Vorteile hat deren Nutzung für das Unternehmen, welche Probleme können bei der Benutzung auftreten?
7. Beschreiben Sie, wie eine Videokonferenz durchgeführt wird.
8. Welche Kosten fallen an
   a) bei der Durchführung einer Videokonferenz und
   b) einer konventionell durchgeführten Konferenz,
   die mit Teilnehmern aus Mannheim, München, Hamburg und Berlin in Frankfurt durchgeführt wird?

   Stellen Sie die einzelnen Kostenarten in einer Tabelle gegenüber.

Einsatz der Datenverarbeitung und ihre Integration in die betriebliche Organisation

11

Nur wenige Entscheidungen im Unternehmen sind mit ähnlich großen Unsicherheiten behaftet, wie das bei der EDV-Ausstattung der Fall ist.

Einerseits ist das Angebot an Hard- und Software so groß, dass eine Orientierung – wenn überhaupt – nur wenigen Spezialisten möglich ist. Dabei ist die Frage zu stellen, ob deren Auskünfte tatsächlich unvoreingenommen sein können oder nicht doch ein bestimmtes System bevorzugt wird.

Andererseits sind die betrieblichen Erfordernisse der einzelnen Unternehmen so unterschiedlich, dass die angebotenen Lösungen nur mehr oder weniger gut passen. Individuelle Lösungen zur Programmerstellung sind vielfach zu teuer, für den Programmanbieter wirtschaftlich nicht interessant genug.

In diesem Kapitel wollen wir versuchen, die wesentlichen Bestimmungsgrößen für den EDV-Einsatz im Unternehmen zu beleuchten.

11.1 EDV-Einsatz im Unternehmen

Nutzung der EDV

Mit der Umstellung der vielfältigen Büroarbeiten auf EDV sollten in erster Linie die Kosten gesenkt und damit die Wettbewerbsfähigkeit des Unternehmens gesichert werden.

Folgende Ziele sollten mit der Umstellung realisiert werden:

Oberziel	Kostensenkung
Unterziele	• Verkürzung der Informationswege • Beschleunigung des Informationsaustauschs • Reduzierung der Papierflut • Verringerung des Arbeitsaufwands • Erhöhung der Arbeitszufriedenheit der Mitarbeiter • Senkung der Fluktuationsrate

Da auch der EDV-Einsatz im Unternehmen eine Organisationsaufgabe ist, müssen im Zeitablauf immer wieder Veränderungen vorgenommen werden. Dass Organisation notwendigerweise ein dynamischer Prozess ist, lässt sich dabei anhand folgender Überlegungen verdeutlichen:

- Die technische Weiterentwicklung der EDV-Geräte bringt regelmäßig Neuerungen, mit denen die oben formulierten Ziele noch besser erreicht werden können. So arbeiten Pentium-IV-PCs schneller als zehn Jahre alte P II, neuere Textverarbeitung ist mit Rechtschreibung und Silbentrennung benutzerfreundlicher als ältere Programme.
- Die von Mitarbeitern gemachten Erfahrungen zeigen auf, welche Schwachstellen die bisherige EDV-Nutzung aufweist; Verbesserungsvorschläge zeigen dann oftmals die Richtung, in der künftig EDV-Investitionen vorgenommen werden sollten.

Bisher standen bei Wirtschaftlichkeitsprüfungen die Arbeitsabläufe in der Produktion im Mittelpunkt der Rationalisierungsüberlegungen. Obwohl in den meisten Unternehmen die Umstellung auf die EDV in einem ersten Schritt bereits vollzogen wurde, lassen sich durch eine moderne, computerunterstützte Ablauforganisation im Büro, so die Meinung von Experten, bis zu 50 % aller Arbeitsplätze einsparen.

Ungeachtet der wirtschaftlichen und gesellschaftlichen Folgen solcher Rationalisierungsmaßnahmen könnte ein Unternehmen die Aufgabe in Angriff nehmen, die Reorganisation der EDV zu planen.

11.1.1 Reorganisation der EDV

Vor dem Hintergrund, Kosten bei der Leistungserstellung einzusparen, könnte als Ziel der Reorganisation die Umsetzung des modernen **Workflow-Konzepts** formuliert werden:

> Die Geschäftsprozesse sollen durchgehend vom Computer gesteuert und überwacht werden.

Die Planung der Reorganisation der EDV ist eine umfangreiche Aufgabe. Um in einem Unternehmen vorhandene Strukturen auf moderne Kommunikationstechniken umzustellen, muss zwar einerseits das System als Ganzes gesehen werden, andererseits aber muss die Gesamtaufgabe in Teilaufgaben zerlegt werden, damit für den einzelnen Mitarbeiter die Aufgabe überschaubar bleibt. Solche Teilaufgaben können z. B. sein:

- Ermittlung der Aufgaben, die künftig im Unternehmen zu lösen sind,
- Festlegung der Qualifikationsanforderungen an Mitarbeiter,
- Beschreibung der Maßnahmen zum Datenschutz und zur Datensicherung,
- Auswirkungen auf die Aufbauorganisationsstruktur des Unternehmens,
- Erfassung des Zeitrahmens, in dem die Planung abgeschlossen sein soll,
- Ermittlung der Kosten, die für verschiedene Alternativen anfallen.

In der Praxis wird eine solche Aufgabe nicht von einem Mitarbeiter alleine zu bewältigen sein. Es wird vielmehr ein Planungsstab gebildet, der sich aus Mitarbeitern verschiedener Bereiche zusammensetzt. Hierzu zählen nicht nur EDV- und Organisationsfachleute, sondern auch Mitarbeiter aus den einzelnen Sparten des Unternehmens sowie externe Berater, die nicht in die Unternehmenshierarchie eingebunden sind und von daher zur Verfügung stehende Alternativen objektiver beurteilen können.

Aufgabenstellung

Erster, unabdingbarer Schritt für die Vorbereitung der Rationalisierung ist die Analyse der Abläufe im Unternehmen, die Bestandsaufnahme des IST-Zustandes.

Dabei wird z. B. erforscht, welche Arbeitsschritte ein Vorgang erfordert, wie viele Mitarbeiter sich mit dem Vorgang beschäftigen oder wie lange die Bearbeitung eines Vorgangs dauert.

Bei dieser Bestandsaufnahme wird z. B. ebenfalls erfasst,

- welche Vorgänge derzeit bereits mit EDV-Unterstützung bearbeitet werden,
- welche Stellen im Unternehmen über einen PC verfügen,
- ob und welche Verbindungen zwischen einzelnen Geräten bestehen,
- welche Leistungsmerkmale die vorhandenen Geräte aufweisen,
- welche Software-Lizenzen vorhanden sind.

Vom IST-Zustand ausgehend, wird dann die Frage gestellt, welche inneren Zusammenhänge zwischen den einzelnen Arbeitsschritten bestehen und wie diese miteinander verknüpft werden können. Auch hier muss großer Wert auf die exakte Analyse gelegt werden: Je genauer die Beschreibung der einzelnen Arbeitsschritte ist, desto besser wird die notwendige Hard- und Software zu planen sein.

Aus der Aufgabenanalyse wird der Anforderungskatalog für die **Hardware** und die benötigte **Software** erstellt.

Ausgangsüberlegung ist, mit welcher Software die Aufgaben am besten zu lösen sind. Zur Auswahl stehen die in der Regel kostengünstigere Standardsoftware, z. B. zur Textverarbeitung, Tabellenkalkulation und Datenbankverwaltung, oder speziell für das Unternehmen geschriebenen Programme.

Mit der Entscheidung für eine bestimmte Software ist häufig auch weitgehend über die benötigte Hardware entschieden. Um bestimmte Programme nutzen zu können, muss der Arbeitsspeicher des Computers gewisse Leistungsmerkmale aufweisen. Die Anforderungspunkte können im Einzelnen sein:

- Größe des benötigten Haupt- und Arbeitsspeichers in Megabyte,
- erforderliches Betriebssystem,
- Art der Vernetzung der Arbeitsplätze,
- benötigte Ausgabegeräte (Drucker, Plotter, Fax-Anschluss).

Qualifikationsanforderungen an Mitarbeiter

Sind die Aufgaben beschrieben und die Hard- und Software ausgewählt, werden daraus die Anforderungsprofile für Mitarbeiter formuliert.

Der Vergleich mit den Eignungsprofilen der derzeitigen Mitarbeiter lässt erkennen,

- welche Schulungsmaßnahmen durchgeführt werden müssen,
- welche Umsetzungen im Unternehmen erforderlich sind,
- welche Einstellungen oder Entlassungen notwendig werden.

Neuplanung der Aufbauorganisation

Die Durchführung von Rationalisierungsmaßnahmen wirkt sich zwangsläufig auch auf die Aufbauorganisation aus. Sollen ganze Geschäftsvorgänge per Computer gesteuert und überwacht werden, müssen die Organisationsstrukturen oft völlig neu gestaltet, zumindest aber tief greifend verändert werden, ganze Hierarchieebenen können bei einer Reorganisation gestrichen werden.

Diese Maßnahmen werden bei betroffenen Mitarbeitern sicher auf Widerstand stoßen; eine langfristige Planung ist in diesem Bereich deshalb unumgänglich. Überlegungen zu

Umsetzungen innerhalb des Betriebs können bereits in die Planung aufgenommen und damit gegebenenfalls Härtefälle vorab vermieden werden.

Zeitplanung

Hier werden in einem Gesamtplan den einzelnen Teilaufgaben Zeitwerte zugeordnet, die verbindlich einzuhalten sind. Als Planungstechnik kann hier der Netzplan (vgl. Kap. 6.3.4) zum Einsatz kommen; die gleichzeitig durchführbaren Teilaufgaben sind daraus ebenso erkennbar wie die insgesamt für das Projekt benötigte Zeit.

Bei der Terminfestlegung ist zu berücksichtigen, dass sowohl bei der Entwicklung von Software wie auch bei technischen Neuerungen der Hardware immer wieder neue Programmversionen oder Rechnergenerationen auf den Markt kommen. Hierzu muss für das Unternehmen ein Gesamtkonzept formuliert werden, das sicherstellt, dass nicht mangels Flexibilität falsche Entscheidungen – z. B. Planung mit überholten Netzwerksystemen – getroffen werden.

Kostenplanung

Um die Reorganisation durchzuführen, stehen an verschiedenen Stellen alternative Produkte zur Auswahl, die gleichermaßen den gestellten Anforderungen genügen.

So ist z. B. die Entscheidung für vernetzte PCs durchaus eine Alternative zur Anschaffung eines zentralen Großrechners.

Sowohl die Planung selbst wie auch die dort ausgesprochenen Empfehlungen für Hard- und Software-Beschaffung orientieren sich in erster Linie an Wirtschaftlichkeitsüberlegungen. Einzelaspekte dabei sind z. B.:

- Welche Ergebnisse bringt die Kostenvergleichsrechnung verschiedener Rechnersysteme und Softwarelösungen?
- Ist Leasing in jedem Fall als Alternative zum Kauf zu sehen?
- Welche vorhandenen EDV-Geräte können in das neue System eingebunden werden?
- Welche Folgekosten (Wartung, Service) verursachen die Maßnahmen?
- Welche Kosten entstehen für die Mitarbeiterschulung?

Nach Abschluss der Planungsphase muss die Entscheidung darüber getroffen werden, welche der denkbaren Alternativen im Unternehmen realisiert werden soll.

Die Unternehmensleitung wird sich dabei auch an Wirtschaftlichkeitsüberlegungen orientieren. Dennoch sind hier echte Entscheidungen zu treffen: Die verschiedenen Systeme haben in der Regel alle ihre Schwächen und Stärken, sodass nicht eindeutig das eine dem anderen vorzuziehen ist.

Erschwert wird die Entscheidungsfindung oft auch durch die geringe Marktübersicht, die Planungsstäbe wie Entscheidungsträger haben. Das Hinzuziehen externer Berater kann hier Abhilfe schaffen.

11.1.2 EDV-geeignete Arbeitsvorgänge

Man kann heute im Prinzip davon ausgehen, dass an jeder Stelle im Unternehmen Arbeitsvorgänge per EDV ausgeführt werden können.

Für jeden Arbeitsplatz gilt, dass sich ein – mehr oder minder großer – Teil der Arbeiten in gleicher oder nur geringfügig veränderter Form immer wiederholt. Damit werden vielfach Aufgaben nach einem immer wiederkehrenden Schema erledigt.

Berücksichtigt man noch das Kriterium Datenmenge, sind die wichtigsten Voraussetzungen genannt, die den EDV-Einsatz im Unternehmen ermöglichen.

Jede Abteilung im Unternehmen weist eine Fülle von Arbeiten aus, die computerunterstützt erledigt werden können, so z. B.:

Bereich	Aufgaben
Einkauf	• Anfragen bei Lieferanten • Bestellungen vornehmen • Reklamationen auslösen • Überwachung von Lieferterminen • Führen der Lieferantenkartei
Lager	• Führen der Lagerbestände • Durchführen der Inventur • Auslösung von Bestellungen (Meldebestand)
Personalwesen	• Lohnabrechnung vornehmen • Personalstatistik erstellen • Personalakte führen • Lohn- und Gehaltszahlungen veranlassen
Verkauf	• Angebote erstellen • Waren kalkulieren • Rechnungen, Quittungen schreiben • Liefertermine festlegen • Erstellen von Verkaufsstatistiken nach unterschiedlichen Kriterien (Gebiet, Produkt, Mitarbeiter usw.) • Prospekt und Informationsmaterial erstellen • Kontakte mit Reisenden und Vertretern pflegen • Führen der Kundenkartei • Informationen an Kunden senden (Serienbriefe)
Rechnungswesen	• Erfassung der Zahlungsein- und -ausgänge • Überwachung von Zahlungsfristen • Durchführung des Mahnwesens • Liquiditätskontrolle durchführen • Finanzplanungen erstellen • Betriebskalkulation durchführen • Erfolgsrechnung und Jahresabschluss erstellen

Die Erledigung der einzelnen Aufgaben wird in der Praxis dadurch vereinfacht, dass vielfach Bildschirmmasken, Druckformatvorlagen oder Textbausteine eingesetzt werden. Dabei können mittels EDV-Einsatz unternehmens-individuelle Gegebenheiten wie die Bezeichnung der bearbeitenden Stelle, Namen von Mitarbeitern u. Ä. in den Vordrucken eingearbeitet werden.

11.1.3 Verbreitung des EDV-Einsatzes

In welchem Umfang Geschäftsprozesse computerunterstützt bearbeitet werden, hängt von der Hardware-Ausstattung des Unternehmens und der eingesetzten Software ab.

Sind z. B. die PCs an den einzelnen Arbeitsplätzen nicht miteinander vernetzt, können jeweils nur die arbeitsplatzspezifischen Aufgaben mit der EDV erledigt werden. Dies gilt auch für den Fall, dass ein Zentralrechner mit Workstations eingesetzt wird und die Software keine Verbindungen (Schnittstellen) zwischen den einzelnen Teilaufgaben vorsieht.

Sind dagegen die PCs an den einzelnen Arbeitsplätzen miteinander vernetzt, können Geschäftsprozesse mit dem Einsatz der richtigen Software komplett per Computer gesteuert und überwacht werden.

Massenfertigung nach Maß

Die computerunterstützte Fertigung (**CIM** = Computer Integrated Manufacturing) und die Produktionsplanung und Steuerung (**PPS**) sind heute für zahlreiche Unternehmen wichtige Einsatzbereiche der EDV. Dabei werden die Produktionsprozesse im Wesentlichen von der EDV vorbereitet, durchgeführt und überwacht.

Da die Orientierung an den Kundenwünschen für viele Unternehmen ein erklärtes Ziel ist, um die Wettbewerbschancen zu verbessern, werden künftig vermehrt Verbindungen zwischen Kunden und Fertigung hergestellt.

Das kann im konkreten Fall z. B. so aussehen: Ein Kunde möchte im Bekleidungsgeschäft einen neuen Anzug kaufen, der Verkäufer nimmt die notwendigen Maße auf und gibt sie per EDV an den Hersteller weiter. Dort werden die Maße per EDV in ein Schnittmuster umgesetzt, der ausgewählte Stoff zurechtgeschnitten und zusammengenäht – nach relativ kurzer Zeit kann der Maßanzug geliefert werden.

Diese **Maß-Massenfertigung** ist nicht auf die Bekleidungsindustrie beschränkt. Seit längerer Zeit wird von verschiedenen Automobilherstellern der spezielle Kundenwunsch (Motorausstattung, Farbe, Zubehör) beim Neuwagenkauf berücksichtigt. Diese Unternehmen haben erkannt, dass für ihre teuren Produkte die Berücksichtigung von Kundenwünschen heute selbstverständlich sein muss.

Die Maß-Massenfertigung ist aber auch für geringwertigere Güter durchaus anwendbar und wird in Zukunft von immer mehr Unternehmen übernommen werden müssen, soll die Handlungsmaxime „Kundenorientierung" nicht ein Lippenbekenntnis bleiben. Die Integration moderner Hard- und Software ermöglicht es Unternehmen, diesen Service anzubieten und damit im Wettbewerb konkurrenzfähig zu bleiben.

Outsourcing (Auslagerung von Teilaufgaben)

Bei jedem einzelnen Arbeitsschritt kann die Frage gestellt werden, ob die Aufgabe im eigenen Unternehmen wirtschaftlich erfüllt wird oder ob die Vergabe dieser Teilaufgabe von externen Unternehmen kostengünstiger gelöst werden kann. Damit wird auch die Frage aufgegriffen, ob die Datenverarbeitung intern oder extern erfolgen soll.

Neben den reinen **Kostenüberlegungen** müssen weitere Faktoren bei der Entscheidung **interne/ externe** EDV berücksichtigt werden:

- Datenschutz und Datensicherung (Wahrung von Geschäftsgeheimnissen),
- Kapazitätsauslastung der eigenen Anlage,
- Personalsituation,
- Kompatibilität.

Als Beispiele für Outsourcing sind in der Praxis vorzufinden:

- **Factoring.** Die Forderungen gegenüber unseren Kunden werden an einen Factor verkauft. Dieser übernimmt den Einzug der Forderungen und die Organisation des Mahnwesens.
- **Lohn- und Gehaltsabrechnungen** werden von einem anderen Unternehmen für uns durchgeführt. Dazu müssen die entsprechenden Daten wie Stundenlöhne, Arbeitszeiten, Gehaltsklassen, Personalstammdaten zur Verfügung gestellt werden.
- **Debitoren- und Kreditorenbuchhaltung.** Ein externes Unternehmen übernimmt für uns Teilaufgaben aus der Buchhaltung.

Werden Teilaufgaben ausgelagert und von anderen Unternehmen übernommen (Outsourcing), muss gewährleistet sein, dass die Datenübergabe (Schnittstelle) problemlos zu organisieren ist. Aufgrund von umfangreichen Standardisierungen kann dieses Problem weitgehend als gelöst angesehen werden.

11.1.4 Verarbeitungsverfahren

Je nachdem, wie die Datenverarbeitung organisiert ist, sprechen wir von der zentralen, der dezentralen oder auch der Datenfernverarbeitung.

Zentrale Datenverarbeitung

Wird in einem Unternehmen die Datenverarbeitung so organisiert, dass in einem Rechenzentrum ein Großrechner (Mainframe) installiert ist, sprechen wir von der zentralen oder zentralisierten Datenverarbeitung. Die Mitarbeiter an den verschiedenen Stellen im Unternehmen können zwar ihre Daten an sogenannten Workstations dezentral eingeben und abrufen; verarbeitet, gespeichert und gesichert werden die Daten jedoch zentral im Rechenzentrum.

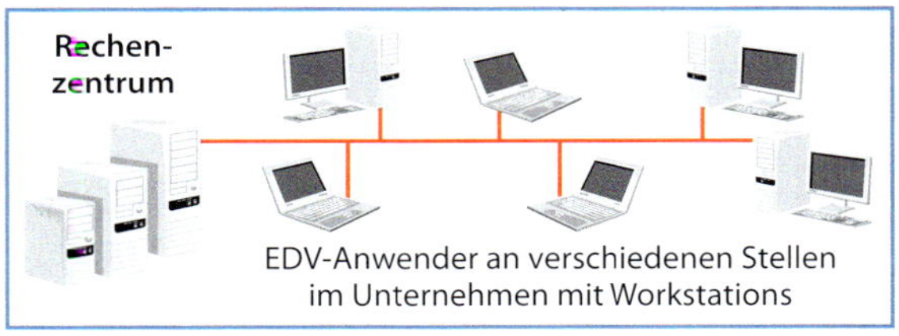

Dezentrale Datenverarbeitung

Die EDV-Anlage ist so aufgebaut, dass an jedem Arbeitsplatz ein vollständiges Rechnersystem, meist als PC, verfügbar ist. Die Daten werden an jedem Arbeitsplatz erfasst und sofort verarbeitet.

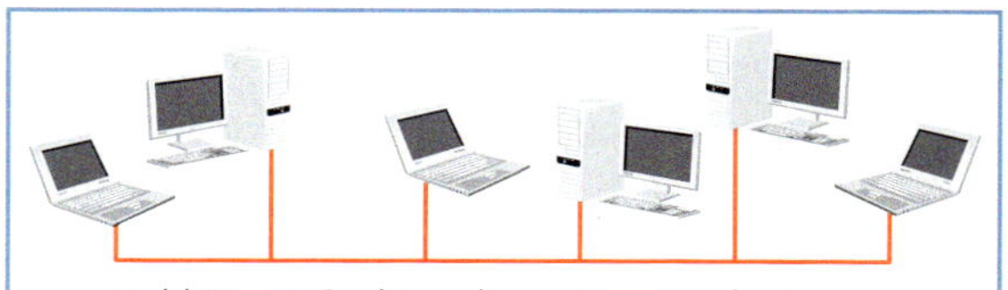

unabhängige Rechner, die vernetzt werden können

Die einzelnen Arbeitsplätze können zum einfacheren Datenaustausch miteinander verbunden werden, die PCs sind dann vernetzt.

In einem solchen Netz können, je nach Netzaufbau, einzelne Rechner Aufgaben für alle anderen übernehmen, z. B. die Verbindung zu einem anderen Netz herstellen oder die Organisation der Datenfernübertragung durchführen (siehe Kap. 10.3.5).

Datenfernverarbeitung

Die Daten werden dezentral erfasst und z. B. über Mietleitungen der Telekom oder über Funkverbindungen an einen entfernten Rechner übermittelt, dort be- und verarbeitet und gegebenenfalls wieder zurückgesendet.

Diese Organisation ist bei größeren Unternehmen denkbar, die ein zentrales Rechenzentrum unterhalten und die Daten der Filialbetriebe auf diesem Weg einsammeln und verarbeiten.

An den dezentralen Stellen werden dabei Teilfunktionen, wie z. B. die Textbearbeitung, durchgeführt, d. h. dort stehen Rechnersysteme, die Teilaufgaben dezentral lösen.

11.2 Hardware-Beschaffung

Wer heute eine Investitionsentscheidung für die Beschaffung von EDV-Geräten zu treffen hat, sollte sich zunächst einen Aufgabenkatalog der Arbeiten zusammenstellen, die mittels EDV erledigt werden sollen.

Dabei muss berücksichtigt werden, dass die Planung im EDV-Bereich kurz oder maximal mittelfristig sein kann, also den Zeitraum von fünf Jahren nicht überschreiten sollte. Dafür sprechen einfach die Unwägbarkeiten in dieser Branche, welche Entwicklungen in den nächsten Jahren gemacht werden, ob und welche Standards geschaffen werden, welche Technik sich durchsetzen wird usw.

Der Rechner

Grundsätzlich sollte entschieden werden, ob ein Mainframe (Großrechner) beschafft werden soll, an den mehrere Arbeitsplätze (Workstations) angehängt werden können, oder ob eigenständige PCs an jedem Arbeitsplatz installiert werden. Die Einzelarbeitsplatzsysteme müssen heute allerdings miteinander vernetzt werden, um die notwendige Datenkommunikation zu ermöglichen.

Diese Grundsatzentscheidung ist unternehmensindividuell zu treffen, ein zuverlässiges, allgemeingültiges Entscheidungkriterium existiert hierzu nicht. Tatsache ist, dass moderne PCs enorm leistungsfähig sind und im Computernetz heute Aufgaben übernehmen können, die vor wenigen Jahren noch von Großrechnern ausgeführt wurden.

Überlegungen, die auch für andere Bauteile der EDV-Anlage anzustellen sind, sollten u. a. sein:

- Welches Leistungspotenzial ist erforderlich?
- Welche Ausgaben entstehen bei den Beschaffungsalternativen?
- Sind vorhandene Geräte weiterhin nutzbar?
- Können vorhandene Programme weiterverwendet werden?
- Sind vorhandene Datenbestände einfach zu übernehmen?
- Können die Mitarbeiter mit dem System umgehen?

Die Entscheidung für einen bestimmten Rechner kann nicht unabhängig von der einzusetzenden Software getroffen werden. Für zahlreiche Standardsoftware gibt es Empfehlungen von

Herstellern über die Ausstattung des Rechnersystems. Dabei wird meist eine bestimmte Größe des Arbeitsspeichers (RAM) oder der Prozessorgeschwindigkeit vorgeschrieben, damit das Programm problemlos läuft.

Mobile EDV-Geräte

Je nach Branche kann es für verschiedene Mitarbeiter notwendig sein, mit ihrem PC mobil zu sein. Für die Arbeit im Außendienst werden von den Mitarbeitern zunehmend Tablet-PCs, das iPad oder auch das iPhone/BlackBerry benutzt. Mit diesen Geräten können über das Internet die benötigten Daten beim Kunden direkt abgerufen und Aufträge erfasst werden, eine spätere zweite Erfassung wird überflüssig. Ebenso können Redakteure direkt ihren Bericht erstellen, eine doppelte Datenhaltung wird auch hier überflüssig.

Als technische Lösung können hier Laptops oder die kleineren Notebooks eingesetzt werden. Der Nachteil, dass diese mobilen Rechner sehr kleine Bildschirme haben, kann durch die Verwendung sogenannter Duo-Modelle behoben werden: Diese Geräte bestehen aus einem Notebook und einer Dockingstation, die das Gerät am Büroarbeitsplatz bei Bedarf mit einem großen Bildschirm, einer normalen Tastatur, dem Strom- und Datennetz koppelt.

Arbeitsplatz mit Notebook-Dockingstation

Monitor

Durch die Arbeit am Bildschirm ist vor allem das Sehvermögen gefährdet. Deshalb sind die Anforderungen an einen Monitor heute sehr streng formuliert. Bereits 1990 hat die Europäische Union Richtlinien zur Gestaltung des Bildschirmarbeitsplatzes verabschiedet, die ihre Umsetzung in der Bildschirmarbeitsverordnung (BildscharbV) fand, die seit 04. Dezember 1996 geltendes Recht in Deutschland ist. Dabei wird unter anderem geregelt, welche elektromagnetischen Felder Monitore abgeben dürfen.

Anforderungen an Monitore:

- Die Buchstaben müssen flimmerfrei, scharf, deutlich und ausreichend groß sein.
- Es müssen angemessene Zeichen- und Zeilenabstände eingehalten werden.
- Der Kontrast muss einfach einstellbar sein.
- Leuchten oder Sonnenlicht dürfen nicht reflektieren.
- Der Monitor muss leicht dreh- und neigbar sein.

Für Monitore gibt es heute verschiedene Prüfsiegel, auf die beim Kauf geachtet werden sollte. (siehe Kap. 1.1.3)

Tastatur

Ergonomisch geformte Tastaturen erleichtern das Arbeiten am Bildschirm. Bei Neuanschaffungen sollte auch diesem Bauteil die notwendige Aufmerksamkeit geschenkt werden.

Weitere Peripheriegeräte

Zur Standardausrüstung einer EDV-Anlage im Büro gehört der Drucker (siehe Kap. 9.3.1), das Fax und der Scanner. Um die Lärmentwicklung durch Drucker einzudämmen, können Schallschluckhauben verwendet werden, die einfach über den Drucker gestellt werden.

Wird das **Fax** direkt in den Computer integriert (Faxkarte), können Mitteilungen direkt von Computer zu Computer verschickt werden, vorausgesetzt, der Empfänger verfügt über die technische Einrichtung.

Die Übertragung von Bildern und Texten mittels eines **Scanners** in den Computer wird branchenabhängig unterschiedlich stark von den Unternehmen genutzt. Dabei ist für die Qualität der Arbeit entscheidend, welche Software zum Erkennen von Bild oder Text eingesetzt wird.

11.3 Software

Der Markt für Softwareprodukte ist heute so groß geworden, dass es einfach unmöglich ist, die gesamte Angebotspalette zu überschauen. Für den Anwender hat dies zur Folge, dass er aus dem ihm zur Verfügung stehenden Angebot auswählen muss.

Zwei Ziele sind bei der Softwarebeschaffung zu berücksichtigen:

- Die Software soll die individuellen Anforderungen erfüllen und
- die Programme sollen kostengünstig sein.

Beide Ziele bei der Entscheidung für ein Programm gleichermaßen zu verwirklichen, wird in der Praxis selten gelingen. Je individueller ein Programm auf Kundenwünsche eingeht, desto mehr Arbeit erfordert die Programmierung. Da dieses Produkt dann nur in geringen Stückzahlen (manchmal nur ein Stück) verkauft werden kann, sind die Kosten entsprechend hoch.

11.3.1 Softwarearten

Systemsoftware

Um mit dem Computer arbeiten zu können, müssen einige Programmteile des Betriebssystems beim Einschalten des Geräts automatisch ablaufen und zum Teil in den Arbeitsspeicher geladen werden. Erst dann können Arbeitsanweisungen an den Computer erteilt werden, z. B. eine Anwendersoftware zu laden.

Das **Betriebssystem** übernimmt eine Reihe grundlegender Funktionen, die beim Arbeiten mit dem Computer immer wieder anfallen, z. B.:

- Inhaltsverzeichnis eines Datenträgers (Festplatte, CD, DVD) anzeigen,
- Verzeichnisse anlegen oder löschen,
- Dateien löschen, kopieren oder umbenennen,
- Datenträger für die Aufnahme von Informationen vorbereiten (formatieren).

Die auf dem Markt befindliche Software kann wie folgt eingeteilt werden:

Bezeichnung	Erläuterung
Systemsoftware z. B. Windows, Linux …	Diese Software wird auch als Betriebssystem bezeichnet. Sie wird von jedem Computer benötigt, kann jedoch nur bedingt spezielle Anwendungen des Benutzers erfüllen.
Standardsoftware z. B. SAP	Zur Lösung spezieller Aufgaben im Unternehmen kann die Standardsoftware von vielen Anwendern eingesetzt werden, z. B. um die Personalverwaltung per EDV durchzuführen, Lagerbestände zu verwalten usw.
Softwarewerkzeuge z. B. Excel, Word	Diese Programme, auch Tools genannt, zeichnen sich durch ihre Benutzerfreundlichkeit aus. Der Einstieg in diese Software fällt auch EDV-Unerfahrenen in der Regel relativ leicht, da die Anwendung ohne Programmierkenntnisse schnell erlernt werden kann. Solche Tools sind z. B. Text-, Tabellenkalkulations- oder Grafikprogramme.
Softwarepakete z. B. Office	Unter einer einheitlichen Benutzeroberfläche werden verschiedene Tools eingesetzt, z. B. Text-, Datenbank- und Tabellenkalkulationsprogramm.
individuelle Software	Diese Programme werden nach den individuellen Erfordernissen des Anwenders geschrieben.
Branchensoftware	Für die Lösung branchenspezifischer Probleme werden Standardsoftwareprogramme so umgeschrieben, dass sie den individuellen Anforderungen einer Branche entsprechen, z. B. Buchhaltung für Speditionen, Kostenrechnung des Großhandels usw.
Softwaremodule	Für die einzelnen Aufgaben im Unternehmen werden jeweils Bausteine entwickelt, z. B. für die Lagerhaltung, die Produktionsplanung, die Verkaufskalkulation oder die Personalverwaltung. Die einzelnen Module können dann ggf. miteinander verknüpft werden.

Die gängigen Betriebssysteme im Überblick:

Betriebssystem	Hersteller	bevorzugte Anwendung	Stärke	Schwäche
DOS	Microsoft	Einzelplatz	geringe Hardwareanforderung	geringe Leistung, unergonomisch
Linux	Linux	Einzelplatz, Netzwerke	großes Softwareangebot	wenig verbreitet
Windows XP	Microsoft	Einzelplatz, Netzwerke	arbeitet mit vorhandenem (großem) Softwareangebot, hohe Kompatibilität	Leistungsvermögen kann mit vorhandener Software nicht ausgenutzt werden.
Windows Vista	Microsoft	Einzelplatz, Netzwerke	großes Softwareangebot	große Leistungsreserven
Windows 7	Microsoft	Einzelplatz, Netzwerke	großes Softwareangebot, verbesserte Benutzerfreundlichkeit, schont Ressourcen	häufig keine Kompatibilität mit alten Peripheriegeräten, schlechter Support
Mac OS X	Apple	Einzelplatz, Grafik	gute Ergonomie, schönes Design	nur Hardware von Apple, geringe Kompatibilität

Stand: 1/2012

Standardsoftware

Insbesondere dort, wo Arbeitsgänge genormt sind oder vom Gesetzgeber Vorschriften gemacht werden, können heute für vielfältige Aufgaben im Unternehmen solche Standardprogramme eingesetzt werden.

So sind z. B. bei der Lohnabrechnung die Lohn- und Kirchensteuer und die Sozialversicherungsbeiträge nach vorgegebenen Tabellen zu errechnen und einzubehalten. Diese Regelungen gelten für alle Unternehmen und alle Arbeitnehmer gleichermaßen.

Durch die Softwarepflege des Programmherstellers ist gewährleistet, dass laufend die neuen Bestimmungen erfasst werden und in sogenannten Updates einfach im EDV-System zu aktualisieren sind.

Softwarewerkzeuge

Durch die benutzerfreundliche Menüsteuerung können Softwaretools ohne vertiefte EDV-Kenntnisse eingesetzt werden. Gleichartige Aufgabenstellungen wie Briefe schreiben mit Textverarbeitung, Kalkulationen mit Tabellenkalkulationsprogrammen durchführen oder eine Liefererdatei mit einem Datenbanksystem anlegen können nach kurzer Schulung von Mitarbeitern selbstständig durchgeführt werden.

Das schnelle Erlernen des Umgangs mit diesen Tools wird dadurch ermöglicht, dass das Programm den Anwender über die Benutzeroberfläche quasi durch das Programm führt.

Durch die permanente Weiterentwicklung werden auftretende Probleme oder Programmmängel schnell beseitigt, die Programme selbst laufen sehr stabil und sind wenig fehleranfällig.

Softwarepakete

Eine einheitliche Benutzeroberfläche vereinfacht den Einsatz verschiedener Tools innerhalb eines integrierten Softwarepakets. Dabei werden z. B. bei der Textverarbeitung die gleichen Symbolleisten verwendet wie bei der Tabellenkalkulation – wer als Anwender das eine Programm kennt, kann im Prinzip auch mit dem anderen arbeiten.

Die modernen Softwarepakete ermöglichen es, alle Büroarbeiten damit zu erledigen. Im Rahmen der weiteren Entwicklung der Kommunikationstechnik bieten diese Tools Verbindungen (Schnittstellen) zu den verschiedensten Medien.

Individuelle Software

Um Teilaufgaben im Unternehmen zu lösen, für die es keine geeignete Software auf dem Markt gibt, kann ein Softwarehaus mit der Erstellung eines Programms zur Erledigung dieser Aufgabe beauftragt werden. Dabei werden betriebsindividuelle Wünsche bei der Programmerstellung berücksichtigt.

Der Nachteil dieser Software liegt darin, dass sie häufig nur für ein Unternehmen entwickelt wird und deshalb recht teuer in der Anschaffung werden kann.

Branchensoftware

Unternehmen der gleichen Branche müssen in den Grundstrukturen gleiche Aufgaben lösen. So fallen für Handelsbetriebe in der Buchhaltung andere Aufgaben an, als dies bei Industriebetrieben der Fall ist. Innerhalb der Handelsbetriebe jedoch gibt es nur wenige Unterschiede bei den Arbeiten in der Buchhaltung, der Organisation der Lagerhaltung oder der Kalkulation.

Mit der Branchensoftware stehen somit Programme zur Verfügung, die den Vorteil der Standardsoftware mit dem einer Individualsoftware vereinen.

Softwaremodule

In den verschiedenen Funktionsbereichen des Unternehmens werden die jeweiligen Aufgaben mit speziellen Programmen gelöst.

Sollen nun die Geschäftsvorgänge per Computer gesteuert und überwacht werden, müssen alle Teilfunktionen miteinander zu einer Einheit verschmolzen werden.

Dazu kann die EDV so organisiert werden, dass die Teilaufgaben in den Funktionsbereichen mit einzelnen Programmmodulen (z. B. Rechnungswesen, Logistik, Personalwirtschaft) gelöst werden. Die Module können dann, wenn sie in den einzelnen Teilbereichen erfolgreich installiert wurden, ähnlich wie bei einem Baukastensystem zusammengefügt werden.

Vom Auftragseingang bis zur Rechnungsstellung kann dann der gesamte Arbeitsablauf von der EDV abgewickelt werden.

11.3.2 Kriterien der Software-Auswahl

Um trotz des oben dargestellten Zielkonflikts eine richtige Softwareentscheidung für das Unternehmen zu treffen, sollten bei der Softwareprüfung einige Kriterien berücksichtigt werden. Dabei ist es zunächst empfehlenswert, die Mitarbeiter realistisch einzuschätzen.

Viele EDV-Anwender haben kein Interesse an der EDV selbst, sondern wollen lediglich mithilfe des Computers schneller zu Arbeitsergebnissen kommen oder Routinearbeiten dem Rechner übertragen.

Deshalb wird immer wieder auf die Benutzerfreundlichkeit der verschiedenen Anwendersoftware hingewiesen – was sich hinter diesem Begriff verbirgt, ist allerdings sehr unterschiedlich.

Bedienerführung

Für viele Programmanbieter wäre der Markterfolg für ihr Produkt gesichert, wenn sie in der Lage wären, eine leicht verständliche Bedienerführung für ihre Software anzubieten. Während Computerfans mit DOS-Erfahrung Kürzel wie autoexec.bat oder config.sys ganz geläufig sind, können schlichte Computernutzer damit in der Regel nichts anfangen.

Ziel vieler Anbieter ist es daher, ihre Programme so leicht verständlich zu machen wie die Benutzung einer Kaffeemaschine oder des Kopierers. Weit entfernt ist man im Büro heute noch von dem Idealzustand, dass zur Lösung aller Aufgaben eine einheitliche Bedienerführung verfügbar ist.

Benutzerhandbuch
Die meisten Programme werden mit einem Handbuch ausgeliefert, das alle denkbaren Funktionen des Programms enthält. Verfasst werden diese Handbücher meist von den Programmerstellern, die sich zu Recht als EDV-Spezialisten sehen. Leider sind viele Handbücher gerade deshalb als Informationsquellen mit mehreren hundert Seiten für den Computeranwender wenig hilfreich, wenn er ein bestimmtes Problem lösen möchte.

Hilfe-Funktion
Um dem Anwender den Umgang mit dem Handbuch zu ersparen oder wenigstens einzuschränken, arbeiten heute viele Programme mit einer sogenannten Hilfe-Funktion. Damit kann entweder durch Eingabe eines Suchbegriffs oder das Anklicken eines Symbols die Erläuterung und Fehlerbeseitigung aufgerufen werden.

Hotline
Da Bedienerkomfort heute ein wichtiges Kriterium bei der Softwareentscheidung ist, wird für viele Programme eine Hotline angeboten. Das ist nichts anderes als eine Telefonnummer, die der Anwender dann anrufen kann, wenn er mit einem Problem nicht weiterkommt. Der Gesprächsteilnehmer am anderen Ende der Leitung kennt in der Regel das vollständige Programm und kann dem Anrufer Tipps zur Problemlösung geben.

Originalsoftware-Lizenzen

Da mittlerweile durch Raubkopien den Softwareherstellern Schaden in Milliardenhöhe zugefügt wird, wird der Kampf gegen Softwarepiraterie in Zukunft sicher verstärkt geführt werden.

So hatten auch namhafte deutsche Firmen in der Vergangenheit immer wieder Probleme mit Ermittlungsbehörden, wenn nach einer Razzia in Firmenräumen nicht die Benutzerlizenzen für den Einsatz der Software vorhanden waren. Beim Kauf von Programmen ist deshalb besonders darauf zu achten, dass nur Originalversionen angeschafft werden.

11.4 Datenschutz und Datensicherung

11.4.1 Grundlagen

Immer mehr Menschen beschäftigen sich heute beruflich wie privat mit dem Computer. So ist die EDV aus unserer modernen Gesellschaft nicht mehr wegzudenken. Computer sind überall in den Unternehmen eingesetzt, z. B. zur

- Verwaltung von Lagerbeständen,
- automatischen Fertigungssteuerung,
- Auftragsbearbeitung,
- Personalverwaltung,
- Rechnungsbearbeitung,
- Abwicklung der Bankgeschäfte u. v. m.

Der Ausfall von Computersystemen kann zu ungeheuren Verlusten bei den betroffenen Unternehmen führen. Deshalb braucht unser Wirtschaftssystem eine sichere Informationsverarbeitung.

Überall dort, wo Kommunikationstechniken eingesetzt werden, müssen Überlegungen zum Datenschutz und zur Datensicherheit angestellt werden. Maßnahmen zum Datenschutz werden vom Gesetzgeber vorgeschrieben, Fragen der Datensicherheit dagegen sind eine unternehmensindividuelle Aufgabe.

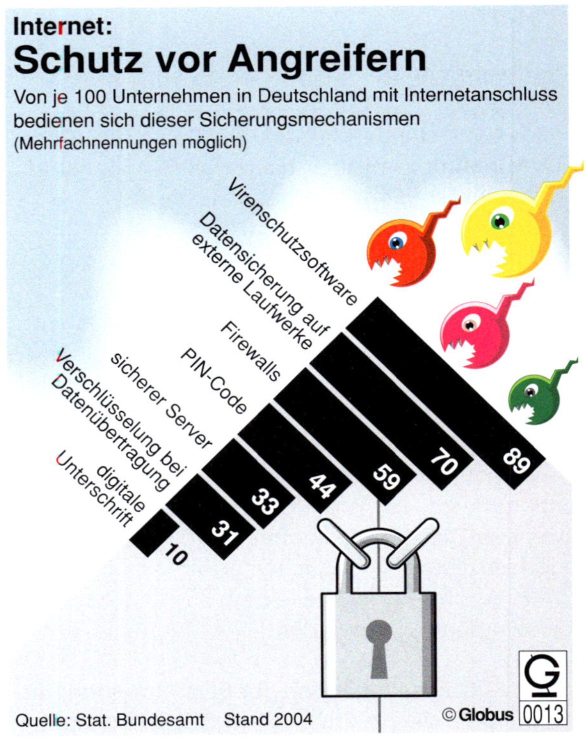

Da die Nutzung des Internets immer mehr zur Durchführung betrieblicher Arbeitsabläufe gehört, ist dort besonderer Wert auf die Sicherheit übertragener und erhaltener Daten zu legen (vgl. Kap. 10.3.4.7).

11.4.2 Datenschutz

Das **Bundesdatenschutzgesetz** (BDSG) regelt den Umgang mit personenbezogenen Daten.

Dort, wo solche Daten gespeichert werden, müssen entsprechende Sicherungssysteme eingebaut werden, damit Unbefugte nicht auf diese Daten zugreifen können.

In Unternehmen, die personenbezogene Daten von mindestens 9 Mitarbeitern/innen automatisiert verarbeiten, muss ein **Datenschutzbeauftragter** (DSB) bestellt werden. Er hat als wesentliche Aufgabe eine Kontrollfunktion wahrzunehmen, d. h. er muss dafür sorgen, dass die gesetzlichen Bestimmungen im Unternehmen eingehalten werden.

Ergibt sich für das Unternehmen eine Bestellpflicht nach § 4 f des BDSG, bleibt es der Geschäftsführung überlassen, ob eine „interne" oder „externe" Bestellung erfolgt, also ob ein angestellter Mitarbeiter als DSB beauftragt wird oder eine Serviceleistung von außen eingekauft wird. Dabei wird wohl auch berücksichtigt, dass für interne DSB seit 2009 ein Sonderkündigungsrecht besteht.

Die Anforderungen an einen DSB sind sehr umfassend:

- er muss die datenschutzrechtlichen Vorschriften kennen und anwenden können,
- er muss über umfassende EDV-Kenntnisse verfügen,
- es werden betriebswirtschaftliche Kenntnisse vorausgesetzt,
- er muss mit Fragen der Unternehmensorganisation vertraut sein.

Schutzbedürftige Personen und Daten

Jeder Mensch hat das im Artikel 2 des Grundgesetzes festgelegte Recht auf freie Entfaltung seiner Persönlichkeit. Auch von der Rechtsprechung wird jedem Bürger ein unantastbarer Kernbereich zur privaten Lebensgestaltung zugestanden.

Um dieses Grundrecht zu gewährleisten, wurde 1977 das Bundesdatenschutzgesetz formuliert und, bedingt durch die technische Weiterentwicklung, 1990 grundlegend reformiert und liegt heute in der Fassung von Januar 2011 vor.

§

§ 1 Zweck und Anwendungsbereich des Gesetzes

(1) Zweck dieses Gesetzes ist es, den Einzelnen davor zu schützen, dass er durch den Umgang mit seinen personenbezogenen Daten in seinem Persönlichkeitsrecht beeinträchtigt wird.

(2) Dieses Gesetz gilt für die Erhebung, Verarbeitung und Nutzung personenbezogener Daten durch

1. öffentliche Stellen des Bundes,
2. öffentliche Stellen der Länder, soweit der Datenschutz nicht durch Landesgesetz geregelt ist und soweit sie
   a) Bundesrecht ausführen oder
   b) als Organe der Rechtspflege tätig werden und es sich nicht um Verwaltungsangelegenheiten handelt,
3. nicht-öffentliche Stellen, soweit sie die Daten unter Einsatz von Datenverarbeitungsanlagen verarbeiten, nutzen oder dafür erheben oder die Daten in oder aus nicht automatisierten Dateien verarbeiten, nutzen oder dafür erheben, es sei denn, die Erhebung, Verarbeitung oder Nutzung der Daten erfolgt ausschließlich für persönliche oder familiäre Tätigkeiten.

(...)

(Fortsetzung folgende Seite)

§ 3 Weitere Begriffsbestimmungen

(1) Personenbezogene Daten sind Einzelangaben über persönliche oder sachliche Verhältnisse einer bestimmten oder bestimmbaren natürlichen Person (Betroffener).

(2) Automatisierte Verarbeitung ist die Erhebung, Verarbeitung oder Nutzung personenbezogener Daten unter Einsatz von Datenverarbeitungsanlagen. Eine nicht automatisierte Datei ist jede nicht automatisierte Sammlung personenbezogener Daten, die gleichartig aufgebaut ist und nach bestimmten Merkmalen zugänglich ist und ausgewertet werden kann.

(3) Erheben ist das Beschaffen von Daten über den Betroffenen.

(4) Verarbeiten ist das Speichern, Verändern, Übermitteln, Sperren und Löschen personenbezogener Daten. Im Einzelnen ist, ungeachtet der dabei angewendeten Verfahren:

1. Speichern das Erfassen, Aufnehmen oder Aufbewahren personenbezogener Daten auf einem Datenträger zum Zweck ihrer weiteren Verarbeitung oder Nutzung,
2. Verändern das inhaltliche Umgestalten gespeicherter personenbezogener Daten,
3. Übermitteln das Bekanntgeben gespeicherter oder durch Datenverarbeitung gewonnener personenbezogener Daten an einen Dritten in der Weise, dass
   a) die Daten an den Dritten weitergegeben werden oder
   b) der Dritte zur Einsicht oder zum Abruf bereitgehaltene Daten einsieht oder abruft,
4. Sperren das Kennzeichnen gespeicherter personenbezogener Daten, um ihre weitere Verarbeitung oder Nutzung einzuschränken,
5. Löschen das Unkenntlichmachen gespeicherter personenbezogener Daten.

(5) Nutzen ist jede Verwendung personenbezogener Daten, soweit es sich nicht um Verarbeitung handelt.

(6) Anonymisieren ist das Verändern personenbezogener Daten derart, dass die Einzelangaben über persönliche oder sachliche Verhältnisse nicht mehr oder nur mit einem unverhältnismäßig großen Aufwand an Zeit, Kosten und Arbeitskraft einer bestimmten oder bestimmbaren natürlichen Person zugeordnet werden können.

(6a) Pseudonymisieren ist das Ersetzen des Namens und anderer Identifikationsmerkmale durch ein Kennzeichen zu dem Zweck, die Bestimmung des Betroffenen auszuschließen oder wesentlich zu erschweren.

(7) Verantwortliche Stelle ist jede Person oder Stelle, die personenbezogene Daten für sich selbst erhebt, verarbeitet oder nutzt oder dies durch andere im Auftrag vornehmen lässt.

(8) Empfänger ist jede Person oder Stelle, die Daten erhält. Dritter ist jede Person oder Stelle außerhalb der verantwortlichen Stelle. Dritte sind nicht der Betroffene sowie Personen und Stellen, die im Inland, in einem anderen Mitgliedstaat der Europäischen Union oder in einem anderen Vertragsstaat des Abkommens über den Europäischen Wirtschaftsraum personenbezogene Daten im Auftrag erheben, verarbeiten oder nutzen.

(9) Besondere Arten personenbezogener Daten sind Angaben über die rassische und ethnische Herkunft, politische Meinungen, religiöse oder philosophische Überzeugungen, Gewerkschaftszugehörigkeit, Gesundheit oder Sexualleben.

(10) Mobile personenbezogene Speicher- und Verarbeitungsmedien sind Datenträger,

1. die an den Betroffenen ausgegeben werden,
2. auf denen personenbezogene Daten über die Speicherung hinaus durch die ausgebende oder eine andere Stelle automatisiert verarbeitet werden können und
3. bei denen der Betroffene diese Verarbeitung nur durch den Gebrauch des Mediums beeinflussen kann.

(11) Beschäftigte sind:

1. Arbeitnehmerinnen und Arbeitnehmer,
2. zu ihrer Berufsbildung Beschäftigte,
3. Teilnehmerinnen und Teilnehmer an Leistungen zur Teilhabe am Arbeitsleben sowie an

(Fortsetzung folgende Seite)

Abklärungen der beruflichen Eignung oder Arbeitserprobung (Rehabilitandinnen und Rehabilitanden),
4. in anerkannten Werkstätten für behinderte Menschen Beschäftigte,
5. nach dem Jugendfreiwilligendienstegesetz Beschäftigte,
6. Personen, die wegen ihrer wirtschaftlichen Unselbständigkeit als arbeitnehmerähnliche Personen anzusehen sind; zu diesen gehören auch die in Heimarbeit Beschäftigten und die ihnen Gleichgestellten,
7. Bewerberinnen und Bewerber für ein Beschäftigungsverhältnis sowie Personen, deren Beschäftigungsverhältnis beendet ist,
8. Beamtinnen, Beamte, Richterinnen und Richter des Bundes, Soldatinnen und Soldaten sowie Zivildienstleistende.

Auszug Bundesdatenschutzgesetz

Beispiele für die in § 3 Abs. 1 erwähnten „Einzelangaben über persönliche und sachliche Verhältnisse" einer natürlichen Person sind:

Persönliche Verhältnisse:
Alter, Beruf, Familienstand, Ehepartner, Kinder, Verwandtschaftsverhältnisse, religiöse und politische Einstellungen, Straftaten, Gesundheitsprobleme.

Sachliche Verhältnisse:
Schulden, Grundbesitz, allgemeine Vermögensverhältnisse, Kontostände.

Vom Gesetzgeber nicht geschützt werden anonyme Daten, die ohne erkennbaren Zusammenhang zu einer bestimmten Person stehen. Dazu gehören z. B. Daten über juristische Personen (GmbH, AG) oder Vereine, die ohnehin durch Veröffentlichung jedermann zugänglich sind.

Gesellschaftlicher Wandel

Der umfassende Schutz der Privatsphäre war in den 1970er Jahren ursächlich für die Verabschiedung des BDSG. Diese Grundeinstellung der älteren Generationen wird heute immer wieder in breiten Diskussionen, bspw. um die sogenannte „Vorratsdatenspeicherung" erkennbar: Möglichst wenige, am besten sogar keine privaten Daten sollen gespeichert werden dürfen. Auch bei Einführung von google-streetview waren es vor allem Ältere, die Einspruch eingelegt und das google-Vorhaben kritisch beurteilt haben.

Mit dem breiten Aufkommen der sozialen Netzwerke wie Facebook oder Twitter zeigen dagegen die jungen Nutzer – sog. Digital Natives – einen vollkommen anderen Anspruch. An Stelle der Privatsphäre tritt das „Sharing", das Teilen von privaten Inhalten in sozialen Medien. Die Preisgabe ganz persönlicher Dinge wird zwar oftmals nicht ganz wahrheitsgemäß vorgenommen, dennoch besteht die Befürchtung, dass viele der meist jugendlichen Nutzer die Risiken nicht umfassend abschätzen können. Da bereits heute viele Unternehmen bei der Personaleinstellung im Internet recherchieren, müssen die Bewerberinnen und Bewerber auf eine ausgeschriebene Stelle damit rechnen, dass einmal eingestellte Bilder oder Texte auch Jahre später noch gefunden werden. Gerade bei persönlichen Einträgen und Bildern gilt zu berücksichtigen: „Das Internet vergisst nichts!"

Rechte der betroffenen Personen

Im zweiten Unterabschnitt des BDSG ist in den §§ 19 und 20 ausführlich geregelt, welche Rechte dem Betroffenen zustehen. Diese sind im Einzelnen:

- **Auskunftsrecht**
  Der Betroffene hat das Recht, zu erfahren, welche Daten von ihm gespeichert sind und warum diese gespeichert wurden. Diese Auskunft ist kostenlos.
- **Recht auf Berichtigung**
  Sind personenbezogene Daten unrichtig gespeichert, kann der Betroffene die Berichtigung verlangen. Er muss allerdings selbst nachweisen, dass falsche Daten gespeichert sind.
- **Recht auf Löschung**
  Personenbezogene Daten sind zu löschen, wenn ihre Speicherung unzulässig ist oder ihre Kenntnisse von der speichernden Stelle nicht mehr benötigt werden.

- **Recht auf Sperrung**
  Besteht z. B. Uneinigkeit darüber, ob personenbezogene Daten unzulässig gespeichert wurden, sind diese zu sperren, d. h. zu kennzeichnen und von jeder weiteren Verarbeitung auszuschließen.

Pflichten der speichernden Stelle

Personenbezogene Daten können bei öffentlichen Einrichtungen wie Gemeindeverwaltung oder Landratsamt und bei nichtöffentlichen Einrichtungen (Unternehmen) gespeichert werden.

Nach den Vorschriften des BDSG ist derjenige, der die personenbezogenen Daten speichert, auch dafür verantwortlich, dass die Bestimmungen des Gesetzes eingehalten werden. Diese Verantwortung kann z. B. auch nicht von einem Unternehmer auf einen Mitarbeiter übertragen werden. Verstößt ein Mitarbeiter gegen Vorschriften des BDSG, so stellt dies eine Pflichtverletzung dar, die arbeitsrechtlich belangt werden kann.

Wesentliche Verpflichtung der speichernden Stelle ist, das Datengeheimnis zu wahren und Maßnahmen zur Datensicherung zu ergreifen (siehe Kap. 11.4.3).

Im § 44 regelt das BDSG die Strafvorschriften, die bei Nichtbeachtung der gesetzlichen Vorgaben greifen. Danach wird derjenige, der unbefugt Daten verändert oder weitergibt, mit einer Freiheitsstrafe von bis zu zwei Jahren oder mit Geldstrafe bestraft.

11.4.3 Datensicherung

Ziel des Datenschutzes ist es, den einzelnen Menschen vor den Gefahren beim Umgang mit personenbezogenen Daten zu schützen. Um dieses Ziel zu erreichen, müssen technische und organisatorische Maßnahmen ergriffen werden. Diese werden mit den Begriffen Datensicherung und Datensicherheit beschrieben.

Datensicherung im Sinne des BDSG (Bundesdatenschutzgesetz) ist die technisch-organisatorische Aufgabe, die Sicherheit von Datenbeständen und Datenverarbeitungsabläufen zu gewährleisten. Sie umfasst damit alle Maßnahmen zur Erhaltung und Sicherung des EDV-Systems und zum Schutz der Daten, Datenträger und Programme vor Fehlern, Missbrauch und höherer Gewalt.

Insbesondere sollen die Maßnahmen dazu dienen,

- Fehler bei der Datenerfassung, -verarbeitung und -übertragung zu vermeiden,
- vor Missbrauch der EDV-Anlage und der Daten durch Wirtschaftsspionage, Diebstahl oder Verfälschung der Daten zu schützen,
- einen wirksamen Schutz zu bilden vor Feuer, Wasser, Sturm oder Blitzschlag als Beispiele für Ereignisse „höherer Gewalt".

Datenverlust

Das größte Sicherheitsrisiko für die Datenbestände ist der Benutzer selbst. Der unsachgemäße Umgang mit Programmen führt häufig zum endgültigen Verlust von Daten. Diese logischen Schäden treten auf bei

- unbeabsichtigtem Löschen von Daten,
- der fehlerhaften/unvollständigen Datensicherung oder
- der unsachgemäßen Anwendung von Hilfsprogrammen.

Neben den meist durch den Anwender verursachten logischen Schäden können auch physikalische Schäden zum Datenverlust führen. Dabei handelt es sich um die Beschädigung der Hardware entweder als elektronischer Schaden (Kurzschluss) oder als mechanischer Fehler, z. B. wenn der Schreib-Lese-Kopf der Festplatte defekt ist.

Wird ein Datenverlust festgestellt, der intern nicht behoben werden kann, können heute Dienste darauf spezialisierter Unternehmen („Rettungsservice") in Anspruch genommen werden. Während logische Schäden oftmals recht kostengünstig behoben werden können, ist die Behebung physikalischer Schäden – sofern überhaupt noch möglich – meist zeitaufwendig und teuer.

Teurer Stillstand
Potenzielle Kosten bei Störung oder Ausfall des Computersystems pro Jahr – Ergebnis einer Umfrage unter 131 Managern deutscher Großunternehmen (Angaben in %)

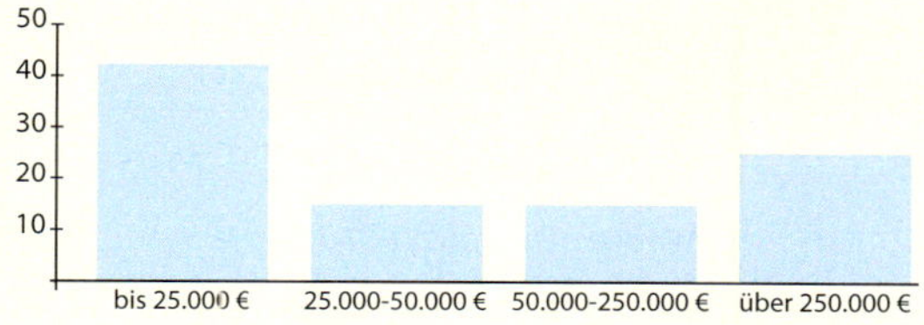

Quelle: Meta Group

Computerviren

Computerviren sind Programme, die sich, ähnlich dem Schnupfenvirus beim Menschen, auf der Festplatte des Computers ausbreiten und, ebenfalls im Programm vorherbestimmt, irgendwann aktiv werden und entweder das System lahmlegen oder andere Dateien zerstören. Diese Viren werden seit Beginn des PC-Zeitalters programmiert; ebenso lange gibt es auch Scan-Programme zur Entdeckung und Beseitigung dieser Viren. Je nach Typ lässt sich ein Virus mehr oder weniger leicht aus einer befallenen Datei entfernen. Handelt es sich um einen besonders aggressiven Virus, ist die Datei meist nicht mehr zu retten, die Daten sind unwiederbringlich verloren.

Virenarten
Der **Boot-Sektor-Virus** lädt sich bei jedem Systemstart in den Arbeitsspeicher und übernimmt dort die Kontrolle über den Datenverkehr. Dabei kann der Virus jedes Programm, jede Datei und jeden Datenträger infizieren.

Manche Viren sind in der Lage, selbst ihre Form zu verändern. Diese **polymorphen** Viren verschlüsseln sich selbst mit einem einfachen Code, der sich bei jeder Vermehrung wieder ändert. Solche Viren zu identifizieren ist schwierig: Der Virenscanner untersucht dabei Dateien nach verdächtigen Anweisungen und kann so diese Virenart erkennen.

Makroviren sind die jüngste und auch gefährlichste Gruppe von Viren. Wegen ihres hohen Infektionsrisikos können diese Viren erheblichen Schaden anrichten. So genügt z. B. das einmalige Aufrufen eines verseuchten Dokuments, um alle aktuellen und künftigen Office-Dateien zu verseuchen.

Sogenannte **„Trojaner-Viren“** sind oftmals in der Lage, Unternehmensdaten unbemerkt übers Internet zu versenden.

Virenschutz
Da es keinen absoluten Schutz vor Computerviren gibt, sollte die Einhaltung verschiedener Maßnahmen zur Vorbeugung dienen.

- Vertrauen ist gut – Kontrolle ist besser
  Bevor eine Datei von einer fremden Datenquelle auf dem eigenen System aufgerufen wird, sollte diese nach Viren gescannt werden. Ebenso sollte jede Datei, die aus dem Internet heruntergeladen wird, zunächst in einem gesonderten Ordner abgelegt und auf Viren überprüft werden, bevor damit gearbeitet wird.
  Gleiches gilt für den E-Mail-Verkehr: Mittels Spamfilter können hier zwar viele Bedrohungen bereits im Keim erstickt werden, allerdings ist auch hier mit ständig neuen Entwicklungen zu rechnen, bspw. indem Absender ihre Mail-Adressen in der Form namhafter Firmen gestalten und so Zugang in das System suchen.

- Aktualität des Virenscanners
  Da ständig neue Viren programmiert werden, müssen auch die Schutzprogramme immer auf dem neuesten Stand sein. Empfehlenswert ist die automatische Aktualisierung der Scan-Software via Internet. Um ständig aktuell zu sein, bieten einige Hersteller die jeweils neueste Version über das Internet an.

Maßnahmen zur Datensicherung

Nach den Vorschriften des § 9 BDSG sind technische und organisatorische Maßnahmen zur Gewährleistung der Datensicherheit zu ergreifen.

Die „Zehn Gebote des BDSG“ können in der Praxis durch verschiedene Maßnahmen umgesetzt werden. Dazu gehören z. B.:

- Passwortvergabe,
- Benutzeridentifikation,

- PIN-Card (persönliche Identifikationsnummer),
- Protokollierung der Benutzer,
- Protokollierung der Übermittlungen,
- Erfassung der Zugriffe und Fehlversuche.

Zur sicheren Benutzeridentifizierung werden heute von den Unternehmen große Forschungsanstrengungen unternommen. Dabei geht es einerseits um die Sicherheit der Daten im Unternehmen, andererseits aber auch um die Sicherheit im allgemeinen Geschäftsverkehr und Wirtschaftsleben. Immerhin gilt es, dort rund 40 000 Geldautomaten und 150 000 Geldkartenleser für bundesweit 65 Millionen Karteninhaber zuverlässig nutzbar zu machen.

Im Gesetz werden die Maßnahmen zur Datensicherheit als Anlage zu § 9 wie folgt beschrieben:

§

Anlage (zu § 9 Satz 1)

Werden personenbezogene Daten automatisiert verarbeitet oder genutzt, ist die innerbehördliche oder innerbetriebliche Organisation so zu gestalten, dass sie den besonderen Anforderungen des Datenschutzes gerecht wird. Dabei sind insbesondere Maßnahmen zu treffen, die je nach der Art der zu schützenden personenbezogenen Daten geeignet sind,

1. Unbefugten den Zutritt zu Datenverarbeitungsanlagen, mit denen personenbezogene Daten verarbeitet oder genutzt werden, zu verwehren (Zutrittskontrolle),
2. zu verhindern, dass Datenverarbeitungssysteme von Unbefugten genutzt werden können (Zugangskontrolle),
3. zu gewährleisten, dass die zur Benutzung eines Datenverarbeitungssystems Berechtigten ausschließlich auf die ihrer Zugriffsberechtigung unterliegenden Daten zugreifen können, und dass personenbezogene Daten bei der Verarbeitung, Nutzung und nach der Speicherung nicht unbefugt gelesen, kopiert, verändert oder entfernt werden können (Zugriffskontrolle),
4. zu gewährleisten, dass personenbezogene Daten bei der elektronischen Übertragung oder während ihres Transports oder ihrer Speicherung auf Datenträger nicht unbefugt gelesen, kopiert, verändert oder entfernt werden können, und dass überprüft und festgestellt werden kann, an welche Stellen eine Übermittlung personenbezogener Daten durch Einrichtungen zur Datenübertragung vorgesehen ist (Weitergabekontrolle),
5. zu gewährleisten, dass nachträglich überprüft und festgestellt werden kann, ob und von wem personenbezogene Daten in Datenverarbeitungssysteme eingegeben, verändert oder entfernt worden sind (Eingabekontrolle),
6. zu gewährleisten, dass personenbezogene Daten, die im Auftrag verarbeitet werden, nur entsprechend den Weisungen des Auftraggebers verarbeitet werden können (Auftragskontrolle),
7. zu gewährleisten, dass personenbezogene Daten gegen zufällige Zerstörung oder Verlust geschützt sind (Verfügbarkeitskontrolle),
8. zu gewährleisten, dass zu unterschiedlichen Zwecken erhobene Daten getrennt verarbeitet werden können.

Eine Maßnahme nach Satz 2 Nummer 2 bis 4 ist insbesondere die Verwendung von dem Stand der Technik entsprechenden Verschlüsselungsverfahren.

Anlage zu § 9 BDSG

11.5 Datenverarbeitung und betriebliche Organisation

11.5.1 Auswirkungen auf die Aufbauorganisation

Wird die EDV im Unternehmen zur Bearbeitung von Aufgaben eingesetzt, so hängen die Auswirkungen auf die Aufbauorganisation im Wesentlichen davon ab, in welchem Umfang die EDV zum Einsatz kommt.

Werden Computer an den verschiedenen Arbeitsplätzen nur dazu verwendet, Texte zu erstellen, Kalkulationen durchzuführen oder allgemeine Verwaltungsaufgaben wie das Führen von Personalkarten zu verrichten, werden durch den Wegfall von Routinearbeiten und die schnellere Bearbeitung einzelner Vorgänge weniger Stellen im Unternehmen benötigt. Die Instanzenbreite wird mit dem Einsatz der EDV verringert.

Verschiedene Dienstleistungen, wie z. B. das zentrale Schreibbüro, können dezentralisiert werden, andere, wie z. B. die Telefonzentrale, können vollständig automatisiert werden.

Werden Geschäftsprozesse dagegen vollständig über die EDV abgewickelt, also komplett gesteuert und der Ablauf per EDV überwacht, wird nicht nur die Instanzenbreite, sondern auch die Instanzentiefe verringert. Mit der Umstellung des EDV-Einsatzes vom arbeitsplatzbezogenen Hilfsmittel zum vollständigen Steuerungs- und Kontrollinstrument können Unternehmenshierarchien ausgedünnt werden. Dadurch, dass die Geschäftsvorgänge ganzheitlich per EDV dargestellt werden können, entfällt die notwendige Zwischenkontrolle von einzelnen Teilaufgaben. Damit können im Rahmen der Aufbauorganisation ganze Hierarchieebenen wegfallen.

Mit der Einführung der EDV muss gewährleistet sein, dass die Systeme immer betriebsbereit sind. Je nach Unternehmensgröße bedeutet das, dass Mitarbeiter beschäftigt werden für die Einrichtung und Wartung der EDV-Anlage(n) und die Softwarebetreuung.

Damit werden durch den EDV-Einsatz einerseits Stellen im Unternehmen eingespart und Arbeitsplätze entfallen, andererseits werden zwangsläufig neue Aufgaben zur Bildung neuer Stellen und damit zu neuen Arbeitsplätzen führen.

Bei kleinen und mittleren Unternehmen kann diese Aufgabe von einem Mitarbeiter z. B. im Mehrliniensystem übernommen werden. Da sich die Arbeit nicht auf Beratung und Empfehlung beschränkt, ist diese Stelle nicht als Stabsstelle zu organisieren. Bei Großunternehmen ist es sinnvoll, neben der Organisationsabteilung eine Abteilung Datenverarbeitung einzurichten.

Da sowohl Organisation wie Datenverarbeitung Dienste für alle anderen Funktionsbereiche erbringen, sollten diese als eigenständige Abteilungen organisiert werden.

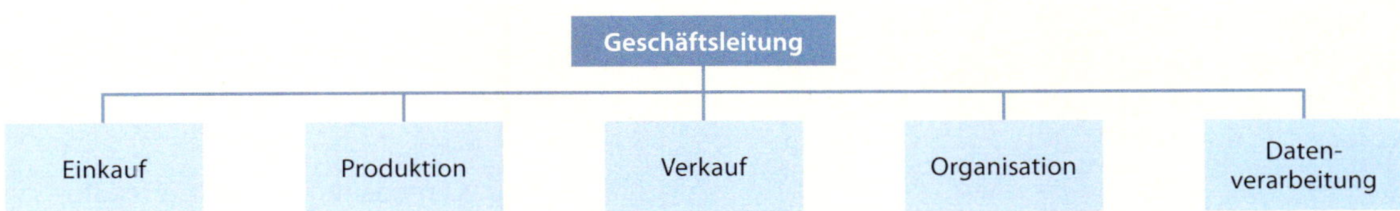

Bei Großbetrieben sind darüber hinaus verschiedene Varianten in der Aufbauorganisation denkbar. So kann für den Bereich Organisation und Datenverarbeitung eine gemeinsame Leitung ebenso vorgesehen werden wie die weitere Aufteilung der Datenverarbeitung in z. B. die eigentliche Datenverarbeitung, die Programmierung, die Hardwarebetreuung und den Datenschutz. Jeweils weitere Stellenzuordnungen sind dabei denkbar.

Das Organigramm könnte dann so aussehen:

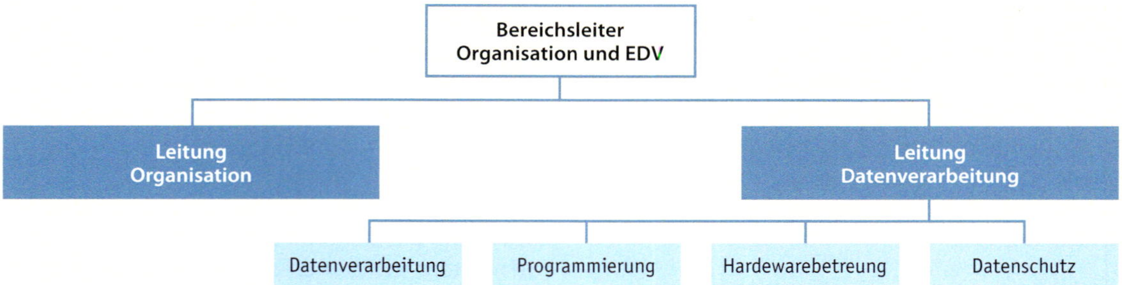

Je nach Arbeitsumfang können weitere Stellen gebildet werden. So können die Aufgaben der EDV weiter unterteilt werden z. B. in die Datenerfassung und Datenfernübertragung, der Bereich Datenschutz könnte aufgeteilt werden in die Datensicherung und den eigentlichen Datenschutz. Die Zuordnung der einzelnen Stellen könnte als Liniensystem dargestellt werden.

Aufgaben des Stelleninhabers, an ihn gestellte Anforderungen sowie die Eingliederung in die Unternehmenshierarchie, also die Beschreibung der Über- und Unterordnungen, werden in der Stellenbeschreibung festgehalten.

11.5.2 Veränderung von Arbeitsabläufen

Der Einsatz der EDV im Unternehmen bestimmt weitgehend den Arbeitsablauf bei den verschiedenen Aufgaben. Die einzelnen Arbeitsschritte werden bestimmt durch das Grundprinzip, nach dem jede Arbeit mit dem Computer zu planen ist:

Eingabe **V**erarbeitung **A**usgabe

Eingabe

Es müssen an verschiedenen Stellen im Unternehmen Daten erfasst und eingegeben werden. Diese Datenerfassung kann auf unterschiedliche Arten erfolgen:

- manuelle Eingabe der Daten, z. B. aufgrund eines Lieferscheins;
- direkte Datenerfassung, z. B. über Belegleser;
- Überspielen der Daten von einem externen Datenträger.

Die **manuelle Datenerfassung** ist zwar recht zeitaufwendig, aber in Büros immer noch weit verbreitet. Aufgrund fehlender Kompatibilität zwischen Systemen der Geschäftspartner (Käufer und Verkäufer) werden weiterhin Rechnungen, Lieferscheine usw. auf Papier gedruckt. Die fehlende Kompatibilität ist dabei mittlerweile weniger eine Frage der Hardware als vielmehr ein Problem der Vereinheitlichung von Druckformaten oder Formatvorlagen. Da jeder seine Geschäftspost individuell gestalten möchte, stehen Rechnungsbeträge, Umsatzsteuer sowie weitere Daten einer Eingangsrechnung bei jedem Lieferanten an einer anderen Stelle im Rechnungsformular.

Der Einsatz von **Beleglesern** ist in einigen Branchen (Handel, Banken) bereits weit verbreitet. Die Daten werden dabei entweder von einem Klarschriftbelegleser erfasst, wie das bei Überweisungsformularen möglich ist, oder über einen Strichcode direkt eingescannt. Diese Art der Datenerfassung ist vom Einkauf im Supermarkt her bekannt.

Auf dem Weg zum **papierlosen Büro** ist die Entwicklung hin zur Datenerfassung mittels Überspielung von Daten aus dem System des Verkäufers in den Rechner des Käufers zu sehen. Der Ausdruck von Rechnungen wird eingespart, Briefporti entfallen. Mit dieser Entwicklung entfallen auch zahlreiche Arbeitsabläufe im Büro, angefangen vom Posteingang über die Verteilung der Eingangspost, der Dateneingabe bis hin zur Versendung.

Datenerfassung
Nicht nur die Verarbeitung, bereits die Erfassung von Daten kann zentral oder dezentral organisiert werden.

Bei der **dezentralen Datenerfassung** stehen mehrere Datenstationen (Workstations) mit dem zentralen Rechner in Verbindung. Die Daten werden dort erfasst, wo sie entstehen, und an den zentralen Rechner weitergeleitet. So können z. B. im Lager die Materialentnahmen und -zugänge sofort erfasst werden.

Bei der **zentralen Datenerfassung** werden dagegen die Materialentnahmescheine und die Lieferscheine im Lager gesammelt und zu einem späteren Zeitpunkt in die EDV an zentraler Stelle eingegeben. Der Nachteil hierbei liegt auf der Hand: Die Daten sind bis zum Zeitpunkt der Eingabe nicht auf dem aktuellsten Stand. Ist der Zeitunterschied zwischen Entstehung und Erfassung groß, besteht die Gefahr, dass falsche Entscheidungen aufgrund der fehlerhaften Bestandsdaten getroffen werden.

Verarbeitung und Ausgabe

Diese Arbeitsschritte übernimmt die EDV vollständig. Die ehemals notwendigen Berechnungen von Netto-Rechnungsbeträgen, der Umsatzsteuer oder des Endbetrages entfallen ebenso wie das Schreiben der Rechnung. Hier wird die Zeitersparnis durch den EDV-Einsatz deutlich erkennbar.

Datenflussplan

Die zur Lösung einer Aufgabe anfallenden Teilschritte werden in ihrer Abfolge mithilfe des **Datenflussplans** dargestellt. Mit diesem Organisationsmittel wird festgelegt, wie die Dateneingabe erfolgen soll, welche Bearbeitung vorgenommen wird und wie die Ausgabe der Ergebnisse (Ausdruck, Speicherung) stattfindet.

Der Datenflussplan zeigt in grafischer Form unter Verwendung genormter Symbole den gesamten logischen und organisatorischen Arbeitsablauf.

Neue Techniken verändern Arbeitsabläufe

Für verschiedene Unternehmensbereiche eröffnet der Einsatz neuer Computertechniken vollkommen neue Perspektiven. So können beispielsweise durch den Einsatz von Virtual Reality (siehe unten) künstlich Büros konstruiert und verändert werden, ohne dass die Büros gebaut werden müssen.

Ordnung im Wirrwarr

In der multimedialen Präsentationstechnik entstanden neue Begriffe, die gelegentlich unterschiedlich definiert werden. Das Fraunhofer-Institut für grafische Datenverarbeitung in Darmstadt versucht, den Wirrwarr zu ordnen.

- **Virtual Reality (VR)** bezeichnet eine neue Epoche der Kommunikation zwischen Mensch und Maschine. Der Benutzer, angetan mit Monitorbrille und Datenhandschuh, bewegt sich in computererzeugten künstlichen Welten, beispielsweise in einem geplanten Haus oder einer Fabrik, die noch gar nicht gebaut ist. Möglich ist auch eine Veränderung der virtuellen Welt.
- **3D-Computergrafik:** Ausgehend vom Geometriemodell eines Objekts oder einer Szene erzeugt der Computer dreidimensionale Darstellungen auf dem Bildschirm, die sich je nach Blickwinkel des Betrachters perspektivisch korrekt verändern. Einfache Lichtverhältnisse können dabei berücksichtigt, Oberflächenstrukturen wie Häuserfassaden beliebig aufgebracht werden.
- **Computersimulation:** Komplexe, meist physikalische Zusammenhänge wie die Installation von Büros oder gar kompletter Fabriken, Strömungsverhältnisse in Pumpen und Leitungen, Wetterveränderungen oder Roboterbewegungen werden mithilfe mathematischer Modelle im Computer simuliert. Die Ergebnisse werden mittels Computergrafik oder Virtual Reality sichtbar gemacht.

(Fortsetzung folgende Seite)

- **Computeranimation** ist die moderne Art der Trickfilmtechnik. Mittels komplexer Verfahren der 3D-Grafikbearbeitung lassen sich am Computer Einzelbilder von fotorealistischer Qualität erzeugen, die dann aufgenommen und in szenischem Ablauf präsentiert werden.
- **Multimedia:** Zu Text und Grafik, den klassischen Formen, per Computer Informationen zu präsentieren, kommen als Ergänzung Sprache, Musik, Bilder und komplette Videosequenzen hinzu.

Mit den neuen technischen Möglichkeiten verändern sich auch in diesem Bereich die Arbeitsabläufe grundlegend: Planung und Konstruktion von Anlagen erfolgen per EDV und können vom Kunden individuell so lange verändert werden, bis seine Vorstellungen erfüllt sind.

Nie wieder eine Blechkarosse ohne Hochglanz: Das Fraunhofer-Institut für Produktionstechnik und Automatisierung (IPA) in Stuttgart hat in einem Virtual-Reality-Projekt eine Polierstraße für Autos simuliert. Die hilfreiche Anlage funktioniert nach Angaben des IPA-Chefs Rolf Dieter Schraft im künstlichen Raum in perfekter Echtzeit und besitzt bereits alle Funktionen – die Daten und Programme können für die Konstruktion und den Betrieb der realen Poliermaschine verwendet werden.

Arbeitsraum- und -platzgestaltung

Die Anforderungen an die Gestaltung eines Bildschirmarbeitsplatzes wurden bereits an anderer Stelle (vgl. Kap. 1) deutlich gemacht. Neben den dort beschriebenen Einflussfaktoren wie Beleuchtung, Lärm und Strahlungen der EDV-Geräte müssen bei der Organisation von EDV-Arbeitsplätzen die Bestimmungen des Datenschutzes berücksichtigt werden.

Dabei ist insbesondere darauf zu achten, dass Mitarbeiter in der EDV personenbezogene Daten nicht unbefugt einsehen können, diese Daten nicht manipuliert oder unberechtigten Dritten zugänglich gemacht werden.

Die Organisation der EDV wird sich bei der Planung von Arbeitsabläufen in der Praxis an den Vorgaben des Datenschutzbeauftragten orientieren.

Merke

1. Mithilfe von Workflow-Konzepten sollen ganze Geschäftsprozesse, von der Kundenanfrage über die Fertigungsplanung und -steuerung bis hin zum Zahlungseingang, vom Computer gesteuert und überwacht werden.
2. Datenschutz umfasst alle Maßnahmen zum Schutz personenbezogener Daten vor unbefugtem Zugriff. Einzelheiten dazu hat der Gesetzgeber im Bundesdatenschutzgesetz festgeschrieben.
3. Die wichtigsten Rechte der Betroffenen sind das Auskunftsrecht, Recht auf Berichtigung, Löschung oder Sperrung personenbezogener Daten.
4. Jede Stelle, die personenbezogene Daten speichert, ist dafür verantwortlich, dass die gesetzlichen Bestimmungen eingehalten werden.
5. Unter Datensicherung versteht man alle Maßnahmen, die Daten vor unbeabsichtigtem Verlust oder Zerstörung schützen.

(Fortsetzung folgende Seite)

6. Entscheidungen bei der Beschaffung von Hard- und Software sind unter Berücksichtigung betriebsindividueller Gegebenheiten zu treffen. Der Einsatz von Standardsoftware und in Massenfertigung hergestellter Hardware ist i. d. R. kostengünstiger als individuelle Lösungen.

7. Der Datenflussplan zeigt den gesamten logischen und organisatorischen Ablauf zur Lösung einer Aufgabe.

8. Der EDV-Einsatz ist grundsätzlich an jedem Arbeitsplatz im Unternehmen denkbar. Erwartete Kosteneinsparungen werden für den weiteren Ausbau der EDV im Unternehmen sorgen.

Projektthema 1

„Individuelle und gesellschaftliche Folgen zunehmender Rationalisierungsmaßnahmen"

Arbeitshinweise:
Erkunden Sie dazu die Entwicklung in den letzten zwei Jahrzehnten, machen Sie eine Bestandsaufnahme und erforschen Sie, welche betrieblichen Arbeitsabläufe und Aufgaben bisher durch EDV-Einsatz wegrationalisiert wurden und welche in Zukunft entfallen könnten.

Projektthema 2

„Soziale Netzwerke – PRO und CONTRA"

Arbeitshinweise:
Bilden Sie in der Klasse 4 Gruppen, von denen jeweils 2 die PRO und 2 die CONTRA Argumente zusammentragen; nutzen Sie dazu aktuelle Presseberichte und betreiben Sie die notwendige Internetrecherche; präsentieren Sie die Ergebnisse im Klassenverband und diskutieren Sie abschließend über die vorgebrachten Argumente.

Aufgaben

1. Formulieren Sie Ziele, die mit dem Einsatz der EDV realisiert werden sollen.
2. Welche Überlegungen sind bei der Einführung der EDV im Unternehmen oder bei der Reorganisation zu berücksichtigen?
3. Fragen Sie den Datenschutzbeauftragten Ihres Ausbildungsbetriebs nach den wichtigsten Bestimmungen des Bundesdatenschutzgesetzes.
4. Welche Arbeitsvorgänge sind heute (noch) nicht mithilfe der EDV zu erledigen?
5. Suchen Sie Produktbeispiele, für die eine Maß-Massenfertigung denkbar ist.
6. Erstellen Sie mit Ihrem Ausbilder eine Skizze der EDV-Organisation Ihres Ausbildungsbetriebs.
7. In welcher Form wird in Ihrem Ausbildungsbetrieb Datenfernverarbeitung durchgeführt?
8. Lassen Sie sich die Funktion eines Scanners von Ihrem Ausbilder oder dem Lehrer der Berufsschule demonstrieren.
9. Was versteht man unter der EDV-Peripherie?
10. Klären Sie, ob und ggf. wie die PCs in Ihrem Ausbildungsbetrieb vernetzt sind.

(Fortsetzung folgende Seite)

11. Erstellen Sie eine Liste der Software, die in Ihrem Ausbildungsbetrieb eingesetzt wird. Welche weitere Software ist Ihnen bekannt?
12. Ordnen Sie die in 11. ermittelte Software zu nach: System-, Standardsoftware, Tools, individuelle Software, Branchensoftware.
13. Erstellen Sie eine Liste der Kriterien, die für die Auswahl eines Programms wichtig sind.
14. Beschreiben Sie Vorteile und Gefahren, die die Speicherung personenbezogener Daten mit sich bringt.
15. Belegen Sie die Aussage, unser Wirtschaftssystem sei ohne Informationsverarbeitung nicht überlebensfähig, anhand von Beispielen.
16. Was versteht man unter Speichern, Verändern, Übermitteln, Sperren und Löschen von Daten?
17. Suchen Sie Beispiele für Daten, die nicht personenbezogen sind und deshalb nicht geschützt werden müssen.
18. Erkunden Sie, auf welche Art in Ihrem Ausbildungsbetrieb Schutz vor Viren auf EDV-Systemen durchgeführt wird.
19. Beschreiben Sie Maßnahmen zum Erhalt, zur Sicherung und zum Schutz von Daten.
20. Fassen Sie die Begriffsbestimmungen des § 3 BDSG in einer Übersicht zusammen.
21. Diskutieren Sie folgende Aussage: „Die Entwicklung der sozialen Netzwerke macht das BDSG überflüssig."

Bildquellenverzeichnis

ELBA Bürosysteme GmbH & Co. KG, Gelsenkirchen: 59 (beide)
Anton Helbling AG, CH-Rapperswil: 58.1
BASE, Potsdam: 265.2
Bergmoser + Höller Verlag AG, Aachen: 115.2
Canon Deutschland GmbH, Krefeld: 246.1
Deutsche Post AG, Bonn: 42.1
Deutsche Telekom AG, Bonn: 81 (beide), 282.1
DURABLE Hunke & Jochheim GmbH & Co. KG, Iserlohn: 72.1
Esselte Leitz GmbH & Co KG, Stuttgart: 60.1-.5
fotolia.com, New York: 2/3 (Robert Kneschke), 12.1 (Fotoskat), 21.1 (Chad McDermott), 25.1 (Paul Maguire), 294.1 (Jason Henry)
Francotyp-Postalia GmbH, Birkenwerder: 50.2
Fraunhofer-Institut für Produktionstechnik und Automatisierung, Stuttgart: 308.1
Fujitsu Siemens Computers GmbH, München: 236.1
Grahl GmbH, Steyerberg: 65.2, 65.3
Grundig AG, Nürnberg: 240.1
Gütergemeinschaft Paletten e.V., Münster: 222.1
Hefter Systemform GmbH, Prien am Chiemsee: 52.1
Heinz Kettler GmbH & Co. KG, Ense: 11.1
Ideal-Werk Krug & Priester, Balingen: 65.1
IG Bergbau, Chemie, Energie, Hannover: 164.1
iStockphoto, Calgary: 28.1 (August0802), 262.1 (Shaun Lowe)
Jungheinrich AG, Hamburg: 223.2
Keystone Pressedienst, Hamburg: 73.2 (Volkmar Schulz)
Microsoft Deutschland GmbH, Unterschleißheim: 14.2
Moll System- und Funktionsmöbel GmbH, Gruibingen: 66.2
Neopost GmbH & Co. KG, München: 46.1, 46.2, 47.1
Picture-Alliance GmbH, Frankfurt/Main: 32.1, 115.1, 121.1, 133.1, 137.1, 147.1, 149.1 (Jens Schierenbeck/dpa Themendienst), 160.1 (Themendienst/ J. Schierenbeck), 169.1 (Rainer Jensen), 173.1, 179.1, 258.1, 265.1, 274.1, 298.1
Ralfs Einrichtungs GmbH, Wiesensteig: 47.2
Rowohlt Verlag GmbH, Reinbek: 253.1
Samsung Electronics GmbH, Schwalbach am Taunus: 265.3
SSI Schäfer Shop GmbH, Betzdorf : 66.3
Stollfuß Medien GmbH & Co. KG, Bonn: 178.1
Technische Universität Dresden, Dresden: 280.1
ViewSonic Technology GmbH, Stuttgart: 14.1
WEDO Werner Dorsch GmbH, Dieburg: 49.1
Wirtschaftswoche, Düsseldorf: 203.1, 205.1.

Infografiken: Claudia Hild Grafikdesign, Angelburg

Trotz intensiver Nachforschungen ist es uns in manchen Fällen nicht gelungen, die Rechteinhaber zu ermitteln.
Wir bitten diese, sich mit dem Verlag in Verbindung zu setzen.

Sachwortverzeichnis

A

B

3628312

C

D

E

F

G

H

I

J

K

L

U

V

W

Z